Zehe

Die Gravitationstheorie des Nicolas Fatio de Duillier

Herausgeber:
Otto Krätz · Fritz Krafft · Walter Saltzer
Hans-Werner Schütt · Christoph J. Scriba

arbor scientiarum

Beiträge zur Wissenschaftsgeschichte
Reihe A: Abhandlungen

Band VII

Horst Zehe

Die Gravitationstheorie des Nicolas Fatio de Duillier

Gerstenberg Verlag · Hildesheim
1980

Horst Zehe

Die Gravitationstheorie
des
Nicolas Fatio de Duillier

Gerstenberg Verlag · Hildesheim
1980

Gedruckt mit Unterstützung der
Georg-Agricola-Gesellschaft, Essen.

© Gerstenberg Verlag · Hildesheim 1980
Druck: Strauss & Cramer GmbH, 6945 Hirschberg II
ISBN 3-8067-0862-2

"Es ist sehr nützlich zu wissen, sagt
FRANKLIN, daß das Porcellan ohne Stütze
herabfalle und zerbreche. Zu wissen,
warum es falle, und warum es zerbreche,
ist ein Vergnügen; aber man kann sein
Porcellan auch ohne dieses bewahren."
J.S.T. GEHLER 1791 in seinem Physikalischen Wörterbuche.

Judith KUGLER und Olivia GRIMM
zu eigen

VORBEMERKUNG

Der Name des Genfer Mathematikers Nicolas FATIO de Duillier (1664-1753) ist nur wenigen geläufig und scheint überdies unauflöslich mit dem unseligen Prioritätsstreit über die Erfindung des Infinitesimalkalküls verbunden zu sein. Über der Rolle, welche FATIO in diesem, noch immer von der Parteien Gunst und Haß verwirrten Streite gespielt hat, sind seine wissenschaftlichen Leistungen fast völlig vergessen worden. Zwar hat ihm die Hypothese über die Entstehung des Zodiakallichts - ein Coup de génie des 21jährigen FATIO - einen Platz in den Annalen der Astronomiegeschichte gesichert, seiner Untersuchung über die Ursache der Schwere ist die ihr gebührende Aufmerksamkeit jedoch versagt geblieben. Weder die wenigen Zeilen, die ihr LASSWITZ im zweiten Bande seiner Geschichte der Atomistik einräumt (LASSWITZ, pp. 510-511), noch die insgesamt mehr verwirrende als erhellende Darstellung FUETERs (FUETER, pp. 10-13 und 28-31) sind der Bedeutung des ersten und wohl geistreichsten Versuches, das NEWTONsche Gravitationsgesetz mechanisch zu deuten, angemessen. Gewiß ist der Einfluß FATIOs auf die Entwicklung der Physik, gemessen an dem eines NEWTON oder HUYGENS, vergleichsweise gering, wenn man aber die Ansicht teilt, daß es nicht nur in der Literatur wichtig ist, "für das Schaffen der Guten Meister zweiten Ranges einzutreten" (Arno SCHMIDT), dann ist die Beschäftigung mit FATIOs Lebenswerk der Mühe wert.

Der vornehmste Zweck der nachfolgenden Abhandlung ist also die kritische Würdigung der FATIOschen Gravitationstheorie, so wie sie sich in ihrer umfangreichsten (von K. BOPP edierten) Fassung aus dem Jahre 1701 präsentiert; der systematischen Interpretation dieses Textes ist das Kapitel 8 gewidmet. Die zentrale These seiner Theorie hat FATIO hingegen schon im Jahre 1690 in Briefen an Chr. HUYGENS entwickelt, ihrer Darstellung ist das Kapitel 6 vorbehalten. Die Kapitel 6 und 8 bilden zusammen also den systematischen Teil der Abhandlung; dieser wird ergänzt durch Untersuchungen über Ursprung (Kapitel 3), Entwicklung (Kapitel 4 und 5), und Wirkungsgeschichte (Kapitel 7 und 9) der FATIOschen Theorie, welche ihr den ihr gebührenden Rang innerhalb der physikalischen Hypothesen über die Schwere anweisen.

Die Absicht, sich bei der Interpretation der FATIOschen Theorie
im wesentlichen auf die Fassung aus dem Jahre 1701 zu beschrän-
ken, mußte bald fallengelassen werden; im Verlauf der Untersuchungen erwies es sich vielmehr als notwendig, auch andere einschlägige Manuskripte FATIOs heranzuziehen und die verschiedenen Vorstudien und unterschiedlichen Fassungen der Theorie
sorgfältig und bis ins Detail miteinander zu vergleichen. Das
Ergebnis dieses Vergleichs ist - zusammen mit einer Einführung
in die Problematik - im Kapitel 2 dargestellt, während die genaue Beschreibung und Zuordnung aller verwendeten Manuskripte
in einem Anhang zu dieser Arbeit zu finden ist. Bei dem Versuch,
der zeitlichen Aufeinanderfolge und dem Zusammenhang der Manuskripte - und damit der Entwicklung der FATIOschen Gedanken -
auf die Spur zu kommen, wurde auch FATIOs Briefwechsel herangezogen. Zwar war diese Mühe im Hinblick auf den ursprünglichen
Zweck nahezu vergebens, es häufte sich aber dadurch soviel bio-
graphisches Material, daß es zweckmäßig erschien, es in einen
geordneten Zusammenhang zu bringen. Nicht mehr und nicht weniger als dieser Zusammenhang darf bei der Lektüre des ersten Kapitels erwartet werden;die Erwartungen, die der etwas zu an-
spruchsvolle Titel "Lebensgeschichte" wecken mag, werden nicht
erfüllt.

Alle in der Arbeit zitierten fremdsprachigen Texte sind übersetzt; Texte, die nur in Handschriften zugänglich sind, werden
überdies im Original zitiert. In einem solchen Falle ist die
entsprechende Anmerkung durch '&' gekennzeichnet, und das Origi-
nalzitat steht unter der Nummer dieser Anmerkung bei den Quellen.
Die Anmerkungen und Zusätze sind ebenso wie die Quellen nach Kapiteln, im 8. Kapitel zusätzlich nach Abschnitten numeriert. Für
die in der Arbeit benutzten Handschriften werden Siglen wie BMs,
ULC etc. verwendet, deren Bedeutung ist dem Literaturverzeichnis
(Manuskripte) zu entnehmen (p. 478). Allen dort aufgeführten Bib-
liotheken habe ich für das Überlassen von Kopien und Mikrofil-
men zu danken. Darüber hinaus bin ich den Damen G. FEUILLEBOIS
(Bibliothek des Pariser Observatoriums) und Catherine SANTSCHI
(Staatsarchiv des Kantons Genf) sowie den Herren Max BURCKHARDT
(Universitätsbibliothek Basel), Alvin E. JAEGGLI (Bibliothek
der ETH Zürich) und - vor allen anderen - Herrn Ph. MONNIER

(Universitätsbibliothek Genf) für Auskünfte und nützliche Hinweise verpflichtet. Ihnen allen schulde ich Dank für ihre liebenswürdige Hilfsbereitschaft.

Bei der Überprüfung meiner Übersetzungen und Transkriptionen waren mir die Damen Susanne EISNER und Eliane GRIMM und die Herren Joachim v. BELOW und Thomas JAHN behilflich; die verschiedenen Fassungen des Manuskripts durchgesehen und nach Fehlern gesucht haben die Herren Wolfgang BREIDERT, Walter S. CONTRO, Erwin KUGLER und Friedemann REX; die Reinschrift des Typoskripts besorgte Frau Edith MAIER. Ihnen allen möchte ich an dieser Stelle herzlich danken.

Mehr als allen anderen bin ich meinem Lehrer Matthias SCHRAMM verpflichtet: Von ihm habe ich gelernt, wie man Geschichte der Naturwissenschaft zu treiben hat. Was ich ihm an Hilfe und Hinweisen im Einzelnen zu danken habe, ist an Ort und Stelle angemerkt.

Der Georg-Agricola-Gesellschaft danke ich für die Gewährung eines Druckkostenzuschusses.

Tübingen, im März 1980   Horst ZEHE

INHALTSVERZEICHNIS

zelnen Fälle. Geometrische Berechnung. Berechnung
mit Hilfe des Fluxionen-Kalküls. Ergänzende Überlegungen zu FATIOs Problem.

Die Theorien von Jakob HERMANN, Gabriel CRAMER, G.-L.
LE SAGE und W. THOMSON (KELVIN).

Vorbemerkung. FATIOs Beschreibung der Originalmanuskripte
seiner Theorie der Schwere. Beschreibung der überlieferten
Manuskripte. Tabellarische Übersichten.

Originalzitate aus den Manuskripten.

Kapitel 1

DIE LEBENSGESCHICHTE DES NICOLAS FATIO DE DUILLIER

"... berühmten Mathematici und Philosophi,
welcher einer von den vornehmsten Leuten
unserer Zeit ist, und darzu gebohren zu
seyn scheinet, daß er die Philosophie und
Mathematique weit höher bringe als sie
jemahls gestiegen sind".

G. BURNET über den jungen Nicolas FATIO.

1. Die Familie Nicolas FATIOs

Nicolas FATIO entstammt einer adligen Réfugié-Familie italieni-
scher Herkunft (1). Ursprünglich in dem zum Herzogtum Mailand
gehörenden Val d'Ossola ansässig, mußten die FATIOs in der Re-
formationszeit wegen ihres Bekenntnisses zur Lehre CALVINs die
Heimat verlassen. Nicolas' Urgroßvater Jean FATIO (1530-1597)
wurde nach seiner Flucht 1558 Bürger von Graubünden und fand
in Chiavenna (Cleven) eine neue Heimat (2). Sein Sohn Johann
(1591-1659) ist Stammvater des Basler Zweiges der Familie FATIO,
dem auch Nicolas FATIO angehört. Der in Chiavenna geborene Johann FATIO lebte zunächst längere Zeit in Wien, ehe er im Jahre
1640 für sich und seine Familie in Basel das Bürgerrecht erwarb.
Im nahen Sundgau pachtete er Eisenhämmer und Silberminen, deren
Erträge ihn zum wohlhabenden Manne machten (3). Johann FATIOs
zweiter Sohn Jean-Baptiste (Johann Baptist) (1625-1708)(4) heiratete 1651 Cathérine BARBAULD, die Tochter eines vermögenden
Grundbesitzers aus dem Sundgau (5); als deren zweiter Sohn und
als siebentes von vierzehn Kindern wurde Nicolas FATIO am 26.II.
1664 in Basel geboren (6). Jean-Baptiste FATIO, der bei der Ver-
waltung der väterlichen Besitzungen half und sich daher zunächst
abwechselnd in Basel und im Sundgau aufhielt, erwarb zwischen
1670 und 1672 die unweit Nyons im Waadtland gelegene Herrschaft
Duillier (7) und einige Zeit später, im Jahre 1678, für sich
und seine Söhne auch das Bürgerrecht im nahen Genf (8).

2. Nicolas FATIOs erste Schritte in die Welt der Wissenschaft.
Der Lehrer Jean-Robert CHOUET und die Genfer Akademie (Genf
1678-1682)

Im gleichen Jahre, in welchem seine Familie in Genf das Bürgerrecht erwarb, nahm der gerade 14jährige Nicolas FATIO seine Studien an der Genfer Akademie auf (9).

"Mein Vater", so erinnert sich FATIO später, "bestimmte, daß
ich Theologie studieren sollte, und nachdem ich zu Hause
und in Genf im Griechischen und Lateinischen unterrichtet
worden war, verbrachte ich zwei oder drei Jahre mit dem
Studium der Philosophie, Mathematik und Astronomie, begann Hebräisch zu lernen und die Vorlesungen der Theologie-
professoren zu besuchen" (10).

Daß Jean-Baptiste FATIO seinen Nicolas zum Theologen bestimmte,
hatte gewiß auch andere als religiöse Motive: Ein Theologie-
studium hätte dem Sohn im calvinistischen Genf alle Türen geöffnet und eine Pastorenstelle ihm die gleichen Chancen auf den
Zugang zur Macht eingeräumt wie den Söhnen der wenigen Famili-
en, welche seit mehr als einem Jahrhundert die Republik be-
herrschten. Daß Nicolas den Wünschen und Hoffnungen des Vaters
nicht entsprach, sondern sich dem Studium der Naturwissenschaften und der Mathematik widmete, "für die er seit zartestem Alter in heißer Liebe entbrannte" (11), ist vor allem dem Einfluß seines Lehrers Jean-Robert CHOUET (1642-1731) zu danken,
der während seines 17jährigen Wirkens (1669-1686) die durch ari-
stotelisch-scholastische Tradition geprägte und von den Theologen beherrschte Genfer Akademie entscheidend verändert hat (12).
Als im Jahre 1669 die vakante Professur für Philosophie trotz
starker Bedenken der orthodoxen Theologen mit Jean-Robert CHOUET
besetzt wurde, "hielten DESCARTES und GASSENDI ihren Einzug in
die Schule CALVINs, und in Genf begann das Zeitalter der Wissenschaft" (13): CHOUET, dem man zur Auflage gemacht hatte, in seinen Vorlesungen die Beschlüsse der Synode von Dordrecht zu ver-
treten, "wann immer sich dazu Gelegenheit böte" (14), mied solche Gelegenheiten, indem er sich bei seiner akademischen Tätigkeit ganz auf die Naturwissenschaften konzentrierte. Neben systematischen Vorlesungen ("Syntagma logicum", "Syntagma physi-
cum") hielt CHOUET jeweils mittwochs experimentelle Demonstrationen ab, die sich lebhaften Zuspruchs erfreuten. Den nach-
haltigen Eindruck, welchen jene Demonstrationen bei den Hörern
hinterließen, faßt einer von ihnen, der Philosoph Pierre BAYLE
(1647-1706), in die Worte: "Dies sind die Methoden der modernen Philosophie, dies ist der Geist unseres Jahrhunderts!" (15).
Der glückliche Umstand, daß der junge FATIO einen bedeutenden
und fähigen Lehrer fand, hat sicher nicht wenig zu seinen raschen Fortschritten auf dem Felde der Wissenschaft beigetragen
(16), zu Fortschritten, die den noch nicht 18jährigen zu einem
ernstzunehmenden Gesprächspartner des großen Astronomen Jean-
Dominique CASSINI (1625-1712) werden ließen: Im Herbst 1681
richtete FATIO zwei Briefe an CASSINI, die diesem durch einen
mit CHOUET befreundeten Akademiker, den Abbé Claude NICAISE

(1623-1701), übermittelt wurden.

In beiden Briefen beschäftigt sich FATIO mit Methoden zur Bestimmung der Größe der Himmelskörper und deren Abstände von der Erde (17). FATIOs diesbezügliche Überlegungen sind zwar nicht ohne Witz, aber nahezu ohne jeden praktischen Wert (18). CASSINI bemüht sich, FATIO auf die Schwierigkeiten aufmerksam zu machen, die bei der praktischen Ausführung der von diesem vorgeschlagenen Messungen auftreten, und gibt grundsätzlich zu bedenken:

> "Welche Aussichten auch immer die reine Theorie eröffnet: Wenn Sie die Fehler in Rechnung stellen, welche sich bei den Beobachtungen durch Meßfehler (les doutes dans l'estimation), infolge der Unzulänglichkeit der Instrumente, der Bewegung der Himmelskörper und anderer Umstände einschleichen, Fehler, die - wenn man sich ans Werk gemacht hat - erst die Erfahrung ans Licht bringt; wenn Sie ferner prüfen, welche Veränderungen die Summe all dieser kleinen Fehler bei der Bestimmung des von Ihnen Gesuchten bewirken kann, dann können Sie schätzen, welchen Gewinn die von Ihnen vorgeschlagenen Methoden bringen" (19).

CASSINIs Brief verrät im übrigen kaum mehr als Wohlwollen und freundliches Interesse für FATIO, es scheint aber, als habe der Abbé NICAISE in seinem Eifer, CHOUET zu Gefallen zu sein, weit mehr für dessen Schützling zu erreichen gesucht. CASSINI, so schreibt NICAISE an CHOUET, habe ihm versichert, daß er sich mit Vergnügen für FATIO bei COLBERT und den anderen Ministern verwände, und daß es nicht an ihm liege, wenn FATIO nicht in die Akademie aufgenommen worden sei, und wenn er keine Besoldung erhalte. Dies, so ergänzt NICAISE, sei darauf zurückzuführen, daß man in Frankreich die Protestanten unterdrücke und sie von allen Ämtern und Geschäften ausschließe.

> "Das aber", so fährt NICAISE wörtlich fort, "bindet Herrn CASSINI die Hände und hindert ihn an einer offenen Aussprache mit dem Minister, der es übel aufnähme, wollte man ihm Vorschläge solcher Art unterbreiten" (20).

Weder FATIOs Briefe an CASSINI noch dessen Antwort geben Anlaß zu der Vermutung, daß CASSINI den jungen FATIO zu diesem
Zeitpunkt mit Gründen für eine Aufnahme in die Akademie der
Wissenschaften hätte vorschlagen können. Und CHOUETs Antwort
an NICAISE zeigt, daß weder CHOUET noch FATIO an eine solche
Möglichkeit auch nur gedacht hatten, vielmehr betont CHOUET,
der seines Schützlings Rechtschaffenheit und Anspruchslosig-
keit rühmt, "daß Herrn FATIOs Gedanken sich keinesfalls zu
dem Wunsche versteigen, in die Akademie der Wissenschaften
einzutreten, und noch weit weniger sich auf eine Besoldung richten; seine Wünsche sind bescheidener: er weiß, daß sein Alter
und seine Religion ihm nicht erlauben, Anspruch auf solche Eh-
ren zu erheben" (21). FATIOs "bescheidenere Wünsche", ein Jahr
am Pariser Observatorium verbringen und unter CASSINIs Anlei-
tung sich mit den Praktiken der Astronomie vertraut machen zu
dürfen, gehen in Erfüllung: Im April des Jahres 1682 reist
FATIO auf Einladung CASSINIs (22) und versehen mit einem Kre-
ditbrief seines Vaters nach Paris (23).

3. FATIOs Pariser Lehrjahre (Paris 1682-1683)

Es gibt im Jahre 1682 kaum einen Astronomen mit größerer Erfahrung und von größerem Ansehen als CASSINI und kaum einen
Ort, an welchem man mit mehr Eifer und größerem Erfolg Astronomie treibt als am königlichen Observatorium zu Paris; "Herr
FACIO, der, angeregt durch astronomische Studien, hierher kam,
um sich am Observatorium im Gebrauche jeglicher dafür geschaf-
fener Instrumente zu üben" (24), fand dazu mehr als einmal Gelegenheit. DUHAMEL und FONTENELLE, die beiden Historiker der
Akademie, verzeichnen für den Zeitraum zwischen April 1682 und
Oktober 1683 neben den Routinebeobachtungen auch einige unge-
wöhnliche Ereignisse: die Mondfinsternis vom 18.VIII.1682 (25),
das Auftauchen des später nach HALLEY benannten Kometen, der
zwischen dem 27.VIII. und 22.IX.1682 beobachtet wurde (26), endlich als spektakulärstes Ereignis die Entdeckung des Zodiakallichts durch CASSINI am 18.III.1683. DUHAMEL und FONTENELLE
nennen FATIOs Namen nur im Zusammenhang mit den Beobachtungen
der Streifen des Saturn, Beobachtungen, die man anstellte, um
die Rotationsdauer dieses Planeten bestimmen zu können. DUHAMEL
notiert in seiner 'Historia':

"Im Monat März [1683] kam Herr FACIO de Duilliers, ein vortrefflicher und in der Astronomie wohlbewanderter Mann ins königliche Observatorium, um mit eigenen Augen zu sehen, was CASSINI vor sechs Jahren an Kugel und Ring des Saturn entdeckt und veröffentlicht hat" (27).

Bei der Wiederaufnahme dieser Saturnbeobachtung entdeckt CASSINI am 18.III.1683 am Abendhimmel eine pyramidenförmige, zur Ekliptik symmetrische Lichterscheinung, die - so wissen wir heute - durch Streuung von Sonnenlicht an interplanetarem Staub zu Stande kommt und den Astronomen unter dem Namen Zodiakallicht wohlbekannt ist (28). An der eigentlichen Entdeckung hatte FATIO zwar keinen Anteil (29), jedoch hielt er sich, wie CASSINI bestätigt, in den folgenden Wochen "während der meisten Beobachtungen" im Observatorium auf (30). Über diese Beobachtungen, die sich vom 18. bis zum 26. März erstreckten und denen sich diejenigen vom 14., 22., 24. und 28. April anschlossen, hat CASSINI im 'Journal des Sçavans' vom 10.V.1683 unter dem Titel 'Eine neue seltene und einzigartige Naturerscheinung etc. (Nouveau Phenomène rare & singulier etc.)' zum ersten Male berichtet; die Assistenz FATIOs wird hier jedoch nicht erwähnt.

Den Sommer des Jahres 1683 verbringt FATIO in Paris; während CASSINI im August außerhalb von Paris Vermessungsarbeiten leitet, die der genaueren Bestimmung der Gestalt der Erde dienen (31), hat FATIO Gelegenheit, auch selbständig im Observatorium zu arbeiten (32). Die für FATIO so günstigen Arbeitsbedingungen ändern sich, als die Akademie im September 1683 ihren Protektor COLBERT (1619-1683) verliert und J.M. LE TELLIER, Marquis de LOUVOIS (1641-1691), dessen Nachfolger wird (33) - der Kriegsminister LUDWIGs XIV., mitverantwortlich für die Aufhebung des Edikts von Nantes und die barbarischen Methoden im pfälzischen Erbfolgekrieg, ist kein Freund der Wissenschaften:

"Herr LOUVOIS wünscht", so heißt es in einer Anordnung, "daß sich die Akademie mit Arbeiten beschäftigt, die einen raschen und handgreiflichen Nutzen zeitigen und zum Ruhme des Königs beitragen" (34).

Kurze Zeit nach COLBERTs Tod verläßt FATIO Paris und kehrt im Oktober 1683 in seine Vaterstadt Genf zurück (35); die Anregun-

gen, die er in Paris erhalten hat, bestimmen seine wissenschaftliche Tätigkeit in den folgenden Jahren, die "große Aufmerksamkeit und Pünktlichkeit" beim Beobachten, sowie "der leidenschaftliche Eifer und das angeborene Talent (génie) für die
Astronomie", welche ihm sein Lehrer CASSINI bescheinigt (36),
führen zu Ergebnissen, die FATIO die Anerkennung und den Respekt der bedeutendsten Gelehrten Europas sichern.

4. Zwischen Himmel und Erde (Genf 1683 bis 1686)

Zwei Themen sind es, die FATIOs wissenschaftliche Tätigkeit
zwischen Herbst 1683 und Frühjahr 1686 hauptsächlich bestimmen: die Kartographierung der Landschaft um Genf und das Studium des Zodiakallichts. FATIO ist dabei bestrebt, den wissenschaftlichen Kontakt zu seinem Lehrer CASSINI nicht abreißen
zu lassen: "Um seine Verbindung mit uns fortzusetzen", so erinnert sich CASSINI, "ließ er [FATIO] sich Instrumente anfertigen, die - bis auf die von ihm erfundenen Zusätze - den gewöhnlich von uns verwendeten gleichen" (37).

Als erstes bemüht sich FATIO um eine genaue Bestimmung der Koordinaten von Duillier. Er bestimmt mit seinem Quadranten aus
der Polhöhe die nördliche Breite zu 46° 23' 13" (korrekter
Wert: 46° 24'), scheitert aber bei dem Versuch, die zur Längen-
bestimmung nötigen Angaben aus einer Fixsternbedeckung zu erhalten (38); dies gelingt erst bei Beobachtung der totalen Son-
nenfinsternis vom 12.VII.1694 (39). Mehrmals von FATIO gemahnt,
berechnet CASSINI aus den unterschiedlichen Beobachtungsdaten
die Differenz der Meridiane von Paris und Duillier zu 3° 15',
was gegenüber dem korrekten Wert - Duillier liegt 3° 54' 10"
östlich von Paris - eine beträchtliche Abweichung darstellt
(40). Aber immerhin ist diese Bestimmung wesentlich besser als
die bislang bekannten, und FATIO bemerkt in einem Briefe an
CASSINI lakonisch:

> "Wenn in der Rechnung, die anzustellen Sie sich die Mühe ge-
> macht haben, kein Fehler steckt, dann sind - was die Lage
> der Stadt Genf anlangt - die Karten recht unzulänglich".

Und triumphierend fährt er fort:

"ich nehme mit einer einzigen Beobachtung dem Könige mehr
Land im Osten weg, als ihm seine größten Feinde jemals werden entreißen können" (41).

Welchen Zweck die Bestimmungen haben sollten, hatte FATIO schon
am 6.XII.1684 an CASSINI geschrieben:

"Seitdem Pater CORONELLI uns um die Beschreibung unseres
Sees und dieses Staates gebeten hat - um sie in den großen Atlas einzurücken, den er vorbereitet -, bedrängt man
mich unaufhörlich, all das beizusteuern, was meine Beobachtungen an Nützlichem für jene Beschreibung abwerfen" (42).

Angeregt durch CORONELLI (oder im Auftrage des Genfer Magi-
strats), beginnt Nicolas FATIO - unterstützt von seinem Bruder
Jean-Christophe - im Juli 1685 mit umfangreichen Vermessungsarbeiten; der um acht Jahre ältere Jean-Christophe, "der sich
keiner solch großen Schärfe des Urteils erfreut wie Nicolas,
und daher mehr Vergnügen an der Anwendung als an der Theorie
hat" (43), ist jedoch nicht mehr als ein Gehilfe seines Bruders.
Dies wird besonders deutlich an der Art, in der Nicolas einige Jahre später aus der Ferne Anweisungen zur Fortführung der
Arbeit gibt oder dem älteren Bruder bei technischen Schwierigkeiten weiterhilft (44). Der redliche und handwerklich tüchti-
ge Jean-Christophe hat - solange es sein Gesundheitszustand
erlaubte - diese Arbeiten über mehr als drei Jahrzehnte fortgesetzt, ohne freilich das gesteckte Ziel zu erreichen: eine
genaue Karte des Genfer Sees und seiner unmittelbaren Umgebung herzustellen; über eine Fülle sehr genauer Einzelmessun-
gen - "zu detailliert für eine Karte und zu unvollständig für
einen Plan" (45) - und einige Entwürfe ist Jean-Christophe
nicht hinausgekommen. Einige der von den FATIOs bestimmten geographischen Daten sind Jean-Christophes 'Bemerkungen über die
Naturgeschichte der Umgebung des Genfer Sees &c' (46) zu entnehmen. Dort werden - ausgehend von verbesserten Angaben für
Duillier (47) - für Genf 46° 12' nördlicher Breite (korrekter
Wert: 46° 12' 17") und eine östliche Länge von 4° 10' angegeben, bezogen auf den Meridian von Paris (korrekter Wert:
3° 49' 36" östlich von Paris). Außer den Koordinaten von Genf
findet man in Jean-Christophes kleiner Abhandlung auch die An-

gabe zweier durch trigonometrische Messungen gewonnener Bergeshöhen: der des höchsten Juraberges, des Dôle und der des Maudit genannten Gipfels des Montblanc; zwei Messungen, die Nicolas schon im Jahre 1685 ausgeführt hatte (48). Jean-Christophe gibt als Höhe des Dôle 654 Klafter ($\hat{=}$ 1275m) und als die des Maudit 2000 Klafter ($\hat{=}$ 3898m) über dem Genfer See an (korrekte Werte: 1306m und 4435m) (49). Hier haben die FATIOs Pionierarbeit vollbracht, selbst der nicht sehr genaue Wert für die Höhe des Maudit wurde erst 58 Jahre später wesentlich verbessert (50).

Hatte die Bestimmung der genauen Lage von Duillier zunächst rein wissenschaftliche Gründe und geschah sie vor allem zu dem Zwecke, die eigenen astronomischen Beobachtungen mit denen des Pariser Observatoriums vergleichen zu können, so könnten die sich daran anschließenden kartographischen Arbeiten ebenso wie die in FATIOs Aufzeichnungen skizzierten Projekte eines Windmessers oder einer "Maschine zum Pflanzen von Gemüse" (51) auch den Zweck gehabt haben, sich der Pariser Akademie und ihrem Protektor LOUVOIS zu empfehlen. Denn im Oktober 1684 hatte ein Gewährsmann FATIOs, der Genfer Daniel MARTINE, im Auftrage des Abbé François de CATELAN bei FATIO angefragt, ob dieser Mitglied der Akademie werden wolle, "da Herr CASSINI [zu CATELAN] gesagt habe, daß er ... Sie, falls Herr LOUVOIS die Akademie zu erweitern gedenke, als eine der Personen benennen will, welche sehr wohl geeignet sind einen solchen Platz einzunehmen" (52). In der Tat war es dringend notwendig, die Plätze verstorbener oder vertriebener Akademiker wieder zu besetzen, wollte man die Akademie nicht völlig zugrunde richten (53). MARTINE rät FATIO, persönlich in Paris bei LOUVOIS zu antichambrieren, er hält dies für ein aussichtsreiches Unternehmen, "vorausgesetzt, Sie bringen ihm nützliche Neuigkeiten, vor allem über Nivellierinstrumente, die er häufig benutzt, oder über irgendein anderes Instrument, welches der Feldmeßkunst, der Aufnahme von Plänen oder der Herstellung einer Landkarte dient: dies sind Dinge, die Herr LOUVOIS schätzt; für Astronomie dagegen kann er sich kaum erwärmen, und selbst Herrn CASSINI haben Freunde geraten, mehr über geographische als über astronomische Gegenstände zu publizieren, um sich bei ihm, LOUVOIS, in Gunst zu setzen" (54).

Es ist nicht auszumachen, inwieweit FATIOs Pläne und wissenschaftliche Unternehmungen von solchen Überlegungen beeinflußt worden sind (55); es ist jedenfalls ein astronomischer Gegenstand, der FATIOs Gedanken in den Jahren von 1684 bis 1686 beherrscht und der seine Arbeitskraft fast ausschließlich in Anspruch nimmt. Zum ersten Male ist von ihm in einem Briefe die Rede, welchen FATIO am 15.II.1684 an CASSINI richtet:

> "Wir haben eine vorzügliche Gelegenheit", so schreibt FATIO, "uns über die Natur der Lichterscheinung zu unterrichten, die wir zu Beginn des Frühjahrs 1683 in Paris gesehen haben, da sich hier gerade eine ganz ähnliche zeigt, und zwar fast an derselben Stelle des Himmels" (56).

Von diesem Augenblick an läßt FATIO der Gedanke an diese Lichterscheinung nicht mehr los, bis er seine, in den wesentlichen Teilen auch noch heute gültige Theorie des Zodiakallichts unter dem Titel: 'Brief des Herrn N. FATIO DE DUILLIER an Herrn CASSINI von der Königlichen Akademie der Wissenschaften, betreffend eine außergewöhnliche Lichterscheinung, die sich seit einigen Jahren am Himmel zeigt (Lettre ... à Monsieur CASSINI ...)' im Dezember 1686 in der 'Bibliotheque Universelle' der Öffentlichkeit unterbreitet.

CASSINI gelingt es erst am 19.II.1684, die Himmelserscheinung auszumachen; zu genaueren Bestimmungen kommt er wegen der ungünstigeren Witterungsbedingungen erst im März. FATIO dagegen kann bis in den Monat Juni hinein seine Beobachtungen kontinuierlich fortsetzen. Während es anfangs noch keinem der beiden Gelehrten klar ist, daß es sich beim Zodiakallicht um eine ständig wiederkehrende Himmelserscheinung handelt, findet FATIO schon nach der vierten Beobachtung am 8.III.1684 beim Vergleich mit den vorangehenden eine Erklärung für die Entstehung des Zodiakallichts Es wird durch eine ungeheuer weit ausgedehnte und sehr dünne Materie verursacht, deren Korpuskeln gleich winzigen Planeten in unterschiedlichen Abständen die Sonne umkreisen und deren Licht reflektieren. Diese Materie hat ihre größte Konzentration in Sonnennähe und verliert sich zwischen Venus- und Erdbahn; sie bildet insgesamt einen linsenförmigen Körper, dessen Symmetrieebene die Ekliptik ist (57). FATIO zieht den Schluß, daß

das Zodiakallicht von Anbeginn der Zeiten existierte und also
auch in Zukunft zu sehen sein werde, und zwar in unseren Breiten
im Frühjahr nach Sonnenuntergang, im Herbst vor Sonnenaufgang und
zur Zeit des Wintersolstitiums an ein- und demselben Tage vor Sonnenaufgang im Osten und nach Sonnenuntergang im Westen; in den
Tropen, in welchen die Ekliptik steil genug ist, müßte nach FATIOs
Ansicht das Zodiakallicht ein tägliches Schauspiel sein. Nachdem FATIO sich aufgrund seiner Beobachtungen und aufgrund von
Spekulationen ein Zodiakallichtmodell konstruiert hat, versucht er die Abweichungen von der Idealgestalt aus den sich
ändernden äußeren Verhältnissen (Schiefe der Ekliptik, Zeitpunkt der Dämmerung, Mondphase, Lage der Milchstraße, Kon-
stellation der Planeten und Fixsterne etc.) zu erklären;
"alle Beobachtungen", so schreibt FATIO später, "die ich nach
diesem Zeitpunkt [dem 8.III.1684] angestellt habe ..., müssen weit eher als Hinweise (mémoires) aufgefaßt werden, die
für die Prüfung der Hypothese nützlich sein können, denn als
Erkenntnisse, die mir dazu dienten, diese Hypothese zu konstruieren" (58). Am 7.X.1684 gelingt es FATIO zum ersten Male,
das Zodiakallicht am Morgenhimmel zu beobachten (59), und am
6.I.1685 sieht er - wie erwartet - die Lichterscheinung am
Abend im Westen und am darauffolgenden Morgen im Osten. Dieses Mal hat er zuvor das Zodiakallicht in der von ihm erwarte-
ten Form in eine Sternkarte der Umgebung der Ekliptik eingezeichnet, und zu seiner Genugtuung erblickt er, wie er später schreibt, "das Licht am Abend und am Morgen in einer Lage, die derart genau mit den von mir gezeichneten Figuren über-
einstimmte, daß ich keine Stelle entdecken konnte, an der es
notwendig gewesen wäre, sie zu korrigieren" (60).

FATIO hat CASSINI über alle seine Beobachtungen unterrichtet
und ihm die Ergebnisse mitgeteilt. Am 6.VI.1684 schreibt er
CASSINI von seiner Absicht, eine Abhandlung über das Zodiakallicht zu verfassen (61), am 21.VII.1684 bietet er CASSINI sein
Beobachtungsmaterial an (62), am 21.VIII.1684 erläutert er
seine Hypothese und sagt voraus, daß das Zodiakallicht am
herbstlichen Morgenhimmel zu sehen sein werde (63), und nach
dem 7.X.1684 teilt er CASSINI die Beobachtungen mit, welche
seine Hypothese bestätigen (64). Um die gleiche Zeit muß auch

die erste Fassung einer Abhandlung über die Natur des Zodiakallichts entstanden sein, welche FATIO an das 'Journal des
Sçavans' geschickt hat, jedenfalls schreibt der schon zitierte MARTINE im Oktober an FATIO, daß er dessen Schreiben wunsch-
gemäß dem Abbé de LA ROQUE (65) überreicht, und dieser ihm daraus über "eine neue Naturerscheinung, die sich nach Untergang
und vor Aufgang der Sonne zeigt" (66) vorgelesen habe. MARTI-
NE, der mit seinem Brief zugleich auch LA ROQUEs Antwort übermittelt, drückt jedoch seine Befürchtung aus, es könne dieses
Manuskript ebenso lange wie andere ungedruckt herumliegen (67);
und in der Tat geht aus LA ROQUEs Brief an FATIO hervor, daß
sich schon mehrere von dessen Manuskripten in Paris befinden
müssen (68). Jedoch scheint FATIO an einer Veröffentlichung
seiner Theorie des Zodiakallichts gerade in diesem Augenblick
auch nichts gelegen zu sein, denn in dem soeben erwähnten
Brief schreibt LA ROQUE an FATIO:

> "Was die 'Naturerscheinung' angeht, deren Beschreibung Sie
> mir gesandt haben, so werde ich - da Sie es so wünschen -
> mit der Veröffentlichung warten, bis ich von Ihnen Nach-
> richt bekommen habe" (69).

Eine solche Nachricht bekommt der Abbé nicht, statt dessen erscheint im März 1685 in den von Pierre BAYLE herausgegebenen
'Nouvelles de la Republique de Lettres' ein Aufsatz mit dem
Titel: "Auszug aus einem Brief des Herrn CHOUET, Professor der
Philosophie in Genf, der am Dritten des verflossenen Monats an
den Herausgeber der 'Nouvelles' geschrieben wurde und eine Himmelserscheinung betrifft" (70). In diesem Aufsatz werden die
Grundgedanken der FATIOschen Zodiakallichthypothese referiert,
ferner berichtet, daß diese Hypothese samt den aus ihr resultierenden Voraussagen über die Sichtbarkeit des Zodiakallichts
schon im März 1684 entstanden ist. Der konsternierte Abbé de
LA ROQUE empfindet FATIOs Vorgehen als Affront (71) und läßt
keines der bei ihm noch liegenden FATIOschen Manuskripte im
'Journal des Sçavans' erscheinen (72).

Die Gründe für FATIOs ein wenig seltsames Verhalten liegen auf
der Hand. FATIO hatte einen Artikel über das Zodiakallicht bei
LA ROQUE deponiert, um seinen Prioritätsanspruch für die Er-

klärung dieses Phänomens anzumelden; an eine Veröffentlichung
war zunächst noch nicht gedacht, wohl weil FATIO seiner Sache
nicht sicher war, und ihm die Anzahl der Beobachtungen nicht
ausreichend schien. Als er jedoch im März 1685 erfährt, daß
CASSINI eine neue Abhandlung schreibt, in welcher "die Natur
des außergewöhnlichen Lichts, das auf der Ekliptik erscheint"
(73), ausführlich erläutert werden soll, hält FATIO es für
notwendig, auf seinen eigenen Beitrag bei der Untersuchung des
Zodiakallichts in gebührender Form aufmerksam zu machen. Eine
Publikation in   LA ROQUEs 'Journal' wäre nicht innerhalb
kurzer Zeit möglich gewesen (74), und darum entschließt sich
FATIO, seine bisherigen Ergebnisse in CHOUETs Brief an Pierre
BAYLE darzustellen und in des letzteren 'Nouvelles' erscheinen
zu lassen (75). Einige Tage später bittet FATIO CASSINI, ihm
genauere Angaben über den Inhalt der in Paris erscheinenden
Abhandlung CASSINIs zu machen, weil er herausfinden möchte, ob
ein eigener Beitrag zum Thema Zodiakallicht überhaupt noch
sinnvoll ist (76). CASSINI teilt FATIO daraufhin mit, daß es
sich bei der fraglichen Abhandlung um diejenige aus dem 'Journal des Sçavans' vom 20.V.1683 handelt, jedoch "in Abschnitte
unterteilt und mit einigen Überlegungen verknüpft, welche deutlicher erklären, was ich damals nur beiläufig gesagt habe".
CASSINI gibt Beispiele für solche ausführlicheren Erklärungen
und fährt fort:

"Ich versäume dabei nicht, über die Genauigkeit Ihrer
[FATIOs] Beobachtungen, über Ihre Hypothesen, Ihre Vorher-
sagen und deren Bewahrheitung zu sprechen und über Ihre
Güte, mir diese mitzuteilen" (77).

CASSINI schließt seine diesbezüglichen Betrachtungen mit der
Aufforderung an FATIO, ihm weitere Beobachtungen und Überlegungen möglichst rasch mitzuteilen. FATIO gewinnt durch CASSI-
NIs Brief die Überzeugung, daß seine eigene Abhandlung über
die Natur des Zodiakallichts alles andere als überflüssig geworden ist, und in einem am 27.III.1685 datierten Briefe kün-
digt er CASSINI die Übersendung einer Kopie seines eigenen
Traktats an, will allerdings dessen Veröffentlichung ganz von
CASSINIs Urteil abhängig machen (78). CASSINI antwortet post-
wendend nach Empfang des Traktats:

"Ich habe ihn mit außerordentlichem Vergnügen gelesen, zumal er sehr bedeutsame Beobachtungen und sehr hübsche Überlegungen enthält" (79).

Zum Beweise seiner Wertschätzung schickt CASSINI zwei Druck-
seiten aus seiner eigenen Abhandlung, auf welchen er FATIOs
Beobachtungen aus dem Jahre 1684 und auch dessen Zodiakallichthypothese wiedergibt (80). Zugleich muß sich FATIO aber sagen
lassen, daß der ängstliche Eifer, mit welchem er die Priorität seiner Beobachtungen und Gedanken betont, die Pariser Akademiker befremdet hat.

"Der Akademie, der ich Ihre Briefe so, wie ich sie bekommen, auch übermittelt habe, will dünken", so schreibt
CASSINI, "daß Sie ... überflüssige Vorsichtsmaßregeln getroffen haben; zumal Ihre Briefe allein ausreichten, um
Ihre Beobachtungen und Betrachtungen zuverlässig zu bezeu-
gen (81) ..., es wäre daher nicht übel, wenn Sie über einige Stellen Ihrer Abhandlung nachdächten, die als über-
vorsichtig ausgelegt werden könnten" (82).

Wenn FATIO sich bemüht, mit minutiöser Genauigkeit festzuhal-
ten, wann er welchen Gedanken schon hatte, oder wann er welche Beobachtung CASSINI mitgeteilt hat, so ist dies nicht ein
Ausdruck des Mißtrauens gegenüber CASSINI oder der Akademie,
vielmehr entspringt dieses Verhalten der berechtigten Sorge,
das wissenschaftliche Publikum könnte ihn, den nahezu unbekannten Einundzwanzigjährigen für einen bloßen Gehilfen des
großen CASSINI halten. Und man bekäme in der Tat ein falsches
Bild von FATIOs Leistung, müßte man sie aufgrund der Darstellung beurteilen, die CASSINI von ihr in seiner 'Découverte'
gibt. CASSINI verzeichnet zwar getreulich alle Beobachtungen
FATIOs und referiert dessen Hypothese durchaus zutreffend;
weil er sich selbst aber über die Natur des Zodiakallichts
nicht im klaren ist und daher dem Leser eine ganze Reihe von
Erklärungsmöglichkeiten anbietet, scheint nun auch FATIOs Hypothese nur noch eine von vielen, mehr oder minder haltlosen
Spekulationen zu sein. Erst FATIOs eigene Abhandlung über die
Natur des Zodiakallichts zeigt die Klarheit und Überzeugungskraft seiner Hypothese und deren Überlegenheit über die CASSI-

NIschen Spekulationen. Selbst wenn die Theorie des Zodiakallichts Nicolas FATIOs einzige wissenschaftliche Leistung wäre,
würde sie ausreichen, ihm einen Platz in den Annalen der Astronomie zu sichern.

5. Politik und Wissenschaft (Holland 1686-1687)

Im Jahre 1685 hatte FATIO im Hause seiner Eltern einen piemon-
tesischen Grafen mit Namen FENIL kennengelernt (83). FENIL war
Capitaine in der französischen Armee gewesen, mußte aber aus
Frankreich fliehen, nachdem er bei einer Auseinandersetzung
seinen Regimentskommendeur erschossen hatte. Er hatte zunächst
Zuflucht bei FATIOs Großvater Gaspard BARBAULD gefunden, und
BARBAULD gab ihm ein Empfehlungsschreiben für FATIOs Eltern,
bei denen er gastlich aufgenommen wurde. FENIL, der alles da-
ransetzt, wieder nach Frankreich zurückkehren zu können, erzählt eines Tages dem jungen FATIO, er habe einen Brief an LOU-
VOIS geschrieben und darin den Vorschlag gemacht, sich des
Prinzen WILHELM von Oranien zu bemächtigen und LUDWIGs XIV.
Erzfeind nach Frankreich zu bringen. FENIL zeigt FATIO auch
die Antwort LOUVOIS', der für den Fall des Gelingens FENIL
die Gnade des Königs und reiche Belohnung verheißt. FATIO,
dem LOUVOIS' Unterschrift vertraut ist, hat keine Veranlassung,
an der Echtheit des Briefes zu zweifeln. Da FATIO den Grafen,
der ihm nun auch Einzelheiten seines Planes anvertraut (84),
als einen Mann von großem Mut und ungewöhnlicher Intelligenz
kennt, ist er sich der Gefahr bewußt, in welcher WILHELM von
Oranien schwebt. FATIO ist sich keinen Augenblick darüber im
Zweifel, daß er den Prinzen warnen muß, und da ihm eine brief-
liche Warnung nicht wirkungsvoll genug scheint, beschließt er,
nach Holland zu reisen und den Prinzen von Oranien über FENILs
Pläne zu unterrichten. Im April des Jahres 1686 verläßt FATIO
seine Vaterstadt (85), um gemeinsam mit Gilbert BURNET (86)
nach Holland zu reisen. Zunächst geht es nach Basel, wo FATIO
die Bekanntschaft Jakob BERNOULLIs macht (87), dann rheinabwärts bis nach Speyer, von Speyer über Heidelberg und Frankfurt a.M. nach Mainz und dann abermals rheinabwärts über Wesel
nach Nijmwegen, wo beide am 7. Mai 1686 eintreffen (88).

FATIO kann sich später nicht mehr erinnern, ob er BURNET noch
in Genf oder erst auf der Reise über FENILs Komplott unterrichtet hat, BURNET jedenfalls erstattet unmittelbar nach der
Ankunft in Den Haag dem Prinzen und der Prinzessin im Rahmen
einer Audienz Bericht und auf Anweisung des Prinzen werden
auch der Raadpensionaris G. FAGEL (1629-1688) und die General-
staaten von der geplanten Verschwörung in Kenntnis gesetzt;
vor ihnen wird FATIO wenig später als Zeuge vernommen. Nachdem FATIO sich seiner Verpflichtung entledigt hat, verläßt er
zunächst Den Haag, um eine Reise durch Holland zu machen; er
hält sich dabei vor allem in Leiden und Amsterdam auf, kehrt
aber schließlich nach Den Haag zurück, wo inzwischen "der berühmte Mathematiker Herr HUGENS", so erinnert sich FATIO später, "dafür gesorgt hatte, daß meine Fähigkeiten auf den verschiedenen mathematischen Gebieten bekannt wurden" (89). Wahrscheinlich ist es auf Christiaan HUYGENS' wissenschaftliche
Wertschätzung zurückzuführen, daß man für FATIO in Anerkennung
seiner Verdienste um das Haus Oranien eine Mathematikprofessur
errichten will. Gegen ein Salär von 1200 Gulden pro Jahr soll
er in einem vom niederländischen Staat gestellten Haus Patri-
ziersöhne in Festungsbau, Astronomie, Navigation und "anderen
mathematischen Gebieten" in französischer Sprache unterrichten.
Überdies will WILHELM von Oranien einen Ehrensold beisteuern
und sich für FATIO weiteres Fortkommen verwenden (90). Während
FATIO in Den Haag auf eine entsprechende Regelung seiner Ange-
legenheiten wartet, nutzt er die Zeit zu einer intensiven wissenschaftlichen Arbeit mit Christiaan HUYGENS (91).

Zeugnis für die Zusammenarbeit und den fruchtbaren Gedanken-
austausch zwischen FATIO und HUYGENS sind die wissenschaftlichen Notizbücher der beiden. So trägt FATIO in HUYGENS' "Adversaria" Beobachtungen über die Kristallformen von Schnee-
flocken (92) sowie eine kleine Abhandlung ein, die das Auf-
einander=Abrollen von Rädern zum Gegenstande hat (93). Verdient gemacht hat sich FATIO aber vor allem durch das Ordnen
und Kopieren der Manuskripte, die HUYGENS auf Betreiben de LA
HIREs (94) für einen geplanten Sammelband von Arbeiten der Pariser Akademiker zusammenstellen sollte (95). Nicht nur HUY-
GENS' Zeugnis bestätigt, daß FATIO sich dieser Mühe mit Erfolg

unterzogen hat (96), auch in FATIOs eigenen Aufzeichnungen
finden sich die Spuren dieser Arbeit (97); besonders ausführlich sind die Notizen, die sich FATIO zu HUYGENS 'Regula ad
inveniendas Tangentes curvarum' - Vorstudien zu Infinitesimalrechnung (98) - und zu HUYGENS' Theorie der Schwere gemacht
hat. Die Notiz zur Schweretheorie, welche Den Haag, 1.II.1686
[sic!] datiert ist, beginnt mit den Worten:

> "Ich habe zu Den Haag für Herrn HUGENS ein Schriftstück von
> einigen Seiten kopiert, das er über die Ursache der Schwe-
> re verfaßt hat und das mir sehr gut gefällt" (99).

FATIO begnügt sich nicht mit dem Geschäfte des Kopierens, es
ist für ihn vielmehr Anstoß zu einer intensiven Beschäftigung
mit HUYGENS' Theorie der Schwere und zur Entwicklung eigener
Vorstellungen über die Natur der Schwerkraft (Dies wird in den
Kapiteln 4 und 5 dieser Arbeit ausfürlich dargestellt). Gleiches gilt - wie FATIOs Bemerkungen zu einem Exzerpt der HUY-
GENSschen 'Regula' beweisen (100) - für das sogenannte Tangentenproblem, d.h. die Methode, die Tangente einer Kurve und damit ihren Differentialquotienten zu bestimmen. Auch hier hat
HUYGENS FATIO auf den rechten Weg gebracht, wie dieser fast
zwei Jahre später in seiner eigenen Studie bestätigt:

> "Vor einiger Zeit hat mir der berühmte Herr HUGENS im Manu-
> skript die Methode gezeigt, derer er sich bedient, um die
> Tangenten von Kurven aus deren Gleichungen zu bestimmen ...
> Diese Methode ist von der meinen nicht sehr verschieden,
> und erst nachdem ich sie gesehen habe, bin ich auf den Ge-
> danken gekommen, von dem meine Methode sich ableitet"
> (101).

Es ist schließlich ein spezielles Tangentenproblem, das HUY-
GENS und FATIO im März des Jahres 1687 gemeinsam in Angriff
nehmen und dessen Lösung FATIO die Wertschätzung des großen
HUYGENS einträgt und damit die Voraussetzung zu weiterer Zusammenarbeit der beiden Gelehrten ist. Es handelt sich bei
diesem Problem darum, eine allgemeine Lösung für die Bestimmung der Tangenten sogenannter "Fadenkurven" zu finden. Fadenkurven sind Kurven, welche ein Stift beschreibt, der ein einfach verschlungenes Seilvieleck spannt; es sind Kurven, die

aus ihren Brennpunkten konstruiert werden (Das einfachste Beispiel ist die Faden- oder Gärtnerkonstruktion der Ellipse). Im
Jahre 1687 war unter dem Titel 'Medicina Mentis' ein Logiklehr-
buch eines Freundes von LEIBNIZ, des sächsischen Naturforschers Ehrenfried Walter von TSCHIRNHAUS (1651-1708), erschienen, in welchem dieser eine allgemeine Lösung des Tangentenproblems der Fadenkurven angab. FATIO demonstriert HUYGENS,
daß TSCHIRNHAUSens Lösung falsch ist. HUYGENS notiert dazu in
seinen 'Adversaria':

> "1687. 13. oder 14. März, Herr de DUILLIER teilt mir seine
> Tangentenmethode für die Kurven des Herrn von TSCHIRNHAUS
> mit, wonach es den Anschein hat, daß dieser sich in einer
> Sache getäuscht hat, in der er sich rühmte, so trefflich
> reüssiert zu haben" (102).

Aus diesem Ansatz ergibt sich eine mehrere Tage währende, in-
tensive Zusammenarbeit zwischen FATIO und HUYGENS, welche die
Grundlage für zwei Publikationen FATIOs bildet: für die Widerlegung TSCHIRNHAUSens und die Angabe einer exakten, allgemeinen Lösung des Problems, die in der April-Nummer der 'Bibliotheque Universelle' noch im gleichen Jahre erscheint (103),
und für den Beweis der allgemeinen Lösung, welchen FATIO auf
eine Entgegnung TSCHIRNHAUSens (104) im Jahre 1689 ebenfalls
in der 'Bibliotheque Universelle' folgen läßt (105). In dieser
zweiten Publikation betont FATIO auch den Anteil, den der "berühmte holländische Mathematiker" - HUYGENS' Name wird nicht
genannt - an der Lösung des Problems hat und schließt:

> "Wenn es also Ruhm einbringt, diese Entdeckung gemacht zu
> haben, so wäre es nur gerecht, ihn mit ihm zu teilen oder
> gar, ihn ihm ganz zu überlassen" (106).

HUYGENS dagegen ist eher geneigt, FATIO den eigentlichen Verdienst zuzurechnen, wenn er an LEIBNIZ schreibt:

> "Ich habe einigen Anteil an Herrn FATIOs Regel ..., wie er
> selbst in den Journalen eingeräumt hat; aber er ist es ge-
> wesen, der mich erst auf den Fehler von Herrn v. TSCHIRN-
> HAUS hingewiesen hat" (107).

Mit der Lösung des TSCHIRNHAUSschen Tangentenproblems ist die
gemeinsame Arbeit der beiden Gelehrten zunächst einmal beendet;

die Freundschaft, die bei dieser gemeinsamen Arbeit entstanden
ist, hat jedoch gerade erst begonnen und läßt die Verbindung
zwischen FATIO und HUYGENS bis zu HUYGENS Tode nicht mehr abreißen.

FATIO versucht im Frühjahr 1687 vergeblich, bindende Zusagen
über die ihm versprochene Professur zu erhalten. Das mit der
Regelung dieser Angelegenheit beauftragte Mitglied der Gene-
ralstaaten bedeutet ihm, daß wegen der Beratung des Militär-
etats in den nächsten Wochen kein Fortschritt in dieser Sache
zu erwarten ist. FATIO beschließt, diese Zeit in England zu
verbringen und reist Mitte Mai nach London (108).

6. Wissenschaft und Politik (England 1687-1690)

"Ein Franzose, der nach England kommt, findet die Philosophie und alles übrige ganz verändert: Er hat eine von Materie erfüllte Welt verlassen und trifft sie leer an. In
Paris denkt man sich das Universum aus Wirbeln subtiler
Materie gebildet, in London bemerkt man nichts davon"
(109).

Mit diesen Worten beginnt VOLTAIRE den vierzehnten seiner 'Philosophischen Briefe', in welchem er die Unterschiede zwischen
der Denkweise der englischen Philosophen und der Philosophen
des Kontinents charakterisiert. FATIO, der gerade zu dem Zeitpunkt nach London kommt, als die 'Principia Mathematica' erscheinen, bekommt diesen Unterschied deutlich zu spüren:

"Einige der Herren, welche zur Royal Society gehören, sind
überaus angetan von einem Buche des Herrn NEWTON", so
schreibt FATIO an HUYGENS, "und sie haben mich getadelt,
daß ich zu cartesianisch sei und mir zu verstehen gegeben,
daß sich aufgrund der Überlegungen ihres Autors die gesamte Physik verändert habe" (110).

FATIO hält sich zunächst einige Zeit in London auf, besucht
Sitzungen der Royal Society und beginnt mit dem Studium der
'Principia', wenig später geht er nach Oxford, wo er mit dem
Mathematiker John WALLIS (1616-1703) und dem Astronomen und
Theologen Edward BERNARD (1638-1697) bekannt wird (111). Woll-

te FATIO zunächst nur einige Monate in England bleiben, so
sieht er sich inzwischen genötigt, seine Pläne zu ändern: In
der Sitzung der Royal Society vom 25.VI.1686 war FATIO von
John HOSKYNS (1634-1705) - zu dieser Zeit Sekretär der Royal
Society - als Kandidat für die Royal Society vorgeschlagen
worden (proposed) (112), nun muß er abwarten, bis eine Ent-
scheidung darüber fällt. Am 26.XI. schreibt er aus Oxford dem
Bruder Jean-Christophe:

> "Die Versammlungen der Royal Society haben wieder begonnen,
> aber ich habe nicht erfahren können, ob man auch - wie be-
> schlossen - meine Wahl (election) vorgenommen hat" (113).

Vier Wochen später klagt er darüber bei Chr. HUYGENS:

> "Ich wäre sehr froh, wenn ein Ende der Angelegenheit abzu-
> sehen wäre, da aber das Jahr so weit fortgeschritten ist,
> werde ich wohl gezwungen sein, auch den Winter in England
> zu verbringen. Ich werde die Zeit dazu nutzen, um die eng-
> lische Sprache so gut ich kann zu lernen" (114).

Aber während er dies schreibt, erhält er die Nachricht, "daß
die Herren der Royal Society ... [seine] Aufnahme (election)
nun zum Glück beschlossen haben" (115).

Der eben zitierte Brief ist ein wissenschaftliches Dokument
von besonderer Bedeutung, als er eine Darstellung von FATIOs
Methode zur Lösung des Tangentenproblems und dessen Umkehrung,
des sogenannten "inversen Tangentenproblems" enthält, oder mit
FATIOs eigenen Worten ausgedrückt: eine "Methode, die Tangenten von Kurven aus deren Gleichung zu finden", und eine "Methode, die Gleichung von Kurven aus der (vorgegebenen) Eigenschaft
der Tangenten zu finden". FATIO demonstriert beide Methoden am
Kreis und an der Parabel und darüberhinaus die zweite, also
das "inverse Tangentenproblem", an der Hyperbel, an zusammengesetzten Parabeln, an der Logarithmuskurve und schließlich an
Polynomen. Während FATIO - wie er selbst sagt - die erste Methode aus HUYGENS 'Regula' entwickelt hat, stammt die zweite
ganz allein von ihm (116) und ist wahrscheinlich während der
ersten Monate seines Aufenthaltes in England entwickelt worden.
Am 26.XI.1687 schreibt er dem Bruder Jean-Christophe:

"Ich habe vor kurzem eine Theorie vollendet, an der ich
schon in Holland gearbeitet habe; ich habe mich dabei aber
ein wenig überanstrengt, und nur der leidenschaftliche Eifer und die Verbissenheit mit denen ich - habe ich mich
erst einmal aufgerafft - nach einer Lösung suche, konnten
mich bei einer solch schwierigen Arbeit aufrechthalten"
(117).

Und nach einer kurzen Beschreibung seiner Infinitesimalmethode
setzt er hinzu:

"Es wurde bereits eine Methode verwandt, die meiner ersten
gleicht, die zweite jedoch, die ohne Zweifel die wichtige-
re ist und weit schwerer zu finden, ist ganz und gar mein
Eigen; im Grunde folgt sie aber - jedenfalls bei meiner
Art vorzugehen - aus der ersten Methode (118).

Es dauert noch bis zum Frühjahr 1688, bis die für die Aufnahme (admission) in die Royal Society notwendigen Formalitäten
erfüllt sind: erst am 12. Mai 1688 wird FATIO deren Mitglied
(119).

"Zu Ihrer Aufnahme in die Royal Society", so schreibt ihm
J.-R. CHOUET, "gratuliere ich Ihnen erst gar nicht, mein
Lieber, weil Ihnen nicht weniger als das zusteht" (120).

Die Aktivität des neuen Mitgliedes läßt sich aus dem 'Jour-
nalbook' ablesen: am 12.V. berichtet er über mikroskopische
Beobachtungen, am 19.V. über Fernrohrbeobachtungen des ersten
Jupitersatelliten, und am 14.VII. schließlich kommt er einer
Aufforderung der Royal Society nach und hält einen Vortrag
über die HUYGENSsche Theorie der Schwere (121).

"Nun fehlt Euch nur noch eine Besoldung, die der Ehre,
Mitglied einer solchen Körperschaft zu sein, auch angemessen ist" (122),

so hatte der Bruder Jean-Christophe auf die Nachricht von
FATIOs Aufnahme in die Royal Society trocken konstatiert.
FATIO muß jedoch nach wie vor seine Ausgaben mit dem Kredit-
brief seines Vaters bestreiten, bis er sich entschließt, den
Sohn eines Freundes ein Jahr lang "in einigen Wissenschaften
zu unterrichten" (123). Als Entgelt verlangt er auf Anraten

des ihm inzwischen freundschaftlich verbundenen Robert BOYLE
(1627-1692) eine kleine Leibrente, imstande, ihn "vor äußerster Not zu bewahren" (124).

Die politischen Umwälzungen der 'Glorious Revolution', die
am 21.II.1689 mit der Proklamation WILHELMs III. zum englischen König ihren vorläufigen Abschluß finden, bringen auch
für FATIOs Leben Veränderungen mit sich. Der Dienst, den er
WILHELM von Oranien geleistet hat, sichert ihm das Wohlwollen
und die Sympathien der herrschenden Whigs, sein gewinnendes
Wesen, seine Bildung und Intelligenz öffnen dem jungen Genfer
"honette homme" alle Türen.

> "Ich selbst bin ohne Amt mitten unter hochgestellten Per-
> sonen, welche mir die Gunst ihrer Zuneigung und ihres In-
> teresses erweisen, und die in der Absicht, mir gefällig
> zu sein, zehn oder zwölf Leute protegiert haben" (125).

All die "hochgestellten Personen", die FATIO Gönner oder gar
Freunde nennen darf, sind Parteigänger WILHELMs von Oranien:
nach England zurückgekehrte Emigranten wie Gilbert BURNET,
nun Bischof von Salisbury, oder wie John LOCKE (1632-1704),
den FATIO einen "wahrhaften Freund" nennt; oder aber führende Köpfe der Whigs, die WILHELMs Landung in England vorberei-
ten halfen, wie Richard HAMPDEN (1631-1695), Wortführer der
Whigs und später WILHELMs Schatzkanzler, oder wie Wiliam CA-
VENDISH, Duke of Devonshire, Intimus des von JAKOB II. im
Jahre 1683 hingerichteten Whigführers William RUSSELL ("the
Patriot") (126). Besonders enge Beziehungen hat FATIO zu Richard HAMPDENs Sohn John HAMPDEN (1656-1696), Sprecher des
republikanischen linken Flügels der Whigs im 'Conventionsparlament'; ihn nennt FATIO "Herzensfreund", bei ihm hat er auch
einige Jahre gewohnt (127). Trotz diesen Beziehungen gelingt
es FATIO nicht, sich eine gut dotierte Stellung zu verschaffen. Er versäumt, bei Hofe zu antichambrieren und an die in
Holland gemachten Versprechungen zu erinnern:

> "Ich kann nur sagen, daß ich nicht nur keinen Vorteil
> suchte, sondern sogar zurückwies, was sich bot", so erin-
> nert sich FATIO später. "Ich war jung und wünschte mir
> nichts anderes als einen höheren Grad menschlicher Weis-

heit" (128).

In der Tat hat FATIO mehr als einmal zurückgewiesen, "was
sich bot": Im Frühjahr 1689 bietet ihm James JOHNSTON (1643-
1737), der als englischer Botschafter für Bern vorgesehen
ist, eine Stelle als Sekretär an. FATIO lehnt nach kurzem Zögern ab, weil er seinem Freunde John HAMPDEN versprochen hat,
ihm als Sekretär nach Holland oder Spanien zu folgen, falls
HAMPDEN den einen oder anderen der ihm angebotenen Botschaf-
terposten annehmen sollte. JOHNSTON geht nicht nach Bern:

> "Herr JOHNSTON hat den Posten abgelehnt", so schildert es
> FATIO später seiner Mutter, "und hat mir sagen lassen,
> daß er ihn angenommen hätte, hätte ich ihn begleitet"
> (129).

Aber auch HAMPDEN lehnt die beiden ihm angebotenen Botschaf-
terposten ab, weil er inzwischen davon überzeugt ist, daß ihm
aufgrund seiner Verdienste um die Krone weit mehr zusteht. Er
gibt seiner Unzufriedenheit überdies so lautstark Ausdruck,
daß er bei Hofe in Ungnade fällt und "man sich nicht mehr all-
zusehr beeilt, ihm zu Gefallen zu sein" (130). FATIOs Chancen
scheinen vertan, da wiederholt Mr. FOX, der nun für Bern vor-
gesehene Diplomat, JOHNSTONs Angebot an FATIO. Aber diesmal
vermag auch ein Jahresgehalt von 900 Talern nicht zu locken;
"... unter einem solchen Herrn möchte ich sagen, hätte ich
auch bei dreimal so viel Gehalt abgelehnt", schreibt FATIO
der Mutter, und entschuldigend fügt er hinzu:

> "Ich muß mich damit abfinden, daß mich schwerlich etwas
> völlig befriedigen wird, und ich schränke mich lieber
> aufs Äußerste ein, ehe ich mich auf Unternehmungen ein-
> lasse, die meiner Neigung nicht ganz entsprechen - selbst
> wenn es die vorteilhaftesten wären" (131).

Weit besser als für sich selbst, weiß FATIO seine Beziehungen
und seinen Einfluß für andere zu verwenden. Er scheint für
einige Zeit eine nicht unwichtige Rolle für die Beziehungen
zwischen dem englischen Hof und der Republik Genf gespielt zu
haben, da die Genfer Herren aus Furcht vor LUDWIG XIV. einen
Residenten WILHELMs in Genf nicht dulden durften (132). Vor
allem hat FATIO sich bemüht, protestantischen Schweizer Offi-

zieren, die nach der Aufhebung des Edikts von Nantes aus dem
französischen Heere ausgeschieden waren, zu neuer Stellen im
englischen zu verhelfen. In einem Memorandum, das er durch
den holländischen Botschafter DYCKVELD König WILHELM überrei-
chen läßt, macht er diesen auf die Möglichkeit aufmerksam,
durch Aufnahme protestantischer Schweizer ein Gegengewicht
zu deren in französischen Diensten stehenden katholischen
Landsleuten zu schaffen. FATIOs Memorandum hat Erfolg, freilich nur im holländischen Heere, weil WILHELM es für nicht
praktikabel hält, in der englischen Armee Schweizer Regimen-
ter aufzustellen (133). FATIOs zweiter Versuch, Einfluß auf
die große Politik zu nehmen, war nicht von Erfolg gekrönt.
FATIO schildert diesen Versuch in einem Brief an seinen Vater
so (134):

"Ich werde meinen Bruder François dem Residenten des Her-
zogs von Zell (135) empfehlen, ... Er ist mir genug zu
Dank verpflichtet und wird sich daher bemühen, ihm eine
Stelle bei seinem Herrn, dem Herzoge, zu verschaffen. Ich
habe mich hier mit großem Eifer für die Familie dieses
Fürsten verwandt, und zwar mit großem Erfolg: hätte nicht
der König das Parlament aufgelöst (136) und dadurch eine
Akte scheitern lassen, durch die man die Herzogin von
Hanover (137) - nach der königlichen Familie - zum ersten
Anwärter auf die Krone erklären wollte ... Diese Angelegenheit hätte ohne die Prorogation (138) kaum scheitern
können und der Minister des Herzogs von Cell, des Bruders
des Herzogs von Hanover, weiß sehr wohl, daß ich außerordentlich viel dazu getan habe, um ... die Angelegenheit
mit Hilfe meiner Freunde bis zu dem Punkt zu bringen, bis
zu dem sie gelangt war (139). Ich habe es mit Rücksicht
auf den Minister getan, der zu meinen engsten Freunden gehört (140), und der es an Bemühungen nicht fehlen lassen
wird, sich dafür erkenntlich zu zeigen".

Auf dem Felde der Wissenschaften ist FATIO weit erfolgreicher
als auf dem der Politik. Am 8.III.1690 trägt er vor der Royal
Society seine Gravitationstheorie vor, deren Grundkonzeption
er zwei Tage zuvor in einem Brief an Christiaan HUYGENS festgehalten hat. Am 29.III. legt er eine erweiterte Fassung des

Vortrages vor und läßt sie von Edmond HALLEY (1656-1742), dem
Sekretär der Royal Society, und von Isaac NEWTON unterzeich-
nen (141).

7. Eine "Grand Tour" die schon in Utrecht endet (Holland 1690-1691)

Eine Verkettung mißlicher Umstände und eigene Unentschlossen-
heit hatten verhindert, daß FATIO die sich ihm bietenden
Chancen nutzen konnte, endlich zu einer für ihn angemessenen
und einträglichen Position zu kommen. FATIO, den seine finanzielle Abhängigkeit immer mehr bedrückt, sucht nach Möglichkeiten, seine Lage zu verbessern. Zwar sind FATIOs Freunde
bereit, sich für ihn zu verwenden, doch ist die Situation im
Augenblicke ungünstig; noch ist WILHELMs Regime keineswegs
gefestigt (142) und FATIO wird auf später vertröstet, wenn
sich die Herrschaft des Königs entscheidend konsolidiert hat.
FATIO akzeptiert, um die nächsten Jahre zu überbrücken, eine
Stelle als Erzieher, die ihm gleich zu Beginn eine Reise über
Holland, Deutschland und die Schweiz nach Italien verspricht
- die klassische "Grand Tour", die ein halbes Jahrhundert
später schon selbstverständlich gewordene Bildungsreise der
englischen Oberschicht. FATIOs Zögling ist Richard HAMPDENs
Enkel William ELLIS, "dessen Vater", wie FATIO an CHOUET
schreibt, "100 000 Pfund Rente hat, und der uns ohne Zweifel
als Grandseigneurs reisen lassen wird" (143). Doch FATIOs
Freude - er hofft, auf dieser Reise auch einen Abstecher nach
Genf machen zu können - ist nur von kurzer Dauer. Im Juni des
Jahres 1690 tritt FATIO gemeinsam mit William ELLIS und dessen Vetter William THORNTON die Reise nach Utrecht an, aber
beim Aufbruch teilt man ihm mit, daß der Aufenthalt in Holland
recht lange währen wird. FATIO fühlt sich betrogen:

> "Am Anfang hat man mir weisgemacht, daß ich direkt nach
> Italien reisen werde, nachdem man mich aber damit ange-
> lockt hatte und ich engagiert war, war nur mehr von den
> Niederlanden die Rede - zumindest für die beiden ersten
> Jahre".

Und verbittert klagt er:

"So kommt es, daß ich meine besten Jugendjahre opfere, die
Zeit, die ich augenscheinlich mit größerem Erfolg für
mich selbst verwenden könnte. Und mit welchem Ergebnis?
Daß ich am Ende ebensoweit sein werde, wie im Augenblick,
nämlich ebenso unwissend und ohne feste Anstellung" (144).

Obwohl FATIO die beiden jungen Leute selbst nur eine Stunde
am Tage in Geometrie und Algebra zu unterrichten und im übrigen deren Studien lediglich zu überwachen hat (145), wird er
nicht müde, darüber zu klagen, daß er nicht Herr seiner Zeit
sei und ihn seine Zöglinge voll und ganz in Anspruch nähmen
(146). Jean-Christophe rät, sich nicht zuviel um die jungen
Leute zu kümmern - nicht zuletzt auch in deren eigenem Interesse:

"Ihr dürftet aus eigener Erfahrung wissen", so warnt er
den Bruder, "daß zu großer Eifer bei den Studien die Gesundheit ruiniert, den Körper schwächt und Ursache einer
Fülle von Unbequemlichkeiten ist; ganz abgesehen davon,
daß er dazu geeignet ist, Menschen, die keine außergewöhnliche Neigung zur Wissenschaft haben, abzuschrecken" (147).

Und Jean-Christophe empfiehlt nachdrücklich, die gewonnene
Zeit für die geplante große Abhandlung über die Natur der
Schwere zu nutzen. Nicolas hat diese Abhandlung nicht geschrieben, sich aber doch wenigstens zeitweise mit seiner
Schweretheorie beschäftigt, wie den Briefen an Gilbert BURNET
und an Jean LE CLERC, den Herausgeber der 'Bibliothèque Universelle', zu entnehmen ist (148). Und als seine Zöglinge etwas selbständiger geworden sind, findet er auch Zeit für Besuche bei Christiaan HUYGENS, der sich nach dem Tode seines
Vaters im Frühjahr 1688 auf den Landsitz Hofwijk unweit Voor-
burgs zurückgezogen hat (149). Die HUYGENSschen "Adversaria"
sind Zeugnis einer vom Januar bis zum April des Jahres 1690
während Zusammenarbeit (150), die vor allem FATIOs Regel
zur Lösung des inversen Tangentenproblems zum Gegenstande
hat. Über mehrere Seiten hinweg finden sich Eintragungen,
die abwechselnd von HUYGENS und von FATIO gemacht worden sind.
FATIO hat diese Zusammenarbeit später in einem Brief an
Jakob BERNOULLI bündig so dargestellt:

"Ich habe 1690 und 1691, nicht ohne große Geduld aufbrin-
gen zu müssen, Herrn HUGENS die Elemente meines Kalküls
gelehrt" (151).

Zu Beginn des Frühjahrs 1691 stirbt der junge William ELLIS
(152) und FATIO kehrt bald darauf nach England zurück (153).

8. Ein "Vorhaben, das geeignet ist, mich zwei oder drei Jahre lang zu beschäftigen" (London 1691-1694)

Nach London zurückgekehrt, widmet sich FATIO mit großer Energie einem Unternehmen, das er schon vor seiner Reise nach
Holland begonnen hat: einer kommentierten Neuauflage der NEW-
TONschen 'Principia'. Die Beschreibung dieses Unternehmens
ist zugleich eine Beschreibung der Beziehungen zwischen Nicolas FATIO und Isaac NEWTON.

Es ist - nach dem vorliegenden Quellenmaterial - nicht mit
Sicherheit zu sagen, wann die beiden Gelehrten einander näher
kennengelernt haben. Im Sommer 1689, als Christiaan HUYGENS
zu Besuch in London weilt, scheint die Bekanntschaft zwischen
NEWTON und FATIO schon enger gewesen zu sein, jedenfalls notiert HUYGENS mehr als einmal ein gemeinsames Zusammensein
mit NEWTON und FATIO (154), und Christiaan HUYGENS Bruder
Constantyn vermerkt in seinem Tagebuch:

"10. Juli. Mein Bruder Christiaan fuhr diesen Morgen um 7
Uhr mit dem jungen Herrn HAMDEN und FACCIO Duillier und
Herrn NEWTON nach London in der Absicht, letzteren dem
König für die vakante Regentenstelle eines Cambridger
College zu empfehlen" (155).

Und im Herbst 1689 hat die einst skeptische Zurückhaltung FA-
TIOs gegenüber NEWTON (156) rückhaltloser Bewunderung Platz
gemacht, die sich in den folgenden Bemerkungen über NEWTONs
'Principia' ausdrückt:

"Es ist niemals etwas so Bedeutendes, Rühmenswertes und
Vollkommenes entdeckt worden," so schreibt FATIO an CHOU-
ET, "wie das, was uns Herr NEWTON demonstriert hat".

Und einige andere Sätze des gleichen Briefes geben zu erkennen, daß FATIOs Bewunderung dem Autor nicht minder als dem

Werke gilt:

> "Ich möchte in England bleiben und mein Leben zusammen mit
> Herrn NEWTON verbringen, dem ehrenwertesten Mann, den ich
> kenne, und dem fähigsten Mathematiker, den es je gegeben
> hat".

Und in barocker Übertreibung setzt er hinzu:

> "Wenn ich jemals 100 000 Taler zuviel hätte, wäre ich ver-
> sucht, meinem Freunde Statuen und ein Denkmal errichten
> zu lassen, die der Nachwelt berichten sollten, daß es zu
> seinen Lebzeiten wenigstens einen Mann gab, der seir Ver-
> dienst zu würdigen wußte ..., und selbst mit 100 000 Ta-
> lern hätte man Mühe, etwas zu tun, was einem so großen
> Manne angemessen wäre" (157).

Es ist jedoch nicht so, daß das Verhältnis zwischen FATIO und
NEWTON sich zu dieser Zeit allein auf FATIOs Bewunderung gründete; es beruht von Anfang an auf gemeinsamer Arbeit, wie es
der Briefwechsel bezeugt. So, wenn NEWTON, der als Vertreter
von Cambridge dem Conventionsparlament angehört, vor seiner
Reise nach London anfragt, ob er bei FATIO logieren können
und hinzusetzt: "Ich werde meine Bücher ... mitbringen" (158);
oder wenn FATIO bei Empfang des HUYGENSschen 'Traité' NEWTON,
der das Französische minder gut beherrscht, eine gemeinsame
Lektüre vorschlägt (159), deren Ergebnis HUYGENS' Befürchtun-
gen, NEWTON könne die kritischen Bemerkungen zu den 'Principia' übel aufnehmen, rasch zerstreut.

> "Herr NEWTON", so teilt FATIO HUYGENS mit, "hat mir ver-
> sichert, daß er alles, was in der Abhandlung über die Ur-
> sache der Schwere steht, nur im besten Sinne aufnimmt"
> (160).

Schließt man allein aus den zwischen NEWTON und FATIO ausge-
tauschten Briefen auf beider Beziehungen, dann scheinen diese
Beziehungen nicht von langer Dauer gewesen zu sein; von den
insgesamt siebzehn auf die Nachwelt überkommenen Briefen -
sechs Briefe NEWTONs, elf Briefe FATIOs - wurden vierzehn
Briefe - fünf Briefe NEWTONs, neun Briefe FATIOs - zwischen
November 1692 und Mai 1693 verfaßt. Und ganz im Gegensatz zu

FATIOs Korrespondenz mit J.-D. CASSINI, HUYGENS oder mit Jakob
BERNOULLI spielen mathematische, physikalische oder astronomische Gegenstände im Briefwechsel mit NEWTON fest keine Rolle; wenn überhaupt wissenschaftliche Themen behandelt werden,
so ausschließlich medizinische oder alchemistische. Das eigentlich Bemerkenswerte an den Briefen ist der herzliche Ton,
der in ihnen vorherrscht, ist insbesondere die bei NEWTON
außergewöhnliche Anteilnahme, die sich etwa in der ängstli-
chen Sorge um FATIOs Gesundheit ausdrückt, als sich dieser
auf der Heimreise von Cambridge eine Lungenentzündung [?] zu-
zieht, noch mehr aber in den Bemühungen NEWTONs, FATIO auf
möglichst taktvolle Weise zu unterstützen, als er von dessen
finanziellen Schwierigkeiten erfährt: NEWTON lädt FATIO
ein, für ein oder zwei Jahre nach Cambridge zu kommen und bei
ihm zu wohnen (161). "Ich möchte gern mein ganzes Leben oder
dessen größten Teil mit Ihnen verbringen", antwortet FATIO
dem Freunde (162), scheut sich aber ganz offensichtlich, NEW-
TON zur Last zu fallen, und schützt eine immer dringender
scheinende Reise nach Genf vor, um die Übersiedelung nach
Cambridge hinauszögern zu können. Es versteht sich von selbst,
daß die Beziehungen zwischen zwei solch schwierigen und kom-
plexen Charakteren nicht ohne Spannungen gewesen sein können.
FATIO, der bei aller Bewunderung doch stets auf die Wahrung
seiner Eigenständigkeit bedacht ist, kleidet sein Lob für den
großen NEWTON einmal in die resignierende Klage:

> "Ich bin sicher, daß ich keine schwierigere oder langwie-
> rigere Untersuchung mehr in Angriff nehmen werde, wenn
> ich mich nicht zuvor vergewissert habe, daß er keine
> Lust verspürt, über den selben Gegenstand zu handeln"
> (163).

Es scheint, als sei es um die Jahreswende 1693/94, also zu
der Zeit, als es in NEWTONs Leben zu einer gefährlichen Krise
kam (164), zu einer Trübung der Beziehungen gekommen, denn
am 9.X.1694 beantwortet FATIO HUYGENS Frage nach NEWTONs Befinden mit der lapidaren Bemerkung:

> "Ich kann Ihnen nichts Bestimmteres vermelden, da ich seit
> mehr als sieben Monaten keine Nachricht von Herrn NEWTON
> habe" (165).

Aber dies kann nicht das Ende der Beziehungen gewesen sein,
denn die detaillierten Angaben, die FATIO im Juni 1699 auf
Verlangen des Marquis de L'HOSPITAL über NEWTONs zu dieser
Zeit nur als Manuskript vorliegenden 'Opticks' und über dessen
Mondtheorie macht, setzen ein ungetrübtes Verhältnis und vertrauten Umgang voraus (166). Es ist jedoch unwahrscheinlich,
daß die zeitweise engen Beziehungen zwischen NEWTON und FATIO
bis zu NEWTONs Tode währten; FATIOs religiöse Eskapaden und
der ihnen folgende gesellschaftliche Ruin (167) dürften den
vorsichtigen NEWTON bewogen haben, sich nach 1706 von dem ein-
stigen Freunde zurückzuziehen (168).

In der Zeit von 1690 bis 1693, in der die Freundschaft zwischen
FATIO und NEWTON besonders eng und herzlich war und FATIO NEW-
TONs unbedingtes Vertrauen genoß, in dieser Zeit hat sich FA-
TIO nicht nur um die Person, sondern auch energisch um das
Werk des Freundes bemüht: FATIO gehörte zu den ersten, und darüber hinaus zu den wenigen gründlichen Lesern der 'Principia',
zu den Lesern nämlich, die imstande waren, NEWTONs Meister-
werk zu verstehen und seine Bedeutung zu erkennen. Bei seiner
Lektüre hat FATIO eine Reihe von kleineren oder größeren Schön-
heitsfehlern - z.T. auch nur einfachen Druckfehlern - entdeckt,
und als er im Frühjahr 1690 nach Holland reist, bringt er dem
daran sehr interessierten HUYGENS eine Liste der Errata des
NEWTONschen Werkes mit. Diese Liste enthält sowohl die Verbes-
serungsvorschläge FATIOs mitsamt NEWTONs Anmerkungen als auch
eine Kopie von NEWTONs eigenem Errata-Manuskript (169). FATIO
überläßt die Liste HUYGENS zum Kopieren (170), und als dieser
sie ihm nach London zurückschickt, verbindet er damit die An-
regung, möglichst bald eine verbesserte Neuauflage der 'Principia' herauszugeben (171). Aber diesen Gedanken hat FATIO offenbar schon längst gefaßt:

"Es ist eigentlich zwecklos", so schreibt er HUYGENS, "Herrn
NEWTON um eine Neuauflage seines Buches zu bitten. Ich habe ihn mehr als einmal deswegen bedrängt, ohne ihn erwei-
chen zu können. Es ist jedoch nicht ausgeschlossen, daß
ich diese Edition in Angriff nehme; ich verspüre dazu umso
mehr Neigung, als ich überzeugt bin, daß außer mir niemand
einen so großen Teil dieses Buches so gründlich verstanden

hat wie ich, dank der Mühe, die ich auf mich genommen und
dank der Zeit, die ich damit verbracht habe, seine Dun-
kelheit zu durchdringen. Überdies kann ich bequem nach
Cambridge reisen und mir von NEWTON selbst erklären lassen, was ich nicht verstanden habe. Aber mich schreckt
der Umfang dieses Werkes, denn durch die verschiedenen Zusätze, die ich machen möchte, wohl ein respektabler Folio-
Band entstehen. Dennoch würde man diesen Folio-Band in
weit kürzerer Zeit lesen und verstehen können, als das
bei Herrn NEWTONs Quart-Band der Fall ist" (172).

FATIO hatte offensichtlich den ehrgeizigen Plan gefaßt, eine
Neuauflage der 'Principia' - wie ein halbes Jahrhundert später LE SEUR und JACQUIER - "perpetuis commentariis illustrata"
zu edieren; ganz gewiß ein Vorhaben für zwei oder drei Jahre,
wie FATIO es im gleichen Briefe formuliert, wobei er sich zu
diesem Zeitpunkt andere als finanzielle Schwierigkeiten gar
nicht vorstellen kann. Christiaan HUYGENS begrüßt FATIOs Vorhaben und schreibt ihm:

"Herr NEWTON wäre gewiß sehr glücklich, würden Sie die
zweite Auflage seines Werkes besorgen, das mit Ihren Erläuterungen und Zusätzen ein ganz anderes würde, als es
jetzt ist" (173).

Es dauert noch einige Monate, bis sich in FATIO die Befürchtung zu regen beginnt, daß die Neuauflage der 'Principia' eine Aufgabe sein könnte, der er allein nicht gewachsen ist.
Seine Begeisterung ist zwar nicht geringer geworden, viele
Schwierigkeiten sind überwunden und er braucht, wie er am
9.V.1692 an HUYGENS schreibt, "den Autor [NEWTON] höchstens
wegen 20 Passagen zu konsultieren", aber er hat - wie er einräumen muß - erst weniger als ein Drittel des gesamten Werkes genau gelesen:

"Die Stücke, die ich bislang vollständig und gründlich
studiert habe, sind die ersten fünf und der neunte Abschnitt (Sectio) und der Traktat über die Kometen. Ansons-
ten habe ich nur hier und da einige Sätze (Propositio-
nes) studiert".

Das bedeutet, daß FATIO zu diesem Zeitpunkt etwa die Hälfte
des ersten und ein Drittel des dritten Buches bewältigt hat;
jedoch gibt es bei diesen Abschnitten "nichts oder fast
nichts", wie FATIO schreibt, "was mir entgangen wäre oder
was ich nicht demonstrieren könnte". Aber FATIO spürt, daß
die Last, die er sich aufgeladen hat, zu schwer für seine
Schultern ist, und er bittet HUYGENS, ihm zu helfen:

> "Wenn Sie Ihrerseits einige der übrigen Abschnitte über-
> nähmen, wäre es nicht schwierig, mit dem gesamten Buche
> bald zu Ende zu kommen, und wir könnten einander von
> Schwierigkeiten berichten, auf die wir stoßen, und könn-
> ten uns so gegenseitig das Studium eines Buches erleich-
> tern, das gewiß ebenso vortrefflich wie dunkel ist" (174).

Es ist kaum anzunehmen, daß sich HUYGENS zu einer solchen
Kärrnerarbeit bereitgefunden hätte, und wie es scheint, hat
er auf FATIOs Bitte nicht reagiert. FATIO versucht nun, seinen Bruder Jean-Christophe zur Mitarbeit heranzuziehen und
die Neuauflage der 'Principia' in Genf drucken zu lassen.
Jean-Christophe rät ab, nicht zuletzt, weil er sich außerstan-
de sieht, ein in lateinischer Sprache verfaßtes Buch auf Fehler zu überprüfen (175). Ein Jahr später erkundigt sich HUY-
GENS bei FATIO noch einmal nach dem Stand der Dinge:

> "Haben Sie also die Güte, mich wissen zu lassen ..., ob
> Sie noch willens sind, Ihren Beitrag zur zweiten Auflage
> von Herrn NEWTONs Buch zu leisten" (176).

Nach diesem Zeitpunkt ist von der Edition einer kommentierten
Ausgabe von NEWTONs 'Principia' nicht mehr die Rede, und auch
unter FATIOs Genfer Papieren findet sich nichts, was sich als
Vorarbeit zu einem solchen Kommentar zu erkennen gäbe; einzig
und allein das in der Bodleiana aufbewahrte Exemplar der
'Principia', das aus FATIOs Besitz stammt, und in das er
zahlreiche Anmerkungen und Korrekturen eingetragen hat (177),
gibt einen Hinweis auf FATIOs Vorarbeiten zu einer verbesserten und kommentierten Neuauflage des NEWTONschen Werkes (178).

9. "Das Schicksal läßt nicht immer dem Verdienst Gerechtig-
widerfahren ..." (England und Holland 1694-1698)

FATIOs stets prekäre finanzielle Situation scheint sich entscheidend zu verschlechtern, als am 4.I.1693 seine Mutter
stirbt und auf Wunsch seines Vaters das gesamte Vermögen der
FATIOs auf die fünf Söhne und den Vater aufgeteilt werden
soll. Zwar wird die gesamte bewegliche und unbewegliche Habe
auf die stattliche Summe von 193 799 £ (livres tournois) veranschlagt - der Herrensitz Duillier allein auf 80 000 £ -,
das verfügbare Barvermögen aber beträgt nicht mehr als 755 £
(179). Zudem sind die Vermögensverhältnisse wegen mannigfa-
cher Schulden und Außenstände und nicht geklärter Ansprüche
der Schwäger (180) so unübersichtlich, daß FATIO, der auf
Wunsch NEWTONs diesem im Mai 1692 seine Situation genau beschreibt (181), es für dringend notwendig hält, sein Haupt-
augenmerk in nächster Zeit statt auf wissenschaftliche Studien auf den Broterwerb zu richten. Ein Jahr zuvor hat FATIO
eine Mathematikprofessur in Amsterdam nach einigem Zögern,
und nachdem er sich genau über Gehalt, Lehrverpflichtungen
und Feriendauer erkundigt hat, mit Hinweis auf seine angegrif-
fene Gesundheit abgelehnt (182). Im Jahre 1691 hat er darauf
verzichtet, sich um die durch den Rücktritt E. BERNARDs frei-
werdende Oxforder SAVILIAN Professur für Astronomie zu bewer-
ben.

"Ich habe Ihnen gar nicht erzählt", so schildert er es später HUYGENS, "daß ich - hätte ich mich beworben - ohne
Zweifel Herrn BERNARDs Stelle erhalten hätte, ich wollte
aber diese Stelle nicht Herrn HALLEY streitig machen; indessen hat man ihn, wegen ihm zur Last gelegter religiö-
ser Meinungen, nicht gewählt, und sein Mitbewerber GRE-
GORY ist gewählt worden" (183).

Eine vergleichbare Position bietet sich im Sommer 1692 nicht
an, und so verfällt FATIO auf ein nicht sehr **realistisches**
Projekt: "Dr. of Physick", d.h. Arzt, zu werden und vom Ver-
kauf eines Medikaments zu leben, eines von ihm hergestellten
Quecksilberpräparats, das gegen Blattern und schwarze Galle
helfen soll und das - wie FATIO behauptet - an ungefähr
10 000 [!] Menschen erprobt worden ist (184). Jedoch scheint

aus diesem phantastischen Plane nichts geworden zu sein. Einige Monate später zeigt sich noch einmal eine Möglichkeit für eine akademische Karriere: Zu Beginn des Jahres 1693 erhält FATIO Besuch von einem Landsmann, dem Theologen Jean-Alphonse TURRETTINI (1671-1737), der sich auf einer Studienreise durch England befindet. TURRETTINI, vom Jahre 1697 an Professor für Kirchengeschichte an der Genfer Akademie, ist von seinem berühmten Landsmann so angetan, daß er ihn in Briefen nach Genf nachdrücklich für den seit 1692 verwaisten Lehrstuhl für Philosophie empfiehlt.

> "Falls er nach Genf zurückgeht, sollte man ihm den Lehrstuhl für Philosophie anbieten. Man könnte gar nichts Besseres tun, und wahrscheinlich gibt es in Europa keinen Mann, der diesem Amte mehr Ehre zu machen vermöchte als er".(185)

Aber zu diesem Zeitpunkt steht FATIO zu sehr im Banne seines Freundes NEWTON, als daß ihn eine Aufgabe außerhalb Englands locken könnte. Auch eine durch LEIBNIZ angebotene Professur an der Ritterakademie in Wolfenbüttel (186) kann FATIO nicht zum Verlassen Englands bewegen. Er lehnt das Angebot ab (187) und nimmt stattdessen eine Stelle als Hauslehrer an. Im Februar 1694 übersiedelt FATIO nach Woburn Abbey, wo er Erzieher des damals 14jährigen Wriothley RUSSEL (1680-1711) wird (188); LOCKE, Richard HAMPDEN und William CAVENDISH haben ihn der Mutter, der Witwe William RUSSELs, empfohlen. Wie wenig damals eine solche Position bei gutsituierten und unabhängigen Leuten galt, beweist Constantijn HUYGENS' lakonischer Kommentar:

> "Herr FATIO war genötigt, sich als Tutor oder Erzieher der Kinder eines Lords zu verdingen, (ich habe dessen Namen vergessen) - das Schicksal läßt nicht immer dem Verdienst Gerechtigkeit widerfahren" (190).

Viel Freude hat FATIO an seinem Schüler wohl nicht gehabt, in einem Brief an einen Freund attestiert er ihm "ungeheure Faulheit und flatterhaften Geist" und hat wenig Hoffnung, "daß er sich eines Tages auch durch persönliches Verdienst auszeichnen könnte" (191). Der Vertrag, den FATIO abgeschlossen

hat, ist jedoch nicht ungünstig: Wenn er mindestens die Hälfte der Zeit, die bis zur Großjährigkeit seines Zöglings ver-
geht, bei diesem aushält, ist ihm eine Leibrente von 50 £ Sterling jährlich auf Lebenszeit sicher (192). Lady RUSSELs ur-
sprünglicher Plan, ihren Sohn in Cambridge studieren zu lassen, zerschlägt sich, und am 23.III. schreibt FATIO:

> "Ich muß bald mit Mylord nach Oxford gehen. Wir werden län-
> ger bleiben" (193).

Und am 16.XI.1696 teilt de BEYRIE LEIBNIZ mit:

> "Herr FACIO ist noch immer mit dem jungen Herrn ... in
> Oxford und muß dort noch einige Zeit bleiben" (194).

Diesmal jedoch scheint FATIO neben seinen erzieherischen Aufgaben auch Muße zu wissenschaftlicher Tätigkeit gefunden zu
haben. Während sein Zögling am Magdalenen-College studiert,
überarbeitet FATIO seine Gravitationstheorie und verfaßt das
"Manuskript 'Über die Ursache der Schwere' in Quartformat,
datiert Oxford 1696" (195). FATIO bleibt mit seinem Zögling
nicht länger zusammen, als nach dem abgeschlossenen Vertrag
unbedingt nötig ist: Weil er nicht länger allein die Verant-
wortung für die Erziehung des jungen Lord tragen will, (so
jedenfalls motiviert er es gegenüber dem Bruder Jean-Christophe (196)), trennt er sich im Januar 1698 auf einer gemeinsam unternommenen Reise in Leyden von seinem Schüler (197).
FATIO, nun wieder ein freier Mann, verbringt den Winter und
den Frühling mit Studien in Holland, ehe er am 15.VI.1698
nach London zurückkehrt (198).

10. Ist Gottfried Wilhelm LEIBNIZ nur der zweite Erfinder des Calculus? (London 1698-1699)

In London entsteht während der nächsten Monate FATIOs spekta-
kulärste wissenschaftliche Arbeit, weniger spektakulär in Bezug auf ihre Ergebnisse als in Bezug auf die heftigen Reaktio-
nen, die sie auslöst.

Die Vorgeschichte ist rasch erzählt: Im Juni 1696 hatte Johann BERNOULLI die Mathematiker Europas in den 'Acta Eruditorum' zur Lösung eines physikalischen Problems aufgefordert,

das unter dem Namen "Brachystochronenproblem" bekannt geworden ist (199), und eines der Probleme ist, aus denen sich
die Variationsrechnung entwickelt hat. Es gilt dabei, unter
allen Kurven die zwei in einer vertikalen Ebene liegende Punkte A und B verbinden, diejenige herauszufinden, auf welcher
ein Körper M reibungsfrei gleitend den Weg AB unter der Wirkung der Schwerkraft in kürzester Zeit zurücklegt. Nach Ablauf der von Johann BERNOULLI gesetzten Frist von sechs Mona-
ten hatten nur Johann BERNOULLI selbst und G.W. LEIBNIZ die
Lösung - die gesuchte Kurve ist eine Zykloide - gefunden
(200). Daraufhin, so formuliert es LEIBNIZ später "gefiel es
mir und ihm (placuit ipsi pariter et mihi), den Termin um
weitere sechs Monate hinauszuschieben" (201). Nach Ablauf
der zweiten Frist hatten auch NEWTON, Jakob BERNOULLI und der
Marquis de L'HOSPITAL die Aufgabe gelöst. In den 'Acta Eruditorum' vom Mai 1697 wurden die Lösungen veröffentlicht und
von LEIBNIZ mit den folgenden Bemerkungen kommentiert:

> "Es ist außerordentlich bemerkenswert, daß ... allein die-
> jenigen die Aufgabe gelöst haben, von denen ich annahm,
> daß sie dazu imstande seien; und dies sind in der Tat
> nur diejenigen, welche genügend weit in die Geheimnisse
> unseres Differentialkalküls eingedrungen sind" (202).

FATIO, der sich grundsätzlich nicht an solchen öffentlichen
Wettbewerben zu beteiligen gedenkt (203) und sich, wie er
sagt, während der Zeit, als er Erzieher des jungen RUSSELL
war, mit Mathematik überhaupt nicht beschäftigt hat (204),
ist erst nach seiner Rückkehr auf das Maiheft der 'Acta
Eruditorum' von 1697 aufmerksam geworden und hat es dann
"einige Monate vergeblich bei Londoner Buchhändlern" gesucht
(205). Im Juli 1698 stürzt er sich auf das Brachystochronenproblem und löst es, so behauptet er (206), binnen weniger
Tage. Als er dann endlich auch in den Besitz des provozieren-
den Heftes der 'Acta Eruditorum' gelangt ist, muß er sich bei
der Lektüre zu Recht herausgefordert fühlen, denn LEIBNIZ
attestierte allen Mathematikern, die sich nicht an der Konkur-
renz beteiligt haben, zur Lösung solcher Aufgaben unfähig zu
sein. FATIO sieht sich genötigt, seine Zrückhaltung aufzuge-
ben, um zu beweisen, daß er zu einer eigenständigen Lösung

durchaus imstande ist.

(Zwei Jahre später schreibt FATIO an Jakob BERNOULLI, daß er
wider seine eigenen Prinzipien handeln mußte, als er sah,

"daß bei den Mathematikern eine Art von Tyrannei und
selbstherrlicher Obrigkeit aufkam, daß man Flugblätter
(programmes) veröffentlichte und alle Welt störte und in
Unruhe versetzte, daß Urteilssprüche dieses neuen Tribu-
nals mit einem 'PLACUIT' begannen, daß man Aufgaben stellte, Fristen setzte, zuweilen die Gnade hatte, neue Termi-
ne für die Lösungen festzulegen, und daß man schließlich
verkündete, daß die und die allein sie gelöst, und man
vorausgesehen hätte, daß nur die und die sie hätten lösen
können" (207)).

FATIO veröffentlicht seine Lösung 1699 in einer Schrift mit
dem Titel: 'Zwei geometrische Untersuchungen über die Kurve
kürzesten Falls (Lineae brevissimi descensus investigatio
geometrica duplex)'. FATIO, der in dieser Schrift von sich
behauptet, zuvor auch schon die Identität von Kettenlinie
(Catenaria) und Segelkurve (Velaria) festgestellt und das Iso-
chronenproblem selbständig gelöst zu haben, weiß genau, daß
er mit solchen Lösungen post festum in ein schiefes Licht geraten und den Spott der Leipziger herausfordern muß. Er ergänzt deshalb die Lösung des Brachystochronenproblems durch
einen konstruktiven geometrischen Beweis für die Lösung des
ältesten Problems der Variationsrechnung, nämlich denjenigen
Rotationskörper zu finden, der in einem widerstehenden Medium
bei einer Bewegung längs seiner Achse den geringsten Widerstand erfährt. NEWTON hatte im Scholium zu Proposition XXV
im zweiten Buche der 'Principia' eine Lösung ohne Beweis gegeben, FATIO liefert nun diesen Beweis in einer zweiten
Schrift mit dem Titel 'Geometrische Untersuchung des Rotati-
onskörpers, welchem der geringste Widerstand widerfährt (Investigatio geometrica solidi rotundi in quod minima fiat resistentia)' (208).

FATIO begnügt sich jedoch nicht mit dem Nachweis seiner mathematischen Fähigkeiten, sondern läßt sich - gereizt durch LEIB-
NIZens Provokation - in seiner Schrift nun ebenfalls zu provo-

zierenden Äußerungen hinreißen. Er, so schreibt FATIO, habe
die Grundlagen und die meisten Regeln des Infinitesimalkalküls im Jahre 1687 gefunden und der Calculus wäre ihm nicht
weniger vertraut, wäre LEIBNIZ nie geboren. Dies werde sich
weisen, wenn die zwischen ihm, FATIO, und HUYGENS gewechsel-
ten Briefe publiziert würden; ganz abgesehen davon, gebühre
NEWTON der Primat, sei NEWTON der "erste ... Erfinder dieses
CALCULUS". Unmittelbar auf diese Sätze folgen diejenigen,
welche den so sattsam bekannten und im Grunde völlig über-
flüssigen Infinitesimalstreit auslösten:

> "Ob von diesem [NEWTON] nun LEIBNIZ, der zweite Erfinder
> des Calculus etwas entlehnt hat, sollen statt meiner lie-
> ber diejenigen beurteilen, welche NEWTONs Briefe und an-
> dere Handschriften gesehen haben. Weder das Stillschwei-
> gen des zu bescheidenen NEWTON noch der geschäftige Eifer
> LEIBNIZens, der sich überall als Erfinder dieses Calculus
> ausgibt, wird jemanden täuschen, der die Dokumente unter-
> sucht, welche ich selbst Punkt für Punkt genau studiert
> habe" (209).

LEIBNIZ, den L'HOSPITAL auf FATIOs Schrift aufmerksam macht
(210), reagiert sehr heftig auf die Verdächtigung, er habe
sich fremden geistigen Eigentums bedient. Er beschwert sich
in einem Briefe an WALLIS (211) offiziell bei der Royal Society, deren Mitglied er ist, und beklagt sich darüber, daß
die gelehrte Gesellschaft diesem Werke nicht das Imprimatur
verweigert habe (212). LEIBNIZ spricht in diesem Briefe sehr
herabsetzend über FATIO und schreibt dessen Attacke lediglich
gekränktem Ehrgeiz zu. Im November 1699 läßt LEIBNIZ, im Anschluß an Johann BERNOULLIs Rezension der FATIOschen Abhandlung, einen (nicht zur Veröffentlichung bestimmten) Brief Johann BERNOULLIs an LEIBNIZ abdrucken, in welchem FATIO einer
vernichtenden Kritik unterzogen wird. Schließlich weist LEIB-
NIZ selbst den Angriff FATIOs im Maiheft der 'Acta Eruditorum' des Jahres 1700 mit aller Schärfe zurück. Eine Entgegnung FATIOs, die dieser im August 1700 verfaßt, wird von
MENCKE, dem Herausgeber der 'Acta Eruditorum', im Märzheft
des Jahrgangs 1701 nur stark gekürzt abgedruckt (213).

Wie immer man jene unglückselige Auseinandersetzung beurteilt,
fest steht, daß FATIOs Attacke nicht ein persönlicher Rache-
akt war - dies stünde in krassem Widerspruch zu seinem Charakter (214) -: von LEIBNIZ provoziert spricht FATIO nur aus,
was seine Überzeugung schon längst ist, und was, wie sich einige Jahre später zeigt, auch die Überzeugung nahezu der gesamten Royal Society zu sein scheint.

FATIOs Vorbehalte gegenüber LEIBNIZ sind älteren Datums. Als
sich HUYGENS im Jahre 1691 bemühte, einen (übrigens von LEIB-
NIZ vorgeschlagenen) Tausch zwischen FATIOs umgekehrter Tan-
gentenmethode und LEIBNIZens Kalkül zu vermitteln (215), hatte FATIO selbstbewußt geäußert, er glaube nicht, daß er bei
einem solchen Austausch der Methoden viel gewönne, und er
hatte schon damals klar und unmißverständlich geschrieben:

> "Mir scheint nach allem, was ich bisher zu sehen bekommen
> habe - womit ich Papiere meine, die schon vor vielen Jah-
> ren geschrieben worden sind -, daß Herr NEWTON zweifels-
> ohne der erste Erfinder des Calculus differentialis ist,
> und daß er ihn ebenso vollkommen oder weit vollkommener
> beherrscht als Herr LEIBNIZ, und zwar lange bevor dieser
> auch nur eine Idee davon besaß, die ihm augenscheinlich
> erst gelegentlich der Briefe gekommen ist, welche Herr
> NEWTON ihm zu diesem Gegenstande schrieb" (216).

Und nachdem der Austausch der Methoden - nicht ohne LEIBNIZens
Schuld - gescheitert war (217), war FATIO in seinem Brief vom
15.II.1692 noch deutlicher geworden, als er nämlich HUYGENS
erklärte, es könne für LEIBNIZ sehr unangenehm werden, sollten NEWTONs Briefe aus dem Jahre 1676 an ihn veröffentlicht
werden, denn nicht lange danach habe LEIBNIZ die Regeln seines Calculus differentialis veröffentlicht, ohne NEWTON ge-
bührend zu würdigen. Vergleiche man das, was in NEWTONs Aufzeichnungen stehe, mit dem, was LEIBNIZ zu diesem Thema publiziert habe (218), so spüre man den Unterschied zwischen
"einem vollkommenen Original und einer verstümmelten, unvoll-
kommenen Kopie" (219). Es ist offensichtlich, daß NEWTON seinem Freunde nicht ohne entsprechende Kommentare seine Aufzeichnungen zur Lektüre überlassen haben muß. FATIO hat im

Jahre 1699 tatsächlich nur ausgesprochen, was NEWTON und all
seine Freunde dachten. LEIBNIZ ist dies 13 Jahre später
schmerzlich zu Bewußsein gekommen, als die englischen Gelehrten im 'Commercium epistolicum' NEWTONs Priorität und
LEIBNIZens Abhängigkeit "bewiesen" haben. NEWTON hat sich
dort übrigens ausdrücklich auf FATIO bezogen und ihn zum Zeugen für seine Priorität aufgerufen:

> "Hier ist Herr FATIO Zeuge und berichtet, was er gesehen
> hat, und er erweckt umso mehr Vertrauen, als er gegen
> sich selbst spricht und nicht verdächtigt werden kann,
> mich zu begünstigen - weil er kein Engländer ist" (220).

11. "Ich bin das unstete Leben leid ..." (Genf 1699-1701)

Im Sommer des Jahres 1699 gibt FATIO dem Drängen des Bruders
Jean-Christophe nach, und macht sich auf den Weg nach Genf,
um bei der Regelung der verwickelten Erbschaftsangelegenhei-
ten behilflich zu sein. Am 30.VI.1699 schifft er sich in Do-
ver ein (221) und reist zunächst nach Paris, wo er sich einige Monate aufhält. Er besucht den Marquis de L'HOSPITAL und
die CASSINIs und beobachtet am Pariser Observatorium die Son-
nenfinsternis vom 29.IX.1699 (222). Im November ist er endlich in Duillier; von dort schreibt er seinem Freunde Abraham de MOIVRE nach London:

> "Ich atme nun eine Luft, die zwar weit gesünder ist als
> die englische, die aber auch weit weniger tauglich ist
> für Liebhaber der Wissenschaft" (223).

Für kurze Zeit spielt FATIO wohl auch mit dem Gedanken, endgültig in die Vaterstadt zurückzukehren; aus Paris hat er dem
Vater geschrieben:

> "Ob ich mich nun entschließe, mich in der Heimat oder an
> einem anderen Orte für immer niederzulassen, hängt davon
> ab, wie sehr ich zuhause Herr über meine Zeit sein kön-
> nen werde, die mir sehr viel wert ist. Ich werde nicht
> säumen, diese Entscheidung bald zu treffen, denn ich bin
> das unstete Leben leid, das mich in steter Unruhe hält
> und mich so vieler grundlegender Annehmlichkeiten beraubt"
> (224).

Am meisten aber fürchtet FATIO, man könne ihn zuhause immer
noch als den jungen Mann ansehen, der er vor dreizehn Jahren
war, könne ihn zu bevormunden suchen und sich in seine Ange-
legenheiten mischen. Und daß sich niederlassen nicht zugleich
sich verehelichen bedeutet, daß eine Ehe mit seiner Art zu
leben nicht vereinbar ist, das hat er dem Vater ebenso unmißverständlich zu verstehen gegeben, wie ein Jahr zuvor J.-R.
CHOUET: FATIO glaubt untauglich für die Ehe zu sein, weil
"die Liebe zur Einsamkeit mein Gemüt vollkommen beherrscht"
(225).

Die Familienangelegenheiten lassen FATIO genügend Zeit zu wissenschaftlicher Arbeit. Er setzt gemeinsam mit dem Bruder
Jean-Christophe die geodätischen Arbeiten fort, insbesondere
den Versuch, eine Karte des Genfer Sees zu erstellen (226).
Die gewichtigste Arbeit dieser Zeit aber ist eine umfangrei-
che Neufassung seiner Gravitationstheorie, die dem Interesse
Jakob BERNOULLIs zu danken ist (227). Jakob BERNOULLI, der
bei einigen Auseinandersetzungen mit dem Bruder Johann und
mit LEIBNIZ nicht unverletzt davongekommen war, hatte FATIO
im Juli 1700 spontan geschrieben und ihm sein Bedauern über
LEIBNIZens und des Bruders Attacken ausgedrückt und zugleich
um die Zusendung der inkriminierten 'Investigatio' gebeten
(228). Es entwickelt sich daraus eine zwölfmonatige Korrespondenz, deren vorzüglicher Gegenstand die Infinitesimalrechnung
und die Querelen mit LEIBNIZ und Johann BERNOULLI sind. FATIO
schickt Jakob BERNOULLI seine 'Investigatio' und BERNOULLI
macht sich die Mühe, die beiden gegen FATIO gerichteten und
diesem bis dato unbekannten Artikel aus den 'Acta Eruditorum'
zu exzerpieren und sie mit dem für FATIO schmeichelhaften
Kommentar zu versehen, daß er diese Angriffe für völlig unberechtigt halte, unberechtigt gegenüber einem Manne, der sich
schon zu einer Zeit als Mathematiker von Rang erwiesen habe,
als "ich", so führt Jakob BERNOULLI aus, "gerade die Geometrie
des DESCARTES und mein Bruder die Elemente des EUKLID absol-
viert hatten" (229). FATIO verfaßt seine Gegendarstellungen
(230), und Jakob BERNOULLI schickt sie nach Leipzig (231).
Endlich kommt es auch zum Austausch der beiden interessante-
sten Abhandlungen: FATIO schickt Jakob BERNOULLI im Januar

1701 seinen neu konzipierten Traktat 'Über die Ursache der
Schwere' (232) und dieser ihm seine 'Analysis magni problematis isoperimetrici', eine Abhandlung über das isoperimetri-
sche Problem, welche er ausdrücklich den Mathematikern LEIB-
NIZ, NEWTON, de L'HOSPITAL und FATIO widmet. "Bei den Vieren,
die ich dort als sachverständige Richter benenne", so interpretiert Jakob BERNOULLI in einem Brief an FATIO diese Widmung, "gibt es zweie, die ich vielleicht mit weit größerem
Recht als nicht zuständig ablehnen könnte, als mein Bruder
Sie" (233). Wie sehr Jakob BERNOULLI FATIO schätzt, kann man
dem letzten seiner Briefe entnehmen, den er an den erkrank-
ten FATIO richtet und der mit den - auch für das so überaus
höfliche Jahrhundert - mehr als konventionellen Floskeln
schließt:

> "Was immer auch geschehen mag: ich wäre entzückt, könnte
> ich einen Teil meiner Gesundheit und des mir noch ver-
> bleibenden Lebens für Sie opfern" (234).

Im Sommer 1701 klären sich nun endlich auch FATIOs bis dahin
so unübersichtliche Vermögensverhältnisse: der Vater Jean-
Baptiste FATIO vermacht noch zu seinen Lebzeiten sein Vermögen den fünf Söhnen mit der Auflage, ihm eine Leibrente und
der einzigen noch unverheirateten Tochter, Marie Anne FATIO,
eine Mitgift zu zahlen. Am 22.VIII.1700 schließen die Brüder
einen Vertrag ab, aufgrund dessen Nicolas FATIO zu bescheide-
nem Wohlstand kommt: Auf ihn fallen bei der Teilung ein auf
8000 £ geschätztes Landgut nebst einigen Ländereien und
15 000 £ Bargeld; darüber hinaus müssen ihm die Brüder François und Jean-Baptiste (fils), die gemeinsam die Herrschaft
Duillier erben, für die Dauer von sechs Jahren jährlich 5 200£
Abfindung zuzüglich 5 % Zinsen zahlen (235). Unter diesen Umständen ist FATIO nicht mehr daran interessiert, sein Leben
in Duillier (in welchem ihm Wohnrecht bleibt) oder Genf zu
verbringen. FATIO verläßt im Herbst 1701 seine Heimat und
kehrt für immer nach England zurück (236).

12. "Der Aberglaube ist eine ansteckende Krankheit, davon die größten Geister öfters nicht frey bleiben" (England, Holland, Italien und Kleinasien 1701-1712)

Nach seiner Rückkehr "lebte FATIO weiterhin als Mathematik-
lehrer in London", und seine Schüler sind Söhne des englischen Hochadels (237). FATIO erprobt sein Talent auch wieder an technisch-praktischen Problemen: Er findet heraus,
wie man Rubine bohren und als Zapfenträger für Taschenuhren
verwenden kann. Am 12. Mai 1704 erhält er zur Auswertung seiner Erfindung ein 14jähriges Patent (238); die Partnerschaft
mit den in London lebenden Uhrmachern Jacques und Pierre
BEAUFRE führt jedoch zu einem finanziellen Mißerfolg, und
FATIO spricht später von einer "unglücklichen Erfindung", die
ihn viel Geld gekostet habe (239).

Nur wenig später läuft FATIO in sein Verhängnis: Er schließt
sich einer Sekte fanatischer Protestanten, den Camisarden,
an und bewirkt mit diesem Schritt seinen gesellschaftlichen
und wissenschaftlichen Ruin. Die Camisarden, militante französische Hugenotten, kamen aus den Cevennen, wo sie nach der
Aufhebung des Edikts von Nantes mit großem Mut und militäri-
schem Geschick ihren protestantischen Glauben verteidigt und
den Dragonern LUDWIGs XIV. in den unzugänglichen Tälern ihrer
Heimat in einem überaus blutigen und grausamen Partisanen-
krieg empfindliche Verluste beigebracht hatten. Die meisten
der überlebenden Camisarden verließen ihre Heimat, eine größere Zahl, darunter ihr Anführer Jean CAVALIER und der Pro-
phet Élie MARION, gingen nach London. Der französische Litera-
turhistoriker Paul HAZARD schildert in seiner 'Krise des europäischen Geistes' anschaulich das Treiben der Camisarden
in London:

> "Élie MARION ist der Erwählte, der Vorläufer der glorrei-
> chen Herrschaft Jesu ... Er hat Visionen; er spielt den
> Propheten; Gottes Geist kommt über ihn, versetzt ihn in
> Trance; er wettert weniger gegen die Gottlosen als gegen
> die Lauen, die Pastoren ... In London donnert er gegen
> die französischen Prediger, gegen die Anglikaner, gegen
> alle. So beginnt eine erstaunliche und beklagenswerte Ge-

schichte: aus den Kirchen ausgeschlossen, vom Pöbel ver-
höhnt, verhaftet, vor die Gerichte geschleppt, verurteilt,
fühlen die camisardischen Propheten sich von immer hefti-
gerem Feuer durchglüht. Sie gewinnen Anhänger unter den
Engländern, denn ihre Krankheit ist ansteckend" (240).

Auch Nicolas FATIO, dem anerzogenen Glauben längst abtrünnig
geworden (241), ist gegen diese Ansteckung nicht gefeit: Er
nimmt an den Versammlungen der Camisarden teil, zeichnet ihre
Geschichte und Inspirationen auf, und ist ebenso wie sie davon überzeugt, "daß Gott sich unseren Tagen unmittelbar durch
das Wirken seines Geistes und durch das Wort offenbart, das
er den von ihm Erleuchteten in den Mund legt" (242). FATIO
wird Élie MARIONs Sekretär und begnügt sich nun auch nicht
mehr damit, Zeichen und Wunder nur zu protokollieren:

> "Er wollte", so berichtet ein Zeitgenosse, "anno 1707 zu
> London aus einer Fanatischen Einbildung in der Paul Kir-
> che in Gegenwart einer großen Menge Zuschauer einen Todten
> auferwecken. Er blieb aber tod, zu seiner größten Be-
> schimpfung" (243).

Die Londoner sind nicht länger gewillt, diesem närrischen
Treiben tatenlos zuzusehen:

> "Die Masse der Engländer betrachtet diese Schwarmgeister,
> diese Narren mit grenzenlosem Erstaunen", so setzt HA-
> ZARD seinen Bericht fort, "sie zeigt zunächst Ungeduld,
> dann ruhige Strenge. Élie MARION wird an den Pranger ge-
> stellt, und auf einem über seinem Kopf befestigten Zet-
> tel ist zu lesen: 'Élie MARION, überführt, sich als wah-
> rer Prophet ausgegeben zu haben, was falsch und gottlos
> ist, und viele Worte gedruckt und gesprochen zu haben,
> die er als ihm vom Heiligen Geist diktiert und offenbart
> ausgab, um die Untertanen der Königin in Schrecken zu
> versetzen'" (244).

An zwei aufeinanderfolgenden Tagen, am 12. und 13. Dezember
1707, steht Élie MARION am Pranger, und neben ihm steht Nicolas FATIO, Mitglied der Royal Society und Gelehrter von
europäischem Rang. Auf dem über seinem Kopf befestigten Zet-
tel ist zu lesen:

"Nicolas FATIO, überführt, Élie MARION bei seinen gottlo-
sen und falschen Prophezeiungen unterstützt und begün-
stigt zu haben, indem er veranlaßte, daß sie gedruckt und
verbreitet wurden (245), um die Untertanen der Königin
in Schrecken zu versetzen" (246).

Es wäre FATIO ein Leichtes gewesen, sich mit Hilfe von Freunden der Demütigung des Prangers zu entziehen, doch er erklärt:

"ich habe aus gutem Grunde mein Einverständnis nicht gegeben, als man für mich Fürbitte einlegen wollte, damit
ich der Strafe entginge. Und ich weiß, daß die Entschei-
dung die ich getroffen habe, letztlich nicht nur mir,
sondern auch meiner Familie zu höchster Ehre gereichen
wird" (247).

Ob FATIO dies "sub specie aeternitatis" verstanden wissen
wollte, oder ob er die Situation falsch einschätzte, Jean-
Christophe jedenfalls hatte den Bruder schon im Sommer 1707,
als die erste Kunde von FATIOs Eskapaden nach Genf drang,
eindringlich vor den Folgen gewarnt, die dessen Tun haben
mußte:

"Nach dem Buche, dessen Autorschaft man Euch zuschreibt
(248), könnt Ihr nicht mehr hoffen, in Genf oder in der
Schweiz Zuflucht zu finden, wenn man Euch in England
nicht mehr duldet".

Und fast verzweifelnd fragt er:

"War denn das Ansehen, das Ihr Euch in Kunst und Wissenschaft erworben hattet, nicht ausreichend und konnte es
Euch nicht genügen? War es denn notwendig, Abhandlungen
zu verfassen, die Euch bei verständigen Menschen, die
Prophezeiungen abhold sind, um Eure Reputation bringen
müssen?"

Aber Jean-Christophe weiß, daß seine Mahnungen vergeblich
sein werden, und er beschließt sie mit dem resignierenden
Stoßseufzer:

"Ich weiß, daß Ihr äußerst starrsinnig an Euren Überzeu-

gungen festhaltet und Euch daher, wenn Ihr ihnen mit so
großer Leidenschaft folgt, vielleicht ohne es recht zu
merken, ins Unglück stürzt, aus dem Ihr Euch augenscheinlich nur mit großer Mühe werdet befreien können" (249).

Es sind letztlich die von Jean-Christophe beschriebenen Cha-
raktereigenschaften Nicolas FATIOs, die ihn ins Verderben
führen, denn nur die radikale Ausschließlichkeit und der Man-
gel an kluger Vorsicht unterscheiden ihn von seinen gelehrten
Freunden; ein Blick zu BOYLE oder auch zu NEWTON lehrt, daß
sich mystische Vorstellungen oder gar abstruser Aberglaube
zu dieser Zeit durchaus mit wissenschaftlicher Strenge zu ar-
rangieren wußten. Für einen Mann wie FATIO freilich, den seine Inspirationen zu der Überzeugung bringen, "daß GOTT gegen-
wärtig anfängt, seinen Geist über die Erde auszugießen und
dort seine Herrschaft zu errichten" (250), sind wissenschaftliche Probleme nur mehr von geringer Bedeutung.

> "Ich gehe schon lange nicht mehr in die Versammlungen der
> Royal Society und glaube nicht, daß ich mich beeilen soll-
> te, es wieder zu tun" (251),

so bescheidet er den Bruder, als er der Royal Society in dessen Auftrag eine Nachricht übermitteln soll. Am 27.VI.1710
verläßt FATIO London und schließt sich Élie MARION an, der
mit wenigen Getreuen aufbricht, die Welt zu missionieren.
HAZARD schreibt:

> "Der kleine Trupp zog von einem Land zum anderen bis nach
> Konstantinopel, bis nach Kleinasien (252), immer predi-
> gend, prophezeiend und drohend; verfolgt, manchmal einge-
> sperrt, aber eine Wahnsinnsflamme mit sich tragend, die
> er bei allen Nationen leuchten lassen will: es ist der
> 'Blitz des Lichtes, der vom Himmel niederfährt, um in
> der Nacht der Völker der Erde die Verderbtheit aufzudek-
> ken, die sich in ihren Finsternissen birgt'" (253).

Schon der nächsten Generation ist es unbegreiflich, daß ein
angesehener Gelehrter an diesem wahnsinnigen Treiben teilnahm:

> "Wer würde glauben", so fragt VOLTAIRE (1694-1778) etwa 40
> Jahre später, "daß einer der bedeutendsten Mathematiker

Europas, und ein sehr gelehrter Schriftsteller ... an
der Spitze dieser Besessenen standen? Der Fanatismus
macht selbst die Wissenschaft zu seiner Komplizin und
erstickt die Vernunft" (254) - das ist die einzige Erklärung, die VOLTAIRE finden kann (255).

13. "Es scheynet eine Contradiction: Ein Mathematicus und Fanaticus zugleich zu seyn ..." (London und Maddersfield/ Worcester 1712-1753)

Die erste wissenschaftliche Arbeit, der FATIO sich nach der
Rückkehr von seiner Missionsreise zuwendet, knüpft an ein
schon einmal von ihm behandeltes Variationsproblem an: in der
Form einer 'Epistola' an den Bruder Jean-Christophe erscheint
in den 'Philosophical Transactions' die Lösung der Aufgabe,
einen Rotationskörper zu finden, welcher bei der Bewegung
durch ein widerstehendes Medium minimalen Widerstand erfährt
(256). Dies scheint die erste und letzte wissenschaftliche
Abhandlung für geraume Zeit zu sein; FATIO hat ganz offenbar
Schwierigkeiten, den Kontakt mit der Royal Society wieder
herzustellen, die einmal zerrissenen Fäden wieder zu knüpfen.
Im Jahre 1716 verläßt er London und zieht sich nach Madders-
field, unweit Worcesters zurück (257), das er zeit seines Lebens nicht mehr verläßt. Von nun an widmet er sich vor allem
alchemistischen Untersuchungen (258), Studien zur Kabbala
(259) und mystisch-theologischen Spekulationen (260). Erst
nach NEWTONs Tod - so will es scheinen - treten wissenschaftliche Themen wieder stärker in den Vordergrund. Im Jahre 1728
schreibt er eine Ecloge auf NEWTON (261), die ihm Gelegenheit
gibt auch die eigene Person ins rechte Licht zu rücken; und
im selben Jahr erscheint eine Abhandlung über die Bestimmung
der geographischen Breite auf See (262). Doch FATIOs Zeit
ist endgültig vorüber; fast alle, denen er einst nahestand
und die ihn schätzten, sind tot und die Lebenden kümmert er
nicht - einzig William WHISTON macht hier eine Ausnahme.
FATIOs wissenschaftliche Unternehmungen bleiben ohne Resonanz:
Er schickt - im gleichen Jahre 1728 - der Admiralität die
Entwürfe für eine Schiffspumpe (263) und an HALLEY den Entwurf für ein Instrument zur Bestimmung der Sonnenhöhe in der

Nähe des Zenit, ergänzt durch Messungen, die mit diesem Instrument gemacht worden sind (264). Eine Reaktion der Adressaten ist nicht bekannt. Eine ebenfalls im Jahre 1728 gestellte Preisaufgabe der Pariser Akademie der Wissenschaften, die allgemeine Gravitation physikalisch zu erklären, nimmt FATIO zum Anlaß, seine eigene Schweretheorie zu überarbeiten und sie in die Form eines lateinischen Lehrgedichts im Stile des Lukrez zu bringen (265). Die von den Cartesianern beherrschte Akademie vergibt ihren Preis für eine Lösung im Sinne der DESCARTESschen Wirbeltheorie (266), und FATIOs Lehrgedicht findet bei der Akademie ebensowenig Resonanz wie eine veränderte Fassung desselben Gedichts zwei Jahre später bei der Royal Society (267). Auch der Versuch, der Schrift 'De Causa Gravitatis' auf dem Subskriptionswege ein Publikum zu gewinnen, schlägt fehl, wenn auch FATIO meint:

"Ich kann gar nicht sagen, wieviel ich selbst für ein solches Buch gäbe, wäre die Theorie der Gravitation von einem anderen als mir gefunden worden. Ich glaube, ich hätte sogar einen größeren Betrag für ein Exemplar gezeichnet oder wäre bis ans Ende der Welt gegangen, um mir einen Einblick zu verschaffen" (268).

Nach all diesen Fehlschlägen kehrt der greise FATIO - nur mehr ein Schatten seiner selbst - zu den wissenschaftlichen Anfängen seiner Jugendzeit zurück, zu dem Versuche, die Sonnenparallaxe und damit den Abstand Sonne-Erde aus der Dichotomie des Mondes zu bestimmen (269). Am 22./23.X.1736 teilt er dem Sekretär der Royal Society lakonisch mit, daß es

"Gott dem Allmächtigen gefallen hat, mich eine zutreffende und exakte Methode finden zu lassen, den Abstand der Sonne von der Erde a priori in Fuß respective ihre Parallaxe nicht nur auf eine Sekunde, oder den sechsten Teil einer Sekunde genau, sondern weit genauer [!] zu bestimmen" (270).

Am 8.I.1737 bietet er dem Präsidenten der Royal Society, Hans SLOANE, eine Schrift zur Subskription an, in der sich "ein gründlicher und schlüssiger Beweis dafür befindet, daß die

Erdkugel dicker ist als der Saturn" (271). Dieser Brief wird
ebensowenig beantwortet wie die ihm folgenden Briefe an HAL-
LEY (272), Jacques CASSINI (1677-1756) (273) und der ihm vorangehende an BRADLEY (1692-1762) (274). FATIO gelingt es aber
dennoch, mit seinen konfusen Ideen die Öffentlichkeit zu erreichen: In den Jahren 1737 und 1738 veröffentlicht er in
'Gentlemen's Magazine' eine Reihe von Aufsätzen, deren Mehr-
zahl die Bestimmung der Sonnenparallaxe zum Inhalt hat. FATIO
gibt als genauesten Wert für diese Größe 135" [!] an (275)
und folgert: "Die Dichotomie des Mondes stürzt das Neutoni-
sche System" (276) und führt zu einem neuen, "retrograden"
System der Welt. - Im Jahre 1741 will FATIO nach Genf zurückkehren, doch der österreichische Erbfolgekrieg macht die Reise unmöglich. Kurze Zeit später erleidet er einen Schlagan-
fall und bleibt bis zum Ende seines Lebens gelähmt (277).
Das letzte Lebenszeichen FATIOs ist ein Brief, der von fremder Hand geschrieben und an FATIOs Neffen François CALLANDRI-
NI (1677-1750) gerichtet ist (278). Dieser Brief zeigt mit
aller Deutlichkeit, in welchem Maße nun auch regelrechte Wahn-
vorstellungen von dem mehr als 80jährigen Besitz ergriffen
und seinen einst so brillanten Verstand zerstört haben:

"Man hat sich bemüht, eine Gesellschaft von Astronomen und
Mathematikern zu bilden, die meine Beweise und mein astro-
nomisch begründetes System der Welt widerlegen sollten.
Jedoch wurde der erste, der es zu tun versuchte, so gründlich von mir widerlegt, daß keiner mich mehr zu bekämpfen
wagt. Man verschanzt sich nun hinter der Behauptung, es
sei das, was ich geschrieben habe, so unklar, daß man es
nicht begreifen könne ... Weit eher glaube ich, daß man
nur auf meinen Tod wartet, um in meine Kleider zu schlüpfen,
und daß man eifersüchtig auf meine Erfolge ist (279).
Dies umsomehr, als man mich als Fremden betrachtet und
auch nicht gewillt ist, die zu begünstigen, die daran
glauben, daß Gott sich gerade jetzt offenbart. Die Nachwelt wird jedoch nicht lange zögern und die Genauigkeit
und Klarheit meiner Beweise anerkennen, von denen die
Öffentlichkeit erst einen kleinen Teil gesehen hat ...
Es kann übrigens niemand verwunderter als ich darüber gewesen sein, zu welch befremdlichen, ja abstrusen Wahrhei-

ten mich meine Beweise geführt haben ... Mich dünkt aber,
die göttliche Vorsehung müsse ganz besondere Gründe dafür gehabt haben, gerade mich diese Wahrheiten entdecken
zu lassen" (280).

Am 12. Mai 1753 stirbt "90 Jahre alt, nahe Worcester Herr
Nicholas FACIO de Duillier, F.R.S., gebürtiger Schweizer, ein
wahrhaft ausgezeichneter Mathematiker und Philosoph; im Alter
von 22 war er dem Bischof BURNET als ein Wunder an Gelehrsam-
keit aufgefallen" (281). Mehr als ein halbes Jahrhundert hat
er seinen Ruhm überlebt, denn FATIO würde, so glaubt Rudolf
WOLF, "wenn er entweder der Alte geblieben wäre oder am Ende
des 17. Jahrhunderts den Tod gefunden hätte, den größten Gelehrten seiner Zeit angereiht worden sein" (282). Aber wir
wollen es nicht bei dieser Feststellung belassen, das letzte
Wort soll vielmehr FATIOs Biographen Jean SENEBIER (1742-
1809)gehören, der den religiösen Fanatismus und die Verfin-
sterung der Vernunft als einen unablösbar und wesentlich zu
FATIO gehörenden Charakterzug versteht:

"Warum aber sollte man diese Dinge verschweigen - zur Geschichte der Sonne gehören auch die Finsternisse; ein
großer Mann bleibt auch dann ein großer Mann, wenn die
Kräfte seines Verstandes aufgebraucht sind und er unserem Mitgefühl preisgegeben ist" (283).

Kapitel 2

ÜBER DIE URSACHE DER SCHWERE

"Ich bezeichne als Schwere eines Körpers das,
was diesen Körper dazu bringt, allein auf
Grund seiner Natur, und ohne daß ein Kunst-
griff angewandt wird, gegen ein Zentrum zu
fallen".

G.P. DE ROBERVAL 1669.

Unter den großen Themen, welche die Physik des 17. Jahrhunderts beherrschen, ist der Frage nach der Ursache der Schwere insoweit ein besonderer Rang einzuräumen, als nahezu alle bedeutenden Physiker dieser Epoche versucht haben, die Frage mit einer eigenen Hypothese zu beantworten. Einer dieser Physiker, der französische Akademiker Gilles Personne de ROBERVAL (1602-1675), hat anläßlich einer großen Debatte über die Ursache der Schwere vor der Pariser Akademie die im Jahre 1669 dominierenden Hypothesen vorzüglich dargestellt und charakterisiert:

"Bis jetzt ist es eine Streitfrage bei den verschiedenen Schulen, ob die Schwere einzig und allein im schweren Körper steckt, oder ob sie diesem Körper und demjenigen, zu welchem er hinbewegt wird, beiderseits gemeinsam ist, oder ob sie durch die Kraftwirkung eines dritten erzeugt wird, der den schweren Körper stößt" (1).

Für die einen ist die Schwere also eine inhärente Qualität der Körper, für die anderen die Folge der Stöße einer rasch bewegten, sehr feinen (subtilen) Materie; und damit ist die Frage nach der Ursache der Schwere auf eine andere, grundsätzliche zurückgeführt: Ob nämlich die Physik im Sinne einer dynamischen Naturphilosophie bei dem Begriffe der Kraft oder aber im Sinne einer kinetisch-mechanistischen bei dem der Bewegung als letztem Erklärungsprinzip stehen zu bleiben habe. Diejenigen Gelehrten, welche auf Nicolas FATIO zu verschiedenen Zeiten entscheidenden Einfluß ausübten, waren entweder Protagonisten der kinetisch-mechanistischen Naturphilosophie, wie René DESCARTES und Christiaan HUYGENS, oder standen ihr zumindest zeitweise nahe, wie Isaac NEWTON. DESCARTES und HUYGENS führten die Schwere auf die unmittelbare Wirkung einer in Wirbeln um die Erde kreisenden subtilen Materie zurück; NEWTON stellte zwar die Frage nach der Ursache der Schwere zurück und erfüllte ROBERVALs Forderung, Mechanik zu treiben, ohne "die Prinzipien und Ursachen der Schwere" gründlich zu kennen (2), war aber zeitlebens der Überzeugung, daß die Schwere keine der Materie innewohnende Eigenschaft sein könne und meinte lange, sie müsse sich mechanisch erklären lassen.

Nicolas FATIOs Bemühungen, die Ursache der Schwere zu erfor-
schen, beginnen im Jahre 1687 mit Studium und Aneignung der
HUYGENSschen Theorie und finden im Jahre 1690 einen Abschluß
in dem Versuch, NEWTONs Lehre von der allgemeinen Gravitation
durch eine mechanistische Erklärung ihrer Ursachen zu begründen. Während sich FATIO zu Beginn im cartesischen Kosmos
durchaus noch heimisch fühlt und sich den schon zitierten
Vorwurf, er denke zu cartesianisch, zu Recht gefallen lassen
muß, führt ihn das wachsende Verständnis für NEWTONs 'Principia' zu einer Ablehnung der HUYGENSschen Schweretheorie
und zu einer Verdammung des cartesischen Systems.

"Es ist aus und vorbei mit den Wirbeln, die nichts als
Wahngebilde waren", so schreibt FATIO am 1.XII.1689 an
J.-R. CHOUET, "Das gesamte System des DESCARTES, seine
ganze Welt, die so vollgestopft war, daß man sich in ihr
nicht rühren konnte, ist nur noch ein Hirngespinst, und
man kann vergnügt über sie lachen, sobald man die Wahrheit kennt" (3).

Trotz dieser Verdammung bleibt FATIOs Theorie der Schwere, so
wie sie sich im Frühjahr 1690 in zwei Briefen an Christiaan
HUYGENS und in einem Vortrag vor der Royal Society präsentiert, insofern cartesischem Denken verpflichtet, als sie ein
Versuch ist, NEWTONs "wahres System der Welt" mittels der
"wahren Philosophie", d.h. nach cartesischen Prinzipien zu
erklären. Die "wahre Philosophie", so apostrophiert HUYGENS
die cartesische in seinem 'Traité de la Lumière', ist diejenige "in welcher man die Ursache allen Naturgeschehens begreift, in dem man es mechanisch begründet" (4). Auf die
Schwere bezogen heißt das, daß zu ihrer Erklärung nichts vorausgesetzt werden darf als "Körper, die aus ein und derselben Materie gebildet werden" und sich lediglich durch "Größe, Gestalt und Bewegung" unterscheiden (5). FATIOs Verdammung des "gesamten Systems des DESCARTES" bedeutet eben
nicht, daß er auch die diesem System zugrunde liegenden Er-
klärungsprinzipien verwirft, FATIOs Schweretheorie ist ebenso wie die HUYGENSsche eine Theorie im Sinne der cartesischen Prinzipien. Was FATIOs Theorie vor der HUYGENSschen und
allen anderen zeitgenössischen Schweretheorien auszeichnet,

ist vielmehr, daß sie das von NEWTON in den 'Principia Mathematica' aus den astronomischen Beobachtungen und den KEPLER-
schen Gesetzen abgeleitete Gesetz der allgemeinen Gravitation mit denkbar einfachen Mitteln zu erklären weiß. FATIO
führt die Gravitation auf Stöße einer fluiden Materie äußerst
geringer Dichte zurück, deren außerordentlich kleine Partikeln sich geradlinig und unterschiedslos nach allen Richtungen mit extrem hoher Geschwindigkeit bewegen. Ein einzelner,
der Wirkung dieser Materie ausgesetzter Körper wird zwar noch
keine Veränderung hervorrufen, kommt jedoch ein zweiter hinzu, so werden sich die beiden vor der Wirkung der Stöße gegenseitig abschirmen. Unter der Voraussetzung, daß die Stöße
nicht vollkommen elastisch erfolgen, wird die Stoßwirkung auf
den Seiten, welche die Körper einander zukehren, geringer
sein als auf den entgegengesetzten, und die beiden Körper
werden aufeinander zugetrieben. Da dieser Effekt wechselseitiger Abschirmung oder Beschattung umgekehrt proportional
ist zum Quadrat des Abstandes, welchen die beiden Körper voneinander haben, gilt gleiches auch für die gegenseitige Anziehung. Da FATIO ferner bei allen Körpern eine extrem poröse Struktur voraussetzt, sodaß die Teile im Inneren eines
Körpers mit gleicher Wahrscheinlichkeit von den Partikeln der
fluiden, schwermachenden Materie getroffen werden wie diese-
nigen an der Oberfläche, wird diese Anziehung auch proportional der Menge der Teile sein, aus welchen sich die Körper zusammensetzen. Das Gesetz der allgemeinen Gravitation, daß
nämlich die Kraft, mit welcher sich zwei Körper wechselseitig anziehen, proportional zu deren Massen und umgekehrt proportional zum Quadrat des Abstandes zwischen diesen Körpern
ist, findet auf diese Weise eine rein mechanische Erklärung.
Da FATIO auch annimmt, daß die fluide, schwermachende Materie
homogen über das gesamte Universum verteilt ist, ist die Allgemeingültigkeit des Gravitationsgesetzes in seiner Theorie
gewährleistet.

FATIO hat seine Theorie, die er zeit seines Lebens immer wieder überarbeitet hat, zwar niemals drucken lassen, den Gedanken an sie gleichwohl bis ins hohe Alter nicht aufgegeben.
Noch im Jahre 1748 erwähnt der nun 84jährige in dem schon zi-

tierten Brief an seinen Neffen François CALLANDRINI bei den
Abhandlungen, welche er noch zu veröffentlichen gedenkt,
"vorzüglich [eine] , welche die Ursache der Schwere betrifft"
(6). Die bevorzugte Stellung, welche FATIO seiner Schweretheorie innerhalb seiner anderen wissenschaftlichen Arbeiten eingeräumt hat, zeigt sich nicht zuletzt an der Genauigkeit, mit
der er die verschiedenen Fassungen dieser Theorie beschreibt,
und an der Sorgfalt mit der er die Namen der Gelehrten festhält, denen er Einblick in seine Manuskripte gestattete oder
denen er gar Kopien überließ. Aus diesen Aufzeichnungen FA-
TIOs geht nicht nur hervor, wieviele verschiedene Fassungen
seiner Theorie der Schwere es einmal gegeben hat, sondern es
ist mit ihrer Hilfe auch möglich, die heute noch vorhandenen
Manuskripte richtig einzuordnen. Die Ergebnisse eines ins
einzelne gehenden, genauen Vergleichs aller einschlägiger
Manuskripte FATIOs, den man in einem Anhang findet, werden
zusammengefaßt in der nachfolgenden Beschreibung, die einen
kurzen Überblick über die Quellen geben soll, welche der Interpretation der Schweretheorie FATIOs zugrunde gelegt werden
müssen.

1. Die Originalmanuskripte FATIOs und die nach ihnen herge-
   stellten Kopien

Nach FATIOs eigenem Zeugnis müssen ursprünglich drei Manuskripte seiner Schweretheorie existiert haben. Er beschreibt
diese Manuskripte auf einem einzelnen Blatt, das zur Genfer
Kollektion der Papiere FATIOs gehört, und auf dem auch die
Zusätze und Veränderungen vermerkt sind, welche die drei
Manuskripte im Laufe der Zeit erfahren haben. Danach gab es
die folgenden Originalmanuskripte (7):

FO 1   Ein Manuskript von 11 Folioseiten, von FATIO als "Mein
       Original" oder als "N^o I" bezeichnet, das auf der letz-
       ten Seite die Unterschriften von Isaac NEWTON, Edmond
       HALLEY und Christiaan HUYGENS trägt (8) und darüber hin-
       aus von HALLEY bestätigt wird als "Abhandlung über die
       Schwere, von der Herr FATIO vor der Royal Society am 26.
       Februar 16$\frac{89}{90}$ einen Auszug verlesen hat" (9). Dieses Ma-
       nuskript wird im folgenden als FO 1 bezeichnet.

FO 2   Ein Manuskript von 40 Quartseiten, von FATIO als "Mein
       Manuskript ... datiert Oxford 1696" oder als "N° II" be-
       zeichnet; offensichtlich eine erweiterte Fassung des
       Originalmanuskripts FO 1, die in der Zeit entstanden
       ist, als sich FATIO mit seinem Zögling Wriothley RUSSEL
       in Oxford aufhielt. Dieses Manuskript wird im folgen-
       den als FO 2 bezeichnet.

FO 3   Ein Foliomanuskript, von FATIO als "N° III" bezeichnet,
       das im wesentlichen Zusätze zu einzelnen Abschnitten
       des Manuskripts FO 1 oder geänderte Abschnitte dessel-
       ben enthält und eher eine Ergänzung des Manuskripts FO 1
       als eine eigenständige Fassung der Schweretheorie dar-
       stellt. Dieses Manuskript wird im folgenden als FO 3 be-
       Zeichnet.

FO 4   Nach einer Notiz FATIOs hat sein Bruder Jean-Christophe
       "1699, 1700 oder 1701 eine Kopie meiner drei obgenannten
       Manuskripte gemacht" (10). Dies wird durch einen Brief
       Jean-Christophes vom 13.XI.1703 bestätigt, in welchem er
       bezüglich der 'Abhandlung über die Ursache der Schwere'
       an seinen Bruder schreibt: "Ich habe von ihr eine origi-

nalgetreue Kopie hergestellt, sie müßte jedoch noch ins
Reine geschrieben werden" (11). Dieses Manuskript, dem
die drei oben genannten als Vorlage gedient haben, wird
im folgenden als FO 4 bezeichnet.

FO 5 Nach FATIOs Zeugnis hat schließlich auch "Herr Jacques
BERNOULLI in Basel meine drei obgenannten Manuskripte
N^o I, II, III im Februar 1701 kopieren lassen" (12),
und an anderer Stelle heißt es: "Und außerdem habe ich
1701 das Original selbst mit einigen Zusätzen Herrn James BERNOULLI, Professor der Mathematik in Basel mitgeteilt ... der davon eine oder mehrere Kopien machen
ließ" (13). Endlich ist auch einem Briefe FATIOs an Jakob BERNOULLI zu entnehmen, daß er diesem am 24.I.1701
ein Manuskript seiner Schweretheorie übersandt hat, das,
wie FATIO schreibt, "aufgrund der Zusätze und Änderungen, die ich bei meiner Abhandlung gemacht habe, für
mich den Wert des Originals besitzt" (14). Dieses zuletzt genannte Manuskript wird im folgenden als FO 5
bezeichnet.

2. Die überlieferten Texte

Keines der Originalmanuskripte von FATIOs Abhandlung über die
Ursache der Schwere ist vollständig erhalten.

FB In der Universitätsbibliothek Basel existiert jedoch eine
   Kopie des Manuskripts FO 5 (15). Sie lag mitten unter Briefen und Papieren der Familie BERNOULLI, die von Johann III
   BERNOULLI im Jahre 1793 an Herzog ERNST II. von Sachsen-
   Coburg-Gotha verkauft wurden. Das Manuskript befand sich
   bis zum Jahre 1938 in der Bibliothek von Schloß Frieden-
   stein in Gotha und wurde dann als Teil des BERNOULLI-Nach-
   lasses an die Universitätsbibliothek Basel abgegeben (16).
   Dieses Manuskript, dessen Entstehung dem Interesse und
   Drängen Jakob BERNOULLIs zu danken ist, ist die bei weitem umfangreichste Fassung, welche FATIO von seiner Theorie der Schwere konzipiert hat. Es trägt den Titel: 'Über
   die Ursache der Schwere' und besteht aus 21 beidseitig beschriebenen Blättern, welche die Paginierung 36 bis 56 haben und einem nicht numerierten Blatt, das zehn Abbildungen enthält. Zusätzlich zu den schon skizzierten Grundgedanken von FATIOs Theorie, denen in diesem Manuskript als
   sogenanntem Problem I nach wie vor eine zentrale Stellung eingeräumt ist, findet man eine Reihe von Betrachtungen, welche damit in engem Zusammenhang stehen: In zwei
   anderen Problemen werden die Stoßkraft der schwermachenden, fluiden Materie (Problem II) und der Widerstand berechnet, welchen ein bewegter Körper in dieser Materie erfährt (Problem IV); FATIO diskutiert darüber hinaus in
   diesem Manuskript geometrische Modelle für die Struktur
   der Materie, setzt sich mit dem Materiebegriff der Cartesianer auseinander und stellt Überlegungen über den Zusammenhang von Härte und Elastizität der Materie und über
   die Erhaltung der Bewegungsgröße beim Stoß an, Probleme,
   die für FATIOs Theorie von entscheidender Bedeutung sind.

   Das Basler Manuskript, welches im folgenden als FB bezeichnet wird, wurde im Jahre 1915 von Karl BOPP entdeckt
   (17) und von ihm im Jahre 1929 ediert (18). Bei dieser
   Edition wurde bedauerlicherweise die Zahl der sinnentstel-

lenden Fehler und Auslassungen des Basler Kopisten um eine Reihe weiterer vermehrt.

Neben dem Basler Manuskript FB existieren in der Genfer Universitätsbibliothek einige unvollständige Manuskripte von
FATIOs Schweretheorie, welche entweder Bruchstücke der Manuskripte FO 1 bis FO 5 sind oder sich wenigstens in einen nach-
weisbaren Zusammenhang mit diesen Manuskripten bringen lassen. Die Genfer Manuskripte stammen aus dem Nachlaß Nicolas
FATIOs und gelangten im Jahre 1811 zusammen mit dem wissenschaftlichen Nachlaß George Louis LE SAGEs in den Besitz der
Bibliothek. Der Physiker George Louis LE SAGE (1724-1803),
der unabhängig von FATIO eine ganz ähnliche Schweretheorie
entwickelt hatte, bemühte sich nach FATIOs Tod, dessen wissenschaftlichen Nachlaß zu erwerben, nicht nur, weil er FATIOs
Schweretheorie kennenlernen wollte, sondern weil er sich mit
der Absicht trug, seinem Landsmanne in einer großangelegten
Geschichte der Schweretheorien ein Denkmal zu setzen. Hier-
über und über die nur zum Teil erfolgreichen Bemühungen LE
SAGEs, FATIOs Nachlaß in England zu erwerben, haben LE SAGEs
Schüler Pierre PREVOST (1751-1839) (19) und neuerdings B.
GAGNEBIN (20) detailliert berichtet.

Bei den von LE SAGE gesammelten Papieren FATIOs sind insgesamt fünf Manuskripte, die dessen Schweretheorie betreffen:

FG 1 Ein Manuskript von FATIOs Hand, bestehend aus zwei Blättern in Folioformat, welche die Paginierung 9, 10, 11,
und 12 tragen (21). Der in numerierte Abschnitte einge-
teilte Text beginnt mitten im Abschnitt 34. Unterhalb
des Abschnitts 41 stehen auf Seite 11 die Unterschriften
von HUYGENS, NEWTON und HALLEY. Auf diese Unterschriften
folgen die von FATIO erst 1706 hinzugesetzten Abschnitte
41 bis 49 und auf der ursprünglich leeren Seite 12, die
1742 hinzugesetzten Abschnitte 50 bis 52. Der ursprüng-
liche Text ist nahezu an allen Stellen von FATIO bearbeitet worden, jedoch sind fast alle Veränderungen datiert
und entweder 1706 oder 1742/43 vorgenommen worden. Zu
den illustren Unterschriften hat sich 1735 noch die von
Geoffrey CHEYNE gesellt. Das im folgenden als FG 1 bezeichnete Manuskript ist mit Sicherheit ein Fragment des

Manuskripts <u>FO 1</u>, FATIOs "Mon Original De la Cause de la Pesanteur".

<u>FG 2</u> Ein Manuskript von FATIOs Hand, welches sieben einseitig beschriebene Blätter im Folioformat umfaßt. Es trägt den Titel: "Über die Ursache der Schwere. Von Nicolas FATIO de Duillier von der königlichen Societät zu England". Es besteht aus dem Titelblatt, einem Vorwort und fünf Seiten Text, der sich - von zwei Stellen abgesehen - nahezu wörtlich mit dem Anfang des Manuskripts FB deckt (22). Die einzelnen Abschnitte des an einigen Stellen stark bearbeiteten Textes sind nicht numeriert. Dieses Manuskript, im folgenden als <u>FG 2</u> bezeichnet, ist mit hoher Wahrscheinlichkeit das Fragment eines zum Druck bestimmten Manuskripts, das auf das verschollene Oxforder Manuskript FO 2 zurückgeht.

<u>FG 3</u> Ein Manuskript von FATIOs Hand, bestehend aus vier einseitig beschriebenen Blättern. Sein in numerierte Abschnitte eingeteilter Text setzt im Abschnitt 16 ein und endet mitten im zweiten Satz des Abschnitts 35 (23). Der Anfang dieses im folgenden als <u>FG 3</u> bezeichneten Manuskripts überschneidet sich mit dem Ende von FG 2, das Ende von FG 3 überschneidet sich mit dem Anfang von FG 1. Im Text sind viele Stellen durch Unterstreichungen und eckige Klammern hervorgehoben; die so gekennzeichneten Passagen sind, das lehrt ein Vergleich mit den entsprechenden Stellen im Manuskript FG 1, Zusätze zum ursprünglichen Manuskript FO 1. Das Manuskript FG 3 enthält die mit Sicherheit späteste Fassung von FATIOs Schweretheorie.

<u>FG 4</u> Ein Manuskript von FATIOs Hand, welches aus drei z.T. beidseitig beschriebenen Blättern besteht und sowohl einen Entwurf als auch eine - mit den entsprechenden Passagen des Manuskripts FB nahezu wörtlich überstimmende - Reinschrift des sogenannten Problems IV enthält. Das im folgenden <u>FG 4</u> genannte Manuskript hat den Titel "Beweis für den Widerstand, welchen die Bewegung einer Kugel in einer sich unterschiedslos nach allen Richtungen bewegen-

den Materie erfährt" (24); eine Notiz auf der Titelseite belegt die Entstehungszeit des Manuskripts: "Ich war gezwungen", so schreibt FATIO dort, "all diese Berechnungen im Jahre 1700 abermals anzustellen, da ich die, welche ich zuvor gemacht hatte und die unter meinen Papieren vergraben sind, nicht fand" (25).

FG 5 Ein Manuskript, welches mit an Sicherheit grenzender Wahrscheinlichkeit eine Kopie von der Hand Jean-Christophe FATIOs ist. Es besteht aus vier beidseitig beschriebenen Blättern und beginnt mitten im Problem IV. Im Anschluß daran folgen die Probleme I bis III des Basler Manuskripts. Auf der Rückseite des zweiten Blattes steht: "Auszug aus der Abhandlung des Herrn N.F. D.D. über die Ursache der Schwere" (26). Abgesehen von einer Passage des Problems II stimmt das im folgenden FG 5 genannte Manuskript mit den entsprechenden Stücken des Basler Manuskripts FB wörtlich überein, es muß also zwischen beiden ein enger Zusammenhang bestehen. Wahrscheinlich ist das Manuskript FG 5 ein Teil des Manuskripts FO 4, d.h. der Kopie, die Jean-Christophe von der Abhandlung seines Bruders gemacht hat.

FG 6 Ein aus zehn doppelseitig beschriebenen Blättern bestehendes Manuskript, welches Firmin ABAUZIT (1679-1767) kopiert hat. Es trägt auf der ersten Seite (von anderer Hand) den Vermerk: "Ein Stück FATIOs, als ganzes in die Sammlung ABAUZITs übergegangen und von diesem am 21. Mai 1758 LE SAGE mitgeteilt" (27). Der Text des im folgenden als FG 6 bezeichneten Manuskripts besteht aus drei Abschnitten völlig unterschiedlicher Länge. Die Abschnitte I und II, die nur das erste Blatt einnehmen, fassen einige wichtige Ergebnisse der NEWTONschen Theorie zusammen, die FATIO als Voraussetzung seiner eigenen Überlegungen verstanden wissen will: die Ableitung des quadratischen Abstandsgesetzes einer zur Sonne gerichteten Zentralkraft aus dem KEPLERschen Gesetzen; der Zusammenhang zwischen der Schwere auf der Erde und der Bahnbeschleunigung des Mondes; die Bestimmung der Unregelmä-

ßigkeiten der Bewegungen der Planeten und des Mondes aus
der wechselseitigen Anziehung dieser Himmelskörper etc.
Am Schlusse des Abschnitts II referiert FATIO NEWTONs
Hypothese von der Leere des Universums, die lediglich
die Materie der Kometen und die Lichtstrahlen zuläßt
und leitet mit der Bemerkung, "man könnte einen unendlich dünnen Äther hinzufügen, welcher überall eine wechselseitige Schwere bewirkt" (28), zu seiner eigenen Theorie der Schwere über, welche den Abschnitt III der ABAU-
ZITschen Kopie bildet. Die Übereinstimmung mit den entsprechenden Passagen des Basler Manuskripts FB ist gut,
jedoch enthält ABAUZITs Kopie nicht einmal die Hälfte
des Manuskripts FB und schließt ab mit dem Beweis für
ein Theorem über die Stoßkraft der fluiden, schwermachenden Materie; der gleiche Beweis erscheint im Basler Manuskript als Lösung des Problems II.

Welches Manuskript als Vorlage für ABAUZITs Kopie gedient haben könnte, ist nicht mehr festzustellen.

Anhand eines Inhaltsverzeichnisses, welches FATIO am Ende
seines Lebens für eine in 52 Abschnitte unterteilte Abhandlung angefertigt hat und das den Titel trägt: "Über die Ursache der Schwere. Register oder unvollständiges Verzeichnis
für meine Manuskripte N^o I, N° II und N° III" (29), hat B.
GAGNEBIN unter Verwendung der Manuskripte FG 1, FG 2 und FG 3
eine Rekonstruktion dieser Abhandlung versucht (30). GAGNEBIN
war die Existenz des Basler Manuskripts FB bzw. dessen Edition durch BOPP offensichtlich nicht bekannt, er hat deshalb
den Manuskripten FG 4, FG 5 und FG 6 keine Beachtung ge-
schenkt, ja sie nicht einmal erwähnt. Der Wert von GAGNEBINs
verdienstvoller Edition wird darüber hinaus durch eine sehr
unzulängliche Transkription des Manuskripts FG 1 geschmälert.
Solange keine wirklich kritische Edition der Manuskripte FA-
TIOs vorliegt, kann der Interpretation der FATIOschen Schweretheorie daher nur BOPPs Edition des Basler Manuskripts als
des vollständigsten zugrundegelegt werden.

(Die Abschnitte des Basler Manuskripts sind zwar nicht numeriert, doch läßt sich eine Numerierung durch Vergleich mit

den Mss. FG 1 und FG 3 und mit Hilfe des zuvor erwähnten Inhaltsverzeichnisses nachträglich anbringen, was sich, nicht
zuletzt des einfacheren Zitierens wegen, als nützlich erweist. In welcher Weise die Abschnitte 1-49 des Inhaltsverzeichnisses dem Basler Manuskript und der Edition BOPP zugeord-
net werden können, ist der Tabelle 1 des Anhangs dieser Arbeit zu entnehmen).

Kapitel 3

DESCARTES UND HUYGENS

"Ich bekenne jedoch offen, daß seine Versuche und Ansichten, wenngleich sie falsch
sind, mir den Weg zu dem eröffneten, was
ich über den nämlichen Gegenstand herausgefunden habe".

Christiaan HUYGENS 1690 über die Schweretheorie des DESCARTES.

1. DESCARTES' Theorie der Schwere

Nicolas FATIO hat seine Theorie der Schwere in der Auseinandersetzung mit der HUYGENSschen Theorie entwickelt. HUYGENS Theorie wiederum verdankt ihr Entstehen den Anregungen, die HUYGENS durch die Schweretheorie des DESCARTES empfangen hat. Es läge also nahe, die Darstellung dieser Zusammenhänge unmittelbar mit der DESCARTESschen Theorie zu beginnen. Aber einmal sind DESCARTES Gedanken über die Schwere, wenn sie aus ihrem kosmologischen Zusammenhang in den 'Principia Philosophiae' gerissen werden, nicht ohne weiteres verständlich, und zum anderen ist DESCARTES, der recht eigentlich die Prinzipien der mechanistischen Naturphilosophie formuliert hat, für HUYGENS und FATIO in vieler Hinsicht so bedeutsam, daß es geboten scheint, eine kurze Darstellung der Prinzipien der cartesischen Physik und der Grundgedanken der cartesischen Kosmologie vorauszuschicken.

In DESCARTES' dualistischem System ist die einzige Wesenseigenschaft der materiellen oder körperlichen Substanz die Ausdehnung. Raum und Materie sind identisch, es gibt nur ein und dieselbe Materie, welche unendlich ausgedehnt und bis ins Unendliche teilbar ist; Atome als absolut letzte, unteilbare Korpuskeln sind in diesem System ebensowenig denkbar wie materieloser, leerer Raum. Diese einheitliche Materie differenziert sich zu einzelnen Körpern durch ihre Zustandsformen Gestalt und Bewegung, wobei DESCARTES unter Bewegung die Überführung eines Teiles der Materie aus der Nachbarschaft ihn unmittelbar berührender und als ruhend angesehener Teile in die Nachbarschaft anderer Teile versteht und dasjenige, was zugleich überführt wird, als Körper bezeichnet. Alle physikalischen Phänomene, welche als sinnliche Wahrnehmungen Teil unseres Bewußtseins sind, können auf Variationen der Zustandsformen der Materie zurückgeführt werden, sind lediglich Veränderung von Gestalt oder Lage von Körpern. Die Physik wird so zu einer rein geometrischen Kinematik, und dies läßt nicht nur die Anwendung der Geometrie auf die Physik zu, sondern erlaubt vielmehr, die Physik nach dem Vorbild der Geometrie aus evidenten axiomatischen Prinzipien zu konstruieren.

Diese Axiome, ein oberstes Prinzip als allgemeine Ursache der
Bewegung und drei davon abhängige Naturgesetze als besondere
Ursachen der Bewegung haben für DESCARTES metaphysische Evidenz, denn da "die allgemeine Ursache ... offenbar keine andere als Gott sein [kann], welcher die Materie zugleich mit
der Bewegung und Ruhe im Anfang erschaffen hat, und der durch
seinen gewöhnlichen Beistand so viel Bewegung und Ruhe im
ganzen erhält, als er damals geschaffen hat" (1), folgt aus
der Unveränderlichkeit Gottes und der Unveränderlichkeit seines Wirkens der Satz von der Erhaltung der Bewegungsgröße
bzw. der Konstanz der Summe aller Bewegungen im Universum
als Grundaxiom der Physik. Die drei von DESCARTES so apostro-
phierten Naturgesetze erhalten ihre Evidenz ebenfalls aus
der Unveränderlichkeit Gottes und haben folgenden Inhalt:

1. Kein Körper oder materieller Teil ändert seinen Zustand,
   d.h. seine Gestalt oder seine Bewegung, ohne äußere Ursache (Princ. Phil. II. 37);
2. Jeder Körper oder materielle Teil sucht seine Bewegung
   geradlinig fortzusetzen. Wegen der vollständigen Erfüllung des Raumes hat jedoch jede Verschiebung eines Teiles
   von Materie die Verschiebung anderer Teile zur Folge, so
   daß jede Bewegung Teil einer in sich zurücklaufenden, annähernd kreisförmigen Bewegung ist (Princ. Phil. II. 39);
3. Begegnet ein sich bewegender Körper einem anderen und ist
   dessen Fähigkeit zu widerstehen größer als die des ersten,
   seinen Weg geradlinig fortzusetzen, so verliert der erste
   keine Bewegung, sondern ändert nur die Richtung; ist die
   Fähigkeit des zweiten zu widerstehen dagegen kleiner, so
   nimmt der erste Körper den zweiten mit und verliert dabei
   soviel Bewegung wie er an diesen abgibt (Princ. Phil. II.
   40).

Dem dritten Gesetz - in den beiden ersten ist lediglich das
Trägheitsprinzip formuliert - kommt in einer Physik, in der
alle Effekte auf die Wechselwirkung sich stoßender Körper zurückgeführt werden, besondere Bedeutung zu, denn in ihm "sind
alle besonderen Ursachen der in den Körpern eintretenden Veränderungen enthalten" (2). Den Erläuterungen zum dritten Gesetz (Princ. Phil. II. 41-44) ist zu entnehmen, daß DESCARTES

mit richtungsunabhängigen Bewegungsgrößen operiert und im Widerspruch zu dem von ihm sehr klar erfaßten Relativitätsprinzip (Princ. Phil. II. 13) den Zustand der Ruhe als Gegensatz zum Zustand der Bewegung auffaßt. Die sieben Stoßregeln, die DESCARTES aus dem dritten Gesetz für den Stoß zweier vollkommen harter und von allen übrigen isolierter Körper ableitet (Princ. Phil. II. 46-52), sind daher unbrauchbar. Zwar trifft die erste Regel auf den elastischen Stoß zweier mit gleicher Geschwindigkeit aufeinanderprallender Körper gleicher Masse zu, und die fünfte Regel gilt für den unelastischen Stoß eines Körpers, der auf einen ruhenden Körper kleinerer Masse prallt, aber DESCARTES macht die Unterscheidung "elastisch" "unelastisch" nicht und kommt aus ganz anderen Überlegungen zu den beiden "richtigen" Regeln, sodaß die Charakterisierung "unbrauchbar" für alle Stoßregeln angemessen scheint. Besonders anstößig ist die vierte Regel, in der DESCARTES behauptet, daß ein ruhender Körper von einem zweiten, kleineren Körper nicht in Bewegung gesetzt werden kann, wie groß auch immer dessen Geschwindigkeit sein mag. Dies steht in einem solch eklatanten Widerspruch zur Erfahrung, daß DESCARTES sich zu einer fatalen Argumentation genötigt sieht: "Auch bedarf es für diese Bestimmungen keiner Beweise, weil sie sich von selbst verstehen, und selbst wenn die Erfahrung uns das Gegenteil zu zeigen schiene, würden wir trotzdem genötigt sein, unserer Vernunft mehr als unseren Sinnen zu vertrauen" (3).

Aus den drei Naturgesetzen allein kann DESCARTES die Welt nicht erklären. Zu den "Prinzipien der körperlichen Dinge" müssen bestimmte Anfangsbedingungen hinzukommen, damit DESCARTES im dritten Teil seiner 'Principia' ("Von der sichtbaren Welt") eine hypothetische Kosmogonie entwickeln kann: Zu Beginn hat Gott die einheitliche Materie in viele, möglichst gleichgroße Stücke geteilt, deren gesamte Bewegung, sowohl um sich selbst als auch zu mehreren um bestimmte Zentren, gleich der auch jetzt noch im Universum vorhandenen Bewegung war. Die Anzahl der dabei entstandenen Wirbel entspricht der Anzahl der Gestirne im Universum, der gegenseitige Abstand der Wirbelzentren den Abständen der Gestirne (Princ. Phil.

III. 45-47). Nun hat DESCARTES alles in Händen, was er zur
Konstruktion seines Kosmos benötigt. "Dies wenige", so
schreibt er, "scheint mir genügend, um daraus, als der Ursache, alle in der Welt sichtbaren Wirkungen nach den oben dar-
gelegten Naturgesetzen herzuleiten" (4). Bei ihren Bewegungen schleifen sich nämlich die Stücke aneinander zu kleinen
Kugeln ab; der Abrieb erfüllt die Zwischenräume zwischen den
Kügelchen und verkleinert sich entweder weiter zu staubförmigen, äußerst rasch bewegten Partikeln oder klumpt sich zu
gröberen Teilen zusammen. Auf diese Weise sind drei Materiearten entstanden: die aus dem staubförmigen Abrieb bestehende
erste, die Feuermaterie, die aus den Kügelchen bestehende
zweite, die himmlische Materie und die aus den gröberen Teilen bestehende dritte, die irdische Materie (Princ. Phil. III.
49-52). Durch die Zentrifugalkraft der sich in den Wirbeln
drehenden Himmelsmaterie oder, wie DESCARTES es ausdrückt,
durch die bei der kreisförmigen Bewegung entstehende Tendenz
ihrer Partikeln, radial nach außen zu entweichen, wird die Materie des ersten Elements nach innen gedrückt und zu kugelförmigen Haufen, den Fixsternen, zusammengedrängt (Princ.
Phil. III. 54). Sammelt sich an der Oberfläche eines solchen
Fixsterns irdische Materie, so kann es geschehen, daß er
völlig verkrustet. Dabei verliert er Rotationsbewegung und
sein Wirbel wird von benachbarten Wirbeln aufgezehrt. Der
Fixstern selbst wird unter bestimmten Umständen vom Wirbel
eines großen Fixsterns wie z.B. der Sonne eingefangen und um
diesen als Planet im Kreise herumgetragen (Princ. Phil. III.
120. 140). Zu den unterschiedlichen (physikalischen) Wirkungen, welche die himmlische Materie des Wirbels auf einem solchen Planeten wie z.B. der Erde hervorruft, gehört neben
Licht und Wärme auch die Schwere. Von ihr handelt DESCARTES
in den Abschnitten 20 bis 27 des vierten Teils seiner 'Principia' ("Von der Erde").

Wären die Räume um die Erde leer, oder enthielten sie "nur
Körper ... welche die Bewegung anderer Körper weder hinderten noch beförderten", so beginnt DESCARTES seine Betrachtungen, so flögen infolge der Erdrotation alle nichtbefestigten
Teile davon und es gäbe nur Leichtigkeit und keine Schwere

(5). Nun sind aber die Räume rings um die Erde von der sie
in Wirbeln umkreisenden Himmelsmaterie erfüllt. Die Himmelsmaterie dreht die Erde in 24 Stunden um deren Achse, dreht
sich selbst aber viel rascher, und zusätzlich bewegen sich
die Partikeln der Himmelsmaterie mit großer Geschwindigkeit
geradlinig und unterschiedslos nach allen Richtungen. Der Ge-
schwindigkeitsüberschuß der kreisförmigen Bewegung bewirkt
eine nach außen gerichtete Kraft, und da die Partikeln der
Himmelsmaterie bei ihrer geradlinigen Bewegung von der Erde
aufgehalten werden, wobei sie die Teile an deren Oberfläche
in Richtung auf das Erdzentrum stoßen und selbst in die entgegengesetzte Richtung gelenkt werden, entsteht eine Bewegung, welche radial vom Erdzentrum weggerichtet ist und die
Partikeln der Himmelsmaterie gegenüber der Erde leicht macht
(Princ. Phil. IV. 22). Die Partikeln der irdischen Materie,
welche dieser Bewegung nicht folgen, werden von denen der
Himmelsmaterie nach unten bzw. radial in Richtung auf das
Erdzentrum gedrängt, weil sich die Partikeln der Himmelsmaterie wegen der vollkommenen Erfüllung des Raumes nur auf diese Weise Platz schaffen können. Die Schwere der irdischen Materie ist im Sinne DESCARTES' also nichts anderes als eine
geringere Tendenz, sich vom Zentrum zu entfernen, d.h. eine
geringere Leichtigkeit (Princ. Phil. IV. 23). Quantitativ
wird die Schwere eines Körpers nach DESCARTES durch diejenige Menge an himmlischer Materie bestimmt, welche bei seinem
Fall an die von ihm zuvor eingenommene Stelle aufsteigt. Nun
besteht ein schwerer Körper nicht nur aus irdischer Materie,
sondern in seinen Poren befindet sich stets Himmelsmaterie;
das von ihm eingenommene Volumen setzt sich also zusammen
aus einem sehr großen Volumenteil irdischer und einem sehr
kleinen himmlischer Materie. Beim Herabsteigen des Körpers
in der Lufthülle der Erde tritt an Stelle des schweren Körpers ein gleichgroßes Volumen Luft, das sich ebenfalls aus
einem Volumenteil irdischer und einem himmlischer Materie zusammensetzt, nur daß bei Luft der Anteil himmlischer Materie
weit größer ist als bei einem schweren Körper. Die Schwere
des Körpers wird also durch die Wirkung des Differenzvolumens
himmlischer Materie auf das Differenzvolumen irdischer Mate-

rie bestimmt (Princ. Phil. IV. 24). Da sich aber sowohl in
der Luft als auch im schweren Körper Materie des ersten Elements befindet, welche aufgrund ihrer rascheren Bewegung eine weit größere Wirkung entfaltet und überdies auch die Partikeln irdischer Materie in der Luft bewegt, die also im Sinne DESCARTES' leichter sind als diejenigen in festen Körpern,
in denen sie ja ruhen, "kann man", so folgert DESCARTES,
"nach dem bloßen Scheine nicht abnehmen, wieviel irdische
Materie in einem Körper enthalten ist" (6). Nach DESCARTES'
Auffassung ist die Schwere oder das Gewicht eines Körpers also nicht proportional zu dessen Materiemenge.

DESCARTES hat an anderer Stelle auch zwei Experimente vorgeschlagen, welche die in den 'Principia' beschriebene Wirkung
der Himmelsmaterie demonstrieren sollen. Bei dem einen Experiment soll ein rundes Gefäß mit Bleischrot gefüllt werden,
unter welches einige größere Holzstückchen gemischt werden;
wird das Gefäß nun in rasche Drehungen um seine Achse versetzt, so treiben die kleineren Bleikügelchen die größeren
Holzstücken zum Zentrum des Gefäßes "ebenso wie die subtile
Materie die irdischen Körper treibt" (7). Beim zweiten Experiment wird Wasser in einem Gefäß in Drehungen versetzt,
und es werden in das sich drehende Wasser von oben Holzstückchen geworfen. Die Holzstückchen sammeln sich im Zentrum des
Wasserwirbels und setzen sich dort fest "so wie es die Erde
inmitten der subtilen Materie tut" (8).

2. HUYGENS' Theorie der Schwere

Christiaan HUYGENS, der mit cartesischer Philosophie aufwuchs, blieb sein Leben lang Cartesianer. Zwar hat er am Ende seines Lebens über den Physiker DESCARTES ein vernichtendes Urteil gefällt, als er die 'Principia Philosophiae' mit einem Roman verglich und DESCARTES nachsagte, dieser habe es verstanden, seine Vermutungen und erdichteten Hypothesen als Wirklichkeit auszugeben (9), an der Richtigkeit der cartesischen Philosophie und ihrer Bedeutung für die Physik hat er jedoch nie gezweifelt. HUYGENS hat stets an "jener wahren Philosophie" festgehalten, "in welcher man die Ursachen für alles Naturgeschehen begreift, in dem man es mechanisch (par des raisons de mechanique) begründet. Man muß meiner Ansicht nach so verfahren", führt HUYGENS aus, "oder alle Hoffnung aufgeben, je etwas in der Physik zu verstehen" (10). HUYGENS ist bei vielen seiner wissenschaftlichen Unternehmungen den von DESCARTES gebahnten Wegen gefolgt, auch wenn er dabei erst die Hindernisse beiseite räumen mußte, welche DESCARTES auf diesen Wegen errichtet hatte. Im Vorwort zu seiner 'Abhandlung über die Ursache der Schwere (Discours de la Cause de la Pésanteur)' hat HUYGENS sein ambivalentes Verhältnis zu DESCARTES noch einmal genau beschrieben:

"Herr DESCARTES hat besser als seine Vorgänger erkannt, daß man in der Physik das am besten versteht, was man auf Prinzipien gründet, welche unsere Fassungskraft nicht übersteigen - wie es diejenigen sind, welche als eigenschaftslos angesehene Körper und Bewegungen zugrunde legen. Die große Schwierigkeit liegt nun aber gerade darin, zu zeigen, wie eine Mannigfaltigkeit von Dingen einzig und allein durch jene Prinzipien bewirkt worden ist und darin war er bei einigen der von ihm untersuchten Gegenständen, worunter meiner Ansicht nach auch die Schwere gehört, nicht sehr erfolgreich ... Ich bekenne jedoch offen, daß seine Versuche und Ansichten, wenngleich sie falsch sind, mir den Weg zu dem eröffneten, was ich über den nämlichen Gegenstand herausgefunden habe" (11).

Christiaan HUYGENS 'Discours' muß nach seinen eigenen Worten als erneuter Versuch verstanden werden, die Schwere nach cartesischen Prinzipien zu erklären, nachdem DESCARTES selbst bei diesem Unternehmen gescheitert war.

Christiaan HUYGENS hat seine Schweretheorie zum ersten Male am 28.VIII.1669 in einem Vortrag vor der Pariser Akademie bekanntgemacht. In der Zeit zwischen dem 8.IX.1686 und dem 20.VI.1687 hat er diesen Vortrag auf Betreiben de LA HIREs für einen Sammelband mit Werken Pariser Akademiker überarbeitet (12). Als diese 'Diverses Ouvrages' im Jahre 1693 erschienen, mußte deren Herausgeber de LA HIRE freilich feststellen:

> "Während des Druckes, der aus ganz besonderen Gründen
> sehr lange dauerte, hat Herr HUGENS in seinem 'Traité
> de la lumière' die hier eingerückte Abhandlung 'De la
> cause de la pésanteur' mit einigen Anmerkungen und Zu-
> sätzen drucken lassen, und er hat Herrn de LA HIRE mitge-
> teilt, daß er ganz vergessen habe, daß er ihm mit sei-
> nen anderen kleinen Abhandlungen ja auch diese übersandt
> hatte" (13).

Die von LA HIRE hier erwähnten Anmerkungen und Zusätze in dem im Jahre 1690 erschienenen 'Discours' beziehen sich fast ausschließlich auf NEWTONs drei Jahre zuvor erschienene 'Principia Mathematica' und können bei einer Erörterung der HUYGENSschen Schweretheorie zunächst zurückgestellt werden. Die folgende Darstellung dieser Theorie orientiert sich an HUYGENS' Akademievortrag von 1669 (14), es werden jedoch bedeutsame Änderungen in den späteren Fassungen mit dem Vorsatz '1687:' (15) bzw. '1690:' (16) ausdrücklich vermerkt.

HUYGENS' Vorlesung vor der Pariser Akademie war sein Beitrag zu einer Debatte über die Ursache der Schwere, die sich von August bis November 1669 hinzog, und an der außer HUYGENS u.a. MARIOTTE, Claude PERRAULT und ROBERVAL beteiligt waren (17). HUYGENS beginnt seine Ausführungen mit der Darlegung der (DESCARTESschen) Prämissen, welche seiner Untersuchung zugrunde liegen. Eine begreifbare Erklärung der Schwere darf sich danach nur auf die folgenden Annahmen stützen: Alle Körper bestehen aus ein und derselben Materie und unterscheiden sich nur durch Gestalt, Größe und Bewegungszustand, und aus diesen Unterschieden allein müssen sich die Effekte der Schwere erklären lassen. Da der auffälligste dieser Effekte eine

zu einem Zentrum gerichtete Bewegung ist, und man die Schwere als eine "Tendenz zur Bewegung (inclination au mouvement)"
auffassen kann, liegt es nahe, sie auch durch Bewegung zu erklären. Nun ist HUYGENS aus seinen Untersuchungen über die
Stoßgesetze bekannt, daß aus geradlinigen Bewegungen keine
Bewegung zustande kommen kann, die auf ein Zentrum gerichtet
ist. Von den in der Natur vorkommenden ausgezeichneten Bewegungen bleibt dann allein die kreisförmige übrig. Der bei
dieser auftretende Effekt, der deutlich zu spüren ist, wenn
man z.B. einen Stein in einer Schleuder herumwirbelt, scheint
der Schwere jedoch gerade entgegengerichtet zu sein und eine
Bewegung zu erzeugen, welche vom Zentrum weggerichtet ist:
sie erzeugt einen "effort à s'éloigner" wie HUYGENS es ausdrückt. HUYGENS zeigt zunächst, wie er die Stärke (force)
dieses Effort bestimmt: Auf einem Tisch, der sich auf einem
Zapfen dreht, wird an einem Faden von 9 Zoll und 2 Linien
Länge (das sind 24,75 cm) ein Körper aufgespannt. Diese Fadenlänge entspricht nach HUYGENS der Länge eines Halbsekun-
denpendels, das ist ein Pendel, das für einen Hin- und Hergang jeweils eine Schwingungsdauer T von einer halben Sekunde benötigt (18). Wenn die Geschwindigkeit des Tisches genau einer Umdrehung pro Sekunde entspricht, ist die auf den
Faden wirkende Kraft nach HUYGENS Angabe ebenso groß wie bei
lotrechter Aufhängung. Die Richtigkeit dieser Behauptung ist
leicht nachzuprüfen:

Für die Bewegung auf dem Tisch gilt, wenn m die Masse des
Körpers, v seine Umlaufsgeschwindigkeit, T_k die Umlaufsdauer
und l die Fadenlänge ist:

$$F = m \cdot \frac{v^2}{l} \; ; \qquad v = \frac{2\pi l}{T_k}$$

also

$$F = m \cdot \frac{4\pi^2 l}{T_k^{\,2}} \; ; \qquad T_k = 1\,[s]$$

Für die Pendelbewegung mit der Schwingungsdauer T_s gilt:

$$T_s = \pi \sqrt{\frac{l}{g}} \quad \text{d.h.} \quad l = \frac{g \cdot T_s^{\,2}}{\pi^2} \; ; \qquad T_s = \frac{1}{2}\,[s]$$

Und mit

$$T_k = 2 \cdot T_s$$

folgt:

$$F = m \cdot \frac{4\pi^2 g\ T_s^{\,2}}{4\pi^2\ T_s^{\,2}} = mg$$

Es ist also, wie HUYGENS behauptet, die Zentrifugalkraft bei
der Drehung des Tisches gleich dem Gewicht des Körpers. Benutzt man den von HUYGENS angegebenen Wert für die Fadenlänge
von l = 24,75 cm, ergibt sich ein Wert der Schwerebeschleunigung von g = 977 cm·s^{-2} (19). Nachdem man so ein Kraftmaß
für den "effort à s'éloigner" gefunden hat, und man auch
weiß, wie man diesen Effort berechnen kann, muß als nächstes
gezeigt werden, wie - entgegen dem Augenschein - bei der
kreisförmigen Bewegung zugleich auch eine Bewegung entstehen
kann, die zu deren Zentrum hin gerichtet ist. HUYGENS stellt
zu diesem Zweck die folgenden Überlegungen an: Eine im Raume
ABC (Abb. 3.1) enthaltene fluide Materie, welche durch Partikeln außerhalb ABC am Entweichen gehindert wird, drehe sich
um D als Zentrum. Dann ist außer einem "effort pour s'éloigner du centre" kein Effekt zu bemerken. Anders verhält es

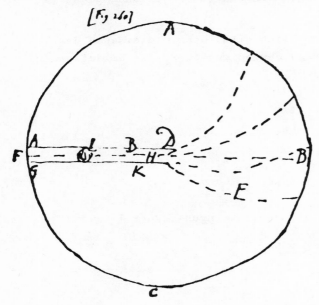

Abb. 3.1

sich, wenn es eine Partikel E gibt, welche dieser Kreisbewegung entweder überhaupt nicht oder sehr viel langsamer
folgt. Der Effort dieser Partikel ist dann nämlich entweder
Null oder doch wesentlich kleiner als der der anderen Partikeln, und sie macht daher den von innen nach außen mit wachsendem Effort drängenden Partikeln der fluiden Materie Platz,
indem sie selbst zum Zentrum gestoßen wird. HUYGENS gibt
zwei Möglichkeiten an, wie man diesen Effekt experimentell
demonstrieren kann:

In ein mit Wasser gefülltes Gefäß mit ebenem Boden (20),
werden Teilchen eingebracht, welche schwerer als Wasser sind
(sie werden ab 1687 als Siegellackstückchen gekennzeichnet).
Wird nun das Gefäß auf dem zuvor beschriebenen rotierenden
Tisch in rasche Drehungen versetzt, so werden die schweren
Teilchen zunächst vom Wasser mitgerissen. Sobald sie jedoch
zu Boden gesunken sind, verlieren sie sehr rasch an Bewegung
und laufen auf spiraligen Bahnen zum Zentrum, wo sie sich
sammeln. Dieses Experiment ist nach HUYGENS' Ansicht noch
überzeugender, wenn man eine Kugel L in das Gefäß bringt,
welche durch einen Faden FH am Boden festgehalten und durch
zwei andere Fäden AB und GK am seitlichen Ausbrechen gehindert wird (Abb. 3.1). Wird in diesem Fall der rotierende
Tisch plötzlich angehalten, läuft die Kugel geraden Weges
zum Zentrum.

Bei dem von HUYGENS geschilderten Experiment müssen drei Pha-
sen unterschieden werden. In der ersten Phase wird der Tisch
in Bewegung gesetzt, bis er mit der Winkelgeschwindigkeit ω
rotiert; dabei werden im Gefäß zunächst nur die Wasserschich-
ten am Boden und am Gefäßrande mitgenommen, und es stellt
sich eine Zirkulation wie in Abb. 3.2 ein. In der zweiten
Phase sind die Verhältnisse stationär geworden, die Äquipo-
tentialflächen sind dann Rotationsparaboloide der Form
$\frac{\omega^2}{2} r^2 - gz$ = const. und der Druck nimmt in einer zur Grundfläche parallelen Ebene von innen nach außen zu, d.h. ein nicht
an der Bewegung des Wassers beteiligter Körper K wird nach
innen gedrückt, während ein mit dem Wasser umlaufender eine
Kraft $F = V_K (\delta_K - \delta_{H_2O}) \omega^2 r$ erfährt, die entweder nach außen

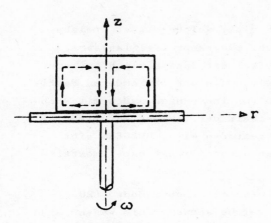

Abb. 3.2

oder nach innen gerichtet ist, je nachdem, ob die Dichte δ_K des Körpers K mit dem Volumen V_K größer oder kleiner als die Dichte δ_{H_2O} des Wassers ist. In der dritten Phase schließlich wird der Tisch plötzlich angehalten. Dann rotiert das Wasser zunächst weiter, wird aber an den Rändern und vor allem am Boden sehr stark gebremst, und die sich einstellende Zirkulation verläuft entgegengesetzt zu der in Abb. 3.2 (21), (22).

Wenn nun auch der experimentelle Beweis erbracht ist, daß sich mittels kreisförmiger Bewegungen ein der Schwere analoger Effekt hervorbringen läßt, ist damit noch nicht geklärt, wie die Schwere auf der Erde zustande kommt, d.h. durch welche Art materieller Bewegung die schweren Körper in Richtung auf das Erdzentrum getrieben werden. Da die Körper mitsamt der Atmosphäre der Erdrotation folgen, könnte eine sich im gleichen Sinne und mit gleicher Geschwindigkeit drehende Äthermaterie keine Wirkung haben. Ihre Geschwindigkeit müßte also weit größer sein. Die Wirkung einer solchen einsinnig erfolgenden Rotation um die Erdachse müßte sich aber, so folgert HUYGENS, an der Erdoberfläche bemerkbar machen (das lehrt das Experiment mit den Siegellackstückchen), außerdem könnte auch nur eine Bewegung entstehen, welche senkrecht zur Erdachse gerichtet wäre, also nicht die für die Fallbewegung geltende Richtung radial zum Erdzentrum (senkrecht zum Horizont) hätte. HUYGENS versucht daher die Schwere mittels eines anderen Modells zu deuten: In einem ausgedehnten, kugelförmigen Raum rings um die Erde gibt es eine fluide Materie, welche

aus sehr kleinen und "mit großer Geschwindigkeit nach allen
Richtungen" bewegten Partikeln besteht. Diese Partikeln laufen in den unterschiedlichsten Richtungen in Großkreisen auf
zum Erdzentrum konzentrischen Kugelschalen um.

> "Die Ursache für diese Kreisbewegungen", so schreibt HUY-
> GENS, "ist, daß die in einem Raum enthaltene Materie sich
> leichter auf diese Weise, als durch zueinander entgegen-
> gesetzte, geradlinige Bewegungen bewegt; diese nämlich
> werden, da die Materie nicht aus dem Raum, der sie um-
> schließt, heraus kann, in sich selbst zurückgeworfen und
> gehen so notwendigerweise in kreisförmige Bewegungen
> über" (23).

Diese Behauptung ist der schwächste Punkt in HUYGENS' Theorie, denn die von ihm angeführten Beispiele - die Rotationsbewegung der Metallkugel beim Kupellieren von Silber und diejenige eines Wachstropfens, der auf der Lichtputzschere in
die Nähe einer Kerzenflamme gebracht wird - sind ohne Beweis-
kraft. Eine solche Vorstellung gehört vielmehr ganz in die
cartesische Physik, in der ja jede geradlinige Bewegung in
eine kreisförmige einmündet oder Teil einer solchen ist. Diese kreisförmigen Bewegungen der schwereerzeugenden Materie
bleiben - so HUYGENS -, wegen deren unvorstellbar großer
Fluidität und der extremen Kleinheit und vollkommenen Elastizität ihrer Partikeln auch bei Stößen erhalten. Geraten gröbere Teile in die rotierende Materie, so können sie ihr nicht
folgen und werden - wie die Siegellackstückchen beim Experiment - zum Zentrum gestoßen.

> "Darin also besteht die Schwere der Körper, von der man
> nun sagen kann, daß sie die Wirkung (action) der flui-
> den Materie ist, die sich kreisförmig nach allen Rich-
> tungen um das Zentrum der Erde bewegt und dadurch be-
> strebt ist, sich von diesem zu entfernen und an seine
> Stelle Körper stößt, welche dieser Bewegung nicht fol-
> gen" (24).

Gröbere Körper werden nämlich in kürzester Zeit von so vielen der kleinen Partikeln aus so unterschiedlichen Richtungen
getroffen, daß sie in keine dieser Richtungen mitgenommen

werden können. In HUYGENS Theorie würden die Körper aber auch dann zum Wirbelzentrum fallen, wenn dort keine Erde wäre, die Erde entstand vielmehr erst durch Zusammenballung von irdischer Materie, die sich - gleich den Siegellackstückchen beim Experiment - in diesem Zentrum angesammelt hatte, und dies ist ebenso wie die anschließende Abrundung zur Kugelgestalt ein Werk der um das Zentrum umlaufenden fluiden, schwermachenden Materie. Eine wechselseitige Anziehung von Körpern wäre für HUYGENS unbegreiflich.

Die Partikeln der fluiden Materie werden als so klein vorausgesetzt, daß sie auch die festesten Körper mühelos durchdringen können. Aufgrund dieser Vorstellung kann HUYGENS erklären, warum sich das Gewicht eines schweren Körpers nicht ändert, wenn dieser in einem Gefäß eingeschlossen ist, und warum auch die inneren Teile eines Körpers zu seinem Gewicht beitragen, denn wäre dies nicht der Fall, müßte eine hohle Glaskugel ebensoviel wiegen wie eine massive gleicher Größe (25). HUYGENS beweist nun auf eine ebenso einfache wie geniale Weise, daß die Teile im Inneren eines Körpers nicht nur zu dessen Schwere beitragen, sondern daß das Gewicht eines Körpers zur Menge der ihn zusammensetzenden Materie genau proportional ist. Das Beweismaterial liefert der horizontale Stoß zweier Körper: Bei ihm kann der Widerstand, welchen die Körper der Bewegung entgegensetzen, nicht von deren Schwere herrühren, "da die seitliche [horizontale] Bewegung nicht darauf abzielt, die Körper weiter als sie es sind, von der Erde zu entfernen und daher der Schwere, welche sie zur Erde stößt, in keiner Weise entgegenwirkt" (26). Es kann also nur die in den Körpern enthaltene Materiemenge sein, welche einen solchen Widerstand hervorruft und die bewirkt, daß zwei Körper gleicher Materiemenge, welche mit gleicher Geschwindigkeit aufeinanderprallen, gleichermaßen reflektiert werden. "Nun zeigt aber das Experiment" so argumentiert HUYGENS "daß jedesmal, wenn zwei Körper einander so völlig gleich reflektieren, nachdem sie mit gleicher Geschwindigkeit aufeinandergeprallt sind, diese Körper auch gleiche Schwere besitzen. Daraus folgt, daß diejenigen [Körper], welche sich

aus gleicher Materiemenge zusammensetzen, auch gleiche Schwere besitzen" (27). HUYGENS erkennt, daß beim Stoß zweier Körper auf einer Äquipotentialfläche und bei der Wägung dieser
Körper jeweils verschiedene Eigenschaften der Materie maßgeb-
lich sind. Diese begriffliche Unterscheidung zwischen träger
und schwerer Masse, zu der er aufgrund seiner Vorstellung
von der Ursache der Schwere und aufgrund seiner Kenntnisse
der Stoßvorgänge geführt wird, und die Konstatierung der
Gleichheit von träger und schwerer Masse sind ohne Zweifel
HUYGENS' bedeutendste Leistung innerhalb seiner Theorie der
Schwere.

HUYGENS beschließt seine Ausführungen mit einer Berechnung
der Geschwindigkeit der fluiden, schwermachenden Materie. Die
Größe dieser Geschwindigkeit ist durch die aus Pendelversu-
chen bekannte konstante Schwerebeschleunigung festgelegt,
und HUYGENS bestimmt sie daher auf die folgende Weise:

"Die Schwere des Körpers E [Abb. 3.3] ist genau gleich
dem Effort, mit welchem eine gleichgroße Menge fluider
Materie sich vom Zentrum D zu entfernen strebt", oder:
"Ein Pfund Blei z.B. ist hier auf der Erde gegen das

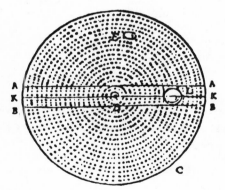

Abb. 3.3

[Erd-] Zentrum ebenso schwer wie eine Masse fluider Materie von der Größe des Blei [1690: (ich verstehe darunter
die Größe, die dessen solide Partikeln einnehmen)] nach
oben schwer ist, um sich aufgrund ihrer Kreisbewegung
vom [Erd-] Zentrum zu entfernen. Da sich nun aber gemäß
unserer Hypothese Bleimaterie und fluide Materie in
nichts unterscheiden, kann man sagen, daß das Pfund Blei
nach unten ebenso schwer ist, wie es nach oben schwer

wäre, wenn es sich um das Erdzentrum drehte, und zwar in
ebendieser Distanz und mit ebensogroßer Geschwindigkeit
wie die fluide Materie" (28).

Aus seiner "Theorie der Kreisbewegung", so führt HUYGENS weiter aus, habe er herausgefunden, daß der "effort à s'éloigner
du centre" eines Körpers dem Effort seiner Schwere genau
dann gleich ist, wenn der Körper für einen Umlauf ebensoviel
Zeit benötigt "wie ein Pendel von der Länge des Kreishalbmes-
sers ... um zwei Schwingungen zu vollführen" (Gemeint sind
mit den beiden Schwingungen wie zuvor der Hin- und Hergang
des Pendels). HUYGENS bestimmt daraus die Umlaufszeit der
fluiden Materie zu $1^h 25^m$, wobei er die Länge des Sekundenpendels mit 3 Fuß 8 1/2 Linien $[= 99,4 \text{ cm}]$ und den Erdradius
mit 19 595 154 Rheinischen Fuß $[= 6443 \text{ km}]$ in Rechnung stellt.
Die fluide Materie hat demnach eine Geschwindigkeit, welche ca. 17 mal größer ist, als die eines Punktes auf dem
Äquator (29).

HUYGENS Überlegungen können durch die folgenden einfachen
Rechnungen wiedergegeben werden:

Aus

$$T_{\text{Kreis}} = 2\pi \frac{l}{v} = 2 \cdot T_{\text{Pendel}} = 2\pi \sqrt{\frac{l}{g}}$$

folgt

$$\frac{v^2}{l} = g$$

Es ist also, wie HUYGENS behauptet in diesem Falle die Schwerebeschleunigung gleich der Kreisbeschleunigung d.h. das Gewicht gleich der Zentrifugalkraft.

Für die Umlaufszeit der fluiden Materie in der Nähe der Erdoberfläche gilt dann entsprechend

$$T = \pi \sqrt{\frac{R_E}{g}}$$

und da g aus der Beziehung

$$1s = \pi \sqrt{\frac{l_{sec}}{g}}$$

bekannt ist, wird

$$T = 2\pi \sqrt{\frac{R_E}{\pi^2 \, 1_{sec}}} = 2 \cdot \sqrt{\frac{6443 \cdot 10^3}{0,994}} = 85 \text{ min} \quad ,$$

wenn R_E der Erdradius, 1_{sec} die Länge des Sekundenpendels
ist (30). Diese verhältnismäßig große Geschwindigkeit der
fluiden Materie [ca. 8 km/s] macht es nach HUYGENS Ansicht
erst begreiflich, warum die Fallgeschwindigkeit der Körper
in gleichen Zeiten um gleiche Beträge zunimmt: weil nämlich
die Geschwindigkeit der an die Stelle der Körper tretenden
fluiden Materie stets "unvergleichlich" größer ist als die
von den Körpern jeweils erreichte Fallgeschwindigkeit.

Es ist auffällig, wie stark HUYGENS in der Grundkonzeption
seiner Theorie, ja sogar bei den experimentellen Demonstrationen von DESCARTES beeinflußt worden ist. Beiden ist zumindest gemeinsam, daß sie die Schwere der Körper als Zentripetalkraft erklären und sie auf die Zentrifugalkraft einer
fluiden Materie zurückführen. HUYGENS leugnet eine solche
Abhängigkeit auch nicht, weist vielmehr ausdrücklich darauf
hin, daß DESCARTES gleich ihm eine Deutung der Schwere aufgrund einer auf Kreisbahnen um die Erde laufenden fluiden
Materie versucht hat. (Und 1690 setzt er hinzu "es will
sehr viel heißen, diese Idee als erster gehabt zu haben").
Gleichwohl ist die Überlegenheit der HUYGENSschen Theorie
über die DESCARTESsche, die noch nicht auf der Grundlage
der erst von HUYGENS geleisteten Bestimmung der Zentrifugalkraft aufbauen kann, in allen Details offensichtlich, und
HUYGENS läßt sich auch keine Gelegenheit entgehen, DESCAR -
TES zu kritisieren:

1. HUYGENS verwirft das erste von DESCARTES vorgeschlagene
   Experiment (31), weil es schon eine Wirkung unterschiedlicher Schwere benutze und daher zu deren Erklärung nichts
   beitragen könne (32). Wahrscheinlich hat dies HUYGENS bewogen, bei seinem eigenen Experiment zu fordern, die Kugel L solle möglichst die gleiche Dichte wie das Wasser
   haben, weil "hier einzig und allein die Bewegung die Wirkung des Experiments hervorbringt" (33).

2. HUYGENS zeigt, daß eine Wirbelbewegung, wie sie DESCARTES annimmt, nur eine Bewegung zur Erdachse, nicht aber eine Bewegung in Richtung auf das Erdzentrum hervorruft. Nun hat DESCARTES zwar versucht, einem solchen Einwand zu begegnen, indem er seiner Himmelsmaterie zusätzlich geradlinige Bewegungen zuschreibt, durch deren Reflexion an der Erdoberfläche die notwendige radiale bzw. zentrale Tendenz der Schwere entstehen soll. Aber gerade dies gibt HUYGENS Gelegenheit zu einem weiteren Einwand:

3. HUYGENS wirft DESCARTES vor, dieser habe in seiner Theorie nicht berücksichtigt, daß die fluide Materie auch im Inneren der Körper wirken können muß. "Es scheint sogar", so sagt HUYGENS wörtlich, "daß er ihr überhaupt keine Bewegungsfreiheit durch die Zusammensetzung dieser Teile [der Körper] zubilligt, da er ja fordert, daß sie beim Zusammenstoß mit der Erde gehindert wird, ihre Bewegungen geradlinig fortzusetzen, und daß sie sich statt dessen soweit als möglich von jener entfernt" (34). Wenn aber die fluide Materie feste Körper nicht frei durchdringen kann, so schließt HUYGENS, müßte Blei, wenn es in eine Phiole eingeschlossen wäre, an Gewicht verlieren, könnten die inneren Teile eines Körpers nichts zu dessen Gewicht beitragen, wögen endlich Körper am Grunde tiefer Brunnen weniger als an der Erdaberfläche.

4. DESCARTES, der die Proportionalität von Gewicht und Materiemenge bei den Körpern bestreitet,hatte u.a. behauptet, eine Menge Gold enthalte, obwohl sie 20 mal schwerer als eine gleiche Menge Wasser ist, gleichwohl nur 4 bis 5 mal mehr Materie, weil Fluida wegen der Beweglichkeit ihrer Partikeln spezifisch leichter seien (35). Dies widerlegt HUYGENS mit dem Hinweis darauf, daß dann Eis schwerer als Wasser,und Metalle schwerer als ihre Schmelzen sein müßten. Außerdem ist eine solche Vorstellung, wie HUYGENS zu Recht einwirft, auch in DESCARTES' Theorie nicht haltbar, weil ja bei diesem eine solche spezifische Leichtigkeit nur durch kreisförmige Bewegung um das Erdzentrum bzw. eine solche vom Zentrum radial nach außen zustandekommt, die

Partikeln der Fluida sich aber unterschiedslos nach allen
Richtungen bewegen sollen (36).

Hatte sich HUYGENS auch noch 1687 lediglich mit DESCARTES aus-
einandersetzen müssen, so ist er 1690 genötigt, auch auf die
1687 erschienenen 'Principia Mathematica' NEWTONs einzugehen,
sieht jedoch keinen Grund, die eigene Theorie zu verwerfen.
Auch in der Fassung des Jahres 1690 behauptet HUYGENS, daß
seine Hypothese über die Ursache der Schwere imstande sei,
die Eigenschaften der Schwere ohne unsinnige Annahmen zu erklären; zu erklären nämlich, warum alle Körper zum Zentrum
der Erde streben, warum die Wirkung der Schwere durch das Da-
zwischentreten anderer Körper nicht geschwächt wird, warum
das Gewicht der Körper ihrer Materiemenge genau proportional
ist, und warum endlich diese Körper mit konstanter Fallbe-
schleunigung fallen. "Dies sind die Eigenschaften der Schwere, welche man bisher bemerkt hat", so schreibt HUYGENS auch
noch 1690, muß aber nun in einem Anhang auf eine weitere, von
NEWTON entdeckte Eigenschaft der Schwere eingehen: deren Abnahme mit dem Quadrat der Entfernung. HUYGENS, der, wie er
gesteht, daran nicht im geringsten gedacht hatte, nennt sie
"eine neue und sehr bemerkenswerte Eigenschaft der Schwere,
deren Ursache zu suchen wohl der Mühe wert ist" (37). Gerade
aber in diesem Punkt befriedigt ihn NEWTONs Vorgehen keineswegs:

> "Nicht einverstanden bin ich mit einem Prinzip, welches
> er annimmt ... dieses ist, daß alle kleinen Teile, wel-
> che man sich in zweien oder mehreren verschiedenen Kör-
> pern vorstellen kann, einander anziehen oder sich einan-
> der wechselseitig zu nähern suchen" (38).

HUYGENS hält dem entgegen, daß "die Ursache einer solchen
Attraktion weder durch ein Prinzip der Mechanik noch durch
die Gesetze der Bewegung erklärbar ist". Er bestreitet die
Existenz der NEWTONschen Vis centripeta, der Anziehungskraft
zwischen Sonne und Planeten, zwischen Planeten und Satelli-
ten natürlich nicht, denkt aber, daß er sie erklären kann,
indem er seine Theorie der Schwere auf das Planetensystem
ausdehnt. Ohne NEWTONs Buch wäre er jedoch auf diesen Gedan-

ken nicht gekommen:"Ich hatte die Aktion der Schwere nicht
auf solch große Distanzen ausgedehnt, wie von der Sonne bis
zu den Planeten und von der Erde bis zum Mond, weil mich die
Wirbel des Herrn DESCARTES daran hinderten, die mir früher
sehr wahrscheinlich vorgekommen waren, und die ich noch im
Kopfe hatte" (39). HUYGENS ist von den Beweisen NEWTONs überzeugt und sieht keinen Grund, an der Richtigkeit des NEWTON-
schen Systems zu zweifeln. Die auch ihn überzeugende Widerlegung der cartesischen Wirbeltheorie durch NEWTON veranlaßt
HUYGENS zu einem zweiten Einwand: NEWTON fordert eine extreme
Dünnigkeit der Äthermaterie, damit sich Planeten und Kometen
reibungsfrei bewegen können. Eine solche Dünnigkeit, bei der
die Partikeln der Äthermaterie durch große Abstände voneinander getrennt sind, ist für HUYGENS nicht annehmbar, weil ihm
dann weder die Schwere noch die extrem hohe Lichtgeschwindigkeit begreiflich sind - denn in HUYGENS' Lichttheorie pflanzt
sich das Licht ja durch Stöße einander berührender Kugeln
fort; HUYGENS scheint eher möglich, daß sich der Äther aus
Partikeln zusammensetzt, die zwar einander berühren, aber nur
aus einem sehr feinen Netz und sehr viel leerem Raum bestehen.
Ein so strukturierter Äther dürfte den Planeten nach HUYGENS'
Ansicht wegen der Leichtigkeit und extremen Geschwindigkeit
seiner Partikeln keinen nennenswerten Widerstand entgegensetzen. Denn für HUYGENS sind Fluidität und der mit ihr verbun-
dene geringe Widerstand z.B. von Wasser eine Folge der Beweglichkeit der Partikeln des Fluidums; es muß also, so argumentiert HUYGENS ganz im Sinne von DESCARTES, "eine weit subti-
lere und unendlich rascher bewegte Materie auch ebensoviel
leichter zu durchdringen sein" (40). HUYGENS attackiert in
diesem Zusammenhang NEWTON, der im 3. Buche seiner 'Principia' im 3. Corollar zu Proposition VI aus der Proportionalität zwischen Gewicht und Materiemenge auf die Dünnigkeit des
Äthers schließt, weil die Körper in einem von Ätherpartikeln
erfüllten Raum nicht fallen könnten, wie ja auch ein Körper
in einer Flüssigkeit, welche spezifisch schwerer als er ist,
nicht untersinken könne. HUYGENS sieht für seine rasch um die
Erde kreisende und nach außen drängende fluide, schwermachende Materie diese Schwierigkeit nicht: "Diese Materie kann al-

so sehr wohl den gesamten Raum um die Erde ausfüllen, welchen die anderen Korpuskeln nicht einnehmen, ohne daß sie
die sogenannten schweren Körper zu fallen hindert, sie ist
vielmehr die einzige Ursache, welche sie dazu zwingt" (41).

Weit deutlicher noch als im Anhang zu seinem 'Discours'
drückt HUYGENS sein Unbehagen über ein mechanisch nicht be-
gründbares Attraktionsprinzip in einem Brief an LEIBNIZ aus,
in dem er am 18.XI.1690 über NEWTON schreibt: "Ich wundere
mich, wie er sich die Mühe machen konnte, so viele Untersuchungen anzustellen und so schwierige Rechnungen auszuführen,
welche alle das nämliche Prinzip zu Grunde legen ..., sein
Attraktionsprinzip, das mir absurd erscheint" (42).

HUYGENS hat die Absicht, seine Hypothese über die Ursache der
Schwere den Erkenntnissen NEWTONs anzupassen,nicht mehr ver-
wirklicht. Nur in seinen 'Adversaria' und in einem weiteren
Brief an LEIBNIZ finden sich Hinweise darauf, wie HUYGENS seine Theorie zu modifizieren gedacht. Er schreibt am 11.VII.
1692 an LEIBNIZ:

> "Will man mein Prinzip beibehalten, so muß die Geschwindig-
> keit der umlaufenden Materie in Richtung auf das Zentrum
> in einem bestimmten Verhältnis größer werden als in Rich-
> tung auf die weiter entfernten Orte, damit man erklären
> kann, warum die Schweren der Planeten ihre Zentrifugal-
> kräfte ausbalancieren. Das Verhältnis kann ich leicht be-
> stimmen, ich finde jedoch bislang keine Ursache für die
> unterschiedliche Geschwindigkeit" (43).

Das im Brief an LEIBNIZ erwähnte Geschwindigkeitsverhältnis
wird von HUYGENS in seinen 'Adversaria' so bestimmt:

> "Wenn die Eigengeschwindigkeiten der fluiden Materie sich
> umgekehrt verhalten wie die Wurzeln der Abstände vom Zen-
> trum, dann werden sich die Schweren umgekehrt verhalten
> wie die Quadrate der Abstände, so wie es Herr NEWTON be-
> gründet hat und durch das Gleichgewicht der Planeten be-
> weist ..." (44).

HUYGENS erläutert dies durch ein Beispiel: Rückt man einen
Planeten in eine 9 mal so große Entfernung, so ist seine Um-

laufsgeschwindigkeit nur noch 1/3 der vorigen, weil seine Umlaufszeit - das folgt aus dem dritten KEPLERschen Gesetz -
dann 27 mal so groß ist. Dann ist die Zentrifugalkraft des
Planeten 1/81 der vorigen; damit auch die Schwere 1/81 der
vorigen wird, muß für die Zentrifugalkraft der fluiden Materie das gleiche gelten, also deren Geschwindigkeit 1/3 der
vorigen sein, "sodaß die Geschwindigkeiten der Materie am Orte eines jeden Planeten dasselbe Verhältnis zueinander haben
wie die Geschwindigkeiten der Planeten selbst" (45).

Dies bedeutet aber nichts anderes, als daß die Partikeln der
fluiden, schwermachenden Materie dem 3. KEPLERschen Gesetz
gehorchen, sich also selbst wie winzige Planeten verhalten
müssen.

Bezeichnet man die Geschwindigkeiten der fluiden Materie mit
v, und die Planetenbahnradien mit r, so können HUYGENS' Überlegungen folgendermaßen wiedergegeben werden:

Es sollen sich die Geschwindigkeiten der fluiden Materie umgekehrt verhalten wie die Wurzeln der Planetenbahnradien :

$$v_1 : v_2 = \sqrt{r_2} : \sqrt{r_1} \; .$$

Da die Schwere G in HUYGENS Theorie entgegengesetzt gleich
dem zentrifugalen Effort der fluiden Materie ist, gilt also
für diese :

$$G_1 : G_2 = \frac{v_1^2}{r_1} : \frac{v_2^2}{r_2}$$

also

$$G_1 : G_2 = r_2^2 : r_1^2$$

Da aber das 3. KEPLERsche Gesetz, wie NEWTON in Proposition
XV im 1. Buche seiner 'Principia' beweist, zur Voraussetzung
hat, daß die Planeten von der Sonne mit einer Kraft angezogen werden, die umgekehrt proportional zum Quadrat des Abstandes von der Sonne wächst und aus der Annahme einer solchen
Kraft abgeleitet werden kann, ist HUYGENS Verfahren ungeeignet, das Zustandekommen der Gravitation zu erklären.

Kapitel 4

NICOLAS FATIOS FRÜHESTE ANSICHTEN ÜBER DIE NATUR DER SCHWERE UND SEINE REAKTION AUF CHRISTIAAN HUYGENS' SCHWERETHEORIE

"Ich habe zu Den Haag für Herrn HUGENS
ein Schriftstück von einigen Seiten
kopiert, das er über die Ursache der
Schwere verfaßt hat, und das mir sehr
gut gefällt".

Nicolas FATIO im Februar 1687.

1. FATIOs Ansichten vor seiner Bekanntschaft mit HUYGENS

Es wäre erstaunlich, wenn ein Schüler der Cartesianer CHOUET
und CASSINI anders als cartesianisch gedacht hätte. Der Einfluß DESCARTES' macht sich daher auch in den Ansichten über
die Natur der Schwere geltend, die FATIO im Jahre 1685 nie-
derschreibt (1). FATIO reproduziert zwar nicht einfach DES-
CARTES' Schweretheorie, sondern entwickelt eigene Vorstellungen; diese sind aber DESCARTES' Denken sehr eng verwandt (2).

"Ich weiß nichts besseres", so beginnt FATIO seine Überlegungen, "um mir die Wirkung der Schwere richtig vorzu-
stellen, und um auf den wahren Grund dieser Eigenschaft
der Natur zu kommen, als die folgende Annahme: Es gibt
einen reißenden Strom einer außerordentlich feinen Materie, welcher aus allen Richtungen unmittelbar gegen das
Zentrum der Erde fließt und gleich einem Flusse alle
Körper, die er rings um die Erde antrifft, vor sich her-
treibt. Je größer die Oberfläche und je größer die Materiemenge dieser Körper ist, desto besser werden sie von
diesem Strom erfaßt" (3).

Die Geschwindigkeit des Stromes, bzw. diejenige der Materie,
muß nach FATIOs Auffassung so groß sein, daß ihr gegenüber
die Geschwindigkeit, welche ein frei fallender schwerer Körper erreicht, immer verschwindend klein bleibt. Denn das Fall-
gesetz fordert, daß ein fallender Körper in gleichen Zeiten
stets gleiche Geschwindigkeitszuwachsraten erfahren, d.h. mit
konstanter Beschleunigung fallen muß.

Der Materiestrom läßt die von ihm mitgerissenen Körper auf
der Erdoberfläche zurück und dringt selbst zum Erdzentrum
vor. Dort wird er durch das innere Feuer der Erde verdünnt,
seine Teile werden zerkleinert und er strömt in entgegengesetzter Richtung nach außen. Dieser zurückfließende Strom
hat infolge seiner Verdünnung so viel Kraft eingebüßt, daß
er die Wirkung des gegen das Zentrum der Erde laufenden ersten nicht beeinträchtigt (4).

FATIO betont zwar den bloß hypothetischen Charakter dieser
Ansichten über die Schwere, wenn er, ganz wie DESCARTES bei

entsprechenden Gelegenheiten, schreibt: "Angenommen, diese Meinung ist falsch, so genügt sie doch, um treffliche Überlegungen anzustellen" (5); sieht aber andererseits "diese Hypothese von einer feinen Materie, die gegen die Erde strömt und die schweren Körper stößt" bestätigt "durch das Experiment der Aufhängung luftfreien Quecksilbers, welches 80 Zoll Höhe übersteigt" (6).

Diesem von FATIO hier zur Stützung seiner Hypothese angeführten Experiment gebührt weit größere Aufmerksamkeit als FATIOs recht vagen Gedanken über die Natur der Schwere; nicht nur, weil dieses Experiment in der zeitgenössischen Diskussion eine große Rolle spielte, sondern weil es auch als Exempel dafür dienen kann, wie die mechanistische Physik bei der Deutung eines ihr bislang unbekannten Effektes vorging.

2. HUYGENS über Kohäsion und Adhäsion

Angeregt durch Robert BOYLES 'New Experiments' (7), hatte
HUYGENS im Jahre 1661 begonnen, sich mit Vakuumexperimenten
zu beschäftigen (8). Bei einem solchen Experiment (Abb. 4.1)
stellte er im Februar 1662 fest, daß luftfreies Wasser in ei-

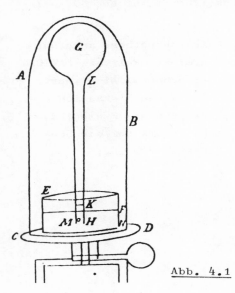

Abb. 4.1

nem unten offenen Rohr auch nach dem Auspumpen in einer Höhe
hängenblieb, die weit über der Marke lag, welche dem Druck
der im Rezipienten verbliebenen Luft entsprach und auf welche die Wassersäule auch herabfiel, wenn sich im Rohr eine
Luftblase bildete. HUYGENS teilte diese Beobachtungen am
14.VII.1662 der Royal Society mit (9), stieß aber zunächst
auf Skepsis (10). Am 16.VII.1663 wiederholte dann Lord
BROUNCKER das HUYGENSsche Experiment mit Erfolg vor der Royal Society (11), und am 28.X.1663 bemerkte BOYLE, als er das
TORRICELLIsche Experiment wiederholte, daß luftfreies Quecksilber in unten offenen Röhren von 75 Zoll (= 203,25 cm)
Länge hängenblieb, während dem Luftdruck eine Höhe von 28
Zoll (= 76 cm) entsprochen hätte (12).

Christiaan HUYGENS wandte in der folgenden Zeit viel Scharf-
sinn auf, um jenes BOYLEsche Experiment zu deuten. Die Erklä-

rung, an welcher er noch 1690 in seinem 'Discours' festhielt,
hatte HUYGENS schon im Jahre 1672 gefunden und am 25.VII.
dieses Jahres in einem Aufsatz mit dem Titel 'Auszug aus einem Briefe des Herrn HUGENS ... bezüglich der Erscheinungen
bei luftfreiem Quecksilber (Extrait d'une lettre de M. HU-
GENS ... touchant les phénomenes de l'Eau purgée d'air)' im
'Journal des Sçavans' publiziert (13). HUYGENS führt dort
den Effekt auf eine subtile Materie zurück, die einen zum
Luftdruck sich addierenden Druck erzeugt. Diese Materie ist
weit feiner als Luft und kann Körper durchdringen, die für
Luft undurchdringlich sind. Solange also beim BOYLEschen Experiment (Abb. 4.2) die Materie nur unten - auf die freie

Abb. 4.2

Quecksilberoberfläche - einwirkt, entsteht ein Zusatzdruck,
der die Säule in einer Höhe von mehr als 2 Metern hält. Bildet sich jedoch im Rohr eine Luftblase, wirkt die Materie
auch oben, und die Quecksilbersäule sinkt auf eine Höhe herab, die dem herrschenden Luftdruck entspricht.

Diese Erklärung ist unbefriedigend. Wenn die subtile Materie
das Glas frei durchdringen kann, dann ist nicht verständlich,
warum sie am oberen Ende des Rohres nicht wirken könnte, wenn
noch das Quecksilber das Glas berührt. HUYGENS spricht von
einer "Schwierigkeit, die in der Tat sehr groß ist" (14), und
sieht sich gezwungen, die Beweglichkeit seiner subtilen Mate-

rie einzuschränken. Ihre Partikeln müssen durch die Glaspartikeln so stark behindert werden, daß sie gleichzeitig nur noch in so geringer Zahl und so gebremst durch das Glas kommen, daß ihre Kraft nicht mehr ausreicht, "um die Teile des Quecksilbers oder des Wassers, die irgendwie miteinander verbunden sind (qui ont quelque liaison ensemble), voneinander zu trennen" (15); zumindest werden nur so wenige Flüssigkeitsteile getroffen, daß die Bindung der übrigen ausreicht, um die getroffenen Teile im Verband zu halten. HUYGENS, der von der Existenz dieses Zusatzdruckes und der ihn bewirkenden subtilen Materie überzeugt ist, ist es nicht in gleichem Maße auch von seiner Erklärung. "Ich gebe zu, daß die Lösung, die ich gerade gegeben habe, mich nicht so restlos befriedigt, daß nicht einige Zweifel blieben" (16).

HUYGENS führt zur Stützung seiner Hypothese noch zwei andere Experimente an:

1. Bei zwei aneinanderhängenden polierten Platten mit einer Fläche von 1 Quadratzoll (=7,3 cm^2) wird die untere einer Zugbelastung durch ein Bleigewicht von 3 Pfund ausgesetzt. Die Platten bleiben auch im Rezipienten bei einem Unterdruck von 1 Zoll Wassersäule ($\widehat{=}$ 2,65 $\cdot$ 10^2 Pa) aneinander haften, selbst dann, wenn sich zwischen ihnen eine dünne Schicht Alkohol befindet. HUYGENS folgert aus diesem Experiment, daß nicht - wie z.B. PASCAL glaubte - allein der Luftdruck für diesen Effekt verantwortlich sein kann, sondern "daß nach Entfernen der Luft ein recht großer Druck im Rezipienten zurückbleiben muß", nämlich der Druck der subtilen Materie (17).

2. Ein Saugheber (Abb. 4.3) funktioniert auch im Vakuum. Nach HUYGENS' Erklärung treibt im Saugheber der Luftdruck die Flüssigkeit bis zum höchsten Punkt, auf der anderen Seite fließt sie dagegen durch ihr eigenes Gewicht hinab. Da aber der Saugheber im Rezipienten auch noch bei einem Druck funktioniert, der geringer ist als derjenige, welchem die Höhe der Wassersäule im kürzeren Schenkel des Hebers entspricht, muß nach HUYGENS' Auffassung diese Druckdifferenz durch den Druck der subtilen Materie ausgeglichen werden.

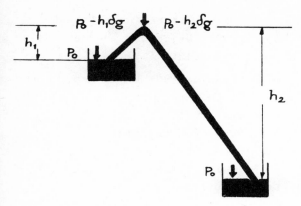

$P_0 - h_1 \delta g$ $\quad$ $P_0 - h_2 \delta g$

h_1

P_0

h_2

P_0

<u>Abb. 4.3</u>

HUYGENS deutet am Ende seiner Abhandlung an, daß die von ihm postulierte subtile Materie auch für den Zusammenhalt, die Konsistenz der Körper verantwortlich sein könnte, daß näm-lich "diese Kraft [diejenige der subtilen Materie] groß ge-nug ist, um die Verbindung (union) der Teile des Glases und anderer Körperarten zu verursachen, welche zu stark zusammen-hängen, als daß sie durch Aneinandergrenzen und Ruhe verbun-den sein könnten, wie Herr DESCARTES es möchte" (18).

Obwohl dies zu neuen Komplikationen und Widersprüchen führt, liegt doch allen Spekulationen HUYGENS' der richtige Gedan-ke zugrunde, daß die Effekte, die bei den von ihm beschrie-benen Experimenten auftreten, nicht bloß eine Wirkung des Luftdrucks sein können (NB. Es sind Adhäsions- und Kohäsions-effekte. Vid. POHL, §§ 78 und 80 und BERGMANN-SCHÄFER, I. 52).

HUYGENS mechanistische Denkweise nötigt ihn, diese Effekte auf die Aktionen einer ganz speziellen Materie zurückzufüh-ren; wie es denn ein Charakteristikum der mechanistischen Physik überhaupt ist, zur Erklärung verschiedener Effekte ganze Hierarchien von Materien und Wirkungsfluida zu konstru-ieren. Hier zeigen sich die Schwächen einer solchen Art von Naturerklärung, Schwächen, die der junge Alexander von HUM-BOLDT mit der Bemerkung charakterisierte: es sei zu befürch-

ten, daß man der Welt nach Schwerestoff, Kohäsionstoff und
anderen "am Ende einen Realitätsstoff [bescheren werde], einen Stoff, der ein Ding zur Realität macht" (19).

Ebenso wie HUYGENS erklärt auch FATIO das BOYLEsche Experiment durch den Druck einer subtilen Materie, nur daß er sie
mit der schwermachenden identifiziert. FATIO skizziert in
seinen Aufzeichnungen von 1685 auch ein Experiment, das über
die Existenz der subtilen Materie Aufschluß geben soll: An
einem 80 Zoll langen Rohr ab ist bei c ein Deckel angebracht,
der auf der Quecksilberoberfläche aufliegt und das Gefäß d
luftdicht abschließt (Abb. 4.4). Der Deckel soll die Aktion

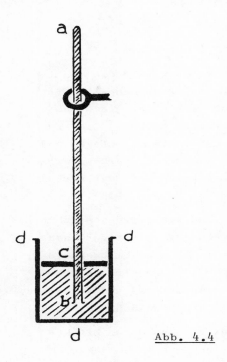

Abb. 4.4

der subtilen Materie verhindern, also wird "die subtile Materie ... auf das Quecksilber von d nicht stärker drücken als
auf das von a" (20). Wird nun das Rohr bei b geöffnet, so
fällt die Quecksilbersäule, der Flüssigkeitsspiegel in d
steigt und im Rohr ab entsteht bei a TORRICELLIsche Leere.
"Sollte sich dies experimentell erweisen, so würde die eben

von mir beschriebene Hypothese über die Schwere äußerst wahrscheinlich werden" (21), schließt FATIO und läßt so erkennen,
daß er dadurch seiner "Materie, welche gegen die Erde strömt",
nicht nur die Wirkung der Schwerkraft, sondern auch die der
Adhäsion und Kohäsion zuschreiben möchte.

3. FATIOs erste Reaktion auf HUYGENS' Theorie

Als FATIO im Januar 1687 Arbeiten von Christiaan HUYGENS kopierte (vid. Kapitel 1), machte er sich bei Stücken, die ihn besonders interessierten, Notizen in seine Kladde. Im 15. Heft ist unter dem Datum des 1. Februar 1687 zu lesen (22):

> "Ich habe zu Den Haag für Herrn HUGENS ein Schriftstück von einigen Seiten kopiert, das er über die Ursache der Schwere verfaßt hat und das mir sehr gut gefällt. Er nimmt an, daß es eine äußerst dünne Materie gibt, die sich auf Kugelflächen und nach allen Richtungen um das Erdzentrum dreht. Diese Materie, so ergibt sich durch Rechnung, besitzt genügend Geschwindigkeit, um die Erde in 1^h25^m zu umrunden. Sie erzeugt einen Effort, sich vom Zentrum weg nach allen Richtungen zu entfernen, und zwingt so die Körper, welche dieser Bewegung nicht folgen, an ihren Platz herabzusteigen".

FATIO begnügt sich nicht mit diesem äußerst knappen Resümé der HUYGENSschen Theorie, sondern versucht, deren Erklärungsprinzip auf das gesamte Planetensystem zu übertragen. Eine solche Analogie zwischen der Schwere auf der Erde und der Bewegung der Planeten ist schon im dritten Teile von DESCARTES' 'Principia' angedeutet. Die Wirbel sind nämlich so aufgebaut, daß die Partikeln der Himmelsmaterie vom Zentrum nach außen an Größe zunehmen, während die Umlaufsgeschwindigkeit zugleich abnimmt. Von einem bestimmten Punkt an - der in unserem Planetensystem jenseits des äußersten Planeten liegt - bleibt die Größe der Partikeln konstant, ihre Umlaufsgeschwindigkeit dagegen nimmt so lange zu, bis sie an der Grenze des Wirbels ebenso groß geworden ist, wie in der Nähe des Zentralgestirns. In jedem Wirbel gibt es also eine Zone - sie liegt etwa im Bereich der äußersten Planeten -, in der die Umlaufsgeschwindigkeit der Himmelsmaterie minimal ist (Princ. Phil. III. 82-85). Wenn nun ein wirbellos gewordenes Gestirn in einen Wirbel eindringt, dessen "Kraft, seine Bewegung geradlinig fortzusetzen" geringer ist als diejenige der Himmelsmaterie in der Zone minimaler Umlaufsgeschwindigkeit, so wird es vom Wirbel eingefangen und nach innen in Richtung der Son-

ne gestoßen (Princ. Phil. III. 140). Auf seine Theorie der
Schwere verweisend schreibt DESCARTES: "Wenn ein Körper so
gegen das Zentrum des Wirbels gestoßen wird, in dem er sich
befindet, kann man eigentlich sagen, daß er fällt" (23). Der
Unterschied zur Schwere besteht nur darin, daß dieser "Fall"
beendet ist, wenn das Gestirn in einem Bereich angelangt
ist, in dem die Himmelsmaterie ebensoviel "Kraft hat ihre
Bewegung geradlinig fortzusetzen" wie das Gestirn, das nun
zu einem Planeten geworden ist und auf einer festen Umlauf-
bahn um das Zentralgestirn, die Sonne des Wirbels kreist.
Der Planet kann nun weder weiter nach innen vordringen, denn
dort übertrügen ihm die kleineren, aber rascher bewegten Partikeln soviel Bewegung, daß er wieder nach außen liefe, noch
kann er weiter nach außen, weil ihn dort die langsameren und
größeren Partikeln bremsten und ihn in Richtung auf die Sonne nach innen zurückstießen (Princ. Phil. III. 140).

FATIO überträgt die Erklärung, die HUYGENS für die Schwere
gefunden hat, auf das gesamte Planetensystem und kommt so zu
einer Gravitationstheorie für den DESCARTESschen Kosmos. FA-
TIO nimmt an, daß über das gesamte Planetensystem eine subtile Materie verteilt ist, die unterschiedslos nach allen
Richtungen und mit hoher Geschwindigkeit auf zur Sonne konzentrischen Kugelschalen umläuft - wie HUYGENS' fluide,
schwermachende Materie. Eine zweite, etwas weniger fluide und
weniger geschwinde Materie kreist auf zylindrischen Flächen
um eine Achse, welche durch die Sonne geht und senkrecht auf
der Ekliptik steht. Diese Materie führt die Erde und alle
Planeten mit sich um die Sonne herum - wie DESCARTES' Wirbel
himmlischer Materie. Gäbe es nur diese Materie, so reihte
sich z.B. die Erde "gemäß der Solidität und Dicke der sie
zusammensetzenden Teile" (24) in den zylindrischen Wirbel
ein, ganz entsprechend den Vorstellungen DESCARTES' (Princ.
Phil. III. 140). Nun macht aber die Materie, die auf den zur
Sonne konzentrischen Kugelschalen kreist, sowohl die himmlische Materie als auch die in ihr schwimmende Erde und die
Planeten, die dieser Bewegung nicht folgen, schwer gegen die
Sonne. Dabei werden sie soweit als möglich gegen die Sonne
gedrängt und zwar in solche zur Sonne konzentrische Kreise,

die jeweils Kugel (fluide, schwermachende Materie) und Zylinder (himmlische Materie) gemeinsam sind. Dies, so meint FATIO, sei der Grund, weshalb die Planeten annähernd in einer Ebene - der Ekliptik - umlaufen. Da die Schwere der Planeten gegen die Sonne ebenso wie in der HUYGENSschen Theorie die der schweren Körper gegen die Erde, entgegengesetzt gleich dem Effort der fluiden Materie sein muß, sich vom Zentrum zu entfernen, muß also der Effort der Planeten und der himmlischen Materie genauso groß sein, wie der der fluiden, auf Kugelschalen kreisenden Materie am jeweiligen Orte der Planeten. Und ebenso wie in der HUYGENSschen Theorie "eine Blei- oder Holzkugel, wenn sie - an einem Faden befestigt - mit einer der fluiden, schwermachenden Materie gleichen Geschwindigkeit um das Erdzentrum kreiste, gegen deses überhaupt nicht schwer wäre, noch den Faden spannte, sondern genau die Wirkung der Schwere aufhöbe, die sie hätte, wenn sie in Ruhe wäre"(25), so herrscht an allen Punkten der Bahn Gleichgewicht zwischen einer zentripetalen Gewichtskraft der Planeten, die durch den Effort der auf Kugelschalen umlaufenden fluiden Materie erzeugt wird, und einer zentrifugalen Kraft, die durch die Wirbel himmlischer Materie entsteht, welche die Planeten mit sich fortreißt. Die gegen die Sonne schweren Planeten schwimmen nun aber in Wirbeln himmlischer Materie, die selbst gegen die Sonne schwer ist. Die Planeten müssen sich daher nach FATIO "in verschiedenen Abständen von diesem Gestirn anordnen, wie ein Körper, der ein wenig schwerer ist als Süßwasser und der in Wasser, in dem man ein Quantum Salz aufgelöst hat, und das auf diese Weise schwerer gegen den Boden als gegen die Oberfläche ist, untersinkt und in einer bestimmten Höhe anhält" (26).(Dies ist aber nur dann richtig, wenn die Dichte des Wassers von oben nach unten zunimmt, was sich FATIO wohl auch vorstellt, denn nur dann gäbe es eine Analogie zur himmlischen Materie, die nach FATIOs Annahme in verschiedenen Abständen von der Sonne unterschiedlich schwer ist).

So interessant FATIOs Versuch auch ist, die HUYGENSsche Schweretheorie zu einer Art Gravitationstheorie zu erweitern, so ist er doch wenig überzeugend und die Darstellung unklar.

Die Unklarheiten sind darauf zurückzuführen, daß FATIO zu dieser Zeit die Gesetzmäßigkeiten der Kreisbewegung nicht verstanden hat. Obwohl er die Überlegungen HUYGENS' über die Wirkung der Erdrotation (Abplattung der Erde, Verminderung der Schwere und Verkürzung des Sekundenpendels) getreulich referiert (27), gesteht er am Schlusse seiner Aufzeichnungen:

"Ich habe Mühe zu verstehen, wie die tägliche Bewegung der Erde, die im Grunde genommen Bewegung nur in Bezug auf einen imaginären festen Raum ist, es bewirken kann, daß die Teile der Erde einen Effort bekommen, sich vom Zentrum zu entfernen. Nehmen wir einen absolut leeren Raum an, oder wenigstens einen, der so beschaffen ist, daß er zu keiner Änderung der Bewegung beiträgt. In diesem Raume denken wir uns eine Kugel a an einem festen Punkt b befestigt, a ●————⊣b und stellen uns vor, daß diese Kugel sich im Kreise um b herumdreht. Man sieht dabei nicht mehr, als wenn sich bei unbeweglicher Kugel allein die Achse b und der sie umgebende leere Raum im entgegengesetzten Sinne drehten. Und ich verstehe nicht, was hierbei einen Effort bewirken könnte, sich vom Zentrum zu entfernen" (28).

FATIO akzeptiert, daß es einen Unterschied zwischen geradlinigen und kreisförmigen Relativbewegungen geben muß, ohne es wirklich einzusehen:

"Nichtsdestoweniger muß es irgendeinen Unterschied geben zwischen dem, was bei einer kreisförmigen Bewegung geschieht und dem, was bei der geradlinigen vor sich geht. Es ist dasselbe, ob sich irgendein Körper geradlinig im leeren [Raum] bewegt, oder ob sich das Leere gerade gegen den Körper bewegt. Es muß jedoch notwendigerweise einen Unterschied bei der kreisförmigen Bewegung geben. Wenn sich das Leere dreht, erzeugt es keinen Druck auf den Körper a, weder, um ihn sich drehen zu lassen, noch um an der Schnur ab zu ziehen. Wenn aber der Körper a in Bewegung gesetzt worden ist, wissen wir, daß diese Bewegung im Leeren geradlinig wäre, wenn der Körper a nicht an b angebunden wäre. Nun kann aber dieser Körper,

der unaufhörlich davon abgebracht wird, seine geradlinige
Bewegung auszuführen, tatsächlich kontinuierlich einen
Effort in b spüren lassen, der gleich derjenigen Kraft
sein muß, welche nötig ist, um ihn derart, wie es hier
geschieht, von der geraden Bahn abzubringen. Dieser ge-
radlinige Weg im Leeren oder in einer unendlich flüssigen
Materie hat jedoch die Vorstellung eines unbeweglichen
Raumes zur Voraussetzung, mit welchem die geradlinige
Bewegung verglichen wird" (29).

Trotz diesen sehr klaren und vernünftigen Überlegungen, die
wegen ihrer Verwandtschaft zu NEWTONs Gedanken im Scholium
über Raum und Zeit (das FATIO zu diesem Zeitpunkt nicht gekannt haben kann) Interesse verdienen, läßt das Resümé, das
FATIO am Ende zieht, keinen Zweifel übrig, daß er es eigentlich für ausgeschlossen hält, daß die Schwere durch eine sich
im Kreise bewegende fluide Materie bewirkt werden kann:

"Wie kann eine nahezu unendlich flüssige Materie, von der
Art, wie es die ist, welche die Schwere verursacht, und
die daher durch geradlinige Bewegung, so heftig diese
auch wäre, keinen spürbaren Druck auf die Körper ausübte,
wie, so frage ich, kann sie, wenn sie sich im Kreise
dreht, einzig und allein durch den Effort sich vom Zentrum zu entfernen, eine wirkliche Bewegung hervorbringen?"
(30).

Kapitel 5

"ERKLÄRUNG EINER HYPOTHESE, WELCHE DIE URSACHE DER SCHWERE BETRIFFT" (NICOLAS FATIOS VORTRAG ÜBER CHRISTIAAN HUYGENS' SCHWERETHEORIE VOR DER ROYAL SOCIETY IM JULI 1688)

"Genau dies sind meiner Ansicht nach die Grundlagen der Hypothese des Herrn HUGENS, die mir umso wahrscheinlicher vorkam, je genauer ich sie prüfte, und die unstreitig zum besten gehört, was wir über diesen Gegenstand kennen".

Nicolas FATIO in seinem Vortrag vor der Royal Society im Juli 1688.

1. Der Inhalt des Vortrags

Am 7.VII.1688, nur wenige Wochen nach seiner Aufnahme in die
Royal Society wird Nicolas FATIO aufgefordert, der gelehrten
Gesellschaft zu berichten, "was Herr HUGENS über die Ursache
der Schwere denkt" (1). Eine Woche später schon kommt FATIO
dieser Aufforderung nach: "Herr FATIO las seine Abhandlung
über die Ursache der Schwere ... Er versprach, mit Genehmi-
gung von Herrn HUGENS (dessen Gedanken es ja waren) davon eine schriftliche Kopie einzureichen", steht unter dem Datum
des 4.VII. (14.VII. Gregorianischen Stils) 1688 im 'Journalbook' der Royal Society (2). FATIO hatte die Einladung zum
Vortrag vor der Royal Society einmal dem grundsätzlichen Interesse an Theorien der Schwere zu danken, das nach Erscheinen von NEWTONs 'Principia' eher noch stärker geworden war;
zum andern der Neugier, ob sich die Hypothese über die Ursache der Schwere, die von dem unstreitig bedeutendsten Physiker des Kontinents stammte, mit NEWTONs gesicherten Erkenntnissen über die Gesetzmäßigkeiten der Attraktion in Einklang bringen ließ. FATIO, der mit HUYGENS' Schweretheorie
ebenso vertraut war wie mit den Grundgedanken von NEWTONs
'Principia', war darum nicht nur vortrefflich geeignet, darzustellen, "was Herr HUGENS von der Schwere denkt", sondern
ebensosehr auch, die HUYGENSsche Hypothese an NEWTONs Ergebnissen kritisch zu prüfen. Denn hatte FATIO vor Jahresfrist
noch bedauert, daß NEWTON es versäumt habe, HUYGENS "wegen
des Attraktionsprinzips zu konsultieren" (3), so war ihm
nach genauerer Lektüre der 'Principia' klargeworden, daß diese "so einfache Attraktionshypothese" (4) zugleich so wohl-
begründet war, daß an ihr zu zweifeln nicht mehr möglich war.
FATIOs Vortrag vor der Royal Society ist also weit mehr als
ein Referat, das die englischen Gelehrten mit HUYGENS' Hypothese über die Ursache der Schwere bekannt machen sollte, er
ist ein Versuch, NEWTONs Attraktionsprinzip durch diese Hypothese mechanistisch zu begründen. Darüberhinaus nutzt FATIO
die Gelegenheit, um eigene Vorstellungen vorzutragen, zu ver-
suchen, ob HUYGENS' Hypothese, "so einfach sie auch ist,
nicht auf eine noch weit einfachere Annahme zurückgeführt
werden kann" (5). Wenn FATIO auch im Sommer 1688 noch von der

Richtigkeit der HUYGENSschen Theorie überzeugt ist und ihr
gar nichts gleichwertiges entgegenstellen könnte, so läßt
sich doch der Ansatz zu einer eigenen Theorie schon klar erkennen, und dies macht letztlich die Bedeutung des Vortrages aus.

FATIO hat der Royal Society die ihr versprochene Kopie seines Vortrages nicht eingereicht, zumindest findet sich im
'Registerbook' kein Hinweis (6). In der Genfer Bibliothek
existiert aber FATIOs handschriftlicher Entwurf, der den Titel 'Erklärung einer Hypothese über die Ursache der Schwere
(Explication d'une hypothese touchant la cause de la pésanteur)' trägt, und mit einem detaillierten Inhaltsverzeichnis des Vortrages endet (7). Dieser für den Leser außerordentlich hilfreiche Überblick wird an den Anfang der Erörterungen gesetzt.

"Da die Royal Society bei mir nachgefragt hat, was ich
über die Schwere denke, bringe ich zur Erklärung verschiedene grundlegende Annahmen.

I   Ich lege fest, von welcher Art die Einwände sind,
      die einer Hypothese nicht schaden;
II   daß die Schwere nicht von der täglichen Bewegung
      der Erde abhängt;
III   noch von der jährlichen Bewegung, noch von beiden
      zusammen;
IV   noch von geradliniger Bewegung;
V   eher aber von Kreisbewegungen;
VI   nichtsdestoweniger laufen sie nicht um eine einzige
      Achse;
VII   daß [die Schwere] von kreisförmigen Bewegungen ei-
      ner nicht spürbaren fluiden Materie abhängt;
VIII die Hypothese von Herrn HUGENS über die Schwere
-     daß diese Hypothese vorzüglich und zulässig ist;
-     ebenso gut wie die der wechselseitigen Anziehung
      der Körper;
-     Erklärung der Hypothese des Herrn HUGENS;
-     daß nach dieser Hypothese den soliden Körpern kei-
      ne horizontale Bewegung eingeprägt wird;
-     selbst den Staubkörnchen nicht;

- wie die Körper senkrecht nach unten gestoßen werden;
- und nicht zum Himmel;
- Vergleich mit dem, was bei flüssigen Körpern geschieht;
- Herrn HUGENS' Experimente zur Bestätigung seiner Hypothese;
- 1. Experiment;
- 2. Experiment;
- In welcher Zeit die Materie, welche die Schwere bewirkt, nach Herrn HUGENS Meinung die Erde umkreist;
- daß die Bewegung dieser Materie unvergleichlich viel schneller sein muß als Herr HUGENS es zuläßt;
- Beispiele für einige sehr rasche Bewegungen;
- daß die Körper, welche Poren besitzen, dennoch schwer sein müssen, aber nicht so schwer, wie es die soliden sind;
- Maß für die Schwere der Körper, und daß deren letzte Teile solid sein müssen, d.h. ohne Leere im Inneren;
- etwas, das dazu beiträgt, die Staubkörnchen ohne seitliche Bewegung zu halten;
- nach Herrn HUGENS eine fluide, schwere Materie, subtiler als Luft;
- was er durch einige Experimente bestätigt, die aber trotzdem andere Gründe haben können;
- eine einfache Annahme, aus der, wie ich behaupte, die Hypothese des Herrn HUGENS abgeleitet werden kann;
- daß es Leeres gibt;
- Beginn der Prüfung dessen, was aus meiner Annahme folgt;
- daß sich in der fluiden Materie, welche solide Körper umgibt, selbstverständlich eine Kraft ausbildet, sich von diesen Körpern zu entfernen;
- woraus sich Schwere und Attraktion ergeben;
- in welcher Weise diese Kraft erweitert werden muß, und daß sie auf die Hypothese des Herrn HUGENS zurückführt;

- über das Zusammendrücken der Körper durch eine sehr fluide Materie;
- ein Experiment über diesen Gegenstand bezüglich der Luft;
- daß dieser Druck von Stößen herrührt;
- in welchem Sinne und in welcher Weise die Kraft der Stöße derjenigen der Schwere kommensurabel ist;
- woraus die Ausdehnungskraft bei der Luft entsteht etc." (8).

2. Der erste Teil des Vortrags

FATIO beginnt seinen Vortrag mit einigen allgemeinen Bemerkungen, die sein Verhältnis zur HUYGENSschen Schweretheorie beschreiben:

"Wenn man irgendwelche Einwände zuläßt, welche die Grundlagen einer Hypothese nicht zerstören, sondern lediglich ihre Ergebnisse ein wenig verändern oder eingrenzen, so braucht man Einwendungen nicht als wesentlich anzusehen, die diese Hypothese gänzlich auf den Kopf stellen oder zerstören würden. Alles, was man verlangen kann, ist, daß man so genau als möglich feststellt, bis zu welchem Punkt sich die Auswirkungen erstrecken und welche Veränderungen sich notwendigerweise einstellen" (9).

FATIO, das läßt sich diesen Worten entnehmen, ist von der prinzipiellen Richtigkeit der HUYGENSschen Hypothese überzeugt und will nur erörtern, welche Folgen bestimmte von ihm vorgeschlagene Modifikationen innerhalb der HUYGENSschen Hypothese haben. Zunächst aber beschäftigt er sich mit einigen Voraussetzungen dieser Hypothese, und hier stimmt er mit HUYGENS völlig überein: Die Schwere muß zwar durch irgendeine Bewegung erzeugt werden, da aber für die von ihr verursachten Effekte ein "Druck gegen das Zentrum der Erde" (10) nötig ist, kann sie weder durch die tägliche noch durch die jährliche Bewegung der Erde noch durch die Kombination der beiden Bewegungen entstehen. Der Druck gegen das Zentrum der Erde ließe sich wohl durch Partikeln erzeugen, die sich geradlinig und radial zu diesem Zentrum bewegten, aber es wäre weder zu erklären, wie eine solch außerordentliche Bewegung zustande kommt, noch was im Inneren der Erde mit diesen Partikeln geschehen soll. - FATIO hält die Überlegungen, die er drei Jahre zuvor angestellt hat (Vid. das 4. Kapitel dieser Arbeit), inzwischen selbst für absurd. Die Schwere kann also, wenn eine geradlinige Bewegung nicht in Frage kommt, nur auf die kreisförmige Bewegung einer fluiden Materie zurückgeführt werden, denn kreisförmige Bewegungen haben jedenfalls eine sehr enge Beziehung zum Bewegungszentrum. Eine kreisförmige Bewegung um nur eine Achse (die Erdachse) und in einem Um-

laufssinn führt nicht zum Ziel, denn dann käme nur ein Druck
in Richtung auf die Erdachse zustande, der am Äquator sehr
groß und an den Polen verschwindend gering wäre. Will man
also an der Annahme festhalten, daß die Schwere durch kreisförmige Bewegung einer dünnen, unsichtbaren Materie erzeugt
wird, so führen nach FATIO "diese Überlegungen ganz selbstverständlich zur Hypothese des Herrn HUGENS" (11), in welcher
die Schwere durch eine sehr fluide, unsichtbare Materie erzeugt wird, die sich überall rings um die Erde und bis in
die kleinsten Poren der Körper ausbreitet und deren Partikeln
sich unterschiedslos nach allen Richtungen auf konzentrischen
Kugelflächen um den Erdmittelpunkt bewegen. FATIO will die
HUYGENSsche Theorie "die unbestreitig zum besten gehört, was
wir über diesen Gegenstand kennen" (12) ausführlich erklären
und prüfen, zugleich aber auch untersuchen, ob sie nicht aus
einer weit einfacheren Annahme abgeleitet werden kann. Eine
solch einfache Annahme ist nach FATIO, daß alle soliden Körper im Universum einander anziehen, was nicht bedeutet, daß
voneinander entfernte Körper aneinander ziehen, sondern daß
es "eine sehr mechanische Anordnung in der Welt gibt, die bewirkt, daß die festen Körper zueinander getragen werden"
(13). FATIO hält es für unnötig, die Annahme des Attraktionsprinzips ausführlich zu rechtfertigen, da "Herr NEWTON, dem
meine Überlegung vielleicht nicht in den Sinn gekommen ist,
nichtsdestoweniger diese so einfache Hypothese von der Attraktion gebildet und dadurch sehr überzeugende Gründe für
die Bewegung der Planeten und für einige andere Naturerscheinungen gefunden hat" (14).

Nachdem FATIO mit diesen grundsätzlichen Bemerkungen den Rahmen für seinen Vortrag abgesteckt hat, wendet er sich der
ausführlichen Darstellung der HUYGENSschen Theorie zu.

Es sei C das Erdzentrum, AB die Erde, P ein in der Luft (bzw.
im Äther) ruhender Körper, PDE eine durch P gehende und zu C
konzentrische Kugelfläche (Abb. 5.1). Nach der HUYGENSschen
Hypothese ist dann der Körper P, wo immer er sich auf EPD
befinden mag, den Stößen sehr vieler Partikeln der fluiden Materie ausgesetzt, die sich auf den zu C konzentrischen Kugelflächen auf Großkreisen bewegt und dadurch eine Kraft erhält,

sich vom Zentrum C zu entfernen. Da die Partikeln ganz dicht

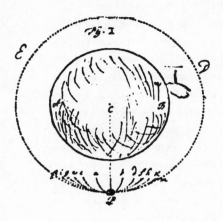

Abb. 5.1

nebeneinander in entgegengesetzten Richtungen umlaufen, wie
z.B. in aPb und bPa, balancieren sie sich in ihren Stoßwirkungen soweit aus, daß der Körper P in der Kugelfläche EPD nicht
horizontal bewegt wird. Nun gibt es zu einer bestimmten Um-
laufsrichtung nicht nur eine einzige Partikel, sondern stets
deren mehrere. Diese Stromfäden laufen, ohne einander zu
durchdringen, mit großer Geschwindigkeit um C, müssen jedoch
so dünn sein, daß ihre Durchmesser auch noch den kleinsten
sichtbaren Teilchen gegenüber vernachlässigbar sind, denn
bei Windstille fallen auch Staubkörnchen senkrecht nach unten, die Stoßwirkungen müssen sich auch bei ihnen noch egali-
sieren.

"Man sieht also", so schreibt FATIO, "daß der Körper P in
einem Fluidum schwimmt, dessen meiste Teile infolge ihrer Bewegungen eine Kraft besitzen, sich vom Punkt C zu
entfernen. Der Körper P jedoch, von dem man annimmt, daß
er sich in Ruhe befindet, erfährt keine derartige Kraft,
durch die die fluide Materie Gelegenheit hat, sich vom Zentrum C mit der aus ihrer Bewegung resultierenden Kraft zu
entfernen. Unzweifelhaft wird [der Körper] P zum Zentrum
C gestoßen, denn er schwimmt frei im Fluidum und kann
als dessen Teil angesehen werden. Es gehört aber nun zur
Natur der Fluida, d.h. ergibt sich aus der Anordnung ih-

rer Teile und deren Bewegungsfreiheit, daß sie dem Druck
aller möglichen Kräfte ausweichen. Da das Fluidum nun eine Druckkraft erfährt, die es vom Zentrum C entfernt,
wird es sich ihr unzweifelhaft anpassen und den Körper P
zur Erde treiben, weil dies die einzige Möglichkeit ist,
diesem Druck auszuweichen" (15).

FATIO, der ein Jahr zuvor noch große Schwierigkeiten hatte,
die Zusammenhänge bei der Kreisbewegung überhaupt zu verstehen (vid. das 4. Kapitel dieser Arbeit), argumentiert wohl
vor allem gegen seine eigenen Zweifel, wenn er im Anschluß
an das eben Zitierte schreibt:

"Ich weiß wohl, daß man Mühe haben wird zu begreifen, was
ich hier behaupte, und daß man vielleicht glaubt, ganz
andere Schlüsse aus jenem Prinzip ziehen zu müssen; aus
dem Prinzip nämlich, daß das Fluidum in der Umgebung von
P eine Kraft erfährt, sich vom Zentrum C zu entfernen:
denn, so wird man sagen, das [Fluidum] muß doch den Körper P zum Himmel drängen und ihn eher in diese Richtung
tragen, als daß es ihn zur Erde stößt, zu der dieses
Fluidum doch weder eine 'Neigung' hat, noch eine Kraft
dorthin zu stoßen" (16).

FATIO ist aber überzeugt, daß solche Einwände nur aufgrund
von falschen Vorstellungen entstehen, die man sich von den
Fluida macht und daß man nicht bedenkt, daß die Bewegungen
sich in den Fluida anders abspielen als bei festen Körpern.
Um diese Schwierigkeiten zu beheben, versucht FATIO, den zuvor beschriebenen Effekt durch ein Beispiel zu erläutern,
welches er "sehr passend und ganz geeignet" (17) findet.

Es sei FGH ein Gefäß mit Flüssigkeit (z.B. Wasser), J eine
Kugel welche "leer und schwerelos" oder doch wenigstens viel
leichter als Wasser sein soll (Abb. 5.2). Unter diesen Voraussetzungen steigt J längs JK zur Oberfläche der Flüssigkeit analog zur Bewegung des Körpers P in Richtung PC (cf.
Abb. 5.1). In beiden Fällen, so argumentiert FATIO, befinden sich die zunächst ruhenden Körper P bzw. J in Fluida,
deren Partikeln eine Kraft erfahren, im ersten Falle, sich
aufgrund kreisförmiger Bewegung vom Zentrum C zu entfernen

(force de s'éloigner), im zweiten, sich aufgrund der eigenen

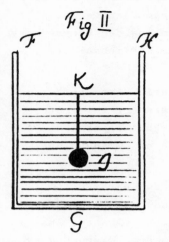

Abb. 5.2

Schwere von der Oberfläche zu entfernen, wodurch im ersten
Falle der Körper P nach C und im zweiten die Kugel J nach K
getrieben wird. FATIO ändert nun sein Experiment so ab, daß
die Kugel J die gleiche "Indifferenz zur Bewegung" bekommt,
d.h. ebenso schwerelos wird, wie es der Körper P ist. Dies
geschieht, wenn die Kugel J in einer Flüssigkeit schwimmt,
welche die gleiche Dichte besitzt (FATIO sagt: welche ebenso
schwer ist) wie sie selbst. In dieser Flüssigkeit, die also
weit weniger dicht (oder schwer) als Wasser ist, wird nun
soviel irgendeines Stoffes aufgelöst, bis sie ebenso dicht
ist wie Wasser, oder wie FATIO sich ausdrückt: es werden "soviele schwere Teile zwischen die Poren der Flüssigkeit [ge-
bracht] als nötig sind, um genau die Schwere des Wassers zu
erreichen" (18). Diese zugesetzten Partikeln erfahren eine
Kraft, sich von der Oberfläche K zu entfernen und dadurch
wird die Kugel J nach oben gedrückt, und dies ist nach FATIOs
Meinung "ganz genau dasselbe, was beim Körper P geschieht"
(19).

Entgegen FATIOs Überzeugung ist sein Beispiel wenig geeignet, die Schwierigkeiten bei der Erklärung der Schwere zu beseitigen, denn mehr als eine oberflächliche Ähnlichkeit besteht zwischen den Vorgängen bei der Kreisbewegung und denen
beim Auftrieb nicht. Vor allem verstößt FATIOs Gedankenexperi-

ment gegen die Prinzipien der mechanistischen Physik: Anstatt
zu zeigen, wie eine Kraft (die Schwerkraft) aufgrund einer
Bewegung zustande kommt, zeigt es eine Bewegung, die von einer Kraft (der Auftriebskraft) hervorgerufen wird. Auch wenn
man die Auftriebskraft, welche der in einer Flüssigkeit gleicher Dichte schwebende Körper erfährt, durch Auflösen eines Sal-
zes erst erzeugt (dies ist die von FATIO vorgeschlagene Variante
des Experiments), wird der grundsätzliche Einwand nicht ent-
kräftet. FATIO vergleicht die "Kraft [der zugesetzten Parti-
keln], sich von der Oberfläche K [der Flüssigkeit] zu entfernen" (20), mit der "Kraft, sich vom Zentrum C zu entfernen";
aber während diese das Resultat der kreisförmigen Bewegung
der fluiden Materie ist, kommt jene nicht durch eine Bewegung
zustande, sondern ist nichts anderes als die Schwere der der
Flüssigkeit zugesetzten Partikeln. Es führt aber zu einer
Verwirrung der Begriffe, wenn das Experiment, welches das Zustandekommen der Schwere erklären soll, nur erklärt werden
kann, wenn man die Existenz der Schwere schon voraussetzt.
Man muß FATIO jedoch zugestehen, daß er mit den Gesetzen des
Auftriebs vertraut war, und daß es ihm bei seinem Experiment
weniger auf begriffliche Schärfe als auf eine einfache und
augenfällige Illustration seiner Überlegungen ankam. Daß FA-
TIO dabei aber zum einen die Zentrifugalkraft mit der Gewichtskraft einer Flüssigkeit, und zum anderen die resultierende zentripetale (Schwer)-Kraft mit der Auftriebskraft vergleicht, das beweist, daß ihm die bei der kreisförmigen Bewegung auftretenden Kräfte erklärungsbedürftig erscheinen,
ja die Kreisbewegung überhaupt etwas mysteriös bleibt, solange sie nicht in irgendeiner Weise zu geradlinigen Bewegungen in Beziehung gesetzt werden kann.

FATIO kommt nach dieser ihm notwendig erscheinenden Erörterung wieder auf HUYGENS' Schweretheorie zurück und beschreibt
ausführlich und präzise die beiden Experimente, die HUYGENS
zur Bestätigung seiner Hypothese ersonnen hat. Die Beschrei-
gung der Experimente - das erste ist das Experiment mit den
Siegellackstückchen, das zweite das mit der Kugel, die zwischen aufgespannten Schnüren rollt (vid. das 3. Kapitel dieser
Arbeit) - ist so ausführlich wie sonst nur in HUYGENS 'Dis-

cours' von 1690, was beweist, daß FATIO mehr gekannt haben
muß als das Manuskript von 1687, das er für HUYGENS kopierte
(21).

FATIO referiert auch die übrigen Punkte der HUYGENSschen
Theorie getreulich: die Berechnung der Geschwindigkeit der
fluiden, schwermachenden Materie, die Überlegungen über die
Porosität der schweren Körper sowie den Beweis für die Proportionalität zwischen Gewicht und Materiemenge bei den schweren Körpern.

HUYGENS Bestimmung der Geschwindigkeit der fluiden Materie
bringt FATIO ein wenig verkürzt. Er übernimmt den Wert 1^h25^m
als Zeit für einen Umlauf um die Erde, kommentiert ihn aber
mit der Bemerkung:"Es gibt jedoch schwerwiegende Gründe, die
mich glauben lassen, daß diese Geschwindigkeit der fluiden
Materie unvergleichlich viel größer sein muß" (22). FATIO
bringt anschließend drei Beispiele für extrem hohe Geschwindigkeiten: die Fallgeschwindigkeit, die praktisch beliebig
groß werden kann; die Geschwindigkeiten, welche bei der Explosion von Schießpulver entstehen; und endlich die Lichtgeschwindigkeit, für die FATIO den Wert von - umgerechnet -
200 000 km/s annimmt (Das ist der von Ole RØMER ermittelte
Wert).

FATIOs Überlegungen über die Porosität der schweren Körper
unterscheiden sich von den HUYGENSschen nur durch die etwas
unterschiedliche Fragestellung: HUYGENS geht davon aus, daß
eine massive Kugel mehr wiegt als eine hohle, und schließt
aus dieser Tatsache auf die Porosität der Körper und auf einen im wesentlichen freien Durchgang der fluiden Materie;
FATIO, der die extreme Porosität der Körper und eine außerordentliche Dünnigkeit der fluiden Materie voraussetzt, beschäftigt sich mit der Frage, wie diese fluide Materie überhaupt wirken, d.h. Schwere erzeugen kann. Mit der Antwort,
daß nur die letzten Partikeln, welche die Körper zusammensetzen und die von der fluiden Materie getroffen werden, zur
Schwere beitragen, und daß diese letzten Partikeln undurchdringlich und kompakt sein müssen, weil die Stoßexperimente
die Proportionalität zwischen Materiemenge und Schwere der

Körper beweisen, hält FATIO sich eng an die HUYGENSsche Argumentation. Die Definition, die FATIO von der Schwere gibt, daß sie nämlich von der Anzahl der letzten soliden Partikeln abhänge, die den schweren Körper zusammensetzen - "denn die Schwere der Körper muß durch die Menge fluider Materie gemessen werden, welche an ihre [der Partikeln] Stelle steigen kann" (23) -, stimmt fast wörtlich mit der Formulierung überein, welche HUYGENS im 'Discours' von 1690 und in der Fassung von 1687 verwendet.

FATIO beschließt seine Darstellung der HUYGENSschen Schweretheorie mit den Erörterungen über "eine andere sehr subtile, fluide Materie" (24), nämlich diejenige, welche das Aneinanderhängen zweier polierter Platten, das Fließen des Saughebers im Vakuum etc. (also die im 4. Kapitel dieser Arbeit beschriebenen Adhäsions- und Kohäsionseffekte) bewirkt. Ebenso wie HUYGENS, der solche Erörterungen freilich erst in der Fassung von 1687 anstellt, führt FATIO es auf die Wirkung dieser Materie zurück, daß - bei Windstille - auch die feinsten Staubteilchen senkrecht fallen und nicht durch die kreisförmig sich bewegende schwermachende Materie seitlich abgelenkt werden.

3. Der zweite Teil des Vortrags

Den zweiten Teil seines Vortrages beginnt FATIO mit der folgenden, "sehr einfachen und sehr wahrscheinlichen Annahme"
(25), aus der er die HUYGENSsche Hypothese abzuleiten gedenkt:

"Im Universum gibt es eine fluide, überall verbreitete Materie, deren Teile sehr fein sind und die sich mit sehr großer Heftigkeit unterschiedslos nach allen Richtungen bewegen"
(26). Zwischen den einzelnen Teilen ist leerer Raum, - nach
FATIOs Ansicht können die Stoßregeln für die Wechselwirkung
der kleinsten Partikeln nur dann gelten, wenn es weit mehr
leeren als materieerfüllten Raum gibt. FATIO sagt an dieser
Stelle ausdrücklich: "Ich spreche nun aber hier von einem
sehr reellen Leeren (vuide), und darunter versteht man eines
von der Art, wie es DESCARTES und ARISTOTELES geleugnet haben" (27). FATIO glaubt, daß dieser Anfangszustand der fluiden Materie aufgrund von Stößen mit den soliden Körpern verändert worden ist, die Partikeln der fluiden Materie sich
also nicht mehr unterschiedslos nach allen Richtungen bewegen, daß vielmehr "die heftige Bewegung, welche sie [die Par-
tikeln] im Augenblicke haben und die ihnen der Schöpfer auch
von Anbeginn an hätte verleihen können, eine [Bewegung] ist,
die sich nach längerer Zeit einstellt, unter der einfachen
Annahme, sie [die Partikeln] hätten sich zunächst unterschiedslos nach allen Richtungen bewegt. Da man aber annimmt,
daß die Welt mit einem Male erschaffen worden ist, so ist
der Zustand (disposition), der [aus jener anderen Annahme]
nach sehr langer Zeit sich entwickelt, natürlich einer, der
sich auch in der Folge erhalten muß" (28). Die nicht ohne
weiteres verständliche Argumentation FATIOs, die den bloß
hypothetischen Charakter seiner Überlegungen betont, ist ganz
von DESCARTESschem Geist erfüllt. DESCARTES schreibt in seinen 'Principia', als er die Grundlagen seiner Kosmogonie diskutiert: "Können wir daher gewisse Principien entdecken, die
einfach und leicht faßbar sind, und aus denen, wie aus dem
Samen, die Gestirne und die Erde und alles, was wir in der
sichtbaren Welt antreffen, abgeleitet werden kann, wenn wir

auch wissen, daß sie nicht so entstanden sind, so werden wir
doch auf diese Weise ihre Natur weit besser erklären, als
wenn wir sie nur so, wie sie jetzt sind, beschreiben" (29).
Ganz entsprechend kann man FATIOs Sätze interpretieren: Wenn
es auch gewiß ist, daß Gott die Welt mit einem Male und in
ihrem augenblicklichen Zustande erschaffen hat, und daß sie
von ihm in diesem Zustande erhalten wird, ist es dennoch erlaubt, zum besseren Verständnis der Naturerscheinungen mit
einfachen und klaren Hypothesen zu arbeiten, die eine Entwicklung der Welt suggerieren, vorausgesetzt, der augenblickliche
Zustand der Welt läßt sich aus den hypothetischen Anfangsbedingungen (widerspruchsfrei) ableiten.

In diesem Sinne macht FATIO, "um mit mehr Erfolg zu arbeiten",
die folgenden Annahmen: Die Partikeln der fluiden Materie sollen völlig gleiche Kugeln sein, die sich allesamt mit gleicher Geschwindigkeit ungehindert, d.h. ohne gegenseitige Zusammenstöße bewegen. Die soliden Körper, welche die grobe,
schwere Materie bilden, sollen vollkommen kugelförmig, massiv, d.h. ohne Poren und sehr groß im Vergleich zu den Teilen der fluiden Materie sein. Aus diesen einfachen Annahmen
allein muß sich ergeben, daß in der Umgebung eines jeden soliden Körpers die fluide Materie eine Kraft erfährt, sich
von dessen Zentrum zu entfernen, d.h., daß sich NEWTONs allgemeine Gravitation (vid. Principia, 1687, Lib. III, Prop.
VII) aus einer (modifizierten) HUYGENSschen Hypothese erklären lassen muß:

Aus der Menge der unterschiedslos und mit gleicher Geschwindigkeit nach allen Richtungen fliegenden Partikeln der fluiden Materie in der Umgebung des soliden Körpers CS betrachtet man zwei Partikeln in A, von denen die eine in Richtung
S, die andere in entgegengesetzter Richtung nach B fliegt
(Abb. 5.3). Der gemeinsame Schwerpunkt A der Partikeln blei-
be in Ruhe, bis die eine Partikel gegen S stößt und in Richtung auf D reflektiert wird. Nun läuft der Schwerpunkt auf
einer Geraden AF parallel zur Winkelhalbierenden SE, und FA-
TIO schließt, "daß sich nach Maßgabe der Reflexionen am Körper CS in der fluiden Materie, welche die Räume in seiner Um-

gebung erfüllt, ununterbrochen eine Kraft (force d'éloigne-

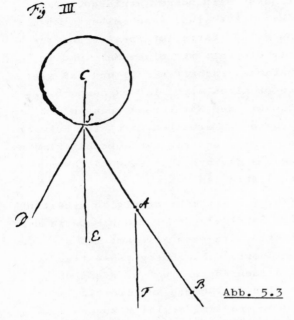

Abb. 5.3

ment) ausbildet, sich vom Zentrum zu entfernen" (30). Diese
"force d'éloignement", die umso größer ist, je rascher sich
die fluide Materie bewegt, erzeugt bei den soliden Körpern
der Umgebung, die eine solche Kraft ja nicht erfahren, eine
Schwere gegen den Punkt C, und aus dem selben Grunde wird der
Körper CS gegen jene Körper schwer. "Dies gibt", so sagt FA-
TIO, "eine mechanische Erklärung des [Lehr-]Satzes, daß die
soliden Körper wechselseitig einander anziehen" (31).

FATIO überträgt hier die Vorgänge bei der Kreisbewegung ganz
ungerechtfertigt auf die Stoßprozesse in seinem Modell. Bei
einer Kreisbewegung konstanter Winkelgeschwindigkeit kann
man die bewegten Körper (z.B. die Partikeln des kreisenden
Fluidums) in jedem Punkt ihrer Bahn so ansehen, als befänden
sie sich in einem (statischen) Gleichgewicht, weil an ihnen
zwei entgegengesetzt gleiche Kräfte angreifen: radial nach
außen die Zentrifugalkraft, radial nach innen die Zentripetalkraft. Ein solider Körper, der an der Kreisbewegung des
Fluidums keinen Anteil hat, kann sich, weil ihm die Zentrifugalkraft fehlt, außerhalb des Zentrums an keiner Stelle

halten; er wird durch die Zentripetalkraft radial zum Zentrum
gestoßen. FATIO versucht nun die in HUYGENS' rotierendem Fluidum auftretende "force d'éloignement du centre" (die Zentrifugalkraft), in seinem Modell durch (radial) vom Zentrum eines Körpers wegfliegende Partikeln zu simulieren. Dies führt
ihn zu dem Trugschluß, daß auf einen ruhenden Körper, der diesem Partikelstrom ausgesetzt ist, eine Art zentripetaler
Schwere wirken muß, die ihn auf den ersten Körper zutreibt.

So, als ob FATIO diese Erklärung selbst nicht recht befrie-
digte, kehrt er ziemlich unvermittelt zur HUYGENSschen Hypothese zurück: "Wenn man jedoch acht hat, erkennt man, daß
man diese Fliehkraft (force d'éloignement) nicht bequemer erklären und verstehen kann, als wenn man auf die Hypothese
des Herrn HUGENS zurückkommt, d.h., man nimmt an, daß in der
fluiden Materie kreisförmige Bewegungen nach allen Richtungen entstehen, welche konzentrisch zum Punkte C sind - die
beste und einfachste Art, diese Kraft darzustellen" (32).
Und "wenn man einen unendlichen Raum annimmt, in welchem diese fluide Materie verteilt ist und mitten in ihr da und
dort verschiedene Kugeln wie C" (33), dann hält FATIO auch
keine andere Erklärungsweise für möglich. Er fordert jedoch
zusätzlich für die fluide Materie eine Federkraft ("force
de ressort"), die, indem sie dem Druck der Fliehkraft ("force d'éloignement") eine Ausdehnungskraft ("force de dilatation") entgegensetzt, verhindert, daß die fluide Materie aufgrund der kreisförmigen Bewegung um die soliden Körper aus
deren Umgebung verschwindet. Dennoch entsteht in der unmittelbaren Umgebung der soliden Körper eine gewisse Verdünnung
der fluiden Materie; zwischen zwei Körpern A und B (Abb. 5.4)

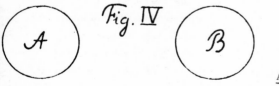

Abb. 5.4

ist die Dichte der fluiden Materie weit geringer als auf den

voneinander abgewandten Seiten, und dies hat zur Folge, "daß
sie [die Körper] von rückwärts stärker gedrückt werden und gezwungen sind, sich einander zu nähern"; denn die Verdünnung
zwischen ihnen bewirkt, daß

"der Stoß der Teile des Fluidums gegen die Körper A und B
auf der Seite, welche die Körper einander zuwenden, weit
weniger häufig ist, auf der entgegengesetzten Seite jedoch häufiger geschieht. Denn es ist zu bemerken, daß
diese fluide Materie, wenn sich ihre Teile so bewegen,
wie ich es angenommen habe, die Körper in ihrer Mitte und
die angrenzenden Räume außerordentlich stark komprimiert
und darüber hinaus auch sich selbst" (34).

Wollte FATIO die allgemeine Gravitation tatsächlich durch
die HUYGENSsche Hypothese erklären, so müßte dies zu einer
Hierarchie unentwirrbar ineinander verschachtelter sphäri-
scher Wirbel führen bis hinunter zu den kleinsten Partikeln
der irdischen Materie. FATIO nimmt aber seine Zuflucht zur
HUYGENSschen Hypothese nur, weil er die Schwere als die aus
der Fliehkraft ("force d'éloignement") einer fluiden, subtilen Materie resultierenden Gegenkraft erklären möchte - ohne
Rücksicht darauf, ob seine Vorstellungen in allen Details
zu diesem Modell passen. FATIO hat dabei intuitiv eine Unklar-
heit der HUYGENSschen Theorie erkannt: die Zentripetalkraft
ist zur Entstehung und Erhaltung der Kreisbewegung notwendig
und ist nicht lediglich Resultat derselben, das sich als
Schwerkraft bei den Körpern bemerkbar macht, die an der Kreisbewegung der fluiden Materie keinen Anteil haben. Indirekt
wird die Zentripetalkraft von HUYGENS auch stets vorausgesetzt: Bei den beiden Experimenten (vid. das 3. Kapitel dieser Arbeit) ist sie die von der Wand des Gefäßes ausgeübte
Gegenkraft; in der Theorie wird sie durch das Postulat eingeführt, daß "die fluide Materie nicht aus dem Raume, der sie
umschließt, herauskann" (35). Die Erkenntnis, daß in der HUY-
GENSschen Theorie eine Gegenkraft zur Fliehkraft nötig ist,
veranlaßt FATIO, bei der fluiden Materie eine Federkraft oder
die Fähigkeit zur Selbstkompression zu postulieren, die verhindern soll, daß sich die fluide Materie bei kreisförmiger
Bewegung aufgrund ihrer Fliehkraft im unendlichen Raume ver-

liert. Die Schwerkraft ist für FATIO dann das Resultat zweier
Effekte: der geradlinig-gleichförmigen Bewegung der Partikeln
der fluiden Materie überlagert sich in der Umgebung solider
Körper nämlich eine kreisförmige Bewegung derselben Materie
und diese kreisförmige Bewegung verursacht infolge ihrer
Fliehkraft eine gewisse Verdünnung in unmittelbarer Nähe ei-
nes Körpers; zwischen zwei Körpern verringert sich also die
Zahl der Stöße, d.h. der Druck der fluiden Materie, und die
Körper werden aufeinander zugestoßen.

FATIO bemüht sich zum Beschluß seines Vortrages, Beweise für
die Federkraft bzw. Kompressionsfähigkeit der fluiden Materie
zu finden. Dazu führt er aus:

"Damit wir uns in erster Linie auf ein Experiment berufen
können, denken wir uns ein Gefäß mit gewöhnlicher Luft
und nehmen an, daß man die unmittelbar an das Gefäß an-
grenzende Luft abgepumpt hat, dann steht fest, daß die
heftige Bewegung der Teile der eingeschlossenen Luft -
oder wie man es auch nennt - die Kraft ihrer Elastizität
(ressort) ständig stark auf die Wände des Gefäßes und
auf die Oberfläche eines schweren Körpers drückt, den man
in diesem Gefäß aufhängen könnte [Abb. 5.5]. Bei diesem

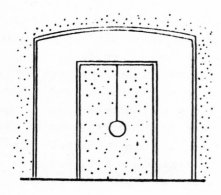

Abb. 5.5

Experiment ist es aber nun keinesfalls die Schwere der

Luft, die diesen Druck bewirkt: es ist einzig und allein die Kraft der Elastizität der wenigen Luft, die im Gefäß eingeschlossen ist, und diese Kraft ist äquivalent dem Druck der Luft darüber und vermag ihn genau auszuhalten (36). Sie [diese Kraft] kann aber kaum etwas anderem als der Bewegung der Teile der Luft zugeschrieben werden; dies ist einfach und leicht [zu begreifen] und eine selbstverständliche Folge der Bewegung, die sich meiner Ansicht nach vor allem durch die unaufhörlichen Stöße der Teile einer sehr feinen und sehr fluiden und darüber hinaus äußerst rasch bewegten Materie unterhält" (37).

FATIO folgert daraus, daß auch bei Schwerelosigkeit der Luft die zur Erzeugung eines Vakuums notwendige Kraft nicht geringer wäre, und die Luft auch dann noch die Oberflächen fester Körper mit gleicher Kraft drückte. Nachweisbar ist dieser Druck nach FATIOs Ansicht dadurch, daß die Stöße der Luftpartikeln gegen die Gefäßwände der Schwerkraft kommensurabel sind, d.h., "daß es ausreichte, an allen Seiten Gewichte am Gefäß anzubringen, um die Federkraft im Inneren auszugleichen" (38).

Wenn FATIOs Überlegungen auch nicht ganz korrekt sind - im Gefäß herrscht infolge der Schwerkraft ein geringes Druckgefälle -, maßgebend ist die Erkenntnis, daß der Druck eines Fluidums wie Luft aus der Bewegung seiner Partikeln resultiert und durch eine ihm äquivalente Gewichtskraft gemessen werden kann. Die Bewegung der Luftpartikeln ist bei FATIO jedoch keine selbständige Bewegung, sondern wird durch die Stöße der Teilchen der fluiden Materie verursacht, ist Folge von deren heftiger Bewegung. Der durch die Bewegung der Partikeln der Luft erzeugte Druck ist also Indikator für die unmittelbar nicht meßbare Elastizität oder Kompressionsfähigkeit der fluiden Materie;dies allein ist der Sinn von FATIOs Experiment. Interessant an diesen Überlegungen ist, daß hier im Anschluß an NEWTON der erste Schritt zu einer kinetischen Theorie der Gase getan wird. Dies belegen die Sätze am Ende von FATIOs Vortrag:

"Es scheint, daß die Ausdehnungskraft (force de la dilatation) in komprimierter Luft nur eine Folge davon ist,
daß sich die kleinen Teile dieser Luft voneinander zu
entfernen suchen und zwar dadurch, daß jeder [Teil] bestrebt ist, sich unmittelbar geradlinig zu bewegen" (39).

4. Die Auseinandersetzung mit HUYGENS

Als zu Beginn des Jahres 1690 zusammen mit dem 'Traité de la
Lumière' auch der 'Discours de la Cause de la Pésanteur' erschien, beschäftigte sich FATIO erneut mit HUYGENS' Schweretheorie. "Ich habe mit einzigartigem Vergnügen Ihre Abhandlung über das Licht durchgesehen und schon mehrmals die über
die Schwere gelesen" (40), schreibt FATIO am 6.III.1690 an
HUYGENS. Einige Bemerkungen, die FATIO bei dieser Gelegenheit
über die Geschwindigkeit der fluiden, schwermachenden Materie
macht, sind Anlaß zu einer Auseinandersetzung zwischen ihm
und HUYGENS, welche die inzwischen stark voneinander abwei-
chenden Auffassungen deutlich kennzeichnet.

HUYGENS hatte bezüglich der Dichte und der Geschwindigkeit
der schwermachenden Materie die folgenden Überlegungen angestellt:

"Gemäß unserer Theorie bestimmt sich die Schwere eines jeden Körpers nach der Menge fluider Materie, welche an
seinen Platz steigen muß. - Diese Materie durchdringt
leicht die Zwischenräume zwischen den Partikeln, aus denen sich die Körper zusammensetzen, nicht aber die Partikeln selbst; und was nun die verschiedenen Schweren
z.B. der Steine, der Metalle etc. verursacht, ist das
folgende:

1687: diejenigen, welche schwerer sind, enthalten mehr
von den Teilen, welche
den freien Durchgang der
fluiden Materie hindern,
denn es sind nur diese,
an deren Platz die Mate-
rie steigen könnte" (41).

1690: diejenigen dieser Körper, welche schwerer
sind, enthalten mehr von
solchen Partikeln, nicht
der Zahl, sondern dem
Volumen nach: denn an
ihren Platz allein kann
die fluide Materie stei-
gen" (42).

Dementsprechend muß für die Schwere der Körper gelten:

"die Schwere des Körpers E [Abb. 3.3] ist genau gleich
dem Effort, mit welchem eine gleichgroße Menge fluider Materie sich vom Zentrum D zu entfernen strebt oder,
was dasselbe ist: ein Pfund Blei z.B. ist hier auf der
Erde gegen das [Erd]Zentrum ebenso schwer wie eine Masse fluider Materie von der Größe des Bleis ([1690:] ich
verstehe darunter die Größe, die dessen solide Teile einnehmen) nach oben schwer ist, um sich vom [Erd]Zentrum aufgrund der kreisförmigen Bewegung zu entfernen" (43).

Die fluide Materie besitzt also aufgrund ihres Umlaufs um
das Erdzentrum einen Effort, d.h. eine Tendenz, sich von diesem Zentrum zu entfernen, und drängt mit einer ihrer Umlauf-
geschwindigkeit v entsprechenden Zentrifugalkraft nach außen,
in der Nähe der Erdoberfläche mit der Kraft $m \cdot \frac{v^2}{R_E}$, wenn m die
Masse eines bestimmten Volumens der fluiden Materie und R_E
der Erdradius ist. Dabei wird irdische Materie, welche an
diesem Umlauf keinen Anteil hat, wie der Körper E, nach HUY-
GENS' Auffassung mit einer dieser Zentrifugalkraft entgegengesetzt gleichen zentripetalen Auftriebskraft (nichts anderes
ist HUYGENS' Schwerkraft) gegen das Erdzentrum gedrückt, und
an die Stelle des Körpers E tritt fluide Materie, genaugе-
nommen aber nur an die Stellen des Körpers, an denen sich solide Partikeln befinden, denn in den für die fluide Materie
durchlässigen Zwischenräumen befand sie sich schon zuvor. Da
es aber für HUYGENS keinen Unterschied zwischen der irdischen
und der fluiden, schwermachenden Materie gibt - ihre Partikeln unterscheiden sich voneinander zwar durch Gestalt, Größe
und Bewegungszustand, bestehen jedoch aus ein und derselben
absolut harten und undurchdringlichen Substanz -, kommt es
bei allen Effekten nur darauf an, wie groß das Volumen ist,
welches homogen mit Materie erfüllt ist (Deshalb schreibt
HUYGENS, daß ein schwererer Körper "nicht der Zahl, sondern
dem Volumen nach" mehr Partikeln als ein leichterer enthalte).
Also ist die Schwerkraft eines Körpers im Abstand R_E vom Erdzentrum gleich der Zentrifugalkraft, welche auf eine Menge
fluider Materie wirkt, die der Menge der soliden Partikeln
des Körpers genau gleich ist und also das gleiche Volumen ho-

mogen erfüllte, und die in genau dem gleichen Abstand wie
der Körper mit einer Geschwindigkeit v umläuft, die sich aus
der empirisch bekannten Schwerkraft bestimmen läßt. HUYGENS
bestimmt diese Geschwindigkeit zu 8 km/s, d.h., daß die fluide Materie für einen Umlauf um den Äquator 1^h15^m benötigt.

Auf dieses Ergebnis bezieht FATIO sich sowohl in seinem Vortrag vor der Royal Society als auch in seinem Brief an HUY-
GENS - und beide Male akzeptiert er es nicht. In seinem Vortrag führt er an der schon zuvor zitierten Stelle dazu aus:

"Es gibt jedoch schwerwiegende Gründe, die mich glauben
lassen, daß diese Geschwindigkeit der fluiden Materie unvergleichlich viel größer sein muß. Denn was man aus dieser Rechnung schließen kann, ist, daß die Zentrifugalkraft der [Blei] Kugel gleich der Zentrifugalkraft eines
gleichen Volumens der fluiden Materie ist, welche die
Schwere verursacht; dieses Volumen jedoch enthält allem
Anschein nach weit weniger Materie als das Blei und muß
daher, um tatsächlich eine dem Blei gleiche Zentrifugalkraft zu haben, umso schneller umlaufen, je weniger Materie es enthält" (44).

FATIO weicht hier insofern von HUYGENS ab, als er in dessen
Satz: "ein Pfund Blei z.B. ist - hier auf der Erde - gegen
das [Erd] Zentrum ebenso schwer wie eine Masse fluider Materie von der Größe des Bleis nach oben ...", unter der Formulierung "von der Größe des Bleis" "von gleichem Volumen wie das
Blei" versteht. Darüber hinaus ist es für FATIO selbstverständlich, daß die fluide Materie extrem dünn ist, ein dem
Volumen der Bleikugel gleiches Volumen fluider Materie hat
daher weit geringere Masse und muß sich daher weit rascher
bewegen als HUYGENS errechnet hat, um eine der zentripetalen
Schwerkraft der Bleikugel äquivalente Zentrifugalkraft zu
erhalten.

Ganz entsprechend argumentiert FATIO auch in seinem Brief an
HUYGENS, wenn er schreibt:

"Es sei D die Dichte des Bleis und d die Dichte ihrer Materie, welche die Schwere verursacht, und diese Dichte

ist in der Tat weit geringer als die erste. Man nimmt nun
ein je gleiches Volumen von Blei und von Ihrer Materie
und läßt beider verschiedene Teile um das Zentrum der Erde kreisen: das Blei mit der Geschwindigkeit u und Ihrer
Materie mit der Geschwindigkeit V. Dann ist die Zentrifugalkraft des Bleis u^2D und die Zentrifugalkraft Ihrer
Materie V^2d [bei gleichem Abstand vom Zentrum]. Und um
zu erreichen, daß sie einander gleich sind ... muß die
Geschwindigkeit Ihrer Materie sich zur Geschwindigkeit
des Bleis verhalten wie die Wurzel aus D zur Wurzel aus d.
Wenn das Blei 10 000 mal massiver wäre als Ihre Materie,
so müßte sich die Geschwindigkeit des Bleis zur Geschwindigkeit Ihrer Materie wie $\sqrt{1}$ zu $\sqrt{10\ 000}$ verhalten, also wie 1 zu 100. Nun ist aber Ihre Materie wegen der anderen Materien und anderen Bewegungen, welche man sich
mit ihr vermengt denken muß, verglichen mit Blei außerordentlich dünn. ... Wenn jedoch die Masse des Bleis nur
ein Millionstel des Raumes erfüllt, welchen [das Blei]
einnimmt, was man meiner Ansicht nach sehr wohl annehm-
men darf, und wenn die schweren Körper im Verhältnis zu
ihrer Masse schwer sind, dann muß unter diesen Voraussetzungen ein gänzlich solider Körper 1 000 000 mal schwerer als Blei und 1 000 000 000 mal dichter als Ihre Materie sein, und er wird die nämliche Zentrifugalkraft haben, wenn er mit einer 100 000 mal geringeren Geschwindigkeit umläuft. Nach diesen beiden Rechnungen wird die
Geschwindigkeit 100 oder 100 000 mal größer als Sie es
angenommen haben, ja vielleicht überschreitet sie diese
Werte noch beträchtlich" (45).

Man kann sich leicht davon überzeugen, daß FATIOs Überlegung
zu absurden Konsequenzen führt. Da in der HUYGENSschen Schweretheorie die Zentrifugalbeschleunigung der fluiden Materie
in der Nähe der Erdoberfläche und die ihr nach Voraussetzung
entgegengesetzt gleiche zentripetale (Schwere)beschleunigung
des schweren Körpers die Größe der empirisch ermittelten Erdbeschleunigung g haben müssen, kann man - unter Verwendung
von FATIOs Bezeichnungen - die folgende Beziehung aufstellen:

$$K \cdot d \cdot \frac{V^2}{R} = K \cdot D \cdot \frac{u^2}{R} = K \cdot D \cdot g$$

wo K das infrage stehende gleiche Volumen fluider Materie
bzw. Blei und R der Erdradius sein sollen. Daraus errechnet
sich die Geschwindigkeit V der fluiden Materie zu

$$V = \sqrt{\frac{D}{d} \cdot g \cdot R}$$

Da aber der Erdradius R und die Erdbeschleunigung g konstante Größen sind, und man annehmen muß, daß die Dichte d
der fluiden Materie in gleicher Entfernung vom Erdzentrum
überall die gleiche ist, müßte die Geschwindigkeit V der
fluiden Materie, in ein und derselben Entfernung R vom Erdzentrum, an ein und derselben Stelle, verschieden sein, nämlich sich proportional zur Wurzel aus der Dichte D des jeweils fallenden Körpers ändern.

Aber nicht diese Absurdität ist es, an die HUYGENS in seiner
Antwort auf FATIOs Überlegungen anknüpft, sondern er bittet
FATIO, beinahe ein wenig gereizt, doch genauer zu lesen. Denn
er, HUYGENS, habe nicht behauptet, daß die Schwere einer
Bleikugel durch eine Menge fluider Materie verursacht werde,
die "in einem Raum von eben der Größe eingeschlossen ist,
welchen die Oberfläche dieser Kugel einschließt", sondern daß
dies durch eine Menge geschehe, deren Teile "in Solidität und
Ausdehnung den kohärenten Partikeln gleich sind, welche das
Blei zusammensetzen", und genau diese Menge nehme die Stelle
der Bleipartikeln ein, wenn sie das Blei zum Herabfallen
zwinge. Daher müsse die Geschwindigkeit der fluiden Materie
auch nicht größer sein als er, HUYGENS, berechnet habe. Er
glaube auch nicht an die Notwendigkeit einer Schweretheorie,
die solch große Geschwindigkeiten für die fluide Materie er-
fordere, denn FATIO verlange die extrem geringe Dichte der
fluiden Materie, "ohne dafür einen Grund zu nennen" (46).

FATIO, der über HUYGENS' heftige Reaktion bestürzt ist, versucht, ihn in seinem Brief vom 21.IV.1690 zu beschwichtigen,

indem er versichert, daß seine, FATIOs, Überlegungen kein
grundsätzlicher Einwand sein sollten, sondern daß es darum
gegangen sei zu zeigen, daß HUYGENS' Theorie "nicht notwendigerweise eine weit größere Geschwindigkeit und eine weit
größere Dünnigkeit" ausschließe, wie HUYGENS selbst dies anzunehmen scheine (47). Diese große Dünnigkeit sei aber, wie
NEWTON bewiesen habe (48), notwendige Voraussetzung für eine
reibungsfreie Bewegung von Planeten und Kometen. Er, FATIO,
nehme deshalb an, daß "das Universum fast vollständig frei
von Massen" sei, und daß in einem solch leeren Universum natürlich beliebig große Geschwindigkeiten möglich seien.

Im Entwurf seines Briefes an HUYGENS begnügt FATIO sich nicht
mit diesen wenigen Bemerkungen, sondern dort steht am Ende
eine Betrachtung, die FATIO sehr deutlich seinen "Einwand gegen Herrn HUGENS in seiner wirklichen Stärke" nennt; er hat
diesen Einwand in den Brief nur nicht übernommen, weil, wie
er schreibt, "mir Herr HUGENS in seinem letzten Brief so über-
empfindlich vorkam, daß ich glaubte, ich müsse es vermeiden,
ihn zu sehr zu reizen" (49).

FATIO denkt sich eine gänzlich solide Partikel A (Abb. 5.6),

Abb. 5.6

einen Grundbaustein der schweren irdischen Körper, die den
von ihr eingenommenen Raum homogen und ohne leere Zwischenräume erfüllt. Wenn nun diese Partikel A aufgrund ihrer Schwere fällt und nach einer kleinen Fallstrecke den Raum a einnimmt, dessen äußere Abgrenzung und dessen Volumen genau denen der Partikel A entsprechen, steigt die Materie, welche
sich im Volumen a befand, an die Stelle, an der sich zuvor
die Partikel A aufhielt. Weil es aber "in der Materie ihrer

Umgebung, die an ihren Platz steigen kann, nach Herrn HUGENS
Meinung [sic!] leere Räume gibt," darum "steigt ...,wenn ein
schwerer Körper fällt, weit mehr Materie ab als aufsteigt",
und dies umso mehr, als nicht alle Materie, die sich bei a
befand, auch schwermachende Materie ist. "Je weniger Materie
es aber gibt, welche zur Erzeugung der Schwere geeignet ist...,
desto größer wird ihre Zentrifugalkraft sein müssen, damit
sie den Körper A mit der Geschwindigkeit fallen läßt, welche
schwere Körper bei ihrem Fall gewöhnlich haben" (50).

FATIO ist die NEWTONsche Vorstellung von einem nahezu materiefreien Universum so sehr zur Überzeugung geworden, daß er sie
sogar HUYGENS als ganz selbstverständlich unterstellt. Aber
nicht nur HUYGENS' Theorie des Lichts ist mit einer solchen
Vorstellung unvereinbar, auch die Theorie der Schwere ist nur
dann frei von Absurditäten, wenn vorausgesetzt werden kann,
daß die fluide, schwermachende Materie alle Räume, die nicht
von anderen Materien besetzt sind, kontinuierlich erfüllt.
Selbst wenn man annimmt, daß die fluide, schwermachende Materie diesen Raum noch mit anderen Materiearten - den Wirkungsfluida für Kohäsion, Licht, Elektrizität und Magnetismus - teilen muß, hat das andere Konsequenzen, als FATIO
glaubt, denn alle Materien außer der schwermachenden sind
selbst schwer, sie müssen also zusammen mit den Partikeln
der irdischen Materie fallen, anstatt, wie FATIO annimmt,
mit den Partikeln der fluiden schwermachenden Materie auf-
zusteigen.

In dem Vortrag vor der Royal Society ebenso wie in der brief-
lichen Auseinandersetzung erwachsen FATIOs Schwierigkeiten
aus dem vergeblichen Versuch, die HUYGENSsche Theorie durch
einen anderen Ansatz zu begründen und sie zugleich den Ergebnissen der NEWTONschen Mechanik anzupassen. FATIOs eigene
Idee, die Schwere auf die Wirkung einer schwermachenden Materie zurückzuführen, deren Partikeln sich geradlinig und unterschiedslos nach allen Richtungen durch einen nahezu leeren
Raum bewegen, kann ihre Überlegenheit nicht beweisen, solange
FATIO hartnäckig versucht, sie auf irgend eine Weise mit den
Kreisbewegungen der HUYGENSschen Theorie in Übereinstimmung
zu bringen.

Kapitel 6

NICOLAS FATIOS VORTRAG "ÜBER DIE URSACHE DER SCHWERE" VOR

DER ROYAL SOCIETY IM MÄRZ 1690

"Die gesamte Theorie ist außerordentlich einfach und mathematisch, und
wenn sie richtig ist, eröffnet sie
den Zugang zu einer wirklich mechanischen Physik, welche sich von allem
bisherigen so sehr unterscheidet,
daß ich darüber fast erschrecke".

Nicolas FATIO im Juni 1690 an G. BURNET.

1. Vorgeschichte

FATIO hatte den entscheidenden Anstoß, sich ausgiebig mit der
Frage nach der Ursache der Schwere zu beschäftigen, durch die
Lektüre der HUYGENSschen Schweretheorie empfangen; er hatte
sich nach einem ersten Studium der NEWTONschen 'Principia'
abermals mit der HUYGENSschen Theorie befaßt, und er hatte
bei dem Versuch, ihr eine andere Grundlage zu geben und sie
mit den NEWTONschen Erkenntnissen in Übereinstimmung zu bringen einen Weg eingeschlagen, der ihn schließlich zu einer eigenen Theorie der Schwere führte. Bei der Bedeutung, welche
HUYGENS für die Entwicklung von FATIOs Vorstellungen über
die Natur der Schwere hatte, ist es nicht zu verwundern, daß
FATIO, als er zu Beginn des Jahres 1690 die Ursache der
Schwere gefunden zu haben glaubt, seine Theorie als erstem
HUYGENS mitteilt, also erneut die Auseinandersetzung sucht
(1).

Aber schon vor diesem Zeitpunkt hatte FATIO Gelegenheit, seine Schweretheorie mit HUYGENS zu diskutieren, denn im Sommer
1689 hielt dieser sich fast drei Monate in England auf und
war in dieser Zeit häufig mit seinem Freunde FATIO zusammen
(2). Es gelang FATIO jedoch nicht, HUYGENS bei diesen Gesprä-
chen von der Richtigkeit seiner Überlegungen zu überzeugen,
denn nachdem er den 'Discours' gelesen hat, schreibt er ein
wenig enttäuscht an HUYGENS:

> "Ich habe zuweilen mit Ihnen über meine Theorie der Schwe-
> re gesprochen, mit der ich mich schon seit drei Jahren
> beschäftige und deren Unklarheiten ich erst nach Ihrer
> Abreise von London vollständig beseitigt habe. Ich sehe
> nun freilich an dem Weg, welchen Sie bei Ihren Untersu-
> chungen eingeschlagen haben, daß Sie ihr kaum Aufmerksam-
> keit geschenkt haben. Gewiß haben die selben Gründe Sie
> veranlaßt, die Theorie als unmöglich zu verwerfen, die
> mir während der ganzen Zeit bei meiner Arbeit solch große
> Schwierigkeiten bereitet haben (3).

Zu dem Zeitpunkt aber, als FATIO HUYGENS' 'Discours' in Händen hält (4), sind solche Schwierigkeiten überwunden. Am
6.III.1690 schreibt FATIO an NEWTON:

"Meine Theorie der Schwere ist nach meiner Ansicht jetzt
einwandfrei und ich habe keinen Anlaß, daran zu zweifeln,
daß sie die einzig richtige ist" (5).

Während FATIO aber im Manuskript FB (1701) behauptet: "als
ich schließlich im Herbst 1689 so weit war, daß ich die bei
meinen Untersuchungen aufgetretenen Schwierigkeiten überwunden hatte" (6), stellt er HUYGENS die Entwicklung etwas
anders dar:

"Ich muß Ihnen sagen, daß ich, als ich Ihren ersten Brief
empfing [Anfang März 1690] noch an meinen Untersuchungen
über die Schwere arbeitete, und daß ich erst ganz kurz
zuvor erkannt hatte, daß die Einwände, von denen ich früher den Eindruck hatte, sie widerlegten die Theorie völlig, gegen diese in Wirklichkeit gar nichts ausrichteten"
(7).

Die beiden unterschiedlichen Angaben müssen einander nicht
widersprechen. Wahrscheinlich hatte FATIO nämlich die Schwierigkeiten, die ihm seine Theorie bereitete, tatsächlich schon
im Herbst 1689 überwunden, jedoch vermochte ihn erst die
Nachricht vom Erscheinen des HUYGENSschen 'Discours' dazu
zu bringen, seine Gedanken auch niederzuschreiben. Warum FA-
TIO dann aber den Eindruck zu erwecken suchte, daß seine
Schweretheorie erst unmittelbar vor ihrer für HUYGENS bestimmten Niederschrift vom 6.III.1690 vollendet worden sei, ist
einfach zu erklären, wenn man die Absicht kennt, die FATIO
mit seinem Schreiben verfolgte. In seinem Brief vom 21.IV.
1690 nennt er die Gründe, die ihn bewegten, HUYGENS gerade
zu diesem Zeitpunkt von der Vollendung seiner Schweretheorie
in Kenntnis zu setzen:

"Ich beschloß, Ihnen also davon zu schreiben, solange Ihre
Abhandlung noch nicht öffentlich bekannt war, wenn ich
sie auch in Herrn HAMPDENs Händen gesehen hatte. In dieser Lage traf mich Ihr Brief an, und ich verhehle Ihnen
keineswegs, daß ich glaubte, meine Antwort, in der ich
meine Hypothese erklärte, käme früh genug, um Sie dazu
zu veranlassen, die Zusätze am Ende Ihrer Abhandlung zu
vermehren" (8).

FATIO hatte also nicht weniger erwartet, als daß sich HUYGENS
im Anhang seines 'Discours' in gleicher Weise mit FATIOs
Schweretheorie auseinandersetzte wie mit den 'Principia' von
NEWTON. HUYGENS aber war zu solcher Auseinandersetzung nicht
bereit; nicht nur, weil FATIOs Beitrag ihn viel zu spät erreichte, HUYGENS hat FATIO auf diesem Gebiet wohl nicht für
kompetent gehalten. In dem Brief, den HUYGENS am 7.II.1690
an FATIO geschrieben hatte, und der das für FATIO bestimmte
Exemplar des 'Traité' begleitete, hatte HUYGENS seinen Freund
zwar mit schmeichelhaften Worten um dessen Meinung über das
Werk gebeten und ihn als den in diesen Dingen "sachverstän-
digsten Richter" bezeichnet, aber er hatte dabei nur an FA-
TIOs Sachverstand auf dem Gebiet der Optik appelliert, nur
um dessen Urteil über seine Theorie der Doppelbrechung gebeten, an einem Urteil über seine Schweretheorie war ihm nichts
gelegen (9).

Zwei Tage nach seinem Schreiben an HUYGENS, am 8.III.1690,
trägt FATIO seine Theorie auf einer Sitzung der Royal Society
vor, "in Gegenwart des Vizepräsidenten Sir OSKYNS, der Herrn
HOOCK [HOOKE] und HALLEY, gelehrter Mathematiker, und vieler
anderer sachverständiger Leute" (10). Das Manuskript dieses
Vortrages ist verschollen, und ebensowenig wie bei dem Vortrag über HUYGENS Schweretheorie findet sich ein entsprechender Hinweis im 'Registerbook' der Royal Society (11), nur im
'Journalbook' steht ein entsprechender Eintrag:

> "Herr FATIO (ver)liest die Abschrift eines Briefes an
> Herrn HUGENIUS, worin er Rechenschaft über die Ursache
> der Schwere gibt, und zwar allein aufgrund der Annahme,
> daß es eine über das gesamte Universum verteilte, subti-
> le Materie gibt, welche unendlich klein ist und sich ge-
> radlinig und außerordentlich rasch bewegt. Die Reflexion
> ihrer Partikeln an groben Körpern und großen Materiemen-
> gen, welche in ihnen [den Partikeln] schwimmen, vermin-
> dern die Schnelligkeit der Partikeln ein wenig und dies,
> denkt er sich, triebe jegliche Körper aufeinander zu oder
> gegen eine größere Masse, und zwar im umgekehrten Ver-
> hältnis des Quadrates der Abstände, was die Grundtatsache
> der Schwere ist" (12).

Aber außer dieser Notiz im 'Journalbook' gibt es noch ein
anderes Zeugnis, das Aufschluß über den Charakter von FATIOs
Vortrag vor der Royal Society geben kann: Nach FATIOs Aufzeichnungen hat HALLEY auf jede der 11 Seiten des Manuskripts
FO 1 zur Bestätigung von dessen Priorität geschrieben:

"Diese Abhandlung über die Schwere, von der Herr FATIO
vor der Royal Society am 26. Februar 1689/90 [am 8. März
1690 gregorianischen Stils] einen Auszug (abstract) ver-
lesen hat, wurde von uns am 19. März 1689/90 [am 29.
März 1690 gregorianischen Stils] im Gresham College angesehen" (13).

Gleichgültig, ob die Abschnitte in FATIOs Brief an HUYGENS,
die seine Theorie der Schwere betreffen, nun wirklich einen
Auszug aus einer zu diesem Zeitpunkt schon verfaßten Abhandlung darstellen, oder ob FATIO diese Abschnitte erst in den
folgenden Wochen zu der Abhandlung ergänzte, die HALLEY vor-
lag: zwischen diesen Briefabschnitten und den ihnen entsprechenden Passagen des Manuskripts FO 1 muß jedenfalls ein
solch enger Zusammenhang bestanden haben, daß eine Rekonstruktion wesentlicher Teile des Manuskripts FO 1 möglich ist. Ein
Vergleich mit dem 1701 verfaßten Basler Manuskript FB zeigt,
daß der Brief genau diejenigen Betrachtungen zum Inhalt hat,
welche FATIO im Manuskript FB als "Problem I" bezeichnet, und
die in der Tat die Grundgedanken seiner Theorie enthalten.
Es ist daher sinnvoll, der Darstellung und Interpretation
dieses Teiles der FATIOschen Schweretheorie den Brief an HUY-
GENS zugrunde zu legen, die entsprechenden Stellen des Manuskripts FB aber zum Vergleich heranzuziehen, und zu prüfen,
ob HUYGENS kritische Einwände Einfluß auf die spätere Fassung
der Theorie hatten (14).

2. FATIOs Brief an HUYGENS

FATIO beginnt die Darstellung seiner Theorie in seinem Brief
an HUYGENS mit einer Erörterung ihrer grundlegenden Voraussetzungen und wichtigsten Resultate:

"Ich leite sie [die Theorie der Schwere] mathematisch
(géométriquement) aus der Annahme ab, daß es in allen
Räumen der Welt eine feine Materie (matiere déliée) oder,
wenn man so will, mehrere Ordnungen solcher Materien
gibt, deren Teile sich sehr heftig und unterschiedslos
nach allen Richtungen bewegen. Ich nehme an, daß diese
Teile sich, ohne auf Hindernisse zu stoßen, geradlinig
bewegen, und daß also die Welt nur sehr wenig Materie
enthält. Und ich zeige, daß in der Umgebung aller groben
Körper (corps grossiers) eine Schwerkraft erzeugt wird,
ob diese Körper nun in Ruhe sind, oder sich gar auf kreisförmigen oder elliptischen Bahnen etc. bewegen, und daß
sich diese Schwerkraft in großen Entfernungen umgekehrt
wie das Quadrat dieser Entfernungen selbst verhält. Dies
alles folgt aus der Annahme, daß die Partikeln dieser
Materie etwas von ihrer Bewegung verlieren, wenn sie geradlinig gegen einen groben Körper stoßen. ... Was sie
aber verlieren, findet sich bisweilen in den Vibrationen
(fremissemens) wieder, die sie noch einige Zeit nach dem
Stoße ausführen und die auf feinere Materien übergehen
oder in Rotationsbewegungen (mouvemens circulaires), die
in den nämlichen Materien entstehen und verschwinden"
(15).

Die sich daran anschließenden Ausführungen FATIOs decken sich
auch im Wortlaut fast vollständig mit den Abschnitten 29-34
des Manuskripts FB und der Edition BOPP. Die wenigen Abweichungen sollen im Zusammenhang mit den Einwänden HUYGENS' behandelt werden. FATIO schreibt in seinem Brief:

(§ 29:) "Es sei nun C eine völlig solide oder wenigstens
für unsere Materie undurchdringliche, ruhende Kugel
[Abb. 6.1]. Um sie herum sei unsere Materie nach allen
Seiten gleich, aber unbeweglich verteilt, und mit einem
Male werden ihre Teile unterschiedslos nach allen Rich-

tungen in eine sehr heftige Bewegung versetzt. Wegen

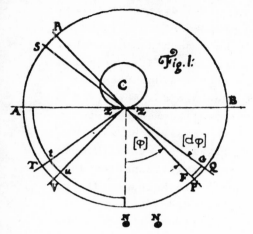

Abb. 6.1

[der] nach allen Seiten gleichen, heftigen Bewegung und
infolge der gleichen Stöße wird die Kugel zunächst nicht
von ihrem Platze getrieben. Man nehme auf ihrer Oberfläche einen unendlich kleinen Teil zz, an den man die Tan-
gentialebene AB legt und beschreibe um zz als Zentrum
die Kugel APQBRSA. Man zerlege diese Kugel in unendlich
viele solcher Pyramiden wie PzzQ, die unendlich nahe der
Spitze in zz abgestumpft sind, und man denke sich die
Pyramiden nach beiden Seiten ins Unendliche verlängert.
Da ich annehme, daß die sich nach allen Richtungen bewegende Materie aus außerordentlich kleinen Teilen besteht,
und daß ihre Bewegung sehr rasch ist, gibt es in einer
Pyramide wie PzzQ eine recht große Zahl von Korpuskeln,
die fortwährend die Pyramiden der Länge nach durchlaufen
und auf der kleinen Fläche zz auftreffen. - (§ 30:) Man
kann in ein und derselben Pyramide und in denen gleicher
Neigung gegen zz nach Größe, Gestalt, Geschwindigkeit,
Rotation (mouvement circulaire), Elastizität (ressort)
und nach der Art, wie sich ihr Stoß gegen die kleine
Fläche zz vollzieht, verschiedene Klassen von Korpuskeln
unterscheiden. Diese Klassen, die sich voneinander unterscheiden, obgleich sie miteinander vereinigt sind, z.B.
in der Pyramide PZQ, trennen sich nach der Reflexion, in-

dem jeweils jede Klasse die ihr eigentümliche Reflexion erfährt. - (§ 31:) Nun gibt es aber bei dieser Reflexion verschiedene Vorkommnisse, die für gewöhnlich verhindern, daß die Geschwindigkeit der Partikeln nach dem Stoß ebenso groß ist wie zuvor. Zunächst verringert die Reflexion die Geschwindigkeit, mit der sie sich von der Ebene zz entfernen, wenn ihre Federkraft oder die des Körpers C [im Text irrtümlich: $\overline{Z}$], bei einer vollkommenen Härte nicht vollkommen ist; dies geschieht aber auch, wenn die Federkraft vollkommen und die Partikeln nicht vollkommen hart, sondern biegsam und vibrationsfähig (capables de fremissement) sind. Hinzu kommt noch die Reibung, die man beim Stoß gegen zz annehmen darf. Und diese Reibung, die den Korpuskeln, die zuvor nur eine fortschreitende Bewegung besaßen, eine Rotationsbewegung (mouvement circulaire) verleiht, vermindert dadurch jene [fortschreitende Bewegung]. Falls die Partikeln schon eine Rotationsbewegung haben, ist es evident, daß diese sich, wenn sie nicht erhalten bleibt (in welchem Falle die Reflexion sich so vollzieht, als ob in Z nur die Federkraft ohne Reibung wirkte) unvergleichlich häufiger vermehrt als vermindert [sic!]. Es ist ganz augenscheinlich, daß jede Klasse der Partikeln, die gegen zz stoßen, nicht allein längs der Pyramide PZQ, sondern auch längs aller anderen, welche den Raum um Z erfüllen, daß also jede dieser Klassen für sich, so behaupte ich, einen Wind oder Strom gegen zz erzeugt, dessen Stärke in ein und derselben Pyramide sich umgekehrt verhält wie das Quadrat des Abstandes von zz. Und das [geschieht], weil der Strom dadurch, daß er stets die gleiche Geschwindigkeit beibehält, sich in diesem Verhältnis verdichtet. Man verbinde nun mehrere dieser Klassen, die in ein und derselben Pyramide einen Wind oder sehr starken Strom gegen zz erzeugen, und die Kraft dieses Stroms wird in der nämlichen Pyramide stets umgekehrt proportional zum Quadrat des Abstandes sein. Ebenso verbinde man mehrere reflektierte Klassen in ein und derselben Pyramide, wenngleich sie vor der Reflexion vielleicht aus verschiedenen Pyramiden ka-

men, und die Kraft des Stromes, den sie erzeugen, und
der sich von Z entfernt, wird in der nämlichen Pyramide
umgekehrt proportional zum Quadrat des Abstandes sein. -
(§ 32:) Da nun aber alles, was ich von einer Pyramide
behauptet habe, für alle gelten muß, gibt es in jeder Pyramide zwei entgegengesetzte Ströme. Weil aber der, welcher von zz kommt, aus den oben angeführten Gründen alles in allem genommen schwächer ist als der, welcher gegen zz läuft und in den Pyramiden um zz immer derselbe
ist, so wird, wenn jener um diesen vermindert worden ist,
ein Strom übrigbleiben, der gegen zz läuft und in ein und
derselben Pyramide stets eine Kraft besitzt, die umgekehrt proportional zum Quadrat des Abstandes ist. In verschiedenen Pyramiden aber kann die Kraft dieses Stromes
verschieden sein, und man könnte untersuchen, welche
⌈Kraft⌉ sich in den verschiedenen Pyramiden ergäbe, wenn
die Korpuskeln gleichgroße Kugeln wären, die sich vor dem
Stoß ohne Rotationsbewegung und mit gleicher Geschwindigkeit unterschiedslos nach allen Richtungen bewegten. Dann
müßten aber ihre Federkraft ebenso bekannt sein wie die
Regeln der Reflexion, d.h. wann beim Stoß Rotationsbewegungen entstehen. - (§ 33:) Wenn man nun zz zur Kugel
vollendet und prüft, was auf den anderen Teilen ihrer
Oberfläche geschieht, so ist ganz offensichtlich, daß in
großen Abständen von dieser Kugel, wo ihr Durchmesser
klein erscheint, die Kraft des gegen C gerichteten Stromes umgekehrt proportional zum Quadrat des Abstandes vom
Zentrum sein, und daß sie rings um die Kugel überall
gleichförmig sein wird, woraus sich schließlich ergibt,
daß dieser ständige Strom gegen die Kugel C in runden homogenen Körpern gleicher Größe wie NN, die er auf seinem
Wege antrifft - falls man solche dort annimmt - eine
Schwere gegen eben diese Kugel erzeugt, die sich in großen Abständen umgekehrt proportional wie das Quadrat der
nämlichen Abstände verhalten wird.

(§ 34:) Und wenn die Kugel C anstelle vollkommener Solidität viele Poren besitzt, und wenn es wie bei allen unseren irdischen Körpern einen freien Durchgang für die nach

allen Richtungen bewegte Materie gibt, so wird die vorhergehende Überlegung für diejenigen Partikeln gelten,
welche an den äußeren Teilen zz der Kugel reflektiert
werden. Aber außer diesen Partikeln, wird es andere geben, die durch zz ausströmen nachdem sie die Kugel auf
unterschiedliche Weise durchquert haben: Einige haben
sie geradewegs durchquert, ohne gegen etwas gestoßen zu
sein, andere sind auf ihrem Wege gegen innere Teile ge-
prallt und zu zz auf mehr oder weniger gewundenen Wegen
gekommen. All diese Partikeln müssen von neuem in ihre
verschiedenen Klassen unterteilt werden, und es sind diejenigen, welche die Kugel ohne Berührungen durchqueren,
zu vernachlässigen. Die anderen verlieren allerdings Bewegung, indem sie gegen die Teile der Kugel stoßen, woraus man wie oben ableiten kann, daß in ein und derselben Pyramide der gegen zz laufende Strom stets stärker
ist als der, welcher sich davon entfernt, und daß durch
dessen Kraftüberschuß eine Schwere gegen zz erzeugt wird,
die in der nämlichen Pyramide sich umgekehrt verhält wie
das Quadrat des Abstandes. Und man wird darüber hinaus
feststellen, daß in großen Abständen die Schwere gegen
die Kugel sich umgekehrt verhält wie das Quadrat des Abstandes vom Zentrum C" (16).

FATIOs Überlegungen lassen sich in heutiger Ausdrucksweise
und in bündiger Zusammenfassung wie folgt darstellen (Abb.
6.1):

1. Es wird von der schwermachenden Materie, die um die kom-
   pakte Kugel C gleichmäßig verteilt ist und sich unterschiedslos nach allen Richtungen bewegt, nur derjenige
   Teil betrachtet, welcher unter einem Winkel φ in einem
   (infinitesimal) schmalen Winkelintervall $d\varphi$ (FATIOs Pyramide) auf das (infinitesimal kleine) Stück zz der Oberfläche der Kugel C stößt.

2. Die unter demselben Winkel φ in dem Winkelintervall $d\varphi$
   einfallenden Partikeln sollen jedoch nicht gleich sein,
   sondern sich nach Größe, Gestalt, Translations- oder Ro-
   tationsgeschwindigkeit und Größe der Federkraft (Elastizität) unterscheiden. Sie brauchen nach dem Stoß nicht

mehr unter dem gleichen Winkel und in dasselbe Winkelintervall (bei FATIO: in dieselbe Pyramide) reflektiert zu werden.

3. Bei dieser Reflexion wird die Geschwindigkeit der Partikeln und infolgedessen ihre "Stoßkraft" (d.h. der von ihnen erzeugte Druck) unter den folgenden Umständen vermindert:

   a. die Partikeln oder die Kugel C sind vollkommen hart, jedoch nicht vollkommen elastisch, dann soll ein Teil der Partikelbewegungen in Bewegungen innerer Teile der Kugel C übergehen;

   b. die Partikeln und die Kugel C sind zwar vollkommen elastisch, die Partikeln aber nicht vollkommen hart, dann geht ein Teil der Translationsbewegung der Partikeln in Vibrationen, d.h. elastische Schwingungen, über (17);

   c. der Stoß geht nicht reibungsfrei vonstatten, und ein Teil der Translationsbewegung der Partikel kann in Rotationsbewegung übergehen (18).

4. In jedem Winkelintervall $d\varphi$ (in jeder von FATIOs Pyramiden) gibt es also nach vollzogenem Stoß zwei zueinander entgegengesetzte Partikelströme: einmal den gegen die Fläche zz gerichteten Strom der ankommenden Partikeln und zum anderen den durch die Energieverluste beim Stoß in seiner "Stoßkraft" geschwächten Strom der an der Fläche zz reflektierten Partikeln. Isotrope Verteilung der Partikeln vorausgesetzt, verhält sich die Flächendichte beider Ströme, d.h. die Anzahl der pro Zeiteinheit durch die Flächeneinheit tretenden Partikeln, umgekehrt wie die (infinitesimal) kleinen Flächenstücke, welche der Raumwinkel $d\varphi$ jeweils aus der Oberfläche einer mit dem Radius r um zz als Mittelpunkt gezogenen Kugel ausschneidet, d.h. sie verhält sich umgekehrt wie das Quadrat des Abstandes r von der Fläche zz, also wird auch die Kraft, welche aus dem Überschuß des zur Fläche zz hinströmenden über den an der Fläche zz reflektierten Partikelstromes resultiert, mit dem Quadrat des Abstandes von der Fläche zz abnehmen.

5. Diese Überlegungen gelten nicht nur für die kleine Fläche zz, sondern für die gesamte Oberfläche der Kugel C. In Abständen, gegenüber denen der Radius dieser Kugel als verschwindend klein angenommen werden kann, entsteht so eine kugelsymmetrische, zum Zentrum der Kugel C gerichtete Zentralkraft, welche mit dem Quadrat des Abstandes von diesem Zentrum abnimmt, also in anderen Körpern eine gegen dieses Zentrum gerichtete Gravitation erzeugt.

6. Ist die Kugel C porös, d.h. für die Partikeln der feinen Materie nicht mehr völlig undurchdringlich (19), so ändern sich die Verhältnisse wie folgt: Bei den kleinen Partikeln, welche von dem infinitesimalen Flächenstück zz wegfliegen, müssen nun zwei Gruppen unterschieden werden:

a. die Partikeln, die an der Fläche zz reflektiert werden;

b. die Partikeln, die durch die Fläche zz austreten, nachdem sie zuvor die Kugel C durchquert haben.

Während für die erste Gruppe die gleichen Überlegungen wie zuvor gelten, muß für die zweite beachtet werden, ob die Partikeln die Kugel C ohne Stöße gegen innere Teile der Kugel durchquert haben oder nicht. Die Wirkung derjenigen, welche die Kugel C ohne Stöße, also auch ohne Energieverlust, durchquert haben, wird durch eine gleichgroße Anzahl in genau entgegengesetzter Richtung fliegender Partikeln aufgehoben. Wenn die Anzahl der in einem Winkelintervall $d\varphi$ gegen die Fläche zz fliegenden Partikeln n_E ist, die Anzahl derjenigen, welche durch zz austreten, nachdem sie die Kugel C ohne Stöße durchquert haben, n_{A1} und die Anzahl derjenigen, welche dies tun, nachdem sie gegen innere Teile der Kugel gestoßen sind, n_{A2}, dann resultiert die Kraft gegen die Fläche zz aus dem Überschuß an "Stoßkraft", welche die Anzahl $n_E - n_{A1}$ von Partikeln besitzt, die im Winkelintervall $d\varphi$ gegen die Fläche zz fliegen, über die "Stoßkraft" der Anzahl n_{A2} von Partikeln, die durch die Fläche zz austreten.

FATIO beschließt diese erste Darstellung seiner Schweretheorie damit, daß er einen möglichen Einwand gegen seine Hypothese zu widerlegen sucht, der ihm selbst nicht unerhebliche Schwierigkeiten bereitet hat:

(§ 35:) "Man wird einwenden, daß gemäß der von mir aufgestellten Hypothese die Bewegung der sehr heftig bewegten
Materie aufhören und diese Materie sich in der Umgebung
von C außerordentlich verdichten wird. Darauf kann ich
verschiedenes zur Widerlegung sagen, aber {um nicht von
Vibrations- und Rotationsbewegungen zu sprechen, die entstehen können,} hauptsächlich das folgende: Die nämliche
Klasse [von Partikeln], die sich längs ein und derselben
Pyramide PZQ bewegt [Abb. 6.1], wird in eine einzige Pyramide TZV reflektiert, die eine ein wenig breitere Basis
haben kann. Während einer [dem Durchlaufen der Strecke]
PZ entsprechenden Zeit vor der Reflexion kommen die
reflektierten Partikeln z.B. von Z nur bis tu, anstatt
bis TV zu kommen. Diese reflektierten Teile laufen jedoch
beständig mit ein und derselben Geschwindigkeit, entfernen sich dadurch von Z und machen Platz für andere, die
ihnen folgen; so, daß lediglich eine Kondensation entsteht, welche durch das Zusammendrängen der Materie von
TZV auf tzu zustandekommt. Ist dies aber einmal geschehen - und es geschieht fast augenblicklich -, so bleibt
die Kondensation dieselbe, ohne weiter anzuwachsen. Der
Raum TVtu vergrößert sich ständig und entfernt sich unaufhörlich von C" (20).

Anders ausgedrückt, durch die nicht vollkommen elastische Reflexion an der Fläche zz verringert sich die Normalkomponente
der Geschwindigkeit; dadurch unterscheidet sich nicht nur
der Reflexionswinkel vom Einfallswinkel, und die Reflexions-
pyramide "kann eine ein wenig breitere Basis haben" (21),
sondern es ändert sich auch die Dichte des Partikelstroms:
in der Zeit nämlich, in welcher die gegen die Fläche zz fliegenden Partikeln die Strecke PZ zurückgelegt haben, durchqueren die reflektierten nur die kürzere Strecke tu und die
gleiche Anzahl von Partikeln befindet sich nach dem Stoß in
einem kleineren Volumen als zuvor. Ist δ_E die Dichte der
mit der Geschwindigkeit v_E im Winkelintervall $d\varphi$ gegen die
Fläche zz fliegenden Partikeln, und ist die Geschwinigkeit
der in ein Winkelintervall $d\psi$ reflektierten Partikel v_R, so

gilt für deren Dichte $\delta_R = \delta_E \cdot \dfrac{v_E}{v_R}$, und solange $v_R \neq 0$, der

Stoß also nicht völlig unelastisch ist, bleibt δ_R endlich.

Da $\delta_R v_R = \delta_E v_E$, bzw. $n_R v_R = n_E v_E$, wo n die Anzahl der Partikeln pro Volumeneinheit ist, so ist auch die Anzahl der pro Zeiteinheit die Flächeneinheit durchquerenden Partikeln vor und nach dem Stoß dieselbe; es kann also, solange $v_R \neq 0$ ist, zu einem Stau der Partikeln nicht kommen (22).

3. HUYGENS' Antwort

Christiaan HUYGENS beantwortet FATIOs Brief am 21.III.1690
und äußert sich dabei auch über dessen Schweretheorie, indem
er ihm, wie er sich ausdrückt, "einige Gedanken [mitteilt],
die mir bei der Lektüre gekommen sind". Eine ausführlichere
Debatte darüber, so betont er, will er mit FATIO führen, wenn
dieser ihn im Juni in Den Haag besuchen wird. Die Gedanken,
die HUYGENS bei der Lektüre von FATIOs Schweretheorie gekommen sind, beweisen, daß er diese Theorie nicht verstanden
hat. HUYGENS schreibt:

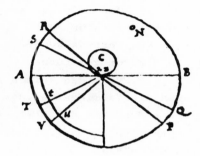

Abb. 6.2

"Ich greife Ihre Abbildung wieder auf [Abb. 6.2] und behaupte, daß es rings um die Erde einen kontinuierlichen
Materiestrom längs solcher Pyramiden wie QzzP [nur dann]
geben wird, wenn die Materie bei ihrer Ankunft absorbiert
und vernichtet wird. Wenn dies aber nicht der Fall ist,
muß sich notwendigerweise ebensoviel von C entfernen,
als dort ankommt, und daher wird der Strom, der die Körper gegen die Erde stößt, nicht größer sein als der, welcher sich von ihr entfernt. Dies scheint mir genauso klar
wie die Grundprinzipien der Mathematik (les premiers
Principes de la Geometrie), und ich finde, daß das, was
Sie gegen diesen Einwand vorbringen, ihn nicht entkräf-
tet. Denn, wenn Sie verlangen, daß sich die Pyramide PzzQ
auf die Pyramide tzzu reduziert, deren Grundfläche ein
wenig breiter sein soll als die Grundfläche PQ, so ist
Ihnen wohl klar, daß dies nicht rundherum um die Kugel C
so sein kann, weil dann die Grundflächen aller Pyramiden

tzzu mehr als die Kugeloberfläche einnehmen müßten, in
der sich tu befindet, und dies ist unmöglich. Und wenn
dieser Platzwechsel mit etwas Kondensation, wie Sie es
voraussetzen, geschehen wäre, so bleibt stets die nämliche Schwierigkeit, welche ich gegen die Fortdauer des
Stromes gegen C vorgebracht habe, bestehen. Außerdem:
wenn ich annehme, daß die Kugel C kein Vermögen besitzt,
Materie anzuziehen, sondern, daß diese sich in allen Räumen ringsumher nach allen Richtungen bewegt, so begreife
ich nicht, wodurch Sie die Bewegung entstehen lassen, die
mehr in Pyramiden gegen C stattfindet, als in anderen Pyramiden, die sich in Richtung von C weg oder in eine ganz
andere Richtung verengen. Auf jeden Fall ist für Ihre
Theorie die Vernichtung der Materie nach ihrer Ankunft
auf der Erde C notwendig, von der ich zuvor gesprochen
habe, und ohne sie hat Ihre Bewegung in Pyramiden keinen
Bestand, und infolgedessen kann auch die Verminderung der
Schwere im umgekehrten Verhältnis des Quadrats der Abstände nicht die Ursache haben, um deretwillen Ihre Erfindung
Ihnen, soweit ich sehe, grundsätzlich gefällt" (23).

HUYGENS sieht also bei FATIOs Hypothese im wesentlichen drei
ungelöste Probleme:

1. Wie kann - unter der Voraussetzung, daß sich die Partikeln
   der feinen Materie geradlinig und unterschiedslos nach allen Richtungen bewegen -, überhaupt eine Bewegung längs
   Pyramiden zustandekommen, die ihre Spitze auf der Kugel C
   haben?
2. Dies einmal zugestanden: wird die Wirkung dieser Ströme
   nicht durch die in gleicher Menge zurückflutenden Partikeln aufgehoben, es sei denn, die Materie würde bei ihrem
   Aufprall auf der Kugel C vollständig absorbiert?
3. Führt die Forderung, daß bei allen Einfallswinkeln die
   längs einer bestimmten Pyramide - d.h. unter einem bestimmten Winkel φ in einem bestimmten Winkelintervall $d\varphi$ - gegen die Kugel C laufenden Partikeln gemeinsam in eine etwas
   breitere Pyramide d.h. in ein etwas größeres Winkelintervall $d\psi$ reflektiert werden sollen, nicht zu geometrisch
   unsinnigen Konsequenzen?

HUYGENS' erster Einwand beruht auf einem Mißverständnis, ist
aber berechtigt, weil FATIOs Darstellung dieses Punktes nicht
klar und ausführlich genug war. Bei der Beantwortung der HUY-
GENSschen Einwände gibt FATIO nun die folgende Erläuterung:

> "Ich nehme an, daß meine Materie sich unterschiedslos nach
> allen Richtungen bewegt und bin weit davon entfernt, zu
> glauben, daß sie sich hauptsächlich in solchen Pyramiden
> bewegt, wie ich sie für meinen Beweis annehme; in diesem
> Beweise aber betrachte ich die Wirkung einer außerordent-
> lich kleinen Menge dieser Materie, und das ist genau die-
> jenige, welche gegen die Erde stößt und die genügt für
> meine Zwecke" (24).

Damit ist für FATIO dieser Einwand erledigt, obwohl er den
Beweis für dessen Widerlegung hier schuldig bleibt, d.h. auf
eine Bestimmung der Anzahl der unter einem bestimmten Winkel
(in einer bestimmten Pyramide) auf der Fläche zz auftreffenden Partikeln verzichtet (25).

Bezüglich HUYGENS' zweitem Einwand bemerkt FATIO in seiner
Entgegnung zu Recht:

> "Wenn Sie behaupten, daß in meiner Theorie die Vernichtung
> der gegen die Erde prallenden Materie nötig wird, dann
> genügt zu meiner Verteidigung, was ich Ihnen geschrieben
> habe" (26).

Denn die Stoßwirkung der Partikeln der schwermachenden Materie hängt ja nicht nur von deren Anzahl, sondern auch von deren Geschwindigkeit ab, und unter der Voraussetzung, daß die
Stöße nicht völlig elastisch sind, kann die Stoßwirkung der
gegen die Kugel C strömenden Partikeln nicht durch diejenige
einer gleichgroßen Anzahl an der Kugel reflektierter, und in
genau entgegengesetzter Richtung strömender Partikeln aufgehoben werden (27).

HUYGENS' dritter Einwand endlich ist tatsächlich berechtigt,
und FATIO, der wahrscheinlich inzwischen gemerkt hat, daß
er über diesen Punkt nicht genau genug nachgedacht hat, räumt
dies indirekt ein, wenn er sagt:

"Ich vermute, mein Herr, daß meine Behauptung, daß die
Pyramide TZV etwas breiter sein könne als die Pyramide
PZQ, Sie hinderte, meinen Beweis zu verstehen. Aber von
dieser größeren Breite ist die Kraft meines Beweises
nicht abhängig" (28).

4. Ergänzungen

Will man sich ein klares Bild von der Grundkonzeption der
Schweretheorie FATIOs machen, so reicht das, was über sie in
den beiden Briefen an HUYGENS zu finden ist, nicht ganz aus.
Dazu ist vielmehr notwendig, FATIOs Gedanken anhand des Manuskripts FG 1 (des überlieferten Teils von FO 1) bis zu jener
Stelle zu verfolgen, an welcher die Unterschriften HALLEYs
und NEWTONs eine deutliche Zäsur markieren und anzeigen, was
man als vorläufigen Abschluß von FATIOs Theorie der Schwere
ansehen muß. In unmittelbarem Anschluß an den Abschnitt 35,
mit dessen Inhalt FATIO die Darstellung seiner Theorie in
den Brief an HUYGENS vom 6.III.1690 beendet hat, folgt der
nachstehende Abschnitt 36, der sich ebenfalls mit dem Problem
der Kondensation der Partikeln der schwermachenden Materie
in der unmittelbaren Umgebung der groben Körper beschäftigt
und Möglichkeiten zeigt, wie man diese Kondensation bestimmen kann:

> "Will man entscheiden, wie klein Tt im Vergleich zu TZ
> ist [Abb. 6.1] , kann man die folgenden Theoreme zu Rate
> ziehen. Von ihnen sind einige in der Absicht untersucht
> worden, mit ihrer Hilfe das Verhältnis dieser beiden Grö-
> ßen zu finden" (29).

Im Manuskript FB und in der Edition BOPP heißt es ergänzend
dazu:

> "Diese Theoreme werden nun aber zeigen, daß Tt in Bezug
> auf TZ beliebig klein werden kann, bis es schließlich un-
> endlich klein wird; woraus sich eine nur unendlich klei-
> ne Verdichtung der Materie in der Nähe von C ergibt, ob-
> gleich die Schwere die gleiche bleibt" (30).

Wie erinnerlich, repräsentiert in der Abb. 6.1 TZ = PZ die
Geschwindigkeit, mit welcher die Partikeln der schwermachenden Materie auf der Kugel C, d.h. auf deren Oberflächenstück
zz auftreffen, Tt dagegen die Differenz zwischen jener Geschwindigkeit und derjenigen, mit welcher die Partikeln an
der Kugel C, d.h. an der kleinen Fläche zz reflektiert werden,

welch letztere Geschwindigkeit durch Zt repräsentiert wird.
Je kleiner, also Tt im Verhältnis zu TZ ist, desto kleiner
ist auch der Geschwindigkeitsverlust, den die Partikeln bei
der Reflexion an zz erleiden, und desto geringer wird auch
die Verdichtung der reflektierten Partikeln. Die von FATIO
aufgestellten Theoreme (Lehrsätze) sollen also eine Bestimmung dieses Verhältnisses möglich machen. Anders ausgedrückt:
In den fünf folgenden Abschnitten 37-41 versucht FATIO einen
(funktionalen) Zusammenhang zwischen der "Stoßkraft" der
schwermachenden Materie und den Teilchenparametern Größe
(Durchmesser) und Geschwindigkeit, sowie der Dichte der Teilchen herzustellen (31).

Vor einer ins einzelne gehenden Diskussion soll zunächst der
Inhalt der insgesamt vier Theoreme in heutiger Ausdrucksweise dargestellt werden:

1. Beim Stoß gegen eine ebene Fläche ist der Betrag der Ver-
   tikalkomponente der "Stoßkraft" der schwermachenden Materie ein Sechstel ihrer gesamten "Stoßkraft" (Abschnitt 37).

2. Die wirksame "Stoßkraft" der schwermachenden Materie gegenüber einem groben Körper ist proportional zur Differenz
   zwischen dem Quadrat der Geschwindigkeit, mit welcher die
   Partikeln auf den Körper auftreffen, und dem Quadrat der
   Geschwindigkeit, mit welcher die Partikeln reflektiert
   werden, d.h., die 'Stoßkraft' ist proportional zum Quadrat
   derjenigen Geschwindigkeit, welche die Partikeln haben
   müßten, wenn sie die gleiche 'Stoßkraft' durch unelastischen
   Stoß erreichen sollten (Abschnitt 38).

3. Die "Stoßkraft" bleibt die nämliche, wenn bei einer Änderung der Dichte der schwermachenden Materie die Geschwindigkeit ihrer Partikeln umgekehrt proportional zur Wurzel
   der Dichte verändert wird (Abschnitt 39).

4. Die Stoßzahl für Stöße, welche die Partikeln der schwermachenden Materie gegeneinander ausführen, ist proportional zur Anzahl, zur Geschwindigkeit und zum Quadrat des
   Durchmessers dieser Partikeln (Abschnitt 40 und Abschnitt
   41).

Nach diesem Überblick sollen die vier Theoreme nun einzeln

und im Detail abgehandelt werden. Das erste Theorem lautet
in der Fassung des Manuskripts FG 1:

(§ 37:) "Wenn die eine Seite einer ebenen Fläche, z.B.
die Oberfläche eines vollkommen ebenen und festen Körpers,
dem Stoße unserer nach allen Seiten unterschiedslos bewegten Materie ausgesetzt wird, so ist die Kraft des Stoßes genau der sechste Teil derjenigen [Kraft] welche sich
ergäbe, wenn alle Bewegungen der äußerst rasch bewegten
Materie sich plötzlich senkrecht zur Ebene der Oberfläche
ausrichteten und so einen einzigen gemeinsamen Strom bilden" (32).

FATIO liefert an dieser Stelle keinen Beweis für seinen Lehrsatz. Einen solchen findet man aber im Manuskript FB von 1701,
wo der Inhalt des Abschnittes 37 an anderer Stelle, bei im
übrigen fast wörtlicher Übereinstimmung, als "Problem II"
formuliert wird. Dort berechnet FATIO die "Stoßkraft" der
schwermachenden Materie gegen eine Ebene und erhält als Er-
gebnis $\frac{1}{6}\delta v^2$, wo δ die Dichte und v die Geschwindigkeit der
Partikeln der schwermachenden Materie sind (33). Dies stimmt
bis auf den falschen Zahlenfaktor $\frac{1}{6}$ mit der aus der kinetischen Gastheorie bekannten BERNOULLIschen Druckformel überein (34). FATIO muß diese Beziehung mit Sicherheit schon im
März 1690 gekannt haben, denn er macht von ihr in den beiden
folgenden Theoremen Gebrauch, in denen er die Proportionalität der "Stoßkraft" der schwermachenden Materie sowohl zu deren Dichte als auch zum Quadrat der Geschwindigkeit ihrer
Partikeln als erwiesen ansieht (35). Diese beiden Theoreme
lauten in der Fassung des Manuskripts FG 1:

(§ 38:) "Es sei C das Zentrum einer gleichseitigen Hyperbel At, CA die Achsenmitte, CT die Asymptote, CZ ein Abschnitt der verlängerten Achse und Zt die Ordinate zur
Achse, welche die Asymptote in T schneidet [Abb. 6.3].
Da ich in meiner Theorie annehme, daß zwei zueinander
entgegengesetzte Ströme TZ, Tt die Schwere erzeugen, sei
AC diejenige Geschwindigkeit des Stromes, welche zur Erzeugung [der Schwere] ausreichte, wenn überhaupt kein
Strom in die entgegengesetzte Richtung reflektiert würde,

d.h. diejenige Geschwindigkeit, die unsere Partikeln dann

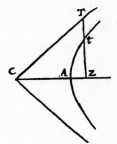

Abb. 6.3

hätten. Nun hängt diese Geschwindigkeit aber von der Dichte ab, die man der Materie gibt, welche die Schwere bewirkt. Ich behaupte nun, daß die Strecken TZ, Zt diejenigen Geschwindigkeiten der beiden zueinander entgegengesetzten Ströme dieser Materie darstellen, welche geeignet
sind, eben jene Wirkungen hervorzurufen. Da man nun aber
dadurch, daß man die Geschwindigkeit vergrößert, die Differenz zwischen TZ und Zt beliebig klein wählen kann, und
dennoch die Wirkung der Schwere die gleiche bleibt, erkennt man, so behaupte ich, daß durch die Reflexion unserer Materie und durch den Widerstand, den sie bei ihrem
Durchgang durch die Erde und die Planeten erfährt, beliebig wenig von ihrer Bewegung verloren geht; [dies gilt]
umsomehr, als alle jene Körper - so groß sie auch scheinen
mögen - und vor allem ihre soliden Teile, nur einen äußerst kleinen Teil des Raumes zwischen der Erde und den
nächsten Fixsternen erfüllen" (36).
(§ 39:) "Nehmen wir nun an, daß die gleiche Schwere durch
eine dichtere oder weniger dichte Materie erzeugt werden
soll. Dann muß AC umgekehrt proportional zur Wurzel der
Dichte der Materie gewählt werden, welche die Schwere bewirkt, und dementsprechend muß man die Hyperbel AT [At!]
konstruieren. Angenommen, durch Änderung der Dichte werde Tt der $\frac{1}{1000000}$ Teil von TZ, dann muß man TZ im umgekehrten Verhältnis zur Wurzel der Dichte ändern, damit

man bei gleichem Bewegungsverlust [wie zuvor] die gleiche
Schwere erzeugt. Das bedeutet, daß z.B. bei einer Dichte,
die $\frac{1}{100}$ der zuvor angenommenen betragen soll, TZ bei Beschreibung der Hyperbel AT [At!] zehnmal größer gewählt
werden muß, damit das Verhältnis zu Zt gewahrt und zugleich die Bewegung bei der Reflexion erhalten bleibt.
Und man erkennt auf diese Weise, daß man mit einer beliebig dünnen Materie die gleiche Schwere erzeugen kann,
und daß bei ihrer Erzeugung durch den Stoß jener Materie
gegen die groben Körper dennoch nur ein beliebig kleiner Teil von deren [der Materie] Bewegung verloren geht.
Diese Bewegung scheint sich in ihrer vollen Kraft (vigueur) beliebig lange zu erhalten" (37).

Was FATIOs Ergebnis zu bedeuten hat, kann man sofort erkennen, wenn man die Gleichung für die Hyperbel (Abb. 6.3) auf-
schreibt. Legt man dabei den Ursprung des Koordinatensystems
in den Punkt C, und wählt man ferner die durch CA gehende
Achse als x-Achse und die durch den Punkt C dazu senkrecht
laufende Achse als y-Achse, dann lautet diese Gleichung

$$x^2 - y^2 = a^2$$

Für den Punkt t mit den Koordinaten x_t = CZ = TZ und y_t = Zt
gilt wegen a = CA

$$TZ^2 - Zt^2 = CA^2 \quad (38).$$

Bezeichnet man die Geschwindigkeit TZ des gegen den groben
Körper laufenden Partikelstroms mit v_E, die Geschwindigkeit
Zt des reflektierten Stromes mit v_R und die Geschwindigkeit
CA eines Stromes der die Wirkung der Schwere hervorbrächte,
ohne reflektiert zu werden (also unelastisch stieße), mit
v_U, so kann man auch schreiben

$$v_E^2 - v_R^2 = v_U^2$$

Die Überlegungen, die FATIO zu diesem Ergebnis geführt haben,
könnten etwa die folgenden gewesen sein: Es war FATIO durch

die in den 'Principia' behandelten Stoßexperimente (39) bekannt, "daß Herr NEWTON entdeckt hat, daß ... beim geraden Stoß von Körpern mit Federkraft die Relativgeschwindigkeit (vitesse respective) vor dem Stoß und die Relativgeschwindigkeit nach dem Stoß ein gegebenes festes Verhältnis zueinander haben, z.B. bei Glas von 16 zu 15" (40). In FATIOs Theorie, in der die Größe der stoßenden Partikeln der schwermachenden Materie gegenüber der Größe des gestoßenen groben Körpers C vernachlässigbar klein ist und daher die Bedingungen für den Stoß gegen eine feste Wand gelten, besteht dieses feste Verhältnis zwischen der Einfallsgeschwindigkeit v_E und der Reflexionsgeschwindigkeit v_R der gegen den Körper stoßenden Partikeln. Zwischen beiden Geschwindigkeiten gilt die Beziehung

$$v_R = \varepsilon \cdot v_E$$

wo ε der sogenannte Restitutionskoeffizient ist, der für einen elastischen Stoß den Wert 1 und bei einem unelastischen den Wert 0 hat. Da FATIO weiß, daß bei einem nicht vollkommen unelastischen Stoß die Anzahl der Partikeln, welche in gleichen Zeiten eine bestimmte (gleiche) Fläche durchqueren, in beiden Richtungen die gleiche sein muß, und da diese Zahl von der Geschwindigkeit v und der Anzahl n der Partikeln pro Volumeneinheit abhängt, muß also gelten:

$$n_R \cdot v_R = n_E \cdot v_E$$

und für die Dichte δ der schwermachenden Materie gilt:

$$\delta_R \cdot v_R = \delta_E \cdot v_E$$

Weil aber

$$v_R = \varepsilon \cdot v_E$$

wird

$$\delta_R = \frac{\delta_E}{\varepsilon}$$

das Maß für die Verdichtung der schwermachenden Materie nach dem Stoß. Unterstellt man, daß FATIO schon 1690 die Formel $\frac{1}{6}\delta \cdot v^2$ zur Bestimmung der "Stoßkraft" der schwermachenden Materie kannte, so ergibt sich als resultierende Stoßkraft aufgrund dieser Überlegungen:

$$\frac{1}{6}\,\delta_E v_E^{\,2} - \frac{1}{6}\,\delta_R v_R^{\,2} = \frac{1}{6}\,\delta_E v_U^{\,2}$$

und mit

$$v_R = \varepsilon v_E \quad \text{und} \quad \delta_R = \frac{\delta_E}{\varepsilon}$$

$$v_E^{\,2} - \underline{\varepsilon} v_E^{\,2} = v_U^{\,2}$$

und <u>nicht</u>, wie FATIO an seiner Hyperbel zeigt:

$$v_E^{\,2} - v_R^{\,2} = v_U^{\,2}$$

also

$$v_E^{\,2} - \underline{\varepsilon}^{\,2} \cdot v_E^{\,2} = v_U^{\,2}$$

Dennoch ist dieses Ergebnis richtig. Tatsächlich ist nämlich die vom einfallenden Partikelstrom ausgeübte "Stoßkraft"

$$\frac{1}{6}\,(\varepsilon + 1) \cdot \delta_E v_E^{\,2} \qquad (41).$$

Und diejenige des elastisch reflektierten Stromes beträgt

$$\frac{1}{6}\,(\varepsilon + 1)\,\delta_E v_E^{\,2}$$

die "Stoßkraft" eines völlig unelastisch stoßenden (unreflektierten) Partikelstromes ist aber

$$\frac{1}{6}\,\delta_E v_U^{\,2}$$

Es soll nun gelten

$$\frac{1}{6} \, \delta_E v_U{}^2 = \frac{1}{6} \, (\varepsilon + 1) \cdot \delta_E v_E{}^2 - \frac{1}{6} \, (\varepsilon + 1) \cdot \varepsilon \, \delta_E v_E{}^2$$

Und dies ergibt tatsächlich

$$v_U{}^2 = v_E{}^2 - \varepsilon^2 v_E{}^2 = (1 - \varepsilon^2) \cdot v_E{}^2$$

also

$$v_U{}^2 = v_E{}^2 - v_R{}^2$$

wie FATIO in Abschnitt 38 verlangt; das Ergebnis ist richtig,
wenn es auch nicht auf korrektem Wege zustande gekommen ist
(42). Wenn aber die für die Erzeugung der Schwere benötigte
"Stoßkraft" der schwermachenden Materie $\frac{1}{6} \, \delta v^2$ beträgt, dann
läßt sich der gleiche Effekt mit unterschiedlichen Dichten
erzielen, d.h. die Dichte δ kann beliebig verringert werden,
ohne daß sich "Stoßkraft" und damit auch Schwere ändern, wenn
zugleich die Geschwindigkeit v der Partikeln umgekehrt proportional zur Wurzel der Dichte vergrößert wird. Nichts anderes
aber behauptet FATIO im Abschnitt 39, der also kein eigenes
Theorem zum Inhalt hat, sondern lediglich die Konsequenzen
aus der zuvor gefundenen Gleichung zieht.

Daß FATIO seine Ergebnisse an einer Hyperbel demonstriert,
anstatt sie in funktionalen Beziehungen auszudrücken, ist in
einer Zeit, in der man noch ganz "more geometrico" denkt,
d.h. letzte mathematische Stringenz nur der Geometrie zubilligt, ganz selbstverständlich; zugleich ist das Verfahren
aber auch vorzüglich geeignet, die Grundbedingungen der FA-
TIOschen Schweretheorie anschaulich zu machen: In dieser Theorie müssen zum einen die Wirkungen der Schwere mit einer möglichst geringen Menge schwermachenden Materie erzeugt werden,
weil das Universum, wie die reibungsfreie Bewegung der Planeten beweist, nahezu leer ist, zum anderen müssen die Stöße
zwischen den Partikeln der schwermachenden Materie und den
groben Körpern nahezu vollkommen elastisch sein, d.h. die
Energieverluste der schwermachenden Materie dürfen nur verschwindend gering sein, damit die Wirkung der Gravitation
(die Gravitationskonstante) zeitlich unveränderlich bleibt.

Diese Bedingungen können aber mit Hilfe der zuvor abgeleiteten Beziehung so ausgedrückt werden:

$$(1 - \varepsilon^2) \cdot \delta v^2 = \text{const.}$$

wo

$$(1 - \varepsilon^2), \delta \rightarrow 0$$

und

$$v \rightarrow \infty$$

Diese Bedingungen nun sind an der Hyperbel leicht deutlich
zu machen, denn in FATIOs Darstellung wird die über alle
Grenzen wachsende Größe v durch die x-Koordinate, die dabei
zugleich gegen Null gehende Größe $(1 - \varepsilon^2)$ durch den Abstand
zwischen y-Koordinate und Asymptote, und die Beziehung zwischen v und δ endlich durch die (konstante) Hyperbelachse a
repräsentiert (43).

Während es bisher nur um die Wechselwirkung zwischen schwermachender Materie und groben Körpern ging, untersucht FATIO
im letzten Teil seiner Theoreme, was geschieht, wenn die Partikeln der schwermachenden Materie untereinander stoßen. FA-
TIO führt dazu in den Abschnitten 40 und 41 aus:

(§ 40:) "Die Häufigkeit der Stöße der vollkommen harten
Partikeln untereinander und [auch] der anderen, die keine
vollkommene Federkraft besitzen, und die nicht die gesamte Bewegung, die beim Stoße verloren geht, in Vibrationen (Schwingungen) umsetzen, die Häufigkeit der Stöße
solcher Partikeln untereinander, so behaupte ich, hängt
ab von der Größe der Durchmesser, von der Anzahl der Partikeln, von ihren Geschwindigkeiten und in gewisser Weise [auch] von ihrer Gestalt. Nun hängt aber von dieser
Häufigkeit der Bewegungsverlust ab, der durch den Zusammenstoß dieser Partikeln entsteht"
(§ 41:) "Vorausgesetzt, die Partikeln sind kugelförmig
und sehr glatt, weil sie dann gleichmäßiger stoßen und
bei ihren Stößen gegen die anderen Körper keine Rotationsbewegungen bekommen, finde ich, daß sich unter bestimm-

ten Voraussetzungen, die Häufigkeit der Stöße wie $v \cdot n \cdot d^2$ oder wie $\frac{v \cdot n \cdot d^3}{d}$ verhält. Ich nehme dabei an, daß v die Geschwindigkeit der Partikeln, n ihre Anzahl, d die Größe ihres Durchmessers ist, woraus sich $n \cdot d^3$ als ihre Dichte ergibt. Läßt man Geschwindigkeit und Größe der Partikeln unverändert, dann wird die Häufigkeit der Stöße bei doppelt so großer Anzahl oder bei doppelt so großer Dichte doppelt so groß. Und bei der doppelten Geschwindigkeit werden, wenn das übrige unverändert bleibt, auch die Stöße zweimal so häufig. Und läßt man die Dichte und die Geschwindigkeit unverändert, während man den Durchmesser der Partikeln verdoppelt oder, was dasselbe ist, während man die Anzahl der Partikeln achtmal verkleinert, so erfolgen die Stöße zweimal so selten, denn die Stöße verhalten sich umgekehrt wie die Durchmesser. Und wenn man den Durchmesser verdoppelt und die Geschwindigkeit und die Anzahl der Partikeln unverändert beibehält, wird die Häufigkeit der Stöße viermal so groß. Wenn man die Geschwindigkeit und die Dichte der Materie vorgibt, so kann man die Häufigkeit der Stöße beliebig klein halten, wenn man den Durchmesser der Partikeln vergrößert, wodurch sich deren Anzahl umgekehrt proportional zum Kubus ihres Durchmessers ändert. Und man hat hierbei einen unermesslichen Spielraum, um über die Geschwindigkeit der Partikeln, ihre Anzahl und ihre Größe beliebig zu verfügen. Ich bin jedoch unter allen Umständen darauf bedacht, die Geschwindigkeit unbegrenzt anwachsen zu lassen, vorausgesetzt, daß dabei dieselbe Schwere erzeugt wird, könnte man dann die Häufigkeit der Stöße der Partikeln untereinander und ebenso die Dichte der Materien, welche diese Schwerkraft hervorbringen sollen, unbegrenzt vermindern, und dies kann man auch stets erreichen" (44).

FATIO interessiert sich für die Möglichkeit von Stößen der Partikeln der schwermachenden Materie untereinander also nur wegen der dabei auftretenden Geschwindigkeits- (bzw. Energie-)verluste der Partikeln. Erfolgten diese Stöße völlig elastisch, so hielte sie FATIO irrigerweise für völlig belang-

los (45). Erfolgen die Stöße jedoch, wie FATIO anzunehmen
scheint, nicht völlig elastisch, so muß die Anzahl der Stöße
aus den schon zuvor erörterten Gründen möglichst klein gehalten werden. Leider verschweigt FATIO, wie er auf die von ihm
angeführte Formel für die Stoßzahl gekommen ist, und welche
Voraussetzungen er dabei gemacht hat. Da er aber schon an
anderer Stelle davon Gebrauch gemacht hat, daß die Anzahl der
pro Zeit- und Flächeneinheit auf einen groben Körper auftreffenden Partikeln seiner schwermachenden Materie proportional
zu deren Geschwindigkeit v und deren Dichte δ und deren Anzahl pro Volumeneinheit n sein muß, ist die Folgerung, daß
sie dann auch proportional dem Wirkungsquerschnitt d^2 des
gestoßenen Körpers sein muß, also die Stoßzahl Z proportional dem Produkt vnd^2, naheliegend (46). Obwohl FATIO mit er-
müdender Gründlichkeit alle Möglichkeiten durchspielt, die
Stoßzahl zu verändern - was nur ein weiterer Beweis dafür
ist, daß man zu dieser Zeit noch weit mehr mit geometrischen
Verhältnissen, als mit Funktionen umzugehen gewohnt ist -,
kommt für ihn letztes Endes nur eine der Möglichkeiten in Betracht: Da aus den schon angeführten Gründen die Partikeln
seiner schwermachenden Materie bei extrem geringer Dichte eine extrem hohe Geschwindigkeit besitzen sollen, muß also,
wenn die Größe vnd^2 dennoch sehr klein werden soll, das Produkt nd^2 außerordentlich klein sein, das heißt aber - in der
Terminologie der kinetischen Gastheorie ausgedrückt - nichts
anderes, als daß die Größe $\lambda \sim 1/nd^2$, also die mittlere freie
Weglänge für die Partikel der schwermachenden Materie, extrem
groß sein muß (47).

5. Zusammenfassende Wiedergabe der Theorie

1. In einer gasförmigen Materie äußerst geringer Dichte δ ,
   der sogenannten schwermachenden Materie, deren gleichmäßig verteilte und kugelförmige Partikeln sich geradlinig
   und unterschiedslos nach allen Richtungen mit konstanter
   Geschwindigkeit v bewegen, sollen sich eine Scheibe S und
   eine Kugel K befinden; f sei die Fläche von S, R der Radius von K und der gegenseitige Abstand sei r   (Abb. 6.5).

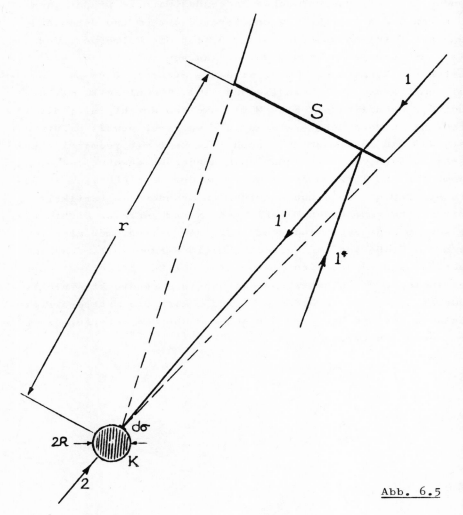

Abb. 6.5

Die beiden Körper sollen für die Partikeln der gasförmigen
Materie undurchdringlich und die Größenverhältnisse zwischen Körpern und Partikeln solcher Art sein, daß der Stoß
gegen eine feste Wand aufgefaßt werden darf. Diese Stöße
der Partikeln sollen im übrigen reibungsfrei, jedoch nicht
vollkommen elastisch, sondern mit einem Restitutionskoeffizienten ε vonstatten gehen, wobei ε definiert ist als
das Verhältnis der Beträge der Geschwindigkeiten der auf
die Körper aufprallenden und der von ihnen reflektierten
Partikeln und $0 < \varepsilon < 1$ sein soll (Für $\varepsilon = 0$ wäre der Stoß
völlig unelastisch, für $\varepsilon = 1$ völlig elastisch).

Es soll die Wirkung bestimmt werden, welche die Partikeln
bei ihren Stößen auf die Kugel K ausüben, und zwar in Abständen r die sehr groß sind gegenüber den Dimensionen der
Scheibe und der Kugel und unter der Voraussetzung, daß
die Wirkungen von Stößen der Partikeln untereinander ver-
nachlässigt werden dürfen. Die Scheibe S werde zunächst
normal zum Abstand r angenommen.

Betrachtet man ein differentiell kleines Flächenstück $d\sigma$
auf der Oberfläche der Kugel K, so sieht man, daß allen
Partikeln der schwermachenden Materie, welche innerhalb
des durch $d\sigma$ und S aufgespannten Kegels in Richtung auf
die Fläche $d\sigma$ flögen, durch die Scheibe S der Weg ver-
sperrt wird; und zwar - wie eine einfache Betrachtung
lehrt - von n Partikeln pro Volumeneinheit genau

$$n_1 = \frac{f}{4\pi r^2} \cdot n$$

Partikeln. Greift man eine dieser Partikeln heraus, so erkennt man sofort (Abb. 6.5), daß statt derjenigen Partikel,
welche ohne die Scheibe S längs der Bahn 11' auf $d\sigma$ aufge-
troffen wäre, nun eine Partikel aufprallt, die erst durch
Reflexion an der Scheibe S auf die Bahn 1' gelenkt wird,
ohne diese Reflexion aber auf der Verlängerung von 1* an
der Kugel K vorbeigeflogen wäre. Unter der Voraussetzung,
daß dies für jede der n_1 Partikeln zutrifft, blieben bei
völlig elastischer Reflexion die Verhältnisse unverändert.

Nun erfolgt diese Reflexion aber (nach Voraussetzung) mit einem Restitutionskoeffizienten $0 < \epsilon < 1$, wodurch die Geschwindigkeit v der Partikeln auf $v' = \epsilon v$ verringert und der Strom der reflektierten Partikeln auf n_1' verdichtet wird. Da jedoch die Anzahl der pro Zeiteinheit durch die Flächeneinheit tretenden Partikeln unverändert bleibt, muß gelten:

$$n_1'v' = n_1' \epsilon v = n_1 v$$

und

$$n_1' = \frac{n_1}{\epsilon} = \frac{n}{\epsilon} \cdot \frac{f}{4r^2} \qquad (48)$$

und der Druck, welchen diese n_1 Partikel auf die Fläche $d\sigma$ ausüben (oder - wie es FATIO ausdrückt - ihre "Stoßkraft") beträgt dann:

$$p = n_1' m \cdot \frac{\epsilon+1}{6} v'^2$$

Unter der Voraussetzung, daß $r \gg R$, ist der Wirkungsquerschnitt der Kugel K für den Stoß deren Querschnittsfläche πR^2, und für die auf der Kugel von den Partikeln ausgeübte Kraft gilt:

$$F_1 = n_1' m \cdot \frac{\epsilon+1}{6} v'^2 \pi R^2$$

d.h.

$$F_1 = \frac{\epsilon+1}{6} nm \, \epsilon v^2 \cdot \frac{fR^2}{4r^2}$$

Die auf der gegenüberliegenden Seite der Kugel K auftreffenden Partikeln (wie z.B. die Partikel, die auf Abb. 6.5 auf dem Wege 2 gegen die Kugel K stößt) üben eine Kraft

$$F_2 = \frac{\epsilon+1}{6} nm \cdot v^2 \cdot \frac{fR^2}{4r^2}$$

aus und infolgedessen wird die Kugel K mit der resultierenden Kraft

$$F = F_2 - F_1 = \frac{1}{6} \cdot nm \cdot (1 - \varepsilon^2) v^2 \cdot \frac{fR^2}{4r^2}$$

$$F = \frac{1}{6} \delta \cdot (1 - \varepsilon^2) v^2 \cdot \frac{fR^2}{4r^2}$$

gegen die Scheibe S getrieben (49). Ist die Flächennormale
der Scheibe S um den Winkel φ gegen r geneigt, so muß deren
Fläche f durch die wirksame Fläche $f' = f \cdot \cos \varphi$ ersetzt
werden. Durch Zusammensetzung von Polygonscheiben kann man
eine Kugel K' approximieren, deren Wirkung unter der Voraussetzung $r \gg R'$ proportional zur Fläche ihres Großkrei-
ses wird. Wenn R' der Radius von K' ist, wird die resultierende Kraft F:

$$F = \frac{1}{6} \delta \cdot (1 - \varepsilon^2) \cdot v^2 \cdot \frac{\pi R^2 R'^2}{4r^2} \qquad (50)$$

Da FATIO sich anheischig macht, die NEWTONsche (allgemeine) Gravitation zu erklären, muß das aus seiner Theorie
abgeleitete Kraftgesetz dem Gravitationsgesetz entsprechen
und es muß folglich gelten:

$$\frac{1}{6} \cdot (1 - \varepsilon^2) \delta v^2 \cdot \frac{\pi R^2 R'^2}{4r^2} \cong \gamma \frac{M \cdot M'}{r^2} = \gamma \frac{16 \pi^2 R^3 \Delta R'^3 \Delta'}{9r^2}$$

wo γ die Gravitationskonstante R, R' die Radien, M, M' die
Massen der beiden Kugeln K, K' und Δ, Δ' deren Dichten
sind, welche unter der Voraussetzung, daß die Kugeln K und
K' für die Partikeln der schwermachenden Materie undurchdringlich bzw. ihr Volumen homogen und stetig mit Materie
erfüllt ist, $\Delta = \Delta' = 1$ gesetzt werden können.

Sieht man von Zahlenfaktoren und der Größe π einmal ab,
so lassen sich aus dieser Gegenüberstellung zwei Schlüsse
ziehen:

a. In FATIOs Gesetz muß das Produkt $(1-\varepsilon^2)\cdot\delta v^2$, d.h. der konstante Energieverlust, welchen die Partikeln der schwermachenden Materie erfahren, der Gravitationskonstanten γ entsprechen, d.h. ist die Größe γ als Erfahrungswert bekannt, so müssen die Größen δ, ε und v der schwermachenden Materie entsprechend aufeinander abgestimmt werden.

b. Während im Gravitationsgesetz die Kraft, mit welcher die beiden Kugeln einander anziehen bzw. aufeinander zugetrieben werden, proportional zu deren Volumen ist, ist sie nach FATIOs Theorie proportional zu deren Oberfläche. Für FATIOs schwermachende Materie ist es also gleichviel, ob die beiden Kugeln völlig massiv sind, d.h. ob die grobe Materie das Kugelvolumen homogen erfüllt, oder ob es Hohlkugeln mit einer unendlich dünnen materiellen Schale sind. Dieser Unterschied machte sich erst beim geraden zentralen Stoß bemerkbar. Der durch Stoßexperimente erwiesenen Gleichheit von schwererer und träger Masse kann FATIOs Theorie nur dann Rechnung tragen, wenn angenommen wird, daß das Volumen der kleinsten Körperpartikeln homogen mit Materie erfüllt ist.

2. Es soll nun angenommen werden, daß die Kugeln K und K' nicht völlig massiv sind, sondern sich ihrerseits aus gleichen kleinen Kugeln zusammensetzen. Auf die Fläche $d\sigma$ der Kugel K treffen dann statt der halbelastisch an der Kugel K' reflektierten Partikeln solche auf, welche die Kugel K' entweder ohne Stoß, oder nach einem oder mehreren Stößen gegen deren innere Kugeln durchquert haben. Die Verhältnisse werden dadurch zwar ungleich komplizierter, an den grundsätzlichen Überlegungen ändert sich jedoch nichts.

3. Berücksichtigt man endlich noch, daß die Partikeln auch untereinander (reibungsfrei) zusammenstoßen können, so ergibt sich - wie die kinetische Gastheorie lehrt - für solche Prozesse eine Stoßzahl von

$$\zeta = \frac{4}{3}\pi\cdot d^2 nv = \frac{v}{\lambda}$$

wie FATIO, (allerdings ohne den genauen Zahlenfaktor anzu-
geben), auch richtig bemerkt. Entgegen FATIOs Ansicht muß
aber auch bei völlig elastischen Stößen die Stoßzahl äußerst niedrig sein d.h., wegen der extrem hohen Geschwindigkeit v der Partikeln muß auch deren mittlere freie Weglänge λ extrem groß sein, denn die zuvor angestellten
Überlegungen behalten ihre Gültigkeit nur dann, wenn die
Partikeln ihren Weg zwischen den einander beschattenden
Kugeln K und K' ungestört zurücklegen können.

Kapitel 7

NICOLAS FATIOS GRAVITATIONSTHEORIE UND DEREN AUFNAHME BEI EINIGEN DER ZEITGENOSSEN

"Bei dieser Art von Hypothesen gibt es eine einzige, durch die man die Schwere erklären kann, und die hat sich als erster Herr FATIO, ein hochbegabter Mathematiker ausgedacht".

Isaac NEWTON im Jahre 1692 über FATIOs Gravitationstheorie.

"Herr NEUTON und Herr HALLEY lachen über Herrn FATIOs Erklärung der Schwere".

David GREGORY am 28.XII.1691 in seinem Tagebuche.

1. FATIOs Urteil über die Wirkung seiner Theorie

FATIO hat nie daran gezweifelt, daß seine Theorie die richtige sei. Mehr noch, er war davon überzeugt: "Wenn es eine mechanische Ursache der Schwere gibt, was höchstwahrscheinlich der Fall ist, dann ist auch beweisbar, daß es keine andere Ursache sein kann als die von mir angegebene" (1). In der Tat war FATIO imstande, mit Hilfe seiner Hypothese zu zeigen, wie das von NEWTON bewiesene quadratische Abstandsgesetz für die Schwerkraft zustande kommt; unter der Voraussetzung, daß die irdischen Körper bis herab zu den Atomen von extremer Porosität sind, vermochte er die Proportionalität zwischen Ihrem Gewicht und ihrer Masse zu erklären; und schließlich vermochte er auch NEWTONs Forderung nach einem nahezu materiefreien Weltraum Rechnung zu tragen, weil er zeigen konnte, daß alle Wirkungen der Gravitation mit einer verschwindend geringen Menge schwermachender Materie zu erreichen sind. Darüber hinaus hatte FATIO eine noch weiterreichende Konsequenz aus NEWTONs Erkenntnissen gezogen, indem er das Zustandekommen jener universalen Gravitationskraft auf Stöße von unermeßlich kleinen Partikeln zurückführte, die sich geradlinig-gleichförmig und unterschiedslos nach allen Richtungen bewegen ("und einzig und allein aus diesem Prinzip", so schreibt FATIO, "habe ich, wie man gesehen hat, meine gesamte Theorie abgeleitet" (2)). FATIO hatte gesehen, daß das Trägheitsgesetz auch für den subatomaren Bereich der Wirkungsfluida gelten muß, in welchem nach Auffassung der mechanistischen Physik die Ursachen aller physikalischen Erscheinungen zu suchen sind, und er hatte der Erkenntnis Rechnung getragen, daß die bei diesen physikalischen Erscheinungen auftretenden Kräfte nur auf geradlinig-gleichförmige (Trägheits-)Bewegungen zurückgeführt werden dürfen, weil man sonst genötigt ist, bei der Erklärung des Zustandekommens von Kräften immer schon Kräfte als existent vorauszusetzen. FATIOs Vorgehen erwies sich als äußerst fruchtbar und führte ihn zur Grundkonzeption und zu den Grundgesetzen der kinetischen Gastheorie (3). Er durfte sich also zu Recht rühmen, "ein sehr allgemeines und umfassendes Prinzip" gefunden zu haben, "das bei der Untersuchung der Ursachen so vieler natürlicher Effekte ... sehr weit führen könnte" (4).

Die Gewißheit, daß seine Theorie die einzig und allein wahre
sei, erwuchs FATIO nicht allein aus der Überzeugung, daß jene Theorie ausgezeichnet mit der physikalischen Erfahrung
übereinstimme; diese Gewißheit hat vielmehr metaphysische
Wurzeln. Denn in all jenen Briefen und in allen Passagen
seiner Abhandlung, in denen diese Frage behandelt wird, führt
FATIO die selben Kriterien für die Wahrheit seiner Theorie
an: Man könne "nichts Einfacheres, Selbstverständlicheres
und Voraussetzungsloseres" finden als seine Hypothese (5);
sie passe ganz vorzüglich "zu den Mitteln, welche der Schöpfer dieser Welt bei deren Lenkung bevorzugt" (6), und sie
entspräche der "Methode der Natur, welche einfach und spar-
sam ist" (7). FATIO stützt sich aber nicht allein auf Argumente der Tradition, sondern er wird von einem nahezu gren-
zenlosen Vertrauen in die Erkenntnisfähigkeit des Menschen
getragen: "Wie mühelos", so schreibt er, "vermag der Geist
des Menschen, wenn er das Vorrecht, nach dem Bilde seines
Gottes geschaffen zu sein, nur recht zu gebrauchen weiß ...
aus den ergiebigsten und klarsten Quellen der Wissenschaften
und der Künste, der Geheimnisse und Mysterien, der körperlichen ebenso wie der geistigen Natur zu schöpfen" (8).

Im krassen Gegensatz zu dieser Selbsteinschätzung, welche
die Hypothese über die Ursache der Schwere in Einklang mit
der Erfahrung und in Übereinstimmung mit dem Bauplan des
Schöpfers weiß, steht die Reaktion von FATIOs Zeitgenossen
auf diese Schweretheorie. Die erhoffte Resonanz mußte schon
allein aus dem Grunde ausbleiben, weil FATIO die geplante
und mehr als einmal angekündigte Abhandlung über die Ursache
der Schwere nie veröffentlichte, seine Theorie daher einem
großen Teil des wissenschaftlichen Publikums entweder überhaupt nicht oder nur vom Hörensagen und bruchstückhaft bekannt geworden ist. Nur einige wenige Gelehrte hat FATIO
mehr oder weniger ausführlich unterrichtet, sicher die sach-
verständigsten Richter, die er zu dieser Zeit hätte finden
können, nämlich NEWTON, HUYGENS, LEIBNIZ und Jakob BERNOULLI.
Wäre deren Urteil tatsächlich so günstig ausgefallen, wie

FATIO es behauptet (9), so hätte dies mangelnde Publizität
gewiß wettgemacht. Es hat aber den Anschein, als habe sich
FATIO ganz falsche Vorstellungen darüber gemacht, welchen
Rang diese Männer seiner Theorie zubilligten.

In den vier folgenden Abschnitten wird geprüft werden, was
die von FATIO als Kronzeugen benannten Gelehrten von seiner
Theorie der Schwere gewußt, wie sie sich dazu geäußert und
inwieweit sie deren Fortschreiten gefördert haben. Schließlich muß geklärt werden, wie FATIO zu der Ansicht gelangen
konnte, seine Theorie habe den ungeteilten Beifall all dieser
Gelehrten gefunden.

2. Das Lob Isaac NEWTONs

Es versteht sich von selbst, daß NEWTONs Urteil für FATIO von
denkbar größter Bedeutung sein mußte, hatte FATIO doch seine
Hypothese über die Ursache der Schwere an NEWTONs Ergebnissen
orientiert, ja sogar seine Theorie stets als die einzige verstanden, welche dem von den Gesetzen der Gravitation be-
herrschten "wahren System der Welt" (10) adäquat ist. Wie eng
in FATIOs Vorstellung seine Theorie der Schwere mit NEWTONs
'Principia' verknüpft ist, beweist eine Passage aus einem
Brief, welchen er drei Jahre nach NEWTONs Tod an dessen Neffen John CONDUITT schrieb. Dort heißt es nach den eingangs
zitierten Worten:

> "Jede der astronomischen Tatsachen (phenomenes) auf welche
> sich die Theorie des [NEWTONschen] Systems der Welt grün-
> det, bestätigt meine Theorie in gleichem Maße wie die
> Schlüsse Sir I[saac] N[EWTON]s bezüglich der Gravitation
> ... Deshalb kann man sie [die Theorie] ebensowenig als
> bloße Hypothese hinstellen wie Sir I[saac] N[EWTON]s
> 'Principien'. Opferte ich diesem Thema auch weiterhin so-
> viel Zeit, könnte ich die Theorie so in Lehrsätze fassen
> - welche nach Sir Isaacs Methode bewiesen werden -, daß
> diese nicht nur zusammen mit den übrigen Teilen seines
> Werkes ein geschlossenes Ganzes bildeten, sondern einen
> höchst bemerkenswerten Teil darstellten und Schlüssel
> und Zugang, nicht nur zu diesem [Werk], sondern zur Er-
> kenntnis der Grundprinzipien der Natur überhaupt wären"
> (11).

Unzweifelhaft hätte NEWTON eine solch enge Verbindung seiner
'Principia' mit FATIOs Schweretheorie nicht akzeptiert, und
FATIO kann auch nur eine einzige Äußerung NEWTONs anführen,
die ein gewisses Einverständnis mit seiner Schweretheorie bezeugt. FATIO bemerkt zu dieser Äußerung:

> "Sir Isaac NEWTONs Zeugnis ist dabei von größtem Gewicht.
> Es ist in einigen Zusätzen enthalten, die er eigenhändig
> ans Ende seines gedruckten Exemplars der ersten Auflage
> seiner 'Principia' geschrieben hat, während er dabei war,
> die zweite Auflage vorzubereiten; und er gab mir die Er-

laubnis dieses Zeugnis abzuschreiben ..." (12).

FATIO hat diese Abschrift unter dem Titel:

> "Auszug aus einer vom Autor im Oktober 1692 verfertigten
> Kopie von Korrekturen und Zusätzen, welche Herr NEWTON
> damals für sein Buch über die mathematischen Prinzipien
> der Naturlehre vorgesehen hatte" (13),

an das Basler Manuskript, d.h. die für Jakob BERNOULLI bestimmte Fassung seiner Schweretheorie angehängt. Diese Korrekturen und Verbesserungen, welche sich entgegen FATIOs Angabe
in keinem der beiden Handexemplare NEWTONs befinden (14), enthalten im wesentlichen zwei Corollarien zur Proposition VI
des dritten Buches der 'Principia', zu jener Proposition nämlich, in welcher die Schwere als allgemeine Eigenschaft aller
Körper und ihre Proportionalität zur Materiemenge der schweren Körper ausgesprochen wird. Die von FATIO kopierten Corollarien 4 und 5 befassen sich mit der physikalischen Notwendigkeit des Vakuums und mit Überlegungen zur Struktur der Materie. NEWTON erörtert dabei auch "notwendige Bedingungen für
die Hypothesen, durch welche die Gravitation mechanisch erklärt", d.h. auf die Wirkung einer schwermachenden (selbst
nicht schweren) Materie zurückgeführt wird. NEWTON nennt die
folgenden Bedingungen für solche Hypothesen: 1. Wegen der
Proportionalität zwischen Gewicht und Masse muß die Oberfläche der Partikeln, aus denen sich die grobe Materie aufbaut,
proportional zu deren Solidität (15) sein; 2. dürfen diese
Partikeln bei den Stößen der schwermachenden Materie weder
zerbrochen noch verändert noch miteinander vereinigt werden;
3. müssen jene Partikeln beim Aufbau der Körper einen sehr
großen Abstand zueinander einhalten. NEWTON fährt dann wörtlich fort:

> "Bei dieser Art von Hypothesen gibt es eine einzige, durch
> die man die Schwere erklären kann und die hat sich als
> erster Herr FATIO, ein hochbegabter Mathematiker ausge-
> dacht. Und um sie [die Hypothese] aufstellen zu können,
> ist Vakuum notwendig, da die dünnen Partikeln durch ge-
> radlinige, äußerst rasche und gleichförmig fortgesetzte

Bewegungen nach allen Richtungen getragen werden müssen
und sie [dabei] nur dort Widerstand spüren dürfen, wo sie
auf gröbere Partikeln stoßen" (16).

Die lobenden Worte NEWTONs für FATIOs Theorie bedeuten nicht,
daß sich NEWTON diese Theorie zu eigen gemacht haben muß, es
geht NEWTON wohl eher um den Hinweis, daß auch eine mechanistische Deutung der Schwere das von ihm aus astronomischen
Gründen geforderte Vakuum zur Voraussetzung hat. Zwar behauptet FATIO in dem bereits zitierten Brief an CONDUITT, "daß
Sir Isaac diese Theorie weit mehr schätzte, als er öffentlich zugeben mochte, wie ich es auch anhand der letzten Ausgabe seiner Optik darlegen kann" (17), aber außer einer un-
verbindlichen Bemerkung NEWTONs: "Was ich Anziehung nenne,
kann durch Impulse oder auf anderem, mir unbekanntem Wege zustande kommen" (18), findet sich in der 'Optik' keine Stelle,
die sich als beifälliger Hinweis auf FATIOs Theorie der Schwere auslegen ließe, denn die Frage über die Ursache der Schwere, die NEWTON im Vorwort zur zweiten Auflage seiner 'Optik'
ankündigt (19) und als Frage 21 auch formuliert, geht auf
Vorstellungen zurück, die NEWTON schon im Jahre 1679 in einem Briefe an Robert BOYLE entwickelt hatte, und welche die
Schwere aufgrund von Druckdifferenzen eines sehr subtilen
und elastischen ätherischen Mediums erklären (20). Es ist natürlich nicht völlig auszuschließen, daß sich FATIOs Schweretheorie tatsächlich für eine gewisse Zeit der Wertschätzung
NEWTONs erfreute, und daß NEWTON dies im vertrauten Gespräch
bezeugt hat, bei seinen Publikationen hat er sich jedenfalls
äußerster Zurückhaltung befleißigt, sich vor allem in den
'Principia', "um physikalische Streitigkeiten beiseite zu
lassen" (21), auf einen rein mathematischen Begriff der
(Schwer)kraft beschränkt. Im 'Scholium generale' trägt er
die Gründe für diese Enthaltsamkeit programmatisch vor:

"Die Gründe für diese Eigenschaften der Schwere konnte ich
aus den Naturerscheinungen bisher nicht ableiten und Hypothesen erdichte ich nicht. Was aber aus den Naturerscheinungen nicht gefolgert werden kann, muß Hypothese
genannt werden, und für Hypothesen, seien sie metaphysi-

sche oder physikalische, mechanische oder die verborgener
Qualitäten, ist in der Experimentalphysik kein Platz"
(22).

Sehr dezidiert äußert sich NEWTON 1693 in einem Brief an Richard BENTLEY darüber, was er nicht behauptet haben will, und
was er bittet, ihm nicht zu unterstellen, nämlich:

"Daß die Schwere der Materie eingeboren, von Natur aus zugehörig und wesentlich sein könnte, so daß ein Körper
über eine Entfernung hinweg durch ein vacuum hindurch auf
einen anderen ohne Vermittlung von etwas wirken sollte,
von dem und durch das die Wirkung und Kraft vom einen
auf den anderen übertragen würde, ist für mich ein so absurder Gedanke, daß ich es für unmöglich halte, ein auf
philosophischem Gebiet bewanderter und sachkundiger Mann
könnte darauf verfallen" (23).

Und FATIO schreibt 1694 über NEWTONs Auffassung:

"Herr NEWTON schwankt noch zwischen zwei Meinungen: die
eine ist, daß die Ursache der Schwere durch ein unmittelbares Gesetz des Schöpfers untrennbar mit der Materie
verbunden ist, und die andere, daß die Schwere durch die
mechanische Ursache erzeugt wird, welche ich entdeckt habe und welche bewirkt, daß alle Teile der Materie einander anziehen" (24).

Selbst, wenn sich das zu jener Zeit noch so verhalten haben
sollte, so kann es doch keinen Zweifel geben, welcher Auffassung NEWTON schließlich den Vorzug gab: Derjenigen nämlich,
welche die Schwere unmittelbar göttlicher Wirkung zuschreibt.
Wenngleich er es in dem zuvor zitierten Brief an Richard BENTLEY scheinbar offenläßt, "ob ... diese Ursache [der Schwere]
materiell oder immateriell sei", kann dies nicht darüber hinwegtäuschen, daß für NEWTON nur eine immaterielle Ursache in
Frage kommt. Dies läßt sich nicht nur anhand des "Scholium
generale" der 'Principia' beweisen, wo NEWTON pikanterweise
in unmittelbarem Anschluß an seine harsche Verdammung erdichteter Hypothesen über die Tätigkeit einer geistigen Substanz,
eines "spiritus" spekuliert, dem auch die wechselseitige An-

ziehung der Körper zugeschrieben wird; dies geht ebenso klar
auch aus einigen Bemerkungen in der 'Optik' hervor, wo von
der Notwendigkeit "tätiger Prinzipe" gesprochen wird, zu denen NEWTON auch die Ursache der Schwerkraft rechnet (25). Im
Grunde hat NEWTON seine Meinung in seinem Brief an BENTLEY
klar genug ausgesprochen, und es gibt keine Anhaltspunkte dafür, daß er später von ihr abgewichen ist:

> "Es ist unvorstellbar, daß die unbelebte, rohe Materie
> ohne die Vermittlung eines Nicht-Materiellen auf andere
> Materie ohne gegenseitige Berührung wirken und sie beein-
> flussen könnte" (26).

(Einigen Aufschluß über die Einschätzung, welche FATIOs Theorie bei NEWTON und seinen Freunden erfuhr, geben auch die
Aufzeichnungen David GREGORYs. GREGORY notiert am 27.XII.1691
in seinen 'Memoranda' FATIOs Überlegungen zum quadratischen
Abstandsgesetz der Schwere (27) und ergänzt diese Aufzeich-
nung am 28.XII.1691 durch die folgenden Bemerkungen:

> "Herr FATIO plant eine Neuauflage von Herrn NEWTONs Buch
> in Folio [der 'Principia'], worin er, zusammen mit einer
> großen Anzahl von Noten und Erläuterungen in einem Vor-
> wort die von Herrn NEWTON bewiesene Wirkung der Schwere
> durch die geradlinige Bewegung von Partikeln erklärt ...
> Er [FATIO] sagt, daß er Herrn NEWTON, Herrn HUYGENS und
> Herrn HALLY [HALLEY] davon überzeugt habe" (28).

Unmittelbar auf diese Passage folgt die lapidare Bemerkung
GREGORYs:"Herr NEUTON und Herr HALLEY lachen über Herrn FA-
TIOs Erklärung der Schwere" (29).

3. Gottfried Wilhelm LEIBNIZ' Bedenken

Durch Vermittlung W. de BEYRIEs, des Londoner Residenten der
Herzöge von Hannover und Braunschweig, kommt im Jahre 1694
ein Briefwechsel zwischen FATIO und LEIBNIZ zustande. LEIBNIZ
ist an einer Korrespondenz mit FATIO sehr gelegen, weil er
von dessen Freundschaft mit NEWTON weiß und auf diesem Wege
Kenntnis von NEWTONs wissenschaftlichen Fortschritten zu er-
langen hofft (30). Und so ist LEIBNIZ vor allem daran interessiert, zu erfahren, was NEWTON zu HUYGENS Einwänden gegen
die 'Principia' meint, die dieser im Anhang zum 'Discours'
vorgebracht hat; denn auch LEIBNIZ ist der Überzeugung, daß
es "nichts Schöneres [gibt] als die Erklärung der Bahnen der
Planeten, die uns Herr NEUTON durch eine einzig an die Schwere gebundene Bahn gegeben hat"; aber er setzt hinzu: "nichtsdestoweniger glaube ich, daß er damit irgendeine Bewegung
fluider Materie verbinden muß" (31). FATIO betont in seiner
Antwort, daß NEWTON ungeachtet aller Einwände am Prinzip einer allgemeinen, wechselseitigen Attraktion festhalte und
daß er, FATIO, "derselben Ansicht wie Herr NEWTON" sei und
diesem und HUYGENS demonstriert habe, "daß eine mechanische
Ursache der Schwere möglich ist, die nicht allein über diese
wechselseitige Attraktion, sondern darüber hinaus über die
Abnahme der Schwere im umgekehrten Verhältnis zum Quadrat
des Abstandes Aufschluß gibt" (32). FATIO nutzt die Gelegenheit, um LEIBNIZ wenigstens die Grundannahmen und Voraussetzungen seiner Schweretheorie zu skizzieren. Diese Voraussetzungen sind:

1. Eine nahezu unermeßlich geringe Dichte aller Körper aus
   irdischer Materie, deren kleinsten Bausteine regelmäßige
   geometrische Gebilde (z.B. Dodekaeder) sein sollen, welche die Form eines Netzes haben, - nur ihre aus zylinder-
   förmigen Stäben gebildeten Kanten bestehen aus Materie,
   der Rest ist leerer Raum. (Diese Vorstellungen über die
   Struktur der Materie werden im Abschnitt 3 des 8. Kapitels
   dieser Arbeit ausführlich dargestellt).

2. Die Existenz einer subtilen Materie von nahezu unendlich
   geringer Dichte, deren über das ganze Universum verteil-

ten Partikeln sich unterschiedslos nach allen Richtungen geradlinig und mit unermeßlich großer Geschwindigkeit bewegen.

FATIO erklärt, "daß diese Bedingungen allein genügen, um alle Phänomene der Schwere genau zu erklären" (33), und er wählt ein recht eindrucksvolles Beispiel, um klarzumachen, wie wenig subtiler Materie es bedarf, um die allgemeine Gravitation unseres Planetensystems hervorzubringen: "In einem einzigen Sandkorn gibt es mehr Materie, als zur Erzeugung all dieser Schweren notwendig ist." (34) - LEIBNIZ, der sich in einem für FATIO bestimmten Brief an de BEYRIE mit FATIOs "tiefschürfenden Überlegungen" (35) auseinandersetzt, greift das Beispiel vom Sandkorn auf, versteht es aber anders, als FATIO es verstanden wissen wollte:

"Was Leere und Dünnigkeit anlangt, so räume ich ein, daß ein Sandkorn mehr Materie ergibt, als nötig ist, um sich über den gesamten Raum des Planetensystems und darüber hinaus auszubreiten; und man kann sagen, daß die kleinste Partikel der Materie, in genügend dünne und ausreichend starre Fäden ausgezogen, sich auf diese Weise über einen beliebig großen Raum erstrecken könnte, so daß es in diesem Raum keinen Teil gäbe, durch welchen nicht einer dieser Fäden hindurchliefe" (36).

LEIBNIZ, der weder den Atomen noch dem leeren Raum physikalische Realität zugesteht (vid. Abschnitt 2 des Kapitels 8 dieser Arbeit), deutet FATIOs Modell in eines mit kontinuierlicher Raumerfüllung um. FATIOs Anspruch, mit seiner Schweretheorie mehr als nur eine plausible physikalische Hypothese aufgestellt zu haben, wird von LEIBNIZ zurückgewiesen:

"Ich sehe aber, daß er [FATIO] sich keineswegs damit zufrieden gibt, die Doktrin vom Leeren als Hypothese aufzustellen, er hält sie für eine unumstößliche Wahrheit" (37).

LEIBNIZ ist aber ganz offensichtlich an einer Fortsetzung der Debatte mit FATIO gelegen. Nicht nur, daß er seine eigenen Vorstellungen über die Natur der Schwere ausbreitet (38), er schließt seine Ausführungen mit einer direkten Aufforderung:

"Da aber Herr FACIO gründlicher über diese Dinge nachgedacht hat, wird es mir stets ein Vergnügen sein, von ihm
unterrichtet zu werden" (39).

FATIO ist dieser Aufforderung nicht nachgekommen. Einige Monate später schreibt er an HUYGENS:

"Herr LEIBNITZ hat sich bemüht, mit mir in Briefwechsel zu
treten. Welche Genugtuung ich auch immer bei diesem Umgang hätte finden können: ich bin nicht mit solchem Eifer darauf eingegangen, wie es nötig gewesen wäre, weil
ich beim Briefeschreiben bei weitem nicht die Emsigkeit
entwickle, welche ich bei jenem berühmten Manne voraussetzen darf" (40).

4. Christiaan HUYGENS' Kritik

HUYGENS' Verhältnis zu FATIOs Theorie ist zwar schon ausführlich erörtert worden, es sind aber einige ergänzende Bemerkungen notwendig, die HUYGENS mangelndes Verständnis für FATIOs Gedanken klar vor Augen stellen. HUYGENS ist gezwungen, sich abermals zu FATIOs Theorie zu äußern, weil LEIBNIZ sich nach seiner Meinung erkundigt und insbesondere wissen will, ob FATIO tatsächlich HUYGENS' Einwände überzeugend widerlegt habe (41). HUYGENS Antwort besagt das genaue Gegenteil:

> "Die mechanische Ursache der Schwere, welche sich Herr FATIO ausgedacht hat, kommt mir noch weit wunderlicher (chimérique) vor, als die des Lichts. Sie ist fast dieselbe wie die des Herrn VARIGNON, die Sie, da sie gedruckt ist, kennen könnten. Beide wollen, daß die schweren Körper gegen die Erde gestoßen werden, weil die Äthermaterie - obwohl sie sich nach allen Richtungen bewegt -, wegen der Masse der [Erd]kugel mehr Bewegung besitzt, die gegen die Erde gerichtet ist, als solche, die von ihr herkommt, und daß auf diese Weise die Körper gegen die Erdoberfläche gestoßen werden" (42).

Dieser Vergleich mit VARIGNONs Schweretheorie demonstriert mehr als alles andere HUYGENS' mangelndes Verständnis, denn schon ein flüchtiger Blick in Pierre VARIGNONs (1654-1722) 'Nouvelles Conjectures' lehrt, daß kaum eine Ähnlichkeit zwischen dessen Erklärung der Schwere und derjenigen FATIOs besteht (43). Während FATIO zeitlebens in der Vorstellung befangen bleibt, HUYGENS habe seiner Schweretheorie uneingeschränkt Beifall gezollt (und HUYGENS muß ihn ganz offensichtlich in diesem Glauben gelassen haben) (44), verwahrt sich dieser gegenüber LEIBNIZ ausdrücklich gegen eine solche Unterstellung und betont, daß ihn FATIOs Entgegnungen auf seine Einwände ganz und gar nicht überzeugt hätten. "Ich wundere mich daher", so schreibt HUYGENS mißbilligend, "daß er Ihnen das Gegenteil berichtet hat" (45).

5. Die Ermunterung durch Jakob BERNOULLI

Jakob BERNOULLI spielt eine wichtige Rolle in FATIOs wissenschaftlicher Entwicklung, denn es ist ausschließlich dem Interesse und der Beharrlichkeit des Basler Gelehrten zu danken, daß FATIO sich im Jahre 1700 wieder mit seiner Theorie der Schwere beschäftigt hat und sich endlich auf Drängen BERNOULLIs auch dazu aufrafft, seine diesbezüglichen Überlegungen im Zusammenhange einer größeren Abhandlung darzustellen. Dabei war der Anlaß der Korrespondenz zwischen BERNOULLI und FATIO ein ganz anderer gewesen: Jakob BERNOULLI sah sich veranlaßt, für den scharfen Angriff, den sein Bruder Johann in den Leipziger "Acta Eruditorum" gegen FATIO unternommen hatte (46), förmlich um Verzeihung zu bitten (47); wohl nicht nur, um zu demonstrieren, daß er die Meinung seines Bruders nicht teile, sondern weil er - von Johann zuvor ebenfalls mit einigen Hieben bedacht - in FATIO einen Bundesgenossen bei künftigen Auseinandersetzungen zu finden hoffte. In seiner Antwort auf Jakob BERNOULLIs Brief erwähnt der solchermaßen hofierte FATIO seine Theorie der Schwere, um zu beweisen, daß er ebenso wie LEIBNIZ und Johann BERNOULLI anderen Gelehrten Aufgaben stellen könnte, nur daß er, FATIO, aufgrund der Schwierigkeit und Kühnheit seiner Ideen davon überzeugt ist, "daß kein Mathematiker unserer Zeit sie vollständig herausgefunden hätte" (48). Jakob BERNOULLI, den nach eigenem Geständnis bisher keine Erklärung der Schwere so recht befriedigt hat, und der auch HUYGENS Versuch für "ziemlich unklar" hält, ist begierig, eine mit solch selbstbewußten Worten angekündigte Theorie kennenzulernen (49). FATIO skizziert nun in seinem nächsten Brief einige Grundgedanken und Voraussetzungen seiner Theorie: Die unermeßliche Dünnigkeit der Materie, die nahezu vollständige Leere des Universums und die extrem geringe Dichte und unermeßlich große Geschwindigkeit der Teilchen, welche die Schwere erzeugen (50). BERNOULLI schreibt zurück: "Ich sterbe vor Ungeduld, ihre Theorie der Schwere zu sehen" (51). Aber es bedarf noch einer weiteren Mahnung BERNOULLIs (52), ehe FATIO Ende Januar 1701 die endlich vollendete Abhandlung durch einen seiner Brüder überbringen läßt (53). Es scheint, als habe BERNOULLI sogleich mit der Lektüre begon-

nen, denn FATIOs nächstem Brief ist zu entnehmen, daß BERNOUL-
LI offensichtlich Schwierigkeiten hat, FATIOs Überlegungen
zu folgen (54), vor allem versteht er nicht, wie FATIO aus
seiner Theorie die Proportionalität der Schwere umgekehrt zum
Quadrat des Abstandes deduzieren kann. FATIO versucht diese
Schwierigkeiten zu beheben und gibt in dieser Absicht noch
einmal ein kurzes Resümé seiner Theorie:

> "Die außerordentlich kleinen Atome ... erzeugen um sich
> eine Schwere, die sich umgekehrt wie das Quadrat des Ab-
> standes verhält, und zwar in Abständen, die groß sind im
> Vergleich zur Größe der Atome. Wegen der außerordentli-
> chen Kleinheit der Materieatome werden unter großen Ab-
> ständen aber selbst [noch] Abstände verstanden, die für
> uns gänzlich unsichtbar sind.
>
> Ich nehme nun an, daß die Erde gänzlich aus solchen Ato-
> men zusammengesetzt ist, von denen jedes um sich eine
> Schwere erzeugt, die sich selbst in den geringsten noch
> wahrnehmbaren Abständen wie das Quadrat des Abstandes
> verhält. Danach beweise ich, daß die gesamte Masse die-
> ser Atome, d.h. die gesamte Erdkugel um ihr Zentrum eine
> Schwere erzeugt, welche sich oberhalb der Erdoberfläche
> überall umgekehrt verhält wie das Quadrat des Abstandes
> vom Zentrum. Da aber Herr NEWTON in seiner Abhandlung
> (p. 193) dafür einen Beweis geliefert hat (55), glaubte
> ich nicht, mich in einem bloßen Abriß meiner Theorie da-
> rüber verbreiten zu müssen.
>
> Alles, was nun noch zu tun bleibt, ist, den irdischen
> Körpern eine solche Struktur zu verleihen, daß die Atome,
> aus denen sich die Erde zusammensetzt, nicht die Schwere,
> die jedes von ihnen um sich erzeugt, an der ungestörten
> Ausbreitung hindern. Einzig und allein dies ist der Zweck
> der unendlichen Dünnigkeit, welche ich bei den irdischen
> Körpern konstatiere. ...
>
> Nun bewirkt aber diese unermeßliche Dünnigkeit, daß die
> gesamte Materie, welche eines dieser Atome berührt, sich
> nach allen Seiten hin ausbreitet und dabei die anderen
> Atome nur mit einem Teil von sich berührt, den ich als un-

endlich klein betrachte ... Und daher erzeugen die Atome
sogar in der gesamten Masse der Erde in merklichen Abständen um sich Schweren, welche sich umgekehrt verhalten, wie das Quadrat des Abstandes. Daraus folgt, daß
oberhalb der Erdoberfläche überall die Schwere sich umgekehrt verhält, wie das Quadrat des Abstandes vom Erdzentrum. ...

Ich mache darauf aufmerksam, daß die Fäden, aus denen
sich meines Erachtens die irdischen Atome zusammensetzen,
so unendlich fein sein können, daß sie gänzlich verschwinden [d.h. nicht mehr zu sehen sind], wenn man sich auch
nur um die unendlich kleine Strecke eines Atomdurchmes-
sers entfernt, vorausgesetzt dieses [Atom] ist wie ein
Netz gebildet, das überall in sich selbst zurückkehrt"
(56).

FATIO wiederholt hier lediglich die Grundgedanken seiner Theorie: Die Möglichkeit, das Gesetz von der Abnahme der Schwerkraft proportional zum Quadrat des Abstandes aus axiomatischen Annahmen zu beweisen und die Notwendigkeit, bestimmte
Voraussetzungen über die Struktur der Materie machen zu müssen, damit die Wirkung der Schwere sich ungehindert ausbreiten kann, d.h. auch die Proportionalität zwischen träger Masse und Gewicht ihre Erklärung findet. BERNOULLI, das beweisen
seine beiden nächsten Briefe (57), hat jedoch zunächst nicht
die nötige Muße, sich mit FATIOs Theorie auseinanderzusetzen.
Erst in einem Brief vom August 1701 geht er noch einmal im
Detail auf sie ein, jedoch mit der einschränkenden Eröffnung:

"Ich kann nicht behaupten, Ihre vorzügliche Abhandlung
über die Schwere schon so gründlich,wie es ihr gebührt,
gelesen zu haben. Sie erheischt eine angespannte Aufmerksamkeit, zu der, wie ich merke, meine zerstreuten Gedanken noch nicht im Stande sind; und mich dünkt, daß ich
nicht wenig Zeit brauchen werde, um alle Schönheiten Ihres System recht zu begreifen" (58).

Ungeachtet mancher Schwierigkeiten ist BERNOULLI jedoch durchaus im Stande, die Qualität von FATIOs Abhandlung zu erkennen-
wenngleich ihm die Fertigkeit, mit welcher FATIO den Infini-

tesimalkalkül handhabt, weit mehr Respekt abnötigt als die
großartige Einfachheit der physikalischen Hypothese. Seiner
Bewunderung für FATIOs Theorie der Schwere gibt BERNOULLI
in den folgenden Worten Ausdruck:

> "Gäbe es nicht andere Beweise Ihres großen Talents, so
> wäre allein dieser Essay imstande, uns davon zu über-
> zeugen und all jenen den Mund zu stopfen, die Ihnen Ih-
> ren Ruhm streitig machen wollen" (59).

FATIO versucht kurz darauf Fragen BERNOULLIs zu beantworten
und Bedenken zu zerstreuen (60), BERNOULLI jedoch bleibt die
Antwort schuldig. Einige Monate später kehrt FATIO für immer
nach England zurück, und zu diesem Zeitpunkt endet auch die
Korrespondenz zwischen FATIO und BERNOULLI, die ein Jahr zuvor so vielversprechend begann (61).

6. Konsequenzen

Die anerkennenden Worte NEWTONs und das beinahe überschwäng-
liche Lob Jakob BERNOULLIs können nicht darüber hinwegtäuschen, daß FATIOs Theorie der Schwere die ihr gebührende Anerkennung versagt geblieben ist. Die Frage, weshalb einer
solch wohlbegründeten und geistreichen Theorie so wenig Erfolg beschieden war, ist leicht zu beantworten, denn die
Gründe für FATIOs Mißerfolg sind offensichtlich:

1. FATIO hat es versäumt seine Theorie im rechten Augenblick
   zu publizieren. Wäre sie unmittelbar nach NEWTONs 'Principia' erschienen, so hätte sie gewiß mit starker Beachtung rechnen können, denn FATIO war imstande NEWTONs neue
   Erkenntnisse cartesisch, d.h. mechanistisch zu interpretieren. Obwohl FATIO das Gebäude der cartesischen Philosophie dort eingerissen hatte, wo es besonders baufällig
   war, wollte er nichtsdestoweniger die NEWTONsche Physik
   auf cartesischen Grund stellen. Dem Versuch, die gesicherten physikalischen Erkenntnisse NEWTONs mit den Grundprinzipien der herrschenden Philosophie in Einklang zu bringen, hätte wenigstens auf dem Kontinent Erfolg beschieden sein müssen (62).

2. FATIOs Plan, seine mechanistische Deutung der Schwere einer kommentierten Neuauflage von NEWTONs 'Principia' vor-
   anzustellen, also die von ihm stets betonte Verbindung mit
   NEWTONs Physik augenfällig zu machen, war von vornherein
   zum Scheitern verurteilt. Zum einen war NEWTON grundsätzlich nicht bereit, solcherlei philosophische Konterbande
   in seinen 'Principia' zu dulden, und diese dadurch unnö-
   tigen Angriffen auszusetzen, zum andern war er später
   weit eher geneigt die Schwere durch metaphysische Prinzipien als durch mechanische Ursachen zu begründen.

3. Ein weiterer Grund für FATIOs Mißerfolg waren ohne Zweifel
   die "unendliche Einfachheit und ... außerordentliche Kühnheit" (63) der Theorie. HUYGENS z.B. hat sie nie verstanden, Jakob BERNOULLI hat sich mit ihr sicher nicht mehr
   als oberflächlich beschäftigt und war sich über ihre Trag-
   weite wohl nicht im klaren. Beide, HUYGENS sowohl als BER-

NOULLI, haben FATIO überdies weit mehr als Mathematiker
denn als Physiker geschätzt. HUYGENS hat FATIO in Sachen
Schwere ohnehin nicht für sonderlich kompetent gehalten;
und wenn ihm auch sofort klar war, daß er seine Theorie
der Schwere nach dem Erscheinen der 'Principia' revidie-
ren mußte, so hat er doch nicht eingesehen, weshalb er es
aufgrund der ihm obskur erscheinenden Theorie FATIOs tun
sollte. Für Jakob BERNOULLI war zum Zeitpunkt seines Briefwechsels mit FATIO die Frage nach der Ursache der Schwere
peripher, und so ist es nicht verwunderlich, wenn ihn bei
FATIOs Theorie die mathematischen Aspekte weit mehr be-
schäftigten als die physikalischen. Einzig LEIBNIZ zeigte
sich wahrhaft interessiert, aber gerade ihm gewährt FATIO
kaum mehr als einen flüchtigen Blick auf seine Theorie,
und wohl mehr aufgrund seiner Ressentiments gegen LEIBNIZ
als aus Bequemlichkeit stellt er den einzigen Briefwechsel
ein, der vielleicht zu einer ergiebigen Debatte hätte führen können.

Kapitel 8

NICOLAS FATIOS ABHANDLUNG "ÜBER DIE URSACHE DER SCHWERE" AUS DEM JAHRE 1701

"Was mich veranlaßt hat, lieber diese Theorie als andere Betrachtungen zu veröffentlichen, ist die Tatsache, daß die
mechanische Ursache der Schwere wahrscheinlich einen unmittelbaren Zugang
zur Naturerkenntnis eröffnet, und daß
sie sich der steten Suche der Philosophen und Mathematiker bisher entzogen
hat".

Nicolas FATIO in der Vorrede zu seiner
Abhandlung von 1701.

1. Der Inhalt und die Bedeutung von FATIOs Abhandlung
'Über die Ursache der Schwere' von 1701

Auf die Entstehungsgeschichte und die Bedeutung des Basler
Manuskripts, FATIOs umfangreichster Fassung seiner Theorie
der Schwere, wurde schon im 2. und 7. Kapitel dieser Arbeit
eingegangen, das 8. Kapitel ist nun der detaillierten Untersuchung seines Inhalts gewidmet. Im Abschnitt 1 dieses Kapitels wird zunächst ein Überblick über den Aufbau der gesamten Abhandlung gegeben, die ihm folgenden Abschnitte beschäftigen sich mit den Themen, die für FATIOs Theorie von
besonderer Bedeutung sind. (Auf das bereits im 6. Kapitel
dieser Arbeit ausführlich gewürdigte sogenannte "Problem I"
wird allerdings explizite nicht noch einmal eingegangen).

Einen ausführlichen und klaren Überblick über den Aufbau der
Abhandlung von 1701 die ja eine Kompilation aller bis dahin vorliegenden Fassungen der FATIOschen Schweretheorie darstellt, gibt FATIO selbst in seinem "Register oder unvoll-
ständigem Verzeichnis für meine Manuskripte N^o I, N° II und
N° III" (1):

"Über die Ursache der Schwere

Register oder unvollständiges Verzeichnis für meine Manuskripte N^o I, N° II und N° III.

1. Diese Theorie über die mechanische Ursache der Schwere wurde im Herbst 1689 gefunden.

2. Ihre Lesung und Erklärung erfolgte in Anwesenheit der Königlichen Sozietät am 26. Febr. $16\frac{89}{90}$.

3. Dort hat man mich um den schriftlichen Plan und um die
   Grundgedanken meiner Theorie gebeten. Hier sind sie.

4. Es kann nur zwei mechanische Ursachen der Schwere geben;
   die eine wurde von Herrn HUGENS veröffentlicht, die andere, die uneingeschränkt den Vorzug verdient, wurde von
   mir gefunden.

5. Sie beruht auf einem sehr dünnen, sehr elastischen und
   sehr bewegten Äther und erklärt, warum sich die Schwere

in dem Maße vermindert, in dem das Quadrat des Abstandes wächst.

6. Und sie [die Schwere] bleibt ständig erhalten, ungeachtet des Umlaufs der himmlischen Körper in ihren Bahnen.

7. Außerordentliche Dünnigkeit der groben Materie und des Äthers, bei dem diejenigen Ströme, welche die Erde oder die Sonne durchquert haben, viel schwächer sind als die entgegengesetzten Ströme; diese Differenz genügt, um die Schwere zu erzeugen.

8. Antwort auf den Einwand, daß eine Verdichtung des Äthers in der Umgebung der Erde und der Sonne etc. und eine Verminderung von dessen Geschwindigkeit zu fürchten sei.

9. Wirkung dieses Einwandes auf mich während zweier oder dreier Jahre und meine Überraschung, als ich die Antwort darauf gefunden hatte.

10. Wie die Schwere entstehen kann, indem nur beliebig wenig Bewegung des Äthers verloren geht. Und wie, wenn der Äther als beliebig dünn angenommen wird und seine Federkraft als nahezu vollkommen, eine sehr kleine Materiemenge genügen kann, um die Schweren im gesamten Universum zu erzeugen.

11. Und dies für alle Zeit.

12. Nutzen dieser Theorie in der Philosophie. Und was erforderlich ist, damit die Schwere der großen Körper proportional zu ihrer Masse wird. Und insbesondere ihre extreme Dünnigkeit oder Porosität.

13.✳Daß man verschiedene Klassen (ordres) von Teilchen im Äther annehmen kann, alle von verschiedener Dichte, und was den Unterschied dieser Klassen ausmacht.

14.✳Unterschiedliche Wirkungen ihrer Elastizität.

15. Und insbesondere, daß die Welt sich in dem Zustand erhält, in welchem sie ist. Bezüglich dessen, was geschähe, wenn die groben Körper in ihre kleinen Partikel zerfallen wären. Und wie sich verschiedene Systeme von Kugeln bilden

könnten, die einander anziehen. Daß bei alledem aber der Wille des Schöpfers notwendig ist.

16.*Über die extreme Dünnigkeit oder Porosität der Körper.

17.*Wer die Richter sind, die ich anerkenne oder die ich akzeptiere.

18.*Daß die Theorie der Schwere die Grundlage der Naturphilosophie ist. Betrachtung über die Lichtgeschwindigkeit.

19. Daß unsere Vorstellungen (idées) uns weder die wahren <u>Größen</u> noch die wahren <u>Geschwindigkeiten</u> der Körper vermitteln, sondern nur <u>deren</u> Verhältnisse. Unendlich kleine und unendlich große Größen. Und über ihre verschiedenen Ordnungen. Definition des Unendlichen und des Unermeßlichen. Über das vollkommen Unendliche. Daß es Unendlichkeiten oder Unermeßlichkeiten verschiedener Ordnungen gibt, wovon die einen unendlich größer als die anderen sind.

20. Der Raum ist vollkommen unendlich, d.h. man kann zu ihm keine Ausdehnung hinzutun, die er nicht schon enthielte.

21. Meine Theorie zeigt, warum die Schwere sich in dem Maße verringert, in welchem das Quadrat der Entfernung wächst, ungeachtet aller möglicher Varianten bei den Partikeln, welche den Äther bilden.

22.*Wie manche der Partikel, die den Äther bilden, ihre Bewegung verringern oder vermehren können.

23.*Die Natur scheint auch ein Prinzip zu kennen, nach dem die irdischen Körper vor einander fliehen.

24.*Durch das der Attraktion hat Herr NEWTON [zumindest teilweise] das System der Welt dauerhaft begründet.

25. Gestalt der Partikel, welche die irdischen Körper bilden.

26.*Eigenschaften des Lichts und der Farben; daß sie ausreichen, um die extreme Porosität der irdischen Körper zu begründen.

27. Aufgabe (probleme), welche den Widerstand eines groben Körpers gegenüber den freien Teilen des Äthers betrifft.

28. Lösung unter der Annahme, daß bei der Reflexion im großen und ganzen etwas von deren Geschwindigkeit verloren geht.

29. Vorstellung von Pyramiden, in welchen sich der Äther bewegt, und die als Spitze einen unendlich kleinen Teil der Oberfläche einer massiven Kugel oder einer Kugel aus porösem irdischen Material haben. Und vor allem über die Bewegung des Äthers, welcher längs dieser Pyramiden herabfließt.

30. Unterscheidung einer unendlichen Zahl verschiedener Klassen des Äthers, der längs einer dieser Pyramiden herabfließt. Völlig verschiedene Reflexion jeder Klasse im besonderen.

31. Daß diese Reflexion alles in allem ein wenig die Geschwindigkeit der reflektierten Partikel in der Pyramide vermindert. Daß jeder Strom, der gleichförmig längs jeder Pyramide auf- oder absteigt, eine Kraft besitzt, die umgekehrt proportional zum Quadrat des Abstandes von der Spitze der Pyramide ist.

32. Da aber die Summe der aufsteigenden Ströme sehr gering ist, wird nicht allein ihre Wirkung durch die Summe der entgegengesetzten Ströme zerstört, sondern es bleibt ein gegen die Spitze der Pyramide gerichteter Strom übrig, dessen Kraft umgekehrt proportional zum Quadrat des Abstandes zu dieser Spitze ist.

33. Wenn man diese Überlegung nun für jedes Teilchen der Oberfläche der Kugel C anstellt, wird man einen stetig gegen die Kugel gerichteten Strom erhalten, dessen Kraft in großen Abständen umgekehrt proportional zum Quadrat dieses Abstandes ist.

34. Besondere Erklärung unter der Annahme, daß die Kugel C außerordentlich porös ist, wie es die Sonnen- und die Erdkugel sind.

35. Einwand, daß sich der Äther in der Umgebung der Kugel C verdichte. Antwort auf diesen Einwand.

36. Daß der Geschwindigkeitsverlust bei der Reflexion unend-

lich klein sein und dennoch eine vorgegebene Schwerkraft erzeugen kann.

37. Theoreme. Der Stoß unseres heftig bewegten Äthers gegen eine ihm ausgesetzte, vorgegebene Ebene ist $\frac{1}{6}$ des Stoßes des gleichen Äthers, wenn alle Bewegungen senkrecht zur Ebene gerichtet wären und einen gemeinsamen Strom bildeten.

38. Wenn man durch CA [Fig. III] die Geschwindigkeit des Ätherstromes darstellt, welcher die Schwere erzeugte, so ist der geometrische Ort zu bestimmen, der die beiden entgegengesetzten Ströme TZ, Zt angibt, welche die gleiche Schwere erzeugten. Daß diese beiden Ströme dabei dem Zustand der Gleichheit unendlich nahe kommen können, wenn man ihre Geschwindigkeit und die Reflexionskraft vergrößert.

39. Regel für die Annahme, daß die gleiche Schwere durch einen mehr oder minder dichten Äther erzeugt wird.

40. Man kann die gleiche Schwere erzeugen, wenn man die Dichte des Äthers unendlich vermindert und die Reflexionskraft vermehrt.

41. Man kann die unermeßlichen Geschwindigkeiten durch extrem große Geschwindigkeiten ersetzen und mit ihrer Hilfe, jedoch weniger vollkommen, die Ursache der Schwere erklären.

42. Gründe, die eher zur Erkenntnis der unmittelbaren Wirkung Gottes, seiner Allmacht, seiner Allgegenwärtigkeit und der unermeßlichen Geschwindigkeiten der Ätherpartikel führen, durch welche Er überall und für immer die allgemeine Ursache der Schwere hervorruft.

43.*Daß es keine andere mechanische Ursache der Schwere geben kann, als die von mir angegebene, an die man ein oder zwei andere anschließen kann, die aber nur ein Korollar oder eine unvollkommene Imitation derselben darstellen.

44.*Obschon man wünschen könnte, die Ursache der Schwere unmittelbarem göttlichen Willen zuzuschreiben, so führen

doch verschiedene Gründe zu der Überzeugung, daß diese
Ursache mechanisch ist, und daß sie aus den gewöhnlichen
Gesetzen der Bewegung resultiert.

45.＊Notwendigkeit des Leeren, welcher Art auch die Ursache
der Schwere sein mag.

46.＊Offensichtlicher Unterschied zwischen Ausdehnung und Materie.

47.＊Daß die zusammengesetzten internen Bewegungen (mouvemens
entremêles) der Materie dabei den Widerstand gegen die
Bewegung vergrößern.

48.＊Gegen die Cartesianer, welche [die Begriffe] Ausdehnung
und Materie vermischen.

49.＊Sowohl Fortführung des nämlichen Themas, als auch über
die Notwendigkeit des Leeren" (2).

Der Inhalt dieser 49 Abschnitte nimmt allerdings nur wenig
mehr als die Hälfte des Basler Manuskripts ein (3), der zweite Teil des Manuskripts besteht im wesentlichen aus den Problemen II (Über die "Stoßkraft" der schwermachenden Materie),
III (Über Unendlichkeiten verschiedener Größenordnung) und
IV (Über den von der schwermachenden Materie ausgeübten Widerstand); diese Probleme sind Gegenstand der Untersuchung
in den Abschnitten 5, 6 und 7 des 8. Kapitels. Alle übrigen
Betrachtungen im zweiten Teil des Basler Manuskripts lassen
sich - abgesehen von einigen nicht sehr bedeutungsvollen Bemerkungen philosophisch-theologischer Natur - zusammen mit
den in FATIOs Inhaltsverzeichnis bereits erfaßten Betrachtungen des ersten Teils unter den Überschriften "Härte und
Elastizität", "Struktur der Materie", "Ausdehnung und Materie" und "Unendlichkeit" zusammenfassen und in den entsprechenden Abschnitten des 8. Kapitels abhandeln. Das am Ende
des Basler Manuskripts stehende Avertissement - hier wohl am
besten mit "Hinweis" oder "Anzeige" zu übersetzen - gibt Hinweise auf die Entstehungszeit und wird daher im Anhang zu
dieser Arbeit zusammen mit weiteren Belegen für die Datierung des Basler Manuskripts herangezogen. Die an das Basler

Manuskript angehängte Kopie von Korrekturen und Zusätzen
NEWTONs für die zweite Auflage der 'Principia' ist im Zusammenhange mit NEWTONs Urteil über FATIOs Theorie der Schwere
bereits im 7. Kapitel dieser Arbeit behandelt worden.

2. Über Härte und Elastizität

(HUYGENS, NEWTON und FATIO)

> "Welche Erklärung Sie übrigens auch für die Ursache
> der Elastizität geben wollten, so würden Sie wohl
> immer in Verlegenheit geraten, wenn Sie annehmen
> wollten, daß die letzten kleinen Körper ... bei
> ihrem Zusammentreffen nicht zurückprallen, son-
> dern miteinander vereinigt bleiben, denn daraus
> würde der Verlust aller relativen Bewegung in der
> Materie des Universums folgen".
>
> Christiaan HUYGENS am 12.I.1693 an G.W. LEIBNIZ.

In einer mechanistischen Theorie, in der die Gravitation auf
die direkte Wechselwirkung zwischen den Partikeln einer fluiden, schwermachenden Materie und den Atomen der irdischen
Materie zurückgeführt wird, sind die Stoßgesetze und die eng
mit ihnen zusammenhängende Frage nach der Ursache und dem Zusammenhang von Elastizität und Härte und vor allem derjenigen der Atome von größter Bedeutung. Im folgenden sollen
FATIOs Ansichten zu diesen Fragen nicht nur im Zusammenhang
dargestellt werden, sondern zugleich den diesbezüglichen
Überlegungen von HUYGENS und NEWTON gegenübergestellt und
an ihnen gemessen werden (1).

Christiaan HUYGENS.

HUYGENS Ansichten über Härte und Elastizität lassen sich besonders klar und deutlich aus einer Auseinandersetzung mit LEIBNIZ ablesen (2). Diese Auseinandersetzung wurde von LEIBNIZ eröffnet, der bei der Lektüre des HUYGENSschen 'Discours' auf Schwierigkeiten gestoßen war:

"Als ich kürzlich Ihre Erklärung der Schwere wieder einmal überlas, fiel mir auf, daß Sie für das Leere und die Atome sind. Ich muß gestehen, daß es mir große Mühe macht, den Grund einer derartigen Unzerbrechlichkeit einzusehen; ja ich glaube, daß man zu einer Art beständigen Wunders greifen müßte, um eine derartige Wirkung zu erzielen" (3).

In der Tat ist bei HUYGENS zu lesen (und auf diese Stelle bezieht sich LEIBNIZ):

"Was das Leere anlangt, so gebe ich es ohne weiteres zu, ja ich halte es sogar in Hinblick auf die Bewegung der kleinen Korpuskeln untereinander für notwendig und bin keineswegs der Meinung des Herrn DESCARTES, der verlangt, daß allein die Ausdehnung das Wesen des Körpers ausmache, sondern ich füge die vollkommene Härte hinzu, welche ihn undurchdringlich macht und unfähig zerbrochen oder zerstoßen zu werden" (4).

Diese Position verläßt HUYGENS nicht, vielmehr präzisiert er seine Auffassung, indem er in seinem Antwortbrief an LEIBNIZ den Widerstand bzw. die Härte der Körper als "unendlich" bezeichnet (5), wobei er, wie der nächste Brief eindeutig zeigt, unter Körper Atome (corps primitifs) verstanden wissen will. Es ist nicht notwendig, die Diskussion, in der LEIBNIZ aus philosophischen Gründen eine kontinuierlich erfüllte Welt mit kontinuierlich sich ändernden Eigenschaften fordert und aus dieser Position gegen Leere und unendlich harte Atome polemisiert - "für diese Sprünge aber läßt sich in der Natur kein Beispiel finden" -, in allen Einzelheiten zu verfolgen, es genügt, ein Argument LEIBNIZens aufzugreifen, das die hier interessierenden Probleme betrifft. In seiner Antwort an HUYGENS schreibt LEIBNIZ:

"Mit der Annahme der Atome sind aber noch andere Übel-
stände verbunden. So ist sie vor allem unvereinbar mit
den Gesetzen der Bewegung; denn die Kraft von zwei gleichen Atomen, die unmittelbar mit gleicher Geschwindigkeit aufeinanderstoßen, müßte notwendig verloren gehen;
da es offenbar nur eine Folge ihrer Elastizität ist,
wenn die Körper zurückprallen" (6).

Diesen entscheidenden Einwand, weist HUYGENS in seiner Antwort mit den Worten: "Das glaube ich keineswegs, und zwar
aus Gründen, die ich eines Tages zu veröffentlichen gedenke"
(7), apodiktisch zurück. HUYGENS hat diese Gründe nicht veröffentlicht, jedoch ist seinen 'Adversaria' zu entnehmen,
daß er sich intensiv damit beschäftigt hat, herauszufinden,
auf welche Weise beim Stoß zweier Körper eigentlich die Bewegung übertragen wird und wie sich insbesondere vollkommen
harte Körper verhalten. Die Frage ist, "ob harte Körper (cor-
pora dura), welche die Gestalt nicht ändern, die Gesetze der
harten befolgen, von welchen bewiesen werden kann, daß sie
Restitution und Flexion unterworfen sind" (8); HUYGENS beantwortet diese Frage so:

"Es scheint nämlich nicht unmöglich, daß Bewegung momen-
tan (in instanti vel indivisibile tempore) mitgeteilt
wird, was notwendig ist, da nun einmal die uns gegebenen
Körper, je härter sie sind, d.h. je weniger sie von ihrer Gestalt aufgegeben und je weniger sie wieder hergestellt werden, d.h. in je geringerer Zeit sie die Bewegung übertragen, sie desto besser unseren Reflexions-
gesetzen gehorchen" (9).

Im 'Traité de la Lumiere' muß sich HUYGENS abermals mit dieser Frage beschäftigen, denn bekanntlich bereitet sich in
seiner Theorie das Licht in Form einer durch Stoß hervorgerufenen wellenförmigen Erregung aus und das übertragende Medium (der Äther) besteht aus kleinen, einander berührenden
Kugeln. Von diesen Kugeln (den Ätherpartikeln) nimmt HUYGENS
an, daß sie "aus einer Materie bestehen, welche der vollkommenen Härte sich so sehr nähert und so große Elasticität
(ressort) besitzt, als wir wollen" (10). Diese Härte ist not-

wendig für einen "Bewegungsübergang von außerordentlicher Geschwindigkeit, welche um so größer ist, je größere Härte die Substanz der Kugeln besitzt" (11). Da sich das Licht nun aber nicht instantan ausbreitet, müssen die Kugeln zugleich elastisch sein, d.h. es muß die Lichtgeschwindigkeit abhängen von der Restitutionszeit der Kugeln. Die Elastizität der Ätherpartikeln kann laut HUYGENS entweder durch einen regressus ad infinitum erklärt werden, indem man annimmt, "daß die Aethertheilchen trotz ihrer Kleinheit noch aus anderen Theilen zusammengesetzt sind und daß ihre Elasticität in der äußerst raschen Bewegung einer feinen Materie besteht, welche sie von allen Seiten durchdringt"; oder aber sie muß postuliert werden:

"Wenn wir auch die wahre Ursache der Elasticität nicht kennen, so sehen wir doch immerhin, daß es viele Körper giebt, welche diese Eigenschaft besitzen; darum hat es auch nichts Seltsames an sich, sie auch bei unsichtbaren Körpertheilchen, wie denen des Aethers, vorauszusetzen" (12).

Eine solche Lösung ist jedoch letztlich unbefriedigend, denn in HUYGENS mechanistischer Physik kann Elastizität keine konstituierende Eigenschaft der Materie sein. In welcher Richtung die Lösung gesucht werden muß, das deutet sich schon in HUYGENS Brief vom 12.I.1693 an, wo er auf LEIBNIZens Einwand, daß nur elastische Körper beim Stoß zurückprallen, folgendes zu bedenken gibt:

"Welche Erklärung Sie übrigens auch für die Ursache der Elastizität geben wollten, so würden Sie wohl immer in Verlegenheit geraten, wenn Sie annehmen wollten, daß die letzten kleinen Körper - denn diejenigen an denen sich uns die Wirkung der Elastizität zeigt sind zusammengesetzt - bei ihrem Zusammentreffen nicht zurückprallen, sondern vereinigt bleiben, denn daraus würde der Verlust aller relativen Bewegung in der Materie des Universums folgen" (13).

"Die letzten kleinen Körper", die Atome, müssen vollkommen solide und absolut hart sein, sie sind durch keine noch so

große Kraft teilbar oder formbar, sie können folglich auch
nicht elastisch sein, elastisch können - wie HUYGENS schreibt
- nur die aus jenen absolut harten Atomen zusammengesetzten
Körper sein. Da aber in einer mechanistischen Physik letztlich alle physikalischen Effekte auf die (Stoß)Wechselwirkung
der Atome zurückzuführen sein müssen, müssen solche Stöße
ohne Verlust von Energie oder - wie HUYGENS es ausdrückt -
ohne Verlust relativer Bewegung erfolgen, weil sonst schließlich alle Bewegung im Universum zum Erliegen käme. Es bleibt
also nur übrig, dieses Problem auf andere Weise zu lösen,
nämlich festzulegen, daß die Stöße (die Wechselwirkung) zwischen den letzten Partikeln der Materie so erfolgen müssen,
daß Bewegungsgröße und relative Geschwindigkeit der jeweils
beteiligten Partikeln insgesamt unverändert bleiben. HUYGENS
entscheidet sich für diese einzig überzeugende Lösung, wenn
er in seiner nachgelassenen Schrift 'De motu ex percussione'
als Hypothese II die Bedingung der Möglichkeit mechanistischer Physik axiomatisch formuliert:

"Was auch immer die Ursache dafür sein mag, daß harte Körper, wenn sie einander stoßen, von der gegenseitigen Berührung zurückprallen, wir nehmen an: Wenn zwei gleiche
Körper mit gleicher Geschwindigkeit aus entgegengesetzten
Richtungen und direkt sich treffen, so prallt jeder mit
der Geschwindigkeit zurück, mit welcher er kam" (14).

I. NEWTON:

NEWTON äußert sich über Härte und Elastizität sowohl in den
'Principia' als auch in der 'Optik'. Im Scholium zu den Gesetzen des 1. Buches der 'Principia' von 1687 schildert NEW-
TON Experimente mit einem Stoßpendelapparat; den Umstand, daß
die von ihm gefundene Regel auch für Stöße nicht vollkommen
elastischer Körper gilt, drückt er dort so aus:

> "Damit nun aber niemand einwirft, die Regel, zu deren Prü-
> fung das Experiment ersonnen wurde, setze absolut harte
> oder wenigstens vollkommen elastische Körper voraus ...
> so füge ich hinzu, daß die schon beschriebenen Experimen-
> te ebenso mit weichen wie mit harten Körpern gelingen".

Und an gleicher Stelle heißt es bezüglich der HUYGENSschen
Stoßregel (der zuvor zitierten Hypothese II):

> "In WRENs u. HUYGENS Theorie kehren absolut harte Körper
> voneinander mit der Geschwindigkeit des Zusammentreffens
> zurück. Sicherer wird dies bei vollkommen elastischen be-
> stätigt" (15).

Solche Formulierungen lassen nur den Schluß zu, daß NEWTON
vollkommene Elastizität und absolute Härte hier als alternative Bedingungen dafür ansieht, daß bei einem Stoß der Betrag der Relativgeschwindigkeit und damit die kinetische
Energie der Stoßpartner unverändert bleiben. In der 2. Auflage der 'Optik' vertritt NEWTON jedoch eine andere Auffassung, wie der letzten der diesem Werk angehängten 31 Fragen
zu entnehmen ist (16). NEWTON stimmt mit HUYGENS nur noch
soweit überein, als er Härte für eine konstituierende Eigenschaft der Materie hält:

> "Man kann also die Härte als eine Eigenschaft aller ein-
> fachen Materie betrachten, dies scheint wenigstens eben-
> so sicher zu sein, wie die allgemeine Undurchdringlich-
> keit der Materie" (17).

Und ganz entsprechend heißt es in der zweiten Auflage der
'Principia':

> "Die Ausdehnung, Härte, Undurchdringlichkeit und Träg-
> heitskraft des Ganzen entspringt der Ausdehnung, Härte,

Undurchdringlichkeit und den Trägheitskräften der Teile,
und daraus schließen wir, daß alle kleinsten Teile aller
Körper ausgedehnt, hart, undurchdringlich, beweglich und
mit der Kraft der Trägheit begabt sind. Und das ist die
Grundlage der gesamten Naturphilosophie" (18).

In der 'Optik' (Frage 31) bezieht sich NEWTON abermals auf
seine Stoßpendelexperimente, nun aber, um zu beweisen, daß bei
Stößen Bewegung verloren gehen kann, ja, "daß sie beständig
in Abnahme begriffen ist" (19), und in Übereinstimmung mit
LEIBNIZ konstatiert er jetzt:

"... Körper, die absolut hart sind oder so weich, daß sie
aller Elasticität entbehren, werden nicht von einander zurückprallen; ihre Undurchdringlichkeit hält nur ihre Bewegung auf" (20).

Während HUYGENS, um ein völliges Erliegen der Bewegung, einen
"Bewegungstod" des Universums, zu verhindern, einfach postuliert, daß absolut harte Körper beim Stoß gegeneinander keinen Energieverlust erleiden dürfen, muß NEWTON einen anderen
Ausweg suchen:

"Da wir also sehen", schreibt er in seiner 'Optik', "daß
verschiedenen Bewegungen, die wir in der Welt vorfinden,
in stetiger Abnahme begriffen sind, so liegt die Nothwen-
digkeit vor, sie durch thätige Principe zu erhalten und
zu ergänzen" (21),

und er erläutert an gleicher Stelle:

"Diese Principien betrachte ich nicht als verborgene Qualitäten ... sondern als allgemeine Naturgesetze, nach denen
die Dinge gebildet sind" (22).

Daß diese Prinzipien letztlich auf eine Ursache verweisen "die
sicherlich keine mechanische ist" (23) und auch ohne diese
erste Ursache nicht gedacht werden können, ist für NEWTON gewiß.

N. FATIO:

FATIO entwickelt seine Vorstellungen über Härte und Elastizität schon in den beiden Briefen an HUYGENS, in denen er einen kurzen Abriß seiner Schweretheorie gibt. In seinem Brief vom 21.IV.1690 heißt es:

"Wenn man in meiner Theorie, die - wie Sie sehen - eine außerordentlich materiearme Welt begründet, wenn man in dieser Theorie annimmt, daß harte Körper ohne Federkraft bei Stößen überhaupt nicht zurückprallen [HUYGENS notiert hier am Rande des Briefes "Dies ist keineswegs so"], und daß es Federkraft nur auf Grund der Bewegung einer harten Materie ohne Federkraft gibt, einer Materie von weit größerer Feinheit als die elastischen Teile es sein können, so geht in unendlicher Zeit nur ein beliebig kleiner Teil der Bewegung verloren, die es in der Welt gibt. Nun hat man aber Grund zu vermuten, daß die harten Körper nur auf Grund ihrer Federkraft zurückgeworfen werden, und wenn dies so ist, so scheint es mir unter keinen anderen Voraussetzungen als den meinen möglich, zu zeigen, wie die Welt sich seit so langer Zeit ohne spürbaren oder nahezu gänzlichen Verlust ihrer Bewegung erhält" (24).

Auch für FATIO gehört Härte zu den konstituierenden Eigenschaften der Materie und folglich müssen die Partikeln der schwermachenden Materie absolut hart sein. Da - wie im 6. Kapitel dieser Arbeit ausführlich dargestellt worden ist - die Attraktionswirkung der irdischen Materie letztlich durch die Geschwindigkeitsverluste zustande kommt, welche die Partikeln der schwermachenden Materie beim Stoß gegen irdische Materie erleiden, dürfen solche Stöße nicht wie Stöße völlig elastischer Körper ablaufen. Andererseits soll die Schwerkraft zeitlich unveränderlich sein (25), also müssen die für das Zustandekommen der Schwerkraft notwendigen Geschwindigkeitsverluste entweder aufs Ganze gesehen vernachlässigbar (FATIO sagt: "unendlich") klein sein oder auf andere Weise ausgeglichen werden. Dies ist der Gesichtspunkt, unter dem FATIO die mit Härte und Elastizität der Materie zusammenhängenden Probleme betrachtet; im Basler Manuskript tut er es ex-

plizite und ausführlich in den Abschnitten 13, 14 und 22 und
in dem zum Problem I gehörenden Abschnitt 28.

Im Abschnitt 13 handelt FATIO von seiner schwermachenden Materie und von deren Einordnung in die Hierarchie von Materiearten und Wirkungsfluida aus denen die Welt aufgebaut ist; jedenfalls nach Meinung jener mechanistischen Physiker, die,
wie FATIO, die Überzeugung HUYGENS' teilen, "daß die Natur gerade diese unendliche Abstufung verschiedener Größen der Körpertheilchen und die mannigfachen Grade ihrer Geschwindigkeit
dazu benutzt hat, so viele wundervolle Wirkungen hervorzubringen" (26).

FATIO beschreibt im Abschnitt 13 die einzelnen Materiearten
wie folgt:

"... die erste, oder die gröbste und am geringsten bewegte, besteht aus unendlich harten Teilen - vornehmlich,
wenn man annimmt, daß nahezu vollkommene Federkraft stets
die vollkommene Härte begleitet - und aus anderen Teilen,
von denen die einen nahezu vollkommene Federkraft besitzen
und die anderen, wenn man so will, wenig Federkraft. Die
zweite, dritte, vierte etc. Ordnung müssen - so scheint
mir - aus außerordentlich elastischen Teilen zusammengesetzt sein, ob nun ihre Federkraft von ihrer Hörte kommt
oder von irgendeiner anderen Ursache" (27).

Schließlich kommt man so zur letzten Ordnung, der feinsten und
zugleich am heftigsten bewegten, die "sich aus unendlich harten Teilen zusammensetzen muß":

"Sie ist diejenige, welche offenbar die Federkraft der
Teile bewirkt, aus denen sich die anderen Ordnungen zusammensetzen, vor allem die unteren, d.h. die feinsten
- wenn überhaupt die Federkraft sich mechanisch erklären
läßt. In einer höheren oder gröberen Ordnung jedoch könnte die Federkraft der Effekt mehrerer unterer Ordnungen
sein. Der Unterschied zwischen diesen Ordnungen besteht
darin, daß die meisten Teile einer höheren Ordnung sich
in der niedrigen wie feste Körper in einem sehr feinen

und offenbar rasch bewegten Fluidum verhalten. Es könnte
aber auch sein, daß die letzten Teile der Materie, die
notwendigerweise unendlich hart sind, eine nahezu vollkommene Federkraft besitzen, oder eine, die einer vollkommenen unendlich nahe kommt, und deren Ursache meta-
physisch ist und ihre Begründung nur im Willen des Schöpfers findet" (28).

Der Abschnitt 13 und der nachfolgende Abschnitt 14 gehören zu
den unklarsten und widersprüchlichsten in FATIOs Abhandlung;
es wird jedenfalls weder hier noch anderenorts klar, welche
Teilchen elastisch sein sollen und welche nicht, ferner, ob
und wie Härte und Federkraft zusammenhängen sollen. In Abschnitt 13 hat es zunächst den Anschein, als wolle FATIO HUY-
GENS 'Traité' folgen und wie dieser zwei Möglichkeiten zur
Alternative stellen: Entweder muß die Federkraft (Elastizität) der groben Materie, "wenn sie sich überhaupt mechanisch
erklären läßt", auf die Wirkung einer feineren Materie zurückgeführt werden, oder aber die Federkraft wird als konstituierende Eigenschaft der Materie vorausgesetzt (HUYGENS)
oder metaphysischen Ursachen zugeschrieben (FATIO). Während
die zweite Möglichkeit akzeptabel, aber mit den Grundsätzen
mechanistischer Physik nicht vereinbar ist, ist die erste in
FATIOs Version doppelt problematisch, denn zum einen ist er
gleich NEWTON der Überzeugung, daß absolut (oder unendlich)
harte Partikeln "bei Stößen überhaupt nicht zurückprallen",
zum anderen ist die Materie, auf deren Wirkung er die Federkraft zurückführen will, keine andere als die schwerma-
chend (29).

Die Ausführungen des Abschnitts 14, die dem Zusammenhang zwischen Federkraft (Elastizität) und Schwerkraft gewidmet sind,
sind nicht dazu angetan, die entstandenen Unklarheiten und
Widersprüche zu beseitigen. Dort heißt es:

"Alle Partikel aller Ordnungen, mit Ausnahme der letzten,
ziehen einander, vermöge der Schwere, die um sie herum
sich bildet, mehr oder weniger an. Die unendlich harten
Teile der ersten Ordnung bilden - wenn man voraussetzt,
daß sie überhaupt keine Federkraft besitzen - um sich

herum eine große Schwere und ziehen einander stark an.
Denn wenn sie unter den anderen Materien verstreut (verteilt) wären, müßten sie einander häufig begegnen und
sich vereinigen. Wenn zwei dieser Teile direkt aufeinan-
derstießen, sprängen sie nicht zurück, sondern blieben
aneinander haften. Bei schrägen Stößen sprängen sie ebensowenig zurück, sondern behielten allein die seitliche
Bewegung. Die elastischen Teile der ersten Ordnung,
selbst wenn man sie als nahezu vollkommen elastisch an-
nähme oder wenn man ihre nahezu vollkommene Federkraft
mit vollkommener Härte verbände, vor allem aber, wenn
ihre Federkraft nicht vollkommen ist, oder wenn sie [die
Teile] vielleicht nur biegsam sind, ziehen die gesamte
Materie in ihrer Umgebung auch ein wenig an, ausgenommen,
diejenige der letzten Ordnung, die wohl die anderen at-
traktiv machen, selbst aber nicht angezogen werden kann.
Wenn diese elastischen Teile gestoßen werden, tritt ihre
Federkraft in Aktion und übt ihre Wirkung nach Maßgabe
ihrer Vollkommenheit aus. ... Und die Teile, welche diese Eigenschaft besitzen, sind anziehend nur aufgrund ihrer häufigen Stöße, ihrer Vibrationen, aufgrund von Rotationsbewegungen (Mouvemens circulaires), die sie erzeugen und von [aus diesen] zusammengesetzten (internen) Bewegungen (Mouvemens entremêlez) die unter ihnen erregt
werden und die im Laufe der Zeit und durch den Widerstand
der anderen Materien sich in dem Maße abschwächen und aus-
löschen, wie sie sich andererseits durch neue Stöße unaufhörlich erneuern. So wie die Teile der letzten Ordnung
nicht angezogen werden, ebenso ziehen sie auch selbst
nicht an. Trennt man Federkraft von vollkommener Härte,
so können sie zum Stillstand kommen, entweder indem sie
untereinander direkt zusammenstoßen oder indem sie unendlich harten Teilen der ersten oder gar mittlerer Ordnungen begegnen; jedoch werden sie durch den geringsten
Kraftaufwand getrennt" (30).

Sicher ist nur, daß die Partikeln der schwermachenden Materie
absolut hart sein müssen, ob sie auch vollkommen elastisch
sind, läßt FATIO offen. Ohnehin müssen ja beim Stoß zwischen

den Teilen der groben Materie und den Partikeln der schwermachenden bei diesen Geschwindigkeitsverluste auftreten, damit zwischen jenen Attraktion entstehen kann. Entweder muß
sich dazu ein Teil der Translationsbewegung der Partikeln
der schwermachenden Materie zumindest vorübergehend in Rotationsbewegung umwandeln, oder es darf von vornherein höchstens einer der beiden Stoßpartner vollkommen elastisch sein;
insofern ist FATIO hier in der Wahl der Mittel frei und bringt
die Alternativen wohl auch nur, um seine Theorie gegen alle
Eventualitäten abzusichern (31). Wirklich fatal für FATIOs
Theorie ist aber, daß nicht - wie in Abschnitt 13 - nur mit
der Möglichkeit gespielt wird, daß die schwermachende Materie
zugleich auch die Elastizität hervorrufen könnte, sondern daß
die im Abschnitt 14 zitierten Überlegungen nur die absurde
Konsequenz zulassen, daß die Schwerkraft (das Gewicht) der
Teile der irdischen Materie von deren Elastizitätsgrad abhängig sind. Wenn nämlich in der Materie erster Ordnung, d.h.
der irdischen Materie, absolut harte Teile ohne Federkraft
und solche mit nahezu vollkommener Federkraft sind, dann ist
der Geschwindigkeitsverlust der Partikeln der schwermachenden Materie nicht stets der gleiche. Stoßen die Partikeln gegen absolut harte und unelastische Teile, dann ist ihr Geschwindigkeitsverlust maximal und diese unelastischen Teile
erzeugen daher "um sich herum eine große Schwere und ziehen
einander stark an"; stoßen die Partikeln dagegen auf Teile
mit nahezu vollkommener Federkraft, so ist ihr Geschwindigkeitsverlust minimal und diese elastischen Teile ziehen daher "die gesamte Materie in ihrer Umgebung [nur] ein wenig
an".

FATIO hat, wie der Beschreibung seiner Manuskripte zu entnehmen ist (32), die Abschnitte 13 und 14 in der endgültigen
Fassung gestrichen, gewiß in der Absicht, solche Unstimmigkei-
ten und Widersprüche in seiner Theorie zu beseitigen.

Die Schwerkraft kommt in FATIOs Theorie nur dadurch zustande, daß die Partikeln der schwermachenden Materie bei den
Stößen gegen die Teile der irdischen Materie Geschwindigkeitsverluste erleiden, zugleich soll diese Schwerkraft (die

Gravitationskonstante γ) aber zeitlich konstant sein, d.h.
entweder müssen die Verluste auf irgend eine Weise ausgeglichen werden, oder aufs Ganze gesehen so gering sein, daß die
Schwerkraft auch in großen Zeiträumen keine merkliche Veränderung erfährt. Solche Überlegungen beschäftigen FATIO vor
allem im Abschnitt 22, wo er schreibt:

> "Da ich behaupte, daß mein Beweis davon unberührt bleiben
> muß, wenn man bei den vollkommen harten Körpern keine ab-
> solut vollkommene Federkraft annimmt und da [anderer-
> seits] jedesmal, wenn solche Körper aufeinanderstoßen,
> sie von ihrer Bewegung etwas verlieren, könnte man be-
> fürchten, daß die Bewegung der schwermachenden Materie
> endlich zum Erliegen kommt, was auch die Bewegung aller
> anderen Materien allmählich langsamer werden ließe. Aber
> abgesehen davon, daß es gar nicht so sicher ist, ob sich
> die Bewegung im Universum nicht [tatsächlich] etwas ver-
> mindert, gibt es andererseits recht einfache und viel-
> leicht gewöhnliche Fälle, bei welchen sie anwächst, und
> derer sich der Schöpfer wahrscheinlich bedienen kann,
> um den Verlust, den die Bewegung anderswo erleiden könn-
> te, vollständig oder wenigstens zum Teil auszugleichen"
> (33).

FATIO, der an anderer Stelle versucht, sein Modell so zu modifizieren, daß die Verluste möglichst klein bleiben (vid. das
6. Kapitel dieser Arbeit), fordert hier also nicht das Ein-
greifen Gottes, um ein Erliegen der Bewegung im Universum zu
verhindern (wie es NEWTON tut), sondern behauptet, es gäbe
Fälle, bei denen sich die Bewegung vermehrt. Was er mit dieser zunächst rätselhaft erscheinenden Bemerkung meint, wird
klar, wenn man den Zusatz liest, den FATIO in der Basler Fassung seiner Theorie dem Abschnitt 22 angehängt hat:

> "Wenn zwei Körper sich auf einer Geraden in entgegenge-
> setzten Richtungen bewegen, und wenn sie, nachdem sie
> sich direkt getroffen haben, auf derselben Geraden nach
> entgegengesetzten Richtungen zurückgeworfen werden,
> bleibt die Bewegungsgröße die gleiche.

Wenn zwei Körper sich auf einer Geraden in gleicher Richtung bewegen, und wenn sie, nach dem sie sich direkt getroffen haben und zurückgeworfen worden sind, fortfahren
sich auf der gleichen Geraden und in gleicher Richtung
zu bewegen, bleibt die Bewegungsgröße die gleiche.
Wenn zwei Körper sich auf einer Geraden in entgegengesetzten Richtungen bewegen, und wenn sie, nachdem sie
sich direkt getroffen haben und zurückgeworfen worden
sind, in gleicher Richtung laufen, vermindert sich die
Bewegungsgröße. Dieser Fall tritt hauptsächlich dann ein,
wenn die gröberen Materien eine größere Geschwindigkeit
haben als die feineren.
Wenn zwei Körper sich auf einer Geraden in gleicher Richtung bewegen, und wenn sie, nachdem sie sich direkt getroffen haben und zurückgeworfen worden sind, in entge-
gengesetzer Richtung laufen, wächst die Bewegungsgröße.
Dieser Fall tritt ein, wenn die feineren Materien eine
größere Geschwindigkeit haben, als die gröberen" (34).

FATIO hat diese Stoßgesetze nicht etwa in Unkenntnis des Satzes von der Erhaltung der Bewegungsgröße aufgestellt, sondern
nur eine zu seiner Zeit übliche Formulierung gewählt. Dies
lehrt ein Blick in HUYGENS 'De motu', deren Lehrsatz VI so
lautet:

"Wenn zwei Körper zusammenstoßen, so erhält sich nach dem
Stoß nicht immer dieselbe Bewegungsgröße, welche in beiden zusammen vor dem Stoß vorhanden war, sondern sie
kann vermehrt oder vermindert sein" (35).

FATIO zählt also nur die Einzelfälle auf, die unter diesen
Lehrsatz zu subsummieren sind. Bezeichnet man die Massen der
am Stoß beteiligten Körper mit m_1, m_2, ihre Geschwindigkeit
vor dem Stoß mit u_1, u_2 und nach dem Stoß mit v_1, v_2, so kann
man FATIOs Regeln (für den geraden zentralen Stoß) wie folgt
schreiben:

1. $m_1u_1 - m_2u_2 = -m_1v_1 + m_2v_2 \rightarrow m_1|u_1| + m_2|u_2| = m_1|v_1| + m_2|v_2|$

2. $m_1u_1 + m_2u_2 = m_1v_1 + m_2v_2 \rightarrow m_1|u_1| + m_2|u_2| = m_1|v_1| + m_2|v_2|$

3. $m_1u_1 - m_2u_2 = m_1v_1 + m_2v_2 \rightarrow m_1|u_1| + m_2|u_2| > m_1|v_1| + m_2|v_2|$

4. $m_1u_1 + m_2u_2 = -m_1v_1 + m_2v_2 \rightarrow m_1|u_1| + m_2|u_2| < m_1|v_1| + m_2|v_2|$

dabei bedeutet das positive Vorzeichen eine Bewegung nach
rechts, das negative eine Bewegung nach links.

FATIOs Regeln sind richtig und besagen lediglich, daß der Betrag der Bewegungsgröße bei diesen Stoßprozessen nicht erhalten
bleibt (36). FATIO zieht daraus aber den falschen Schluß, daß
die Zunahme des Betrages der Bewegungsgröße bei manchen Stößen der Verlust an (Relativ-)Geschwindigkeit ausgleichen kann,
der bei allen nicht vollkommen elastischen Stößen auftritt.
Diese Begriffsverwirrung ist darauf zurückzuführen, daß FATIO
nicht erkennt, daß es eine zweite, richtungsunabhängige Größe
mv^2 gibt, die nur bei vollkommen elastischen Stößen konstant
bleibt, sich sonst aber stets verringert und daß diese Größe
für die Bilanz des Stoßprozesses ebenso bedeutungsvoll ist, wie
die Bewegungsgröße mv. Natürlich ist FATIO der Unterschied
zwischen diesen Größen klar; in den Abschnitten 38 und 39 z.B.
beweist er, daß die"Stoßkraft"der fluiden,schwermachenden Materie proportional zum Quadrat der Geschwindigkeit der Partikeln ist, und in Abschnitt 28 spricht er davon, daß "die
meisten Partikeln, die gegen ein Atom oder den irdischen Körper C stoßen, nach der Reflexion alles in allem weder dieselbe Kraft haben, einen Körper zu bewegen (la même Force pour
mouvoir), noch dieselbe Bewegungsstärke (la même Vigueur de
Mouvement) welche sie zuvor hatten" (37). Aber von solchen
Vorformen des Energiebegriffes ist es ein weiter Weg bis zur
Erkenntnis der Bedeutung dieser Größe in den physikalischen
Prozessen. Ein sicheres Gefühl bewahrt FATIO jedoch davor, seine Theorie auf den vermeintlichen Ersatz von Bewegungsverlusten
zu stützen (38); vielmehr sucht er die Anfangsbedingungen so
festzulegen, daß die Anzahl der Stöße und die (Energie)Verluste
pro Stoß verschwindend klein bleiben. (Vid. das 6. Kapitel dieser Arbeit).

3. Über die Struktur der Materie

> "Man muß seine Zuflucht zu einer wunderbaren und
> sehr kunstvollen Textur der Partikeln nehmen, wo-
> durch alle Körper wie Netze ... nach allen Seiten
> freien Durchlaß gewähren.
>
> Warum sollten sich die Grundelemente aller Dinge
> nicht durch die Kraft der Natur geometrisch zu
> netzförmigen Gebilden vereinigen?"
>
> Isaac NEWTON um 1692.

Eine mechanistische Theorie der Schwere - das hat schon die
HUYGENSsche gezeigt - ist nicht denkbar ohne Aussagen über
die Struktur der Materie, ohne genaue Vorstellungen über Aufbau und Zusammensetzung der schweren Körper. FATIO formuliert
diesen Tatbestand im Abschnitt 12 seiner Abhandlung so:

> "Da meine Hypothese so beschaffen ist, daß ich an ihrer
> Wahrhaftigkeit kaum zweifeln kann - wenigstens wenn es
> eine mechanische Ursache der Schwere gibt -, bediene ich
> mich ihrer auch, um die Fundamente zu einer soliden Phi-
> losophie zu legen. Denn aus dieser Hypothese folgt ohne
> Zusätze nicht, daß die Schwere der Körper proportional
> zur Masse sein muß. Soweit man es jedoch nachprüfen konn-
> te - wenn ich mir auch exaktere Experimente wünschte -,
> hat man gefunden, daß die Schwere merklich genau propor-
> tional zur Masse war. Daher habe ich verschiedene Vermu-
> tungen bezüglich der inneren Struktur der irdischen Kör-
> per und der Planeten, deren Schwere nur dann merklich ge-
> nau proportional zur Masse sein kann, wenn ihre Struktur
> eine bestimmte, von mir angegebene ist. Und es bestätigt
> sich dadurch, daß diese Körper eine sehr große Zahl weit
> offener Poren besitzen. Dazu ist zu bemerken, daß wir
> zahlreiche Beweise für die extreme Dünnigkeit haben, die
> das Gold trotz seines Gewichts besitzt, jedoch keine
> Gründe, die uns an der Annahme hinderten, die Körper
> könnten nicht 1 000 000 oder 1 000 000 000 000 mal mehr
> leeren als vollen Raum enthalten" (1).

FATIO beschäftigt sich in der Folge der Abhandlung noch mehrmals mit diesem Problem und zwar unter zwei Aspekten: Erstens sucht FATIO nach einer Struktur der Materie, welche die Forderung nach strenger Proportionalität zwischen Gewicht und Masse bei allen schweren Körpern möglichst optimal erfüllt. Das erzwingt in jedem Fall eine extrem poröse Struktur, denn jede an der Zusammensetzung eines Körpers beteiligte Partikel muß zu dessen Gewicht beitragen können, d.h. eine Partikel im Innern eines Körpers muß der Wirkung der schwermachenden fluiden Materie in gleichem Maße ausgesetzt sein wie eine gleichgroße Partikel an der Oberfläche.

Zweitens sucht FATIO nach anderen physikalischen Effekten, welche die aus der obigen Forderung sich ergebende extreme Porosität der Körper bestätigen könnten.

Seine Spekulationen über den Aufbau der Materie hat FATIO im Abschnitt 25 und in einem sehr ausgedehnten Zusatz zum Abschnitt 34 seiner Abhandlung niedergelegt; die Phänomene, welche seiner Ansicht nach die zuvor entworfene Struktur bestätigen, werden im Abschnitt 26 und auf den foll. 53r^o - 54r^o des Basler Manuskripts (pp. 59-61 der Edition BOPP) behandelt.

Es steht für FATIO außer Frage, daß die Grundbausteine der Materie reguläre geometrische Figuren sein müssen; da die Natur, so argumentiert er, sich in so vielen ihrer Schöpfungen, wie z.B. den Kristallen und Salzen, als "ausgezeichnete Mathematikerin" erweise, könne man sich auch die kleinsten Partikeln, "die ja dieser Regelmäßigkeit zugrunde liegen", kaum anders denn als Kugeln, Würfel oder ähnliche regelmäßige Gebilde denken (2). Ganz entsprechend hatte schon HUYGENS in seinem 'Traité' bei der Betrachtung des Bergkristalls argumentiert und aus den gleichen Beispielen geschlossen:

> "Es scheint, daß die Regelmäßigkeit, die man bei diesen
> Erzeugnissen findet, im allgemeinen von der Anordnung
> der unsichtbaren kleinen und gleichen Partikeln herrührt,
> aus denen sie zusammengesetzt sind" (3).

Mit der Annahme, daß die Grundbausteine der Materie regelmäßige geometrische Gebilde sind, ist noch nicht viel gewonnen,

von weit größerer Bedeutung ist es, herauszufinden, welche
Figuren und welche Arten ihrer Anordnung am ehesten der Forderung nach Proportionalität zwischen Gewicht und Masse bei
den schweren Körpern zu entsprechen vermögen. FATIO unter-
zieht sich dieser Aufgabe im Abschnitt 34 seiner Abhandlung
(FATIO ist übrigens nicht davon überzeugt - und dies sagt er
nicht nur einmal -, daß Gewicht und Masse zueinander "mit
letzter mathematischer Genauigkeit" proportional sind, daß
also weder so große Körper wie die Planeten, noch ihre letzten Bausteine, die Atome "in ihrer Umgebung eine nach allen
Seiten völlig regelmäßige und stets ihrer Masse proportionale Schwere erzeugen" (4); FATIO geht es offenbar nur darum,
Einwänden vorzubeugen und zu demonstrieren, daß seine Theorie auch diesen Bedingungen zu genügen vermag).

FATIO versucht die Lösung zunächst mit einfachsten Mitteln:

Abb. 8.3.1

"Nimmt man an, daß die Figur R (Abb. 8.3.1) eine sehr
kleine Anhäufung gleicher Kugeln darstellt, deren Durchmesser unendlich klein sind und deren scheinbare Durchmesser (disques aparens) für die allernächsten Kugeln
ebenfalls unendlich klein sind, dann bildet sich rings
um diese Anhäufung eine Schwere, die sich, wenn sie auf
ähnliche kleine Anhäufungen einwirkt, wie die Zahl der
kleinen Kugeln und umgekehrt wie das Quadrat des Abstandes zu den Kugeln R verhalten wird. Aber es sieht nicht
so aus, als ob die irdischen Körper oder diejenigen,
welche die Planeten bilden, so zusammengesetzt wären;
denn die kleinen Kugeln R müßten sich notwendigerweise
einander nähern, sofern sie nicht durch Stäbe - etwa
durch starre Linien, die sich zwischen ihnen erstrek-
ken und deren Durchmesser unendlich kleiner als derjenige der Kugeln ist - abgestützt oder durch Rotationsbewegungen (Mouvemens circulaires) oder eine andere zen-
trifugale Ursache auseinandergehalten werden (5).

FATIO faßt anschließend die Bedingungen, denen die gesuchte
Anordnung genügen muß, wie folgt zusammen:

> "Es ist - wenigstens bei unserer Art Physik zu treiben
> (nôtre manière de philosopher) - recht glaubhaft, daß
> die irdischen Körper und sogar die groben Körper des ge-
> samten Universums sich aus Partikeln zusammensetzen, de-
> ren Masse - wie bei der vorhergehenden Annahme - zur
> Oberfläche wirklich proportional ist; aus Partikeln fer-
> ner, deren Oberfläche sich überdies - wie bei der vorher-
> gehenden Annahme - gleichförmig und in gleicher Weise
> nach allen denkbaren Seiten wendet; aus Partikeln end-
> lich, deren Solidität unendlich geringer als der leere
> Raum ist, welchen sie zwischen sich lassen, was sich eben-
> falls in der vorhergehenden Annahme findet" (6).

Diese Bedingungen kann man sich leicht plausibel machen: FA-
TIO hat im Problem I (vid. das 6. Kapitel dieser Arbeit) gezeigt, daß in seiner Theorie die Schwerkraft (das Gewicht)
eines völlig soliden - für die schwermachende Materie völlig
undurchdringlichen - Körpers nur von dessen Oberfläche abhängt.
Soll also das Gewicht proportional zur Masse sein, muß diese
bei den Grundbausteinen der Materie proportional zu deren
Oberfläche sein. Die Bedingung, daß "deren Oberfläche sich
überdies ... nach allen Seiten als gleichförmig und gleich
(également et uniformement tournée de tous cotéz imaginables)"
(7) erweisen soll, heißt, daß das Gebilde ein kugelsymmetri-
sches Potential besitzen soll (wenn es erlaubt ist, einen solchen Begriff hier zu verwenden). Endlich bedeutet die dritte
Bedingung nichts anderes, als daß sich die Partikeln nicht
gegenseitig im Weg sein dürfen, damit eine Partikel im Innern
des Körpers mit gleicher Wahrscheinlichkeit von den Teilchen
der schwermachenden Materie getroffen wird und also ebensoviel zum Gewicht beitragen kann wie eine gleichgroße an der
Oberfläche des Körpers. Dazu müssen die Körper extrem porös
sein oder wie FATIO es für sein aus kleinen Kügelchen beste-
henden Gebilde R ausdrückt, es müssen die "scheinbaren Durchmesser" der Kügelchen (die Sehwinkel, unter denen ein be-
liebiges Kügelchen von seinem nächsten Nachbarn aus gesehen

erscheint), "unendlich klein" sein. Da die Kügelchen aber
einander anziehen, also den erforderlichen Abstand ohne zu-
sätzliche Hilfsmittel nicht einhalten könnten, ist das Modell R ungeeignet, d.h. man kann die Körper nicht dadurch
aufbauen, daß man kleine Kugeln aneinander lagert.

FATIO diskutiert darum eine zweite Möglichkeit des Aufbau-
es und geht dazu von anderen Atomen aus:

> "Wir wollen nun z.B. annehmen, daß - unter Beachtung al-
> ler anderen obigen Bedingungen - ein Körper aus mehreren
> gleichen Atomen gebildet worden ist, von denen jedes ei-
> nem nahezu sphärischen Netz oder Gitter gleicht, von dem
> man sich folgende Vorstellung machen kann: Man denke sich
> ein Ikosaeder, oder irgendeine andere Figur, eine regel-
> mäßige oder eine unregelmäßige, die in eine Kugel oder
> irgendeinen ganz anderen Körper eingeschrieben werden
> kann. In jedem Raumwinkel stelle man sich nun kleine glei-
> che Kugeln vor, welche untereinander durch starre Linien
> verbunden sind, die längs der Kanten oder der ebenen Win-
> kel angeordnet sind; und allein von diesen Kugeln und
> starren Linien wird ein einziges, vollkommen hartes und
> von allen Seiten lichtdurchlässiges Atom gebildet. Wenn
> bei der Struktur dieses Atoms nur wenige Kugeln betei-
> ligt sind, kann sich ein gleichartiges Atom mit ihm ver-
> einigen, indem es das erste durch drei Kugeln berührt;
> die Zusammensetzung dieser beiden Atome wird dann in der
> Umgebung keine zum Quadrat des Abstandes reziproke Schwe-
> re mehr erzeugen. Man muß also entweder die Anzahl der
> Kugeln in diesen Atomen vermehren oder aber auf irgendei-
> ne andere Struktur zurückgreifen" (8).

Auch der Versuch, die Körper aus Atomen aufzubauen, die eine
Kristallgitterstruktur besitzen, führt zu keinem brauchbaren
Ergebnis, weil sich, wenn man die Atome zu größeren Verbänden
(Körpern) zusammensetzen will, an den einzelnen Nahtstellen
die Materie zusammenklumpt. Entweder müssen also die Materie-
kugeln so vermehrt werden, daß diese Zusammenballungen nicht
mehr ins Gewicht fallen, oder man muß den Atomen eine andere
Struktur geben. FATIO will dazu auf die Materiekugeln über-

haupt verzichten und von den zuvor beschriebenen Atomen nur
das Gerüst übrig lassen, allerdings dessen Kantenzahl so vergrößern, daß bei der Vereinigung mehrerer Atome "die Zusammensetzung ... noch ein und dieselbe, gleichgroße Oberfläche
nach allen Seiten hat" (9). Um dies zu erreichen, schlägt FA-
TIO eine Lösung vor, die dem Leser einige Rätsel aufgibt, da
FATIO zu keinem Kommentar bereit ist als zu der Versicherung,
hierbei habe "die höchste Mathematik (la Geometrie la plus
sublime) Gelegenheit, sich auf einem Felde zu tummeln, das
kaum betreten und ebenso weit wie schwer zu bearbeiten ist"
(10). Das Ergebnis dieser "höchsten Mathematik" sieht so aus:

"Will man etwa ein sphärisches oder irgendein anderes solches Netz, aus verschiedenen soliden Kreisen oder Ringen
zusammensetzen, die im Verhältnis zu ihren Durchmessern
unendlich dünn sind; sie mögen nun Großkreise der Kugel
oder kleine Kreise, gleich oder ungleich sein; wie ist zu
erreichen, daß dieses Netz allen Seiten eine gleichgroße
Oberfläche zuwendet? Es ergibt sich, daß jeder dieser
Kreisringe als Schnitt durch seine Achse zwei gleiche Zy-
kloiden besitzen muß, die durch ihre äußersten Enden miteinander verbunden sind und deren gemeinsame Basis parallel zur Achse des Ringes liegt; zumindest wenn jeder dieser Ringe in Bezug auf seine Oberfläche die Eigenschaft
besitzen soll, welche man dem Atom insgesamt für die seine zu geben sucht" (11).

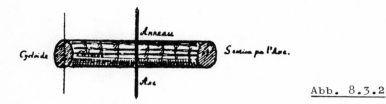

Abb. 8.3.2

Weit einsichtiger und FATIOs Intentionen auch am besten ange-
paßt scheint eine Atomstruktur, die er als Alternative zur
vorher beschriebenen entwirft:

> "Man stelle sich wie oben ein Gitter oder Netz vor, gleich-
> gültig von welcher Gestalt und welcher Seitenzahl - die
> größte scheint jedoch die beste. In dessen Mitte denke
> man sich eine durch starre Stäbe aufgehängte oder befe-
> stigte Kugel. Der Durchmesser der Kugel ist unendlich
> kleiner als der des gesamten Netzes, und der Durchmesser
> der Fäden, die das Netz und die Stäbe zusammensetzen,
> wiederum unendlich kleiner als derjenige der Kugel, und
> die Oberfläche - und umsomehr die Masse - des Netzes un-
> endlich kleiner als die der Kugel. Ein Haufen solcher
> Atome bildet eine im Verhältnis zu seiner Dichte attrak-
> tive Masse" (12).

Bei dieser Struktur wird erreicht, daß die im Inneren des
Atomgitters sitzende Massekugel zu der des Nachbaratoms einen
Abstand einhält, der "unendlich groß" gegenüber dem Durchmesser dieser Kugel ist, d.h. daß jede dieser Kugeln für die Partikeln frei zugänglich ist; daß andererseits aber die Effekte,
die durch die Masse der Arretierungsstäbe entstehen, als "unendlich klein" angesehen werden können. Die Forderung nach
Proportionalität zwischen Gewicht und Masse scheint jedenfalls
bei einer solchen Atomstruktur am genauesten erfüllbar (13).

FATIO begnügt sich nicht damit, die von seiner Schweretheorie
erzwungenen Vorstellungen über die Struktur der Materie einfach darzustellen, sondern er sucht nach physikalischen Effekten, welche die von ihm angenommene extreme "Löchrigkeit"
der Materie beweisen, weil sie nur durch diese Annahme zu erklären sind.

> "Die Dünnigkeit der irdischen Körper gehört zur selben Gat
> tung wie Größen und Geschwindigkeiten und nichts spricht
> dawider, daß sie nicht unermeßlich sein könnte",

so argumentiert FATIO und zählt dann folgende Phänomene auf:

> "Gold, der dichteste aller uns bekannten Körper, wird au-
> genblicks und von allen Seiten von Quecksilber durchdrun-
> gen, das überdies der dichteste Körper nach Gold ist. Es
> wird von Königswasser durchdrungen. Es schmilzt im Feuer
> von Brennspiegeln. Und wie wäre so etwas denkbar, es sei
> denn, das Gold hätte sehr offene Poren? Es wird äußerst

leicht von den Materien durchdrungen, welche die Schwere
und die Phänomene des Magneten bewirken. Die Wärme des
Feuers gibt den Massen der schwersten Metalle zusammengesetzte (innere) Bewegungen (Mouvemens entremêlez) bis zum
Zentrum der Massen selbst. Ich verstehe darunter diese-
nigen Bewegungen, in denen die Wärme und die Fluidität besteht (ces Mouvemens, dans les quels consistent la Chaleur
et la fluidité). All dies setzt zweifelsohne eine recht
große Dünnigkeit voraus (14).

Weit wichtiger als diese Betrachtungen - ganz entsprechende
findet man in HUYGENS' 'Discours' und in den Fragen (Queries)
zu NEWTONs 'Optik' - sind für FATIO die Schlüsse, die man aus
der Fortpflanzung des Lichts in festen durchsichtigen Körpern
ziehen kann. Aus NEWTONs Experimenten über die Farben dünner
Blättchen (15) ist ihm bekannt, daß aus einer wässrigen Sei-
fenlösung Schichten von weit weniger als $\frac{1}{500000}$ Zoll
($\hat{=}$ $5 \cdot 10^{-6}$ cm) hergestellt werden können. FATIO nimmt an, daß
diese Dicke aus mehr als nur einer Schicht von Wasserparti-
keln besteht und daß transparente Körper wie Kristalle aus
Wasser bestehen, und er zieht daraus die folgende Konsequenz:

"Das Licht jedoch durchquert geradlinig eine sehr große
Anzahl dieser Schichten, bis zu mehreren Fuß Dicke. Und
da mich die Experimente des Herrn NEWTON überzeugt haben,
daß das Licht aus Korpuskeln besteht, die sich von den
leuchtenden Körpern ablösen und bis zu uns gelangen -
und nicht in einer wellenförmigen Bewegung des Äthers
(Air celeste); welch außerordentliche Dünnigkeit muß man
sich dann nicht im Kristall und im Wasser vorstellen,
sollen trotz einer fast unermesslichen Anzahl von Schichten noch geradlinige, offene Wege für so viele Lichtstrahlen bleiben, welche die Körper von allen Seiten durchdringen können" (16).

Und ergänzend dazu heißt es an anderer Stelle:

"Nun haben aber diese Korpuskeln, deren Geschwindigkeit
nur etwa 600 000 mal größer ist als die des Schalls und
die so klein sind, daß sie geradlinig und ziemlich ungehindert eine dicke Kristall-, Wasser- oder Glasschicht zu

durchdringen vermögen, erstaunliche Wirkungen, wenn man
sie in einiger Menge mit einem sehr guten Hohlspiegel
sammelt. Sie versintern und schmelzen dann in wenigen
Sekunden Metalle und andere Mineralien. Hierzu müssen
sie eine Dicke und Solidität haben, die solch beachtli-
chen Effekten angemessen ist, und zwar umso mehr, je solider die Körper angenommen werden, die von ihnen auf
diese Weise geschmolzen werden. Andererseits aber wären
die Lichtstrahlen nicht imstande, Kristalle und Glas unterschiedslos nach allen Richtungen geradlinig zu durchqueren, wenn diese Körper nicht äußerst porös wären. Und
dazu muß es im Glase nicht nur unvergleichlich mehr Poren als erfüllten Raum geben, sondern darüber hinaus müssen auch die Partikeln und Moleküle, aus denen sich das
Glas zusammensetzt, offene Poren haben, um den Strahlen
einen höchst ungehinderten Durchgang zu verschaffen" (17).

(Auch wenn man berücksichtigt, daß es FATIO hier nur auf Beweise für die poröse Struktur der Körper ankommt und nicht
auf die Deutung optischer Effekte, wüßte man doch gern, warum
auch die Grundbausteine der durchsichtigen Körper durchlässig
sein müssen, und wie man sich bei einer solchen Struktur der
Materie Undurchsichtigkeit, Reflexion und Brechung vorstellen
soll).

4. Über Ausdehnung und Materie
(FATIOs Polemik gegen DESCARTES)

> "Ich gebe nichts auf jenen populären Trugschluß,
> der gewöhnlich gegen das Vakuum angeführt wird:
> daß nämlich die Natur der Körper auf der Ausdeh-
> nung beruhe".
>
> Isaac NEWTON 1692.

Für FATIOs Gravitationstheorie ist die Existenz von leerem
Raum eine unerläßliche Bedingung, und eine Welt, die wie die
des DESCARTES "so vollgestopft war, daß man sich in ihr nicht
rühren konnte" (1) wird für einen NEWTONianer zu einem bloßen
Hirngespinst. FATIO hält es trotzdem für notwendig, sich mit
den Cartesianern auseinanderzusetzen und er führt diese Auseinandersetzung mit philosophischen und physikalischen Argu-
menten. Philosophisch argumentiert FATIO gegen den Materiebegriff DESCARTES', gegen die Identifizierung von Raum und Materie (Ausdehnung und Körperlichkeit); physikalisch gegen die
Vorstellung, daß in einem materieerfüllten Raum die von der
Astronomie geforderten widerstandsfreien Bewegungen auch nur
möglich sein könnten.

FATIO eröffnet seine Polemik gegen die Cartesianer mit Argu-
menten, die sich lesen, als seien sie John LOCKEs 'Essay'
entnommen:

> "... die bloße Ausdehnung", so schreibt FATIO, "erzeugt in
> uns eine andere Idee als die mit Solidität oder Undurch-
> dringlichkeit und mit Beweglichkeit ausgestattete Ausdeh-
> nung. Beide sind als klare Ideen in unserem Verstand: Die
> erste ist die des Leeren und ist die klarere von beiden;
> die andere ist die des Körpers oder der Materie. Ich kann
> mir nicht vorstellen, daß mich irgendeine metaphysische
> Spitzfindigkeit dazu bringen könnte, sie miteinander zu
> verwechseln, oder sie für ein und dieselbe zu halten" (2).

Und einige Zeilen später heißt es:

"Wer Ausdehnung (étendue) sagt, nennt etwas Vollständiges
(complète), durchweg Gleichförmiges (partout uniforme)
[und] schlechthin Einfaches (absolument simple), wie das
einer Idee entspricht, der nichts fehlt, um vollständig
(entière) und vollkommen (parfaite) zu sein" (3).

Die Ähnlichkeit dieser Argumentation mit der John LOCKEs ist
zu groß, als daß sie rein zufällig sein könnte (4); es ist
hier aber nicht der Ort, solchen Zusammenhängen nachzugehen,
zumal auch die sich anschließende, physikalisch begründete
Polemik FATIOs gegen DESCARTES weit mehr Interesse verdient.

"Ein Leeres (vacuum) im philosophischen Sinne, d.h. ein solches, in dem sich keine Substanz befindet" (5), ist für DES-
CARTES evidentermaßen unmöglich, denn (wie LOCKE es ausdrückt):
"Die Frage, ob es Raum ohne Körper gäbe, wäre [für DESCARTES]
ebenso unsinnig wie die andere, ob es raumlosen Raum oder
körperlose Körper gäbe" (6); jedoch läßt DESCARTES rein hypo-
thetisch eine Leere zu, die sich in ihren physikalischen Konsequenzen vom Vakuum im heutigen Sinne nicht unterscheidet:
nämlich "Räume, die leer wären, oder erfüllt von einer Materie, welche zur Bewegung der anderen Körper nichts beitrüge und die sie auch nicht behinderte", und er setzt an dieser
Stelle hinzu: "denn so müssen wir das Leere verstehen" (7).
Wenn DESCARTES auch die "Idee" eines solchen Vakuums nicht
für widersprüchlich hält, so bestreitet er doch dessen physikalische Realität. Warum er dies tut - "ein solches Leeres
kann es in der Natur nicht geben" (8), behauptet er -, das
läßt sich nur begründen, wenn man DESCARTES Vorstellungen von
der Natur der Flüssigkeiten und von deren Wechselwirkung mit
festen Körpern kennt, Vorstellungen, die DESCARTES in den Kapiteln 54-61 des zweiten Teils seiner 'Principia Philosophiae'
entwickelt:

"Ein Körper ist flüssig", so definiert er, "wenn er in sehr
viele kleine Teile aufgeteilt ist, die sich - jeder einzeln für sich - in der mannigfaltigsten Weise bewegen,
und er ist hart, wenn seine sämtlichen Teile einander berühren und sich nicht voneinander entfernen" (9).

Ein fester Körper, der in einer Flüssigkeit schwimmt, bleibt
ihr gegenüber in Ruhe, weil sich die zueinander entgegengesetzten Bewegungen der Flüssigkeitsteile die Waage halten; es
genügt jedoch die denkbar kleinste Kraft, um den Körper innerhalb der Flüssigkeit in Bewegung zu setzen und zwar in Richtung der Kraft und mit einer ihr entsprechenden Geschwindigkeit. Die Flüssigkeit setzt der Bewegung des in ihr schwimmenden festen Körpers nur dann Widerstand entgegen, wenn
sich nicht alle ihre Partikeln mindestens ebenso rasch bewegen, wie der feste Körper. In einer vollkommenen oder idealen Flüssigkeit wird dies aber nicht der Fall sein. Bewegt
sich eine Flüssigkeit insgesamt, d.h. wird nicht dem festen
Körper in der Flüssigkeit, sondern dem System Flüssigkeit -
Körper eine äußere Kraft aufgeprägt, so wird der Körper von
der Flüssigkeit mitgenommen wie ein Stück Holz von einem
fließenden Bach (Princ. Phil. II. 55-61). Genau dies aber
widerfährt in DESCARTES' Kosmologie den Planeten durch die
Wirbel himmlischer Materie. Wäre diese Materie so beschaffen,
daß sie die Bewegungen anderer Körper zwar nicht behinderte,
aber auch nichts zu ihnen beitrüge, mit anderen Worten: wäre
der Himmel leer, bewegten sich die Planeten nicht. Die himmlische Materie muß vielmehr die Kraft haben, die Planetenkör-
per zu bewegen ohne diese Bewegungen zugleich zu behindern,
d.h. sie muß eine vollkommene oder ideale Flüssigkeit sein.
DESCARTES kommt in seinem Kosmos ohne leere Räume aus, weil
nach seiner Überzeugung Bewegungen ohne Widerstand auch in
vollkommenen Flüssigkeiten möglich sind, und "der Grund, weshalb sie den Bewegungen anderer Körper überhaupt keinen Widerstand entgegensetzen, ist nicht der, daß sie weniger Materie hätten als diese, sondern daß sie ebensoviel oder mehr
Geschwindigkeit besitzen und ihre kleinen Teile sich leicht
in alle Richtungen hin bewegen" (10).

Ein Angriff gegen die cartesische Konzeption und ein Beweis
für die Notwendigkeit des Leeren muß sich vor allem gegen
DESCARTES Behauptung richten, daß eine Flüssigkeit der Bewegung eines Körpers keinen Widerstand entgegensetze, wenn
sich ihre Partikeln nur rascher bewegten als dieser Körper.
FATIO argumentiert gegen diese Vorstellung, indem er sich auf

NEWTONs Prinzip von der Gleichheit von actio und reactio beruft.

> "Und was wäre das für eine neue Philosophie, die, obwohl
> sie der soliden Materie das Vermögen zuerkennt, die fluide zu bewegen und zu zerteilen und sich einen Weg durch
> sie zu bahnen, dennoch behaupten wollte, all dies geschähe ohne Wirkung (réaction) auf die solide Materie
> und ohne Widerstand" (11).

Überdies versucht FATIO, DESCARTES zu widerlegen, indem er
von dessen eigenen Vorstellungen, d.h. von DESCARTES Begriff
des Leeren ausgeht:

> "Denken wir uns eine vollkommene Leere, oder, um mit den
> Cartesianern zu sprechen, eine Ausdehnung ohne Aktion und
> Widerstand, d.h. eine solche, welche die Bewegungen der
> Körper weder unterstützt noch aufhält. In dieser Ausdehnung wird sich ein gegebener Körper völlig ungehindert
> bewegen. Denken wir uns in der nämlichen Ausdehnung einen sehr dünnen Staub oder eine sehr feine, überall
> gleichmäßig verteilte Materie, deren Partikel voneinander getrennt und allesamt unbeweglich sind; und stellen
> wir uns vor, daß man ihnen das Widerstandsvermögen zurückerstattet, das wir bei allen Körpern und in vielerlei Experimenten bemerken. Der gegebene Körper wird jetzt Widerstand gegen seine Bewegung verspüren und dieser Widerstand ist um so größer, je größer die Dichte dieser Materie ist und je kleiner und poröser der gegebene Körper
> [je geringer also dessen Masse]. Denken wir uns nun die
> Teile dieses Staubes in alle Richtungen bewegt. Ich werde beweisen, daß der Widerstand, anstatt sich zu verringern (wie es die Cartesianer fordern), sich im Gegenteil
> verstärkt, und zwar umso mehr, je größer die Geschwindigkeit der Teile dieser verstreuten Materie ist. Man fülle
> den Raum mit einer größeren Menge unbeweglicher Materie,
> der man wie zuvor das Widerstandsvermögen zurückerstattet.
> Der Widerstand wird daraufhin wachsen. Man bewege diese
> Materie immer heftiger nach allen Richtungen und der Widerstand wird immer stärker werden. Endlich erfülle man

den gesamten Raum mit einer unbeweglichen Materie und der Widerstand wird unermeßlich. Zu bestimmen, was geschehen könnte, wenn man diese Materie äußerst heftig bewegte, wage ich nicht; denn da meiner Ansicht nach Bewegungen in vollkommener Dichte und Solidität überhaupt unmöglich sind, befürchte ich, daß die Absurdität der Annahme auch den daraus gezogenen Schluß berühren könnte. Man erkennt aber aus dem Vorhergehenden zumindest, daß die zusammengesetzten (internen) Bewegungen (Mouvemens entremêlez) (12) der Materie als verborgener Mechanismus zur Verminderung des Widerstandes schlecht geeignet sind. Da der Widerstand mit den internen Bewegungen und der Dichte stetig und ohne Grenzen in dem Maße wächst, wie der Raum sich mit Materie füllt, gibt es keinen Grund sich einzubilden, daß zu dem Zeitpunkt, da der Raum voll von Materie ist, der Widerstand augenblicks verschwinden könne. Im Gegenteil, die mit der Geometrie und den Exhaustionsmethoden Vertrauten sehen sofort: Wenn alles andere bei meinem Beweis stichhaltig ist, so muß gerade dann der Widerstand am größten werden" (13).

DESCARTES' Trugschluß, der Widerstand einer Flüssigkeit gegenüber einem in ihr bewegten Körper verschwände, wenn nur die Partikeln dieser Flüssigkeit klein genug und ihre Geschwindigkeit groß genug sind, dieser Trugschluß - dem auch HUYGENS (14) und LEIBNIZ (15) verfallen sind - wird von FATIO hier auf überzeugende Weise widerlegt. Und während NEWTON in seinen 'Principia' lediglich zeigt, daß der Widerstand eines Fluidums durch unbegrenzte Teilung der Partikeln sich nicht beliebig verringern läßt (16), beweist FATIO, daß der Widerstand eines Fluidums mit dessen Dichte und der Geschwindigkeit seiner Partikeln zunimmt: Im Problem IV zeigt er, daß ein Fluidum, das die Dichte δ besitzt, und dessen Partikeln sich mit der Geschwindigkeit v geradlinig und unterschiedslos nach allen Richtungen bewegen, auf eine Kugel, die sich ihrerseits mit der Geschwindigkeit w durch dieses Fluidum bewegt, einen Widerstand (einen Druck) ausübt, der proportional dem Produkt $\delta \cdot v \cdot w$ ist und zwar unter der Voraussetzung, daß $v \gg w$, d.h. das Fluidum eine ideale Flüssigkeit im Sinne DES-

CARTES ist (vid. den 7. Abschnitt des 8. Kapitels dieser Arbeit). Also kann keine Rede davon sein, daß solche Flüssigkeiten "den Bewegungen anderer Körper überhaupt keinen Widerstand entgegensetzen" (10), und die Cartesianer sind gezwungen, irgendetwas zur Erklärung heranzuziehen, das in seiner physikalischen Wirkung dem leeren Raum gleichkommt. FATIO argumentiert völlig konsequent, wenn er im Anschluß an seine Widerlegung schreibt:

"Um sich der Überzeugungskraft dieser Überlegung zu entziehen, bleibt den Cartesianern nur mehr übrig zu behaupten (und sie tun es), daß es eine Materie gibt, die der Bewegung widersteht und eine andere Materie, die überhaupt keinen Widerstand leistet, sondern sich mit unendlicher Leichtigkeit allen Unregelmäßigkeiten der Oberflächen der Partikeln und der Poren der Körper anpaßt. Nun gebe auch ich zu, daß es eine Ausdehnung gibt, der die Fähigkeit zu widerstehen eigentümlich ist und eine andere Ausdehnung, welche der Bewegung überhaupt keinen Widerstand entgegensetzt. Wenn wir beim Grundgedanken übereinstimmen, dann lasse man mir die Freiheit, das, was ich mir unter der ersten Idee vorstelle, wie alle übrigen Leute Körper zu nennen, und das, was ich mir unter der zweiten vorstelle, Leere oder Raum. Da diese Ideen ganz offensichtlich voneinander klar zu unterscheiden sind, können sie wohl auch verschiedene Namen tragen" (17).

Sobald FATIO erreicht, daß die Cartesianer die Existenz einer Materie einräumen müssen, welche die Bewegung der anderen Körper weder fördert noch behindert, weil anders eine Bewegung ohne Widerstand, d.h. eine reibungsfreie Bewegung überhaupt ausgeschlossen ist, macht es FATIO natürlich keine Mühe mehr, zu zeigen, daß zwischen dieser Materie und dem Vakuum nur mehr ein begrifflicher Unterschied besteht, und daß eine solche Art von Materie sinnvollerweise nicht als Materie bezeichnet werden kann. Wenn nämlich bei allen bekannten Materien Widerstandskraft zu bemerken ist, wäre es völlig unbegreiflich, wieso es eine Materie ohne Widerstandskraft geben könnte, denn "die wesentlichen Eigenschaften aller Arten von Materien sind diejenigen, welche wir bei allen uns bekann-

ten Materien beobachten" (18), und "worauf könnten wir die
Vorstellung einer Materie gründen, die von diesen Eigenschaften entblößt und im Universum völlig nutzlos wäre?" (19). Da
aber die Eigenschaften harter Körper und der Widerstand, den
sogar fluide Körper besitzen, beweisen, daß es auf jeden Fall
Materie geben muß, die nicht essentiell weich ist, muß Härte
eine wesentliche Eigenschaft der Materie sein, denn, so argumentiert FATIO weiter, es gibt zwar keinen Grund, "daß eine
Anhäufung sehr kleiner harter Körper nicht eine weiche Zusammensetzung bilden könnte, die sehr leicht der Bewegung der
groben Körper ausweicht" (20), "wenn es aber eine essentiell
weiche Materie gibt, wie ist es dann möglich, daß es irgendeine Materie gibt, welche diese Eigenschaft nicht hat?" (21).

Anders ausgedrückt: in einer mechanistischen Physik kann man
sehr wohl die Eigenschaften fluider (weicher) Körper erklären, wenn man annimmt, daß die kleinsten Bausteine der Materie absolut hart sind, man kann jedoch nicht erklären, wieso es harte Körper geben kann, wenn man Weichheit als essen-
tielle Eigenschaft der Materie annimmt. Die DESCARTES'sche Vorstellung einer substantiellen Leere läßt sich nur aufrechter-
halten, wenn man nicht mehr daran festhält, eine einheitliche
Materie zu fordern, was aber auch der cartesischen Philosophie
zuwiderliefe. FATIO kann es also nicht mehr schwerfallen, eine solche Vorstellung vom Leeren der begrifflichen Unsauber-
keit zu überführen:

"Wenn wir schon gezwungen sind, zwei schlechterdings verschiedene Materien anzunehmen, von denen die eine, nämlich die weiche oder fluide, überhaupt keine Kraft auf
die andere, nämlich auf die solide, ausüben kann, ja nicht
einmal das Vermögen hat, ihr zu widerstehen, und infolgedessen auch nicht das Vermögen, sie zu bewegen, worin
unterscheiden sich dann diese Ideen von denen des Körpers
und des Leeren, außer daß die letzten die weitaus deutlicheren sind?" (22).

FATIO beschließt seine Auseinandersetzung mit DESCARTES durch
den Hinweis auf die Abhängigkeit seiner Schweretheorie von der
Annahme eines leeren Raumes, nämlich "daß es entweder Leere

gibt oder keine mechanische Ursache der Schwere" (23), und daß
es auch unabhängig davon notwendig ist, die Existenz von leerem Raum anzunehmen, weil sich gezeigt hat, daß das Gewicht
der Körper stets proportional zu ihrer Masse (bzw. Materiemenge) ist; eine Argumentation, die ganz auf dem Boden der NEW-
TONschen Prinzipien steht (24).

Auf die Polemik gegen die Cartesianer folgt im Basler Manuskript eine Passage, die unser Interesse verdient, und bei
der es sich durchaus um den "einzigartigen, von Herrn NEWTON
eingegebenen Gedanken" (25) handeln könnte, von dem FATIO in
seiner Beschreibung des Ms. FO 2 von 1696 spricht (26). Es
geht in diesem Abschnitt um die "Beschreibung einer neuen Welt
und der Eigenschaften der Materie, aus welcher sie sich zusammensetzt" - wenn man eine DESCARTESsche Formulierung verwenden darf (27). FATIO umreißt das Problem mit den folgenden
Worten:

> "Man nimmt die Existenz Gottes, die Dauer oder Zeit und
> einen schlechthin unendlichen Raum an, und man fragt,
> durch welch einfachen und den Menschen einsichtigen Kunst-
> griff (artifice) Gott in diesem Raum eine Welt, wie wir
> sie kennen, schaffen könnte oder aber eine Welt, die von
> der uns bekannten durch keine ihrer Naturerscheinungen
> unterschieden werden könnte, d.h. man sucht nach einer
> einfachen Idee, welche Eigenschaften einschließt, die
> denen der Materie genau entsprechen" (28).

Die Eigenschaften sind bekannt: FATIO versteht unter Materie
"die mit Solidität oder Undurchdringlichkeit und mit Beweglichkeit ausgestattete Ausdehnung", Raum und Zeit sind bei
ihm bloße Bedingung ihrer Möglichkeit, weder ist der Raum in
irgendeiner Weise mit der Substanz (dem Körper) verknüpft,
noch sind Zeit und Dauer unterschieden und an die Bewegung
von Substanz gebunden, wie bei DESCARTES, sondern bei FATIO
sind Raum und Zeit vor jeder Substanz und jeder Bewegung und
unabhängig von ihnen: sie sind NEWTONs absoluter Raum und
NEWTONs absolute Zeit. Raum und Zeit sind aber nicht unabhängig von Gott, vielmehr "stellen [wir] uns als erstes vor,
daß die Teile des Raumes ebenso wie die der Zeit Gott stets

ganz genau bekannt sind" (29), was nur bedeuten kann, daß für
Gott jeder der Punkte des unendlichen, absoluten Raumes indi-
viduell, d.h. von allen übrigen Punkten unterscheidbar ist,
und daß die absolute Zeit ("die", wie NEWTON sagt, "an sich
und Kraft ihrer Natur gleichförmig und ohne Bezug zu irgendetwas Äußerem verläuft" (30)) für Ihn meßbar ist.

Als erstes handelt FATIO nun von der Materie als beweglicher
Ausdehnung und gibt an, nach welchem Gesetz sich diese Bewegung vollzieht:

> "Denken wir uns in diesem leeren Raum - ohne etwas hinzu-
> zutun oder zu verändern - die Figur einer unbeweglichen
> Kugel von einem Fuß Durchmesser, die nichts Körperliches
> an sich hat und sich vom übrigen Raum nur dadurch unter-
> scheidet, daß wir sie uns abgesondert denken wollen. Und
> wir wollen diese erste sphärische Figur A nennen. Nehmen
> wir nun an, daß - während einzig und allein der Verstand
> seine Tätigkeit fortsetzt - sich A sozusagen in Gedanken
> (à être imaginée) geradlinig-gleichförmig zu bewegen be-
> ginnt und während der Zeit T einhundertmal seinen Durch-
> messer zurücklegt, wobei es ohne Ende der nämlichen Bahn
> (route) folgt. In jedem Augenblick weiß der Verstand sehr
> genau, an welchem Ort er sich die sphärische Figur A den-
> ken muß. Und unter denselben Voraussetzungen merkte und
> wüßte Gott sozusagen für alle Zeit den Ort, an dem sich
> die sphärische Figur befinden muß.

> Ebenso denke man sich ähnliche sphärische Figuren B, C,
> D, E von irgendwelcher Größe und beliebig viele andere,
> von denen zunächst angenommen wird, daß sie in Ruhe sind.
> Nach einem gegebenen Zeichen (signal) muß jeder dieser
> Kugeln vom Verstand auf einer besonderen Bahn gesucht wer-
> den, wobei angenommen wird, daß sie auf diesen Bahnen ge-
> radlinig-gleichförmig fortschreiten. Und schon ist da so
> etwas wie eine Idee der Bewegung, obgleich wir eigentlich
> noch nichts Körperliches haben" (31).

Versucht man FATIOs Gedanken etwas stringenter wiederzugeben,
kann man sie wie folgt darstellen: Man denke sich eine Menge
von Punkten, die in einem bestimmten funktionalen Zusammenhang

zueinander stehen (Kugel) und im absoluten Raum gesondert
sind. Die Bewegung wird dann als Lageveränderung dieser Kugelpunkte gegenüber den anderen Punkten des Raumes begriffen,
d.h. man muß sich vorstellen, daß die Kugelpunkte sukzessive
mit je anderen Punkten des absoluten Raums koinzidieren, und
zwar so, daß jedem Zeitpunkt eine solche Koinzidenz so zugeordnet werden kann, daß einer stetig zusammenhängenden Folge
von Zeitpunkten (dem "gleichmäßigen Verfließen der absoluten
Zeit") eine stetig zusammenhängende Folge solcher Koinziden-
zen eineindeutig entspricht. Aber nur die göttliche Intelligenz vermag festzustellen, daß die Bewegung der Kugel A, die
"ohne Ende der nämlichen Bahn folgt", geradlinig-gleichförmig, d.h. eine Trägheitsbewegung ist. Für die menschliche Intelligenz gibt es "so etwas wie eine Idee der Bewegung" erst
dann, wenn auch andere Kugeln, B, C, D, etc. auf gleiche Weise eingeführt worden sind, d.h. erst jetzt gibt es Bewegung
als Änderung der Lage eines Körpers gegenüber anderen Körpern,
"obgleich wir eigentlich noch nichts Körperliches haben". Der
Zusatz macht deutlich, worum es FATIO geht: nämlich zu zeigen,
daß Bewegung ohne etwas Körperliches, d.h. unabhängig von Substanz, als bloße Translation relativen Raumes im absolute
denkbar ist (32). Bis hierhin hat FATIO Materie (Körper) als
bewegliche Ausdehnung (relativer Raum) im absoluten Raum erklärt und hat mit der Annahme, daß die Bewegung im Falle eines einzigen Körpers geradlinig-gleichförmig erfolge, die
Trägheit als eine wesentliche Eigenschaft der Materie postuliert. Er muß nun noch erklären, wie Materie (Körper) als
raumerfüllend und undurchdringlich, als solide verstanden
werden kann:

> "Nach einem neuen gegebenen Signal werde bestimmt, daß
> diese sphärischen Figuren A, B, C, D, E etc. stets wei-
> ter so betrachtet werden, als ob sie sich geradlinig-
> gleichförmig bewegten, jedoch mit der Einschränkung, daß,
> wenn sich die Oberflächen zweier dieser sphärischen Figu-
> ren bei ihrer Bewegung zufällig berühren, die Figuren von
> diesem Augenblick an daran erkannt werden, daß sie ihre
> ursprünglichen Bahnen und Geschwindigkeiten aufgeben und
> neue erhalten, welche sie ohne einen entsprechenden ähn-

lichen Vorfall nicht mehr verlassen. All dies folgt Regeln, die ganz denen entsprechen, welche die Natur bei
Stößen und Reflexionen unendlich harter Körper befolgt.

Wir haben nun also nicht nur eine bildliche Vorstellung
(image) von der Bewegung der Figuren und der Größe der
Körper sondern überdies von ihren Reflexionen beim Stoß
und von einer vollkommenen Solidität oder Härte, welche
- wenn man will - mit einer nahezu vollkommenen Federkraft verbunden ist" (33).

Solidität heißt also, daß sich zwei Körper nicht überdecken
können, daß sie vielmehr bei ihrer Berührung (einem Zusammenstoß) instantan ihre Geschwindigkeiten und Bewegungsrichtun-
gen ändern und zu neuen Trägheitsbewegungen übergehen. Dies
geschieht in der Weise, daß durch den Bewegungszustand vor
dem Stoß, (der durch Körpergröße, Bewegungsrichtung und Geschwindigkeit charakterisiert ist), derjenige nach dem Stoß
eindeutig bestimmt ist. FATIO formuliert: "All dies folgt Regeln, die ganz denen entsprechen, welche die Natur bei Stößen
und Reflexionen unendlich harter Körper befolgt". Dies müßte
heißen, daß Energie- und Impulssatz uneingeschränkt gelten
und entspräche ganz der HUYGENSschen Position in dieser Frage,
sagte FATIO nicht auch hier, daß die "vollkommene Solidität
oder Härte ... mit einer nahezu vollkommenen Federkraft verbunden ist", d.h. postulierte er nicht abermals die Elastizität als Grundeigenschaft der Materie, weil kinetische Energie und Energiesatz in seiner Physik ebensowenig eine Rolle
spielen wie in der NEWTONs.

FATIO ist überzeugt, daß man sich den gesamten Kosmos aus
solchen wie den zuvor beschriebenen Körpern aufgebaut denken
könnte, und daß man die in jenem auftretenden Phänomene auf
das Wechselspiel, auf Bewegungen und Reflexionen dieser Körper zurückführen muß. Stellt man sich vor, daß Gott einige
dieser Körper beseelen und mit Verstand begaben könnte, dann
ist es für FATIO keine Frage, daß man "schlechterdings keinen
Unterschied erkennen kann zwischen der Welt, die ich bis dahin kannte und derjenigen, von welcher man mir gerade eine
Vorstellung vermittelt hat" (34), (35).

FATIOs Begriff der Materie als einer "mit Solidität oder Undurchdringlichkeit und Beweglichkeit ausgestatteten Ausdehnung" ist im Grunde rein geometrisch-kinematisch: die Beweglichkeit wird als Translation eines relativen Raumes im absoluten verstanden und als ihre Gesetzmäßigkeit wird das Trägheitsprinzip postuliert; die Undurchdringlichkeit wird durch
die Forderungen ausgedrückt, daß diese relativen Räume bei
ihrer Bewegung stets mit sich selber kongruent sein müssen
und sich bei Zusammenstößen nicht gegenseitig überlappen dürfen. Alles in allem lassen diese Überlegungen, wie FATIO am
Ende feststellt "nur einen sehr kleinen Unterschied zwischen
Körper und Raum bestehen, aber einen Unterschied, der gleichwohl etwas so Reelles ist, daß mehr nicht nötig ist, um die
Grundlagen aller Naturerscheinungen zu begreifen" (36). Es
ist dies der Unterschied zwischen der cartesischen Physik und
der Physik im Sinne FATIOs oder, so könnte man es auch ausdrücken: der zwischen Geometrie und Mechanik. FATIO ist
schließlich auch klar, daß die Solidität als wesentliche Eigenschaft der Materie allein nicht ausreicht, um alle physikalischen Erscheinungen - wie es die mechanistische Physik ja
fordert - auf Stoßprozesse zurückführen zu können. FATIO sieht
aber nicht, daß dies (neben der Solidität der Materie) voraussetzt, daß Energie- und Impulserhaltungssatz als Gesetze a
priori für die Wechselwirkungen im atomaren Bereich gelten,
und sieht sich daher gezwungen, die Elatizität als eine weitere wesentliche Eigenschaft der (Grundbausteine der) Materie
zu postulieren.

5. Über die "Stoßkraft" der schwermachenden Materie.
(FATIOs Ansatz zu einer kinetischen Theorie der Gase)

> "Indessen kann die Elastizität der Luft nicht nur
> durch Verdichtung erhöht werden, sondern auch
> durch Steigerung der Wärme, und weil es ja fest-
> steht, daß sich die Wärme allenthalben durch wach-
> sende innere Bewegung der Partikel steigert, so
> folgt, daß die bei unverändertem Raum erhöhte Ela-
> stizität der Luft deutlich auf eine intensivere
> Bewegung der Luftpartikel hinweist".
>
> Daniel BERNOULLI 1738.

Den wichtigsten und folgenreichsten Lehrsatz seiner Abhandlung
hat FATIO schon 1690 als Theorem für die früheste, der Royal
Society vorgelegte Fassung seiner Theorie formuliert:

> "Wenn die eine Seite einer ebenen Fläche, z.B. die Ober-
> fläche eines vollkommen ebenen und festen Körpers, dem
> Stoße unserer nach allen Seiten unterschiedslos bewegten
> Materie ausgesetzt wird, so ist die Kraft des Stoßes ge-
> nau der sechste Teil derjenigen [Kraft] welche sich er-
> gäbe, wenn alle Bewegungen der äußerst rasch bewegten Ma-
> terie sich plötzlich senkrecht zur Ebene der Oberfläche
> ausrichteten und so einen einzigen gemeinsamen Strom bil-
> deten" (1).

Den Beweis für diese Behauptung hat FATIO erst 1696 in seine
Abhandlung aufgenommen, wie dem Inhaltsverzeichnis für das sogenannte Oxforder Manuskript zu entnehmen ist (vid. den Anhang zu dieser Arbeit). In der für Jakob BERNOULLI bestimmten
Fassung - in die das Theorem von 1690 (Abschnitt 37) unverändert übernommen wurde - wiederholt FATIO dieses Theorem
fast wörtlich an einer anderen Stelle der Abhandlung, nur daß
er es nun "Problem II" nennt und ihm nun auch den Beweis folgen läßt:

> "Es sei AB eine unendliche Ebene, dem Stoße einer dünnen
> Materie ausgesetzt, die sich in gleicher Weise unter-

schiedslos nach allen Richtungen bewegt und im gesamten
Raum oberhalb der Ebene AB verbreitet ist. Gesucht ist das
Verhältnis zwischen dem Stoß dieser Materie gegen die Ebene AB und demjenigen, den man erhielte, wenn alle Bewegungen der selben Materie sich plötzlich nach einer Seite wendeten und senkrecht gegen AB gerichtet wären" (2).

Ein beachtenswerter Unterschied gegenüber der Formulierung im
Theorem des Abschnitts 37 ist, daß hier nicht mehr von "unserer sich unterschiedlos nach allen Richtungen bewegenden
[schwermachenden] Materie" die Rede ist, sondern ganz allgemein von "einer dünnen Materie", ein Hinweis, daß es FATIO
nun nicht mehr allein um die Berechnung der "Stoßkraft" (des
Druckes) der schwermachenden Materie geht, sondern um ein Ergebnis, das für alle Arten von Teilchen Gültigkeit besitzt,
die den gleichen Bewegungsmechanismus haben wie die Partikeln
der schwermachenden Materie.

FATIO versucht, die Lösung des Problems II auf dem folgenden
Wege zu finden:

"Auf der Ebene AB (Fig. IV) werde eine unendlich kleine

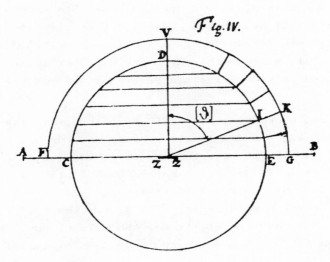

Abb. 8.5.1

Fläche ZZ angenommen; um sie als Zentrum werde nach Belie-

ben die Kugel CDEC beschrieben; ihr Radius ZD sei senkrecht auf der Ebene AB. Man stelle sich vor, daß der Radius ZD durch Ebenen parallel zu AB in eine Unendlichkeit
gleicher Teile geteilt sei: und diese Ebenen werden die
halbkugelige Fläche CDE in eine Unendlichkeit gleicher
Zonen teilen. Vom gleichen Zentrum Z und mit einem Radius
ZV, der größer als ZD ist, werde eine andere halbkugelige
Fläche FVG beschrieben. Und indem man Z zum Scheitel einer Unendlichkeit von Kegeln macht, die zur Basis die
Kreise haben sollen, welche die Halbkugel CDE unterteilen,
werden die durch die Linien IK dargestellten Oberflächen
dieser Kegel die halbkugelige Schale FVGEDC in eine Unendlichkeit gleicher Reifen (ceintures) teilen" (3).

(FATIO bezeichnet dem Brauch seiner Zeit folgend ein infini-
tesimales Element durch Wiederholung desselben Buchstabens
(ZZ), um dadurch anzudeuten, daß es beim Grenzübergang in einen Punkt (Z) zusammengezogen wird. Und er setzt als bekannt
voraus, daß die entstehenden Kugelzonen - einschließlich der
abschließenden Kugelkalotte - alle die gleiche Fläche besitzen (4)).

Als nächster Schritt erläutert FATIO, welchen Zweck die vorliegende Konstruktion innerhalb seines Beweises erfüllen soll:

"Nunmehr nehmen wir an, daß die Linie DB, gleich v, welche die Dicke dieser Reifen darstellt, auch die Geschwindigkeit jeder einzelnen der Partikeln unserer Materie
darstellen soll oder die Länge der Strecken, die sie während eines vorgegebenen Augenblickes beschreiben. Und es
sei die Dichte der Materie gleich δ. Sei r der Radius
ZD, und c der gesamte Umfang DECD. Schließlich wird jeder der Teile, in welche der Radius ZD geteilt ist, gleich
der Einheit gesetzt.

Auf diesen Grundlagen wird jeder der Reifen, in welche
die halbkugelige Schale FVGED geteilt ist, 1vc sein.
Und die Materie, die jeder einzelne dieser Reifen enthalten wird, wird 1δvc sein" (5).

FATIO verzichtet - wie er im folgenden noch ausdrücklich hervorhebt - auf die Möglichkeiten des NEWTONschen Fluxionskalküls und versucht, seine Beweisführung direkt auf infinitesimalen Betrachtungen nach Art der antiken Mathematik aufzubauen.

Die von ihm vorgenommenen Normierungen dienen dem Zweck, dafür möglichst einfache Verhältnisse zu schaffen.

Die gesamte Wirkung der Materie setzt sich nun aus den folgenden Faktoren zusammen:

1. "Die jedem einzelnen dieser Reifen erscheinenden Scheiben (disques aparens) von ZZ werden, bei den untersten angefangen,

$$\frac{1ZZ}{r}, \quad \frac{2ZZ}{r}, \quad \frac{3ZZ}{r}, \text{ bis zur größten } \frac{rZZ}{r} \text{ "}$$

2. "Die Kraft (force) mit der jede einzelne Partikel ihren Stoß auf ZZ ausübt, wird bei den verschiedenen Reifen der Reihe nach

1,   2,   3,   bis zum größten   r "

3. "Die Materiemenge in jedem dieser Reifen ist stets

$1\delta vc, 1\delta vc, 1\delta vc$ bis zum letzten $1\delta vc$ " (6).

Man kann sich das Zustandekommen dieser drei Faktoren folgendermaßen erklären:

1. Bezeichnet man den Winkel zwischen der Normalenrichtung ZV und der Richtung aus welcher die Partikel kommen, z.B. ZIK (Abb. 8.5.1) mit ϑ , so kann man für die Cosinus dieser Winkel schreiben $\cos \vartheta = \frac{i}{r}$, wo i = 1, 2, 3, ..., r. Die Größen $\frac{iZZ}{r}$ stellen dann jeweils den Querschnitt dar, welchen die Fläche ZZ von den betreffenden Richtungen aus gesehen besitzt; FATIO nennt sie deshalb "disques aparens", hat also erkannt, daß sich der wirksame Querschnitt der ebenen Fläche ZZ gegenüber dem Partikelstrom durch Multiplikation der Größe ZZ mit dem Cosinus des Winkels ϑ zwischen der Normalen ZV und der Richtung des Partikelstromes ergibt, und daß dieser wirksame Querschnitt ein Maß für die Anzahl der aus dieser Richtung auf ZZ auftreffenden Partikeln ist.

2. FATIOs "Kräfte" werden durch eine Folge von (Verhältnis)
Zahlen repräsentiert, die proportional sind zu den Normal-
komponenten der entsprechenden Impulsgrößen I. FATIO ist
also klar, daß für den Stoß nur die Normalkomponente des
Impulses, $I \cdot \cos\vartheta$, von Belang ist.

3. Die Gleichheit der Materiemengen ist - die homogene Verteilung der Materie vorausgesetzt - nur eine Konsequenz
der Gleichheit der Kugelzonen.

FATIO multipliziert für jeden Reifen die drei entsprechenden Faktoren und gelangt dadurch zu einer Reihe von Größen,
die sich wie die jeweils hervorgerufenen Impulsänderungen zueinander verhalten; FATIO schreibt:

"wenn man diese drei Folgen [gliederweise] miteinander multipliziert, um das anteilige Maß an Kraftwirkung (effort)
zu finden, welche die in einem jeden Reifen enthaltene
Materie auf ZZ ausübt, wird man eine Folge wie die der
Quadratzahlen 1, 4, 9, etc. erhalten" (7).

Es ist müßig, sich hier bei der Klärung des Begriffes "effort"
aufzuhalten, es gibt zu FATIOs Zeiten ohnehin keine verbind-
liche physikalische Terminologie; es ist aber sicher, daß
in der soeben zitierten Passage etwas umschrieben wird, was
man am besten durch "Impulsänderung" wiedergeben kann.

Bisher hat FATIO lediglich eine Folge von Größen gewonnen,
die zueinander im Verhältnis von Quadratzahlen stehen. Von
einer absoluten Bestimmung dieser Größen sieht er zunächst
ab und schreibt sie in der einfachsten Form als Folge der
Quadratzahlen nieder. Sobald auch nur für einen der Reifen
der absolute Wert bestimmt ist, läßt sich - durch Multiplikation der Reihe mit einem entsprechenden Faktor - Glied für
Glied der absolute Wert bestimmen. FATIO beschreibt dieses
Verfahren wie folgt:

"Und davon [von dieser Reihe] bestimmt sich das letzte
Glied, nämlich die Gewalt des Aufpralls der Materie auf
ZZ, die in dem höchsten Reifen oder der höchsten Zone
enthalten ist, durch folgende Verhältnisgleichung: so wie
sich 2rc, das heißt die ganze um das Zentrum Z und mit DZ

als Radius beschriebene Kugeloberfläche zu der kleinen
Oberfläche ZZ verhält; so verhält sich 1δvc, oder die in
der höchsten Zone enthaltene Materie zu $\frac{1\delta vc}{2r}$, was derjenige Teil dieser Materie ist, welcher im Begriff steht,
während einer gegebenen Zeit gegen ZZ zu stoßen. Nun ist
die Geschwindigkeit [der Materie] v, und infolgedessen
wird die Gewalt ihres Aufpralls $\frac{1\delta vvZZ}{2r}$, und dies ist das
letzte Glied unserer Folge von Quadraten" (8).

FATIOs Überlegungen liegt der folgende Gedanke zugrunde: Man
denkt sich um D eine Kugel vom Radius r und in ihrem Zentrum
ein Volumenelement $\triangle$V, das gegenüber dem Kugelvolumen verschwindend klein sein soll. In diesem Volumenelement soll
eine sehr große Anzahl von Partikeln enthalten sein, die sich
in der angenommenen Weise mit Geschwindigkeiten vom absoluten
Betrag v bewegen. Nach Ablauf der Zeit T = $\frac{r}{v}$ werden alle Partikeln die Kugeloberfläche erreichen. Wenn ZZ ein Flächenelement dieser Oberfläche bezeichnet, dann wird sich die Anzahl
n der durch dieses Element hindurchgehenden Partikeln zur
Anzahl N der in $\triangle$V enthaltenen Partikeln verhalten wie das
Flächenelement ZZ zur gesamten Kugeloberfläche $4\pi r^2$:

$$\frac{n}{N} = \frac{ZZ}{4\pi r^2} = \frac{ZZ}{2cr}$$

Als Volumenelement $\triangle$V wählt FATIO nun die Schicht über der Kalotte und um dieses Kalottenelement als Zentrum hat man sich
die Kugel mit dem Radius r konstruiert zu denken. Bei dieser
Konstruktion - sie ist möglich, weil der Radius r beliebig
groß gewählt werden kann - geht die Scheibe ZZ in ein Flächenelement der Kugel über (FATIO hat diese Kugel - wohl um
die Zeichnung nicht unübersichtlich zu machen - nicht in seine Fig. IV eingezeichnet). Da aber die Anzahl N der in der
Schicht $\triangle$V über der Kalotte enthaltenen Partikeln N = 1δvc
ist, ergibt sich für die Anzahl n der auf das Flächenelement
ZZ auftreffenden Partikeln

$$n = \frac{1\,\delta vcZZ}{2rc} = \frac{1\,\delta vZZ}{2r}$$

FATIO begeht jedoch den Fehler, daß er den von einer jeden
Partikel beim Stoß gegen die Fläche ZZ übertragenen Geschwin-

digkeits(Impuls)betrag nur mit v ansetzt, also nicht bemerkt, daß die gesamte Änderung und damit auch der übertragene Geschwindigkeits(Impuls)betrag bei einem elastischen Stoß die Größe $\underline{2}$v hat (9). FATIO erhält daher für die von den n Partikeln herrührende Impulsänderung

$$nv = \frac{1\,\delta vvZZ}{2r}$$

d.h. er muß die Reihe der Quadratzahlen mit dem Faktor

$$\frac{1\,\delta vvZZ}{2r^3}$$

multiplizieren, damit sich die Größe

$$\frac{1\,\delta vvZZ}{2r}$$

als letztes Glied dieser Reihe ergibt.

Nun muß als nächstes die Summe der quadratischen Größen

$$\frac{1\,\delta vvZZ}{2r^3}(1+4+9+\ldots r^2) \quad (A)$$

errechnet werden. FATIO schreibt:

"Daraus folgt nach den Prinzipien der Analysis der unendlichen Größen (Principes de l'Arithmetique des Infinis), - die ich als bekannter hier lieber verwenden wollte als den Fluxionskalkül - daß die gesamte Summe dieser Folge, oder die Gesamtheit der Gewalten des Aufpralls auf ZZ, gleich

$$\frac{1\delta vvZZ}{6}$$

wird" (10).

Dies ergibt sich aus der Summenformel für die Reihe der Quadratzahlen, die schon von ARCHIMEDES bewiesen worden ist (11). Die von FATIO benutzte Formulierung läßt aber vermuten, daß er sich auf John WALLIS' 'Arithmica infinitorum' berufen möchte. In diesem Werk wird in den Sätzen XIX-XXI die Formel

$$\sum_{i=1}^{n} i^2 = \frac{(2n+1)(n+1)n}{6}$$

bewiesen (12). Bei Anwendung dieser Formel wird aus dem Ausdruck (A)

$$1 \, \delta vvZZ \, \frac{1}{2r^3} \sum_{i=1}^{n} i^2 = \frac{1 \, \delta vvZZ}{6} \, (1 + \frac{3}{2r} + \frac{1}{2r^2})$$

und für $r \rightarrow \infty$ reduziert sich die Summe zu 1, d.h.

$$\frac{1 \, \delta vvZZ}{2r^3} \sum_{i=1}^{n} i^2 = \frac{1}{6} \, \delta v^2 ZZ \quad (13).$$

FATIO vergleicht dieses Ergebnis schließlich mit dem Wert, der sich ergäbe, wenn alle Partikeln senkrecht auf der Fläche ZZ aufträfen:

"Wenn aber all die Bewegungen unserer Materie sich senkrecht gegen AB richten, dann wird die Gewalt des Aufpralls auf ZZ während derselben Zeit ZZ·vv sein, d.h. 6 mal so groß, als es die Gewalt unserer Materie war, während alle diese Bewegungen unterschiedslos nach allen Richtungen erfolgten. Da dies allgemein für alle anderen Teile der Ebene AB gilt, erweist sich das Problem als vollständig gelöst" (14).

Da FATIO bei der Berechnung der Impulsänderung hier natürlich den selben Fehler begeht wie zuvor, ist das von ihm errechnete Endergebnis, das ja das Verhältnis der beiden Impulsänderungen angibt, völlig korrekt.

Über die Elastizität der Luft. Konstruktion eines Gasthermometers

FATIO hat als Ergebnis für die (Stoß)Kraft F_s, mit welcher die Partikel der schwermachenden Materie auf eine Fläche ZZ einwirken, die Größe

$$F_S = \frac{1}{6} \delta v^2 ZZ$$

erhalten. Korrigiert man FATIOs Fehler, den dieser bei der Berechnung der Impulsänderung begangen hat, d.h. nimmt man das Doppelte des von ihm errechneten Wertes und dividiert man außerdem durch die Fläche ZZ, so erhält man für den Druck, welchen die schwermachende Materie auf eine Wand ausübt

$$p = \frac{1}{3} \delta v^2$$

Dies ist aber nichts anderes als die aus der kinetischen Gastheorie wohlbekannte BERNOULLIsche Druckformel. Ein solches Ergebnis ist nicht überraschend, da FATIO den Partikeln seiner schwermachenden Materie keine anderen Eigenschaften zugeschrieben hat, als man bei den Gasmolekülen in der kinetischen Gastheorie voraussetzt. Bemerkenswert ist jedoch, daß hier nicht nur eine lediglich äußerliche Ähnlichkeit vorliegt, sondern, daß FATIO selbst diese Analogie gesehen und das bei der Betrachtung der schwermachenden Materie gefundene Gesetz auf den Zusammenhang zwischen Partikelgeschwindigkeit und Druck bei elastischen Fluida ausgedehnt hat. Das heißt nichts weniger, als daß FATIO fast ein halbes Jahrhundert vor dem Erscheinen von Daniel BERNOULLIs 'Hydrodynamik' die Grundlagen zu einer kinetischen Theorie der Gase gelegt hat.

Für diese Behauptung gibt es zwei überzeugende Belege in FATIOs Texten.

a) Bei den Genfer Papieren existiert eine einzelne Manuskriptseite, welche den Vermerk "Fortsetzung von 37 (Continuation de 37)" trägt. Nun hat aber der Abschnitt 37 von FATIOs Abhandlung nichts anderes als den Lehrsatz über die "Stoßkraft" der schwermachenden Materie zum Inhalt; und genau dazu passend lautet der Beginn der Manuskriptseite (15):

"Ich werde weiter unten den Beweis für dieses Theorem
liefern. Hier jedoch möchte ich zeigen, in welchem Maße es gleichermaßen einmal zur Bestimmung der unterschiedlichen Dichte unserer Luft bei warmer oder kal-
ter Witterung, (wenn sie frei von Wasserdämpfen ist),
und zum anderen zur Bestimmung der entsprechenden Geschwindigkeit, welche die Partikeln, aus denen sich
unsere Luft zusammensetzt, bei den Bewegungen haben,
die ihnen eigentümlich sind und die unterschiedslos
nach allen Richtungen erfolgen" (16).

FATIO geht bei der Berechnung der Geschwindigkeit von einer
Bestimmung des Luftdrucks mit Hilfe eines Wasserbarometers
aus und bestimmt die Geschwindigkeit der Luftpartikeln aufgrund einer Beziehung, die der Relation

$$\frac{1}{6}dV^2 = Dgh \quad (17)$$

entspricht, wo d die Dichte der Luft, V die Geschwindigkeit
ihrer Partikeln, D die Dichte des Wassers, g die Schwerebeschleunigung und h die Barometerhöhe bedeutet.

FATIO kann eine solche Gleichung nicht direkt aussprechen.
Für ihn und die Physiker seiner Zeit hieße das, eine dynami-
sche Größe - die von den Luftpartikeln pro Flächeneinheit
ausgeübte "Stoßkraft" - einer statischen Größe - dem Gewicht
einer Wassersäule pro Flächeneinheit - gleichzusetzen und das
wäre für sie nicht akzeptabel. FATIO sucht deshalb nach einer
Möglichkeit, das Gewicht (den Druck) der Wassersäule mittels
einer entsprechenden Geschwindigkeit auszudrücken, d.h. einer
Geschwindigkeit, die den Wasserpartikeln aufgrund dieses Ge-
wichts zukommt, und das ist diejenige, mit welcher sie am
Grunde der Wassersäule ausströmen. FATIO geht bei der Lösung
des Problems also von der Fiktion aus, daß an der Grenzfläche
der beiden Medien zwei (senkrecht zur Horizontalen gerichtete) Partikelströme einander die Waage halten. Da aber "die
Kraft der Ströme", wie FATIO schreibt, "gleich ihrer Dichte
multipliziert mit dem Quadrat ihrer Geschwindigkeit" ist,
macht er zunächst den Ansatz

$$dV^2 = Dv^2$$

und gelangt dann durch folgende Schritte zur Bestimmung der Geschwindigkeit V:

1. FATIO setzt - unter Berufung auf NEWTON (18) - das Verhältnis der Dichten D:d = 900:1 und gewinnt daraus die Beziehung V = 30v.

2. Aus der Lösung des Problems II folgt, daß die "Stoßkraft" der unterschiedslos nach allen Richtungen bewegten Partikeln der Luft, welche der Wassersäule der barometrischen Höhe h das Gleichgewicht halten, nur $\frac{1}{6}dV^2$ ist; d.h. die Ausflußgeschwindigkeit v muß - soll der Ansatz $dV^2 = Dv^2$ gelten - für eine Wassersäule der sechsfachen Höhe 6h ermittelt werden.

3. FATIO weiß, daß die Ausflußgeschwindigkeit einer Flüssigkeit unter den Druck ihres Eigengewichts gerade so groß ist, daß sie genau bis zur Höhe des Flüssigkeitsspiegels emporgetragen würde, d.h. daß jeder Steighöhe h des Barometers eine bestimmte Fallgeschwindigkeit v entspricht (19).

4. FATIO ist auch die Konsequenz aus diesem Satz bekannt, daß nämlich die Geschwindigkeit v, mit welcher das Wasser ausfließt, sich wie die Quadratwurzel der Tiefe d.h. wie die des Abstands von der Oberfläche verhält (TORRICELLIsches Gesetz (20)).

5. Schließlich weiß FATIO auch, daß schwere Körper in der ersten Sekunde eine Höhe h_o von ca. 15 Pariser Fuß durchfallen, und daß dieser Fallhöhe eine Geschwindigkeit von V_o = 30 Pariser Fuß pro Sekunde entspricht (21).

FATIO verwendet als Beispiele zwei mögliche Höhen h_1, h_2 des Wasserbarometers

h_1 = 30 Pariser Fuß (9.75 m) $\triangleq$ $9,6 \cdot 10^4$ Pa
h_2 = 31 Pariser Fuß (10.07 m) $\triangleq$ $9,9 \cdot 10^4$ Pa

Aus dem TORRICELLIschen Gesetze folgt:

$$\frac{V^2}{V_o{}^2} = \frac{6h}{h_o}$$

und für $h = h_1$

$v_1 = 103,92$ Pariser Fuß in der Sekunde (33,76 m/s)

und für $h = h_2$

$v_2 = 105,64$ Pariser Fuß in der Sekunde (34,32 m/s)

Verwendet man die Beziehung $V = 30v$, erhält man für

$v = v_1$

$V = 3117,6$ Pariser Fuß pro Sekunde (1012,7 m/s)

und für

$v = v_2$

$V = 3169,2$ Pariser Fuß pro Sekunde (1029,4 m/s) (22).

(Bei richtigem Ansatz der Impulsänderung ergäben sich aus FA-
TIOs Werten 716,1 und 727,9 m/sec.)

FATIOs Wert ist zu groß (der moderne Wert ist $V = 447$ m/s),
dennoch aber ein bemerkenswertes Ergebnis, wenn man bedenkt,
daß es der erste Versuch in der Geschichte der Physik ist,
die Geschwindigkeit der Luftmoleküle zu bestimmen.

b) Den zweiten Beleg dafür, daß FATIO den Zusammenhang zwischen seinen Überlegungen zur "Stoßkraft" der schwermachenden Materie und den Möglichkeiten einer kinetischen
Theorie der Gase klar erkannt hat, findet man im Basler
Manuskript im Anschluß an die Lösung des Problems II.

FATIO schlägt dort vor, ein Thermometer zu konstruieren,
"das den wahren Bewegungszustand der Luftteile (la veritable agitation des Parties de l'Air) anzeigen soll; ihn,
so führt er aus, "könnte man als Maß für die Wärme benutzen" (23). Abb. 8.5.2 zeigt das Thermometer. Das bei B
geschlossene und bei A offene Glasgefäß soll auf die übliche Art - wie ein Barometer - bei trockener Witterung
und der Temperatur des Gefrierpunktes (l'orsque l'Eau
commence à geler par le Froid) mit Quecksilber gefüllt
werden. Der Quecksilberspiegel soll sich in C so einstel-

len, daß die Höhendifferenz zwischen C und E den momenta-

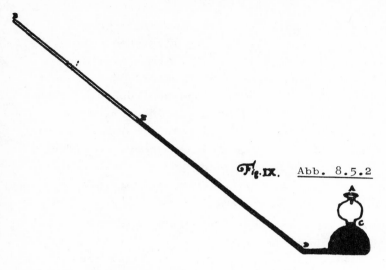

$\mathcal{F}_{i}$. **IX**.   Abb. 8.5.2

nen Barometerstand anzeigt. Anschließend wird das Gefäß
bei A durch einen eingeschliffenen Glasstopfen und eine
luftdicht schließende Blase verschlossen. Bei allen Messungen wird das Thermometer dann um eine zur Zeichenebene
senkrechte Achse durch C so gedreht, daß das Volumen AC
stets das gleiche bleibt. Also wird auch die Dichte d der
eingeschlossenen Luft konstant bleiben. Ihr Druck wird
aber durch die Höhendifferenz CE der Quecksilbersäule gemessen und ist, wie im Problem II bewiesen worden ist,
proportional zum Quadrat der Geschwindigkeit V der Partikeln. Also ist die Geschwindigkeit V proportional zur
Wurzel aus der Höhendifferenz CE, man kann sie als zweite
Koordinate einer durch E gehenden Parabel darstellen,
deren Scheitel in der Höhe von C liegt (24).

Der eben angeführte Abschnitt ist dadurch bemerkenswert,
daß hier die Geschwindigkeit der Luftpartikeln in Beziehung zur Wärme gebracht wird. Doch dürfte FATIO weit
davon entfernt sein, in der Bewegung der Partikeln selbst
die Wärme zu sehen. Er nimmt dazu - und hier denkt er ebenso cartesianisch wie Christiaan HUYGENS - ein vermitteln-
des stoffliches Agens an. Dies geht eindeutig aus einer

Stelle des Basler Manuskripts hervor (25). Dort wird unter die physikalischen Erscheinungen, die zur Annahme
sehr feiner und sehr stark bewegter fluider Materien
("Matieres fort rares et fort agitées") zwingen sollen,
auch die Wärme ("la Chaleur reglée") gerechnet. Erzeugung und Übertragung von Wärme kann in FATIOs konsequent
mechanistischer Denkweise nur so geschehen, daß die Atome
der groben (gewöhnlichen) Materie durch Stöße mit den
rasch sich bewegenden und erheblich feineren Partikeln eines Wärmefluidums Bewegung (Impuls) aufnehmen. Selbstverständlich gibt dann der Bewegungszustand der gröberen
Atome, z.B. eines elastischen Fluidums wie der Luft, die
Möglichkeit, die Wärme zu messen.

Ob FATIO als Maß für die Wärme die Geschwindigkeit V oder
das Quadrat V^2 der Geschwindigkeit der Luftpartikeln zu
Grunde legen will, läßt sich nicht mit völliger Sicherheit
sagen; daß er bei seiner Meßvorrichtung eigens eine Hilfs-
parabel einführt, um V^2 auf V reduzieren zu können, läßt allerdings, ebenso wie der Ausdruck "la Veritable agitation
des Parties de l'Air" vermuten, daß FATIO in der Geschwindigkeit V den passenden Indikator für die Wärme sieht.
Ganz unabhängig davon darf FATIO für sich in Anspruch nehmen, die Möglichkeit einer Skala von Wärmegraden aufgewie-
sen zu haben, deren Grundmaß durch die Geschwindigkeit
der Luftpartikeln bei Gefrierpunkt des Wassers und deren
Gradation durch ihr Verhältnis zur jeweiligen Geschwindigkeit festgelegt ist.

FATIO schließt seine Überlegungen mit der Bemerkung, daß
man das von ihm vorgeschlagene Thermometer zusammen mit
einem gewöhnlichen Barometer auch dazu benutzen könne,
die jeweils vorliegende Dichte der Luft zu bestimmen.
Das ist nach dem Vorangegangenen leicht zu verstehen:

Das Luftthermometer soll ja beim Gefrierpunkt und Normaldruck mit Quecksilber gefüllt worden sein. Dann gilt, wenn
zu diesem Zeitpunkt d_o die Dichte der Luft, V_o die Geschwindigkeit ihrer Partikeln und h_o die Höhe der Quecksilbersäule sind

$$h_o \sim d_o V_o^2$$

Bei irgendeiner anderen Temperatur möge das Luftthermometer
eine Höhe

$$h \sim d_o V^2$$

anzeigen, während das Barometer eine Höhe

$$h^* \sim dV^2$$

anzeigt. Dann ergibt sich die gesuchte Dichte d aus

$$d = d_o \cdot \frac{h^*}{h}$$

Das heißt aber: wenn die Dichte d_o der Luft beim Gefrierpunkt bekannt ist, kann sie für alle anderen Fälle berechnet werden (26).

6. Vom Unendlichen
(Das Problem III)

> "Das Unendliche, wie ich es verstehe, ist nicht
> stets das Größtmögliche seiner Art, noch etwas,
> zu dem man nichts mehr hinzufügen könnte ...
> es ist vielmehr etwas, was im Hinblick auf ein
> anderes, mit dem man es vergleichen möchte, so
> groß ist, daß jede endliche Zahl, so groß man
> sie sich denken und durch welchen Kunstgriff
> sie immer ausdrücken wollte, doch stets jen-
> seits alles Sagbaren zu klein wäre, die Zahl
> der Wiederholungen auszudrücken, derer es be-
> dürfte, um das, was man als endlich betrachtet,
> jenem gleich zu machen, das man im Vergleich
> dazu unendlich nennt".
>
> Nicolas FATIO 1701.

FATIO verwendet die Begriffe "Unendlichkeit" und "Unermeßlichkeit" so häufig in seiner Abhandlung, spricht so oft von
"unendlich großen" oder "unermeßlich kleinen" Größen, daß es
geboten scheint, im Zusammenhange darzustellen, welche Vorstellungen FATIO mit dem Begriffe "Unendlich" verbindet und
vor allem, welche Bedeutung ihm in FATIOs Theorie zukommt.

In welcher Weise FATIO in seiner Theorie mit dem Begriff "Unendlich" operiert, geht sehr deutlich aus einem Fragment hervor, das er "Erläuterungen zur Abhandlung über die Schwere"
genannt hat und in dem er die Grundlagen seiner Schweretheorie so skizziert:

> "Wenn wir alle anderen Körper, die das Universum bilden,
> aus der Welt ausschließen, und nur genau das zurückbe-
> halten, was zur Erzeugung der Schwere dient, dann bleibt
> erstens ein ganz und gar unendlicher und nach allen Rich-
> tungen grenzenloser Raum übrig, zweitens haben wir in die-
> sem ganzen Raum eine äußerst dünne Materie, die nach al-
> len Seiten gleichmäßig verteilt ist und deren Teile so

klein sind, daß es in einem Raum, gleich dem, den eines
der kleinsten, an der Bildung der irdischen Körper beteiligten Atome einnimmt, eine unermeßliche oder unendliche
Anzahl dieser kleinen Teile gibt; drittens ist die Dünnigkeit der Teile so groß, daß es in irgendeinem beliebig
vorgegebenen Teil des Raumes trotz ihrer unermeßlichen
Anzahl unendlich mehr Leere als erfüllten Raum gibt. Daraus ergibt sich: Wenn all diese Teile ruhen und gleichmäßig verteilt sind, werden von einem von ihnen, das man
als Zentrum betrachtet, die allernächsten der anderen
Teile unter einem unendlich kleinen Winkel gesehen.
Viertens nehme ich an, daß diese selben Teile sich außerordentlich nach allen Richtungen bewegen und jeder von
ihnen mit unermeßlicher Schnelligkeit eine gerade Linie
im Raume beschreibt. Nun haben wir bisher noch nichts angenommen, was den Lauf dieser Teile unterbrechen könnte,
außer wenn einige von ihnen sich zufällig begegnen, was
wegen der im Vergleich zum gegenseitigen Abstand unendlichen Kleinheit äußerst selten geschieht; und man kann
die soeben gemachten Voraussetzungen, ohne sie aufzuge-
ben, sogar so anpassen, daß die Begegnungen dieser Teile
unendlich selten werden" (1).

Bezeichnet man die Anzahl der Partikeln pro Volumeneinheit
mit n, den Partikelradius mit ϱ und den (mittleren) Abstand
zwischen zwei Partikeln mit d und die Partikelgeschwindigkeit mit v, so kann man die Bedingungen, denen FATIOs fluide
schwermachende Materie genügen soll, so ausdrücken:

$$\frac{1}{d^3} = n \rightarrow \infty \quad ; \quad \frac{\varrho}{d} \rightarrow 0 \text{ und } n\varrho^3 \sim \delta \rightarrow 0 \quad ; \quad v \rightarrow \infty$$

Bevor man sich auf eine Diskussion über die physikalischen
Gründe und Konsequenzen dieser Bedingungsgleichungen einläßt,
sollte man prüfen, was FATIO eigentlich unter "unendlichen"
Größen versteht. Er führt das in den Abschnitten 19 und 20
des Manuskripts FB aus. Den entscheidenden Gedanken des Abschnitts 19 hat FATIO in seinem Inhaltsverzeichnis vorwegge-
nommen, wo es heißt, "daß unsere Ideen uns weder die wahren
Größen noch die wahren Geschwindigkeiten der Körper wiederge-

ben, sondern nur deren Verhältnisse zueinander" (2). Diesen
Gedanken erläutert FATIO im Abschnitt 19 so:

> "Wir nennen diejenigen Größen endlich, die unter unsere Er-
> kenntnis fallen und die wir gewohnt sind miteinander zu
> vergleichen. Da aber die Mathematiker gefunden haben, daß
> sie die Gesamtmasse bestimmter, unendlich langer Körper
> messen können, so zeige ich ebenso, daß man sich einer-
> seits leicht Größen und Geschwindigkeiten begreiflich ma-
> chen kann, die unendlich kleiner sind als die, welche wir
> endlich nennen, und dann andere, unendlich kleiner als
> diese ersten, dann wieder andere, unendlich kleiner als
> ebendiese und das beliebig oft; ebenso wie man sich ande-
> rerseits unendlich größere begreiflich machen kann, und
> dann andere, unendlich größer als die letzten, dann wie-
> der andere, unendlich größer als ebendiese, und das be-
> liebig oft" (3).

FATIO geht es um die Relativierung des Unendlichen, darum,
daß der Begriff "unendlich groß" oder "unendlich klein" sinnvoll nur beim Vergleich zweier Größen angewandt werden kann;
zugleich soll dem Begriff des Unendlichen etwas von seinem
metaphysischen Schrecken genommen werden, indem auf die Ver-
knüpfung von Endlichem und Unendlichem aufmerksam gemacht
wird: Der Hinweis darauf, daß ein Körper unendlicher Länge
gleichwohl ein berechenbares, endliches Volumen (und damit eine endliche Masse) haben kann (4), illustriert diese Absicht.
Weit stärker noch geht FATIOs Bemühen, das Unendliche zu re-
lativieren, aus einer Passage des Basler Manuskripts hervor,
in der es heißt:

> "Wenn der Schöpfer alle Körper unserer sichtbaren Welt
> verkleinerte und dabei alle Verhältnisse ihrer Gestalten,
> Lagen und Bewegungen zueinander erhielte, dann wäre es
> uns durch keinen Kunstgriff möglich, diese Verkleinerung
> festzustellen. Und das Gleiche gilt, wenn er ganz ent-
> sprechend alle Körper vergrößerte. Und diese Verkleine-
> rungen und Vergrößerungen könnten bis zum Unendlichen ge-
> hen, ohne daß wir auf irgendeine Weise auch nur das Ge-
> ringste davon spürten. Daraus muß man schließen, daß die

Größen, welche wir endlich nennen, wie alle wirklichen Wesen (tous les étres réels) sehr viel von der Natur des Unendlichen enthalten, und daß sie lediglich die Größenordnung markieren, mit denen wir die für uns wahrnehmbaren
Körper und Geschwindigkeiten vergleichen können, und daß
sie die Stellung markieren, die uns der Schöpfer angewie-
sen hat" (5).

Das kann nichts anderes heißen, als daß sich nach FATIOs Überzeugung Endliches und Unendliches nicht wesentlich voneinander unterscheiden - wie sich ja auch Licht und unsichtbare
elektromagnetische Wellen nicht grundsätzlich voneinander unterscheiden; und ebenso wie hier der Bereich des Sichtbaren
im gesamten Spektrum elektromagnetischer Wellen, ist dort der
Bereich des Endlichen in einer Unermeßlichkeit von Größenordnungen des unendlich Kleinen wie des unendlich Großen allein
durch die dem Menschen vom Schöpfer verliehene Art der Wahr-
nehmungsfähigkeit festgelegt. Und entsprechend diesen Überlegungen definiert FATIO in dem oben als Motto benutzten Sätzen
des Abschnitts 20 das Unendliche (6). Für FATIO ist das Unendliche ein relativer Begriff, "an und für sich und im strengen
Sinne unendlich" ist seiner Auffassung nach nur der absolute
Raum, denn ihm kann "keine Ausdehnung hinzugefügt werden ...
die er nicht schon enthielte" (7); sonst aber gibt es nur
Größenordnungen von Unendlichkeiten:

"Ich werde beweisen", so fährt FATIO fort, "daß es in diesem Raum genügend Platz für eine Unendlichkeit von Unendlichkeiten gibt, die nacheinander angeordnet sind und
von denen, der Reihe nach - indem mit den am wenigsten
Großen begonnen wird - eine immer unendlich größer als
die andere ist, d.h. daß die zweite Unendlichkeit unendlich größer als die erste ist, die dritte unendlich größer als die zweite, die vierte unendlich größer als die
dritte und so fort bis ins Unendliche. Und ich werde
zeigen, wie diese Unendlichkeiten so gewählt und angeordnet werden können, daß sie sich weder berühren noch an-
einanderstoßen" (8).

Dieser Beweis ist die Lösung des Problems III:

"In einem unendlichen Raum ist eine unendliche Anzahl von
Unermeßlichkeiten zu bestimmen, die einander nicht berühren, und von denen der Reihe nach eine immer unendlich
größer als die andere ist.

Dieses Problem hat unendlich viele Lösungen, ich begnüge
mich mit der folgenden:

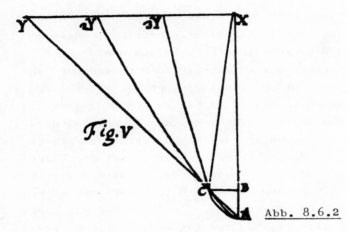

Abb. 8.6.2

Es sei der Punkt A eine zur Zeichenebene senkrechte unendliche Gerade, die man sich in unendlich viele gleiche Teile (z.B. in Zoll) unterteilt denken muß (Abb. 8.6.2).
Durch all diese Teilungspunkte denke man sich - senkrecht
zur Linie A - unendliche Ebenen. Der Abstand dieser Ebenen voneinander beträgt dann 1 Zoll. Es sei AX eine unermeßliche Länge und XY eine gleiche Länge senkrecht auf AX,
Man wähle auf AX nach Belieben die endliche Strecke AB
und errichte senkrecht auf AX BC gleich AB.

Es seien AB oder BC die Parameter unendlich vieler Parabeln ACY, AC2Y, AC3Y usw., welche als Achse AX, als Scheitel A und C als einen gemeinsamen Punkt haben, in dem
sich alle schneiden. Und all diese Parabeln werden bis
zur Geraden XY verlängert. Die Gleichungen dieser Parabeln
werden als solche verschiedener Ordnungen angenommen und
allgemein durch die Gleichung $y^m = x$ ausgedrückt, wobei
m eine beliebige Zahl ist.

Es mögen die Gleichungen dann dadurch bestimmt werden,
daß man m z.B. nacheinander gleich 1, 2, 3 etc. ad in-
finitum oder m gleich 1, $1\frac{1}{2}$, 2, $2\frac{1}{2}$ usw. ad infinitum
setzt. Und die entsprechenden parabolischen Flächen YCAX,
2YCAX, 3YCAX usw. werden alle unendlich und zwar jede
unendlich größer oder unendlich kleiner als jede andere
der besagten Flächen. Ebenso verhält es sich mit den Flächen YCBX, 2YCBX, 3YCBX usw.

Man denke sich nun senkrecht zur Zeichenebene die unendlichen Ebenen AX und XY, und stelle sich vor, daß die
erste Parabel YCAX auf einer der oben genannten parallelen Ebenen beschrieben sei, die zweite Parabel 2YCAX auf
der folgenden Ebene, die dritte Parabel 3YCAX auf der
nächstfolgenden Ebene. Und man errichte auf den parabolischen Flächen YCAX, 2YCAX, 3YCAX usw. als Basen Parallelepipeden von $\frac{1}{2}$ Zoll Dicke. Jeder dieser unendlich
vielen Parallelepipeden ist ein unermeßlich großer Körper
und zugleich unendlich größer oder unendlich kleiner als
irgendein beliebiger anderer der Parallelepipeden gleicher Art.

Setzt man nun m gleich 1, 2, 3 usw. ad infinitum und macht
AX $= \infty$, so verhalten sich diese Parallelepipeden zueinan-
der wie $\frac{1}{2}\infty^2$, $\frac{2}{3}\infty^{\frac{3}{2}}$, $\frac{3}{4}\infty^{\frac{4}{3}}$, $\frac{4}{5}\infty^{\frac{5}{4}}$, $\frac{5}{6}\infty^{\frac{6}{5}}$ ... ad infinitum.

Nun ist aber jede dieser Größen unendlich größer oder unendlich kleiner als irgendeine beliebige der übrigen Grö-
ßen. So ist das Verhältnis zwischen $\frac{4}{5}\infty^{\frac{5}{4}}$ und $\frac{3}{4}\infty^{\frac{4}{3}}$ gleich 1
zu $\frac{15}{16}\infty^{\frac{1}{12}}$, d.h. die Disproportion ist unermesslich. Also
hat man bestimmt usw.,was als Aufgabe gestellt war" (9).

FATIO konstruiert unendlich große Körper, d.h. Parallelepipede
mit einer unendlich großen Parabelfläche als Grundfläche und
einer einheitlichen Höhe von $\frac{1}{2}$ Zoll; daß jedes dieser Parallelepipede unendlich größer ist als das darauf folgende (oder
unendlich kleiner als das vorhergehende), ist eine Folge des
entsprechenden Verhaltens der ihnen zugrundeliegenden Para-

beln. Letztlich stellt FATIOs Betrachtung eine Untersuchung der Größenordnung (des Anwachsens) von Funktionen dar; und da die Fläche F der betrachteten Parabeln $y = x^{\frac{1}{m}}$

$$F = \int\limits_0^\infty y\,dx = \int\limits_0^\infty x^{\frac{1}{m}}\,dx = \frac{m}{m+1}\,x^{\frac{m+1}{m}}$$

ist, bedeutet dies, daß FATIO das Unendlichwerden von Funktionen des Typus

$$x^{\frac{m+1}{m}} \quad \text{mit } m = 1, 2, 3, \ldots, n$$

untersucht. Man sieht sofort, daß jede Funktion gegenüber der nächstfolgenden unendlich groß von k-ter Ordnung ist, mit

$$k = \frac{(m+1)^2}{m(m+2)}$$

In dem von FATIO gewählten Beispiel ist $m = 3$ und $x^{\frac{4}{3}}$ ist von $k = \frac{16}{15}$-ter Größenordnung unendlich gegenüber $x^{\frac{5}{4}}$, der Quotient $\frac{15}{16}x^{\frac{1}{12}}$ geht mit wachsendem x gegen unendlich (FATIO schreibt $\frac{15}{16}\infty^{\frac{1}{12}}$ (10)).

Er stellt sich dabei vor, daß die Unendlichkeit der Parabelflächen durch ein über-alle-Grenzen-Wachsen entsteht, denn es heißt:

> "Und wenn man sich vorstellt, daß sich um den gegebenen
> Punkt C als Zentrum die unendliche Gerade bzw. Ebene CX
> gleichförmig herumbewegt, und daß bei ihrer Bewegung der
> Punkt X auf der Linie AX ins Unendliche flieht, so stellt
> man fest, daß während dieser Bewegung sich alle die von
> uns erdachten Körper ins Unermeßliche vergrößern, und daß
> die Disproportion, die sie zueinander haben, immer größer
> wird, bis sie schließlich, wenn CX parallel zu AB wird,
> unermeßlich ist" (11).

Daß, wie FATIO zum Abschluß dieser Überlegungen bemerkt, zwischen je zwei solcher "Unermeßlichkeiten" eine "unsagbare Anzahl" weiterer Platz findet, macht man sich sofort klar, wenn man sich überlegt, daß bei den Funktionen $x^{\frac{m+1}{m}}$ m keine natürliche Zahl zu sein braucht und dann z.B. zwischen m = 3 und m = 4 beliebig viele Werte möglich sind (12).

Um zu verstehen, welchen Zweck FATIO verfolgt, wenn er beweist, daß im unendlichen absoluten Raum Platz ist für "eine unendliche Anzahl von Unermeßlichkeiten, ... die einander nicht berühren und von denen der Reihe nach die eine stets unendlich größer als die andere ist", muß man auf die Ergebnisse des 6. Kapitels dieser Arbeit zurückgreifen, und das Ergebnis des 7. Abschnitts dieses 8. Kapites vorwegnehmen: Im 6. Kapitel war zunächst die Gravitations- bzw. Schwerkraft G bestimmt und durch folgende Beziehung wiedergegeben worden

$$G \sim (1-\varepsilon^2) \cdot \delta v^2 \quad \text{oder} \quad G \sim (1-\varepsilon^2) n \rho^3 v^2$$

Ferner war die Stoßzahl ζ der Partikel der schwermachenden Materie bestimmt worden als

$$\zeta \sim \frac{\delta}{\rho} \cdot v \qquad \text{oder} \quad \zeta \sim n \rho^2 v$$

Endlich berechnet FATIO in seinem Problem IV (Vid. den 7. Abschnitt dieses 8. Kapitels) den Widerstand R, den ein Körper - eine Kugel - erfährt, der sich mit der Geschwindigkeit w durch die schwermachende Materie bewegt. Für den Fall, daß $w \ll v$ ist, erhält man als Ergebnis:

$$R \sim \delta vw \qquad \text{oder} \quad R \sim n \rho^3 vw$$

Diese Beziehungen sind außerdem mit den folgenden Bedingungen verknüpft:

1. Die Gravitationskraft G ist eine empirische Meßgröße, man kann über sie also nicht frei verfügen, vielmehr muß das Produkt $(1-\varepsilon^2) n \rho^3 v^2$ eine durch die zeitlich unveränderliche Gravitationskonstante γ bestimmte, endliche Größe haben. Der Faktor $(1-\varepsilon^2)$, der die Energieverluste der schwermachenden Materie bestimmt, muß so klein sein, daß diese

Energieverluste nicht zu einer meßbaren zeitlichen Änderung der Gravitationskonstanten γ führen.

2. Die Wirkung der Partikeln der schwermachenden Materie ist nur garantiert, wenn sie untereinander möglichst nicht zu- sammenstoßen. Ihre Stoßzahl $\zeta \sim n\rho^2 v$ sollte also unermeß- lich klein sein.

3. Der Widerstand, den die fluide schwermachende Materie auf bewegte Körper ausübt, darf nicht so groß sein, daß (be- obachtbare) säkulare Störungen bei den Planetenbewegungen auftreten könnten. Anders ausgedrückt: soll die Gravitati- onswirkung nicht durch diese Bremswirkung beeinträchtigt werden, so muß die Größe $n\rho^3 vw$ verschwindend klein gegen- über der Größe $(1-\varepsilon^2)n\rho^3 v^2$ sein.

Diese Bedingungen sollen laut FATIO dadurch erfüllt werden, daß die verschiedenen Faktoren unendlich groß oder unendlich klein werden, was zuvor durch die folgenden Beziehungen aus- gedrückt worden war:

$$\frac{1}{d^3} = n \to \infty \; ; \; \frac{\rho}{d} \to 0 \; \text{und} \; n\rho^3 \sim \delta \to 0 \; ; \; v \to \infty$$

was für FATIO immer nur heißen kann: unendlich groß oder unend- lich klein im Vergleich zu anderen Größen. Der Sinn der Erör- terungen über unendlich große und kleine Größen im Problem III und der dort entworfenen Hierarchie von Unendlichkeiten ist, zu zeigen, daß Unendlichkeiten verschiedener Größenordnung mathematisch möglich sind. Welchen Rang die Parameter der schwermachenden Materie, Partikelradius, -dichte und -ge- schwindigkeit innerhalb der Hierarchie unendlich großer bzw. kleiner Größen einnehmen, hängt von physikalischen Bedingun- gen ab. Bezüglich der Parameter der schwermachenden Materie bedeutet das, daß der Partikelradius ρ unendlich klein gegen- über dem gegenseitigen Abstand der Partikel, die Dichte δ unendlich klein gegenüber jeder endlichen Dichte, die Ge- schwindigkeit v der Partikel unendlich groß gegenüber endli- chen Geschwindigkeiten sind. Dann sind die Stoßzahl der Par- tikel untereinander und der Widerstand der schwermachenden Materie in mathematisch strengem Sinne unendlich klein und auch der Energieverlust der Partikeln beim Stoß gegen die irdische Materie kann mathematisch gesehen unendlich klein gemacht werden. Aber eine solche von mathematischem Purismus erzwungene Künstlichkeit macht FATIOs Theorie physikalisch unverständlich, zumal FATIO der Überzeugung zu sein scheint, daß etwas, was sich im Bereich der einen Größenordnung abspielt, keinen Einfluß auf den der nächst höheren haben kann (13). Wie soll man sich auch vorstellen, daß unendlich kleine Partikeln, von denen nach FATIOs Definition eine noch so große Zahl niemals die Größe und Masse eines einzigen Atoms erreichen kann, auf diese Atome physikalisch wirken können, selbst wenn - wie FATIO im Abschnitt 29 des Manuskripts FB ausführt - in unendlich kleiner Zeit unendlich viele dieser Partikeln auf eine unendlich kleine Fläche aufprallen (14)?

Physikalisch sinnvoll ist es dagegen, wenn man entsprechend den oben angeführten Bedingungen die Größen so festlegt, daß der Energieverlust der Partikeln, ihre Stoßzahl und der von ihnen auf bewegte Körper ausgeübte Widerstand vernachlässigbar klein sein sollen. Vernachlässigbar heißt, daß sich innerhalb der Beobachtungs- und Meßgenauigkeit keine Widersprüche zur Theorie ergeben dürfen - etwa bezüglich der zeitlichen Konstanz der Gravitation. Auch FATIO hält nicht um jeden Preis an einer zweifelhaften mathematischen Begrifflichkeit fest, sondern läßt auch eine andere Interpretation zu:

"Wenn jemand sich über den so häufigen Gebrauch wundert, den ich von Unendlichkeiten oder vielmehr von Unermeß- lichkeiten mache, so braucht er nur zu bedenken, daß er, um meine Theorie den Grenzen anzupassen, die er seinem Verstand zumuten möchte, nichts tun muß, als überall an Stelle des Wortes 'unendlich' oder 'unermeßlich' das Wort 'außerordentlich groß' zu setzen. Und die Nachteile, die ich durch den so großzügigen Gebrauch des Unendlichen gänzlich vermeide, werden bei seiner Wahl um so geringer sein, je größer er die von ihm gewählten Quantitäten werden läßt" (15).

Im Anschluß an das Problem IV (vid. den 7. Abschnitt dieses Kapitels) greift FATIO das Thema "Unendlichkeit" noch einmal

auf, diesmal, um die Möglichkeit unendlich großer Geschwindigkeiten zu demonstrieren:

"Was die Geschwindigkeiten anlangt, so denke man sich unendlich viele Parabeln aller Ordnungen, beschrieben um
denselben Scheitel und auf derselben Achse. Und man denke
sich die gemeinsame Scheiteltangente aller dieser Parabeln.

Es sei ihre Gleichung $x = y^{1+n}$, wobei n eine positive
Zahl sein soll. Man lasse nun all diese Parabeln auf einmal sich gleichförmig einer zur Achse parallelen und unbeweglichen unendlichen Geraden nähern, bis diese mit der
Achse verschmilzt. Die Schnittpunkte der Geraden mit all
diesen Parabeln nähern sich am Ende der Scheiteltangente
mit unendlich kleinen Geschwindigkeiten, eine immer unendlich kleiner als die andere.

Von vollkommener Ruhe und den kleinsten dieser Geschwindigkeiten geht die Natur durch unendlich viele Grade hindurch zu denen über, die unendlich größer sind, dann zu
anderen nochmals unendlich größeren etc. bis sie schließlich zu endlichen Geschwindigkeiten kommt. Aber können
wir - bei einem solch weiten Feld - behaupten, daß die
Macht der Natur hier ihre Grenzen findet und dürfen wir
nicht im Gegenteil schließen, daß sie ebenso zu unendlichen Geschwindigkeiten übergehen kann, eine immer unendlich größer als die andere?

Die vorherigen Annahmen brauchen nur ein wenig geändert
werden, derart, daß man sich eine zur Scheiteltangente
parallele und unbewegliche unendliche Gerade denkt und
sich vorstellt, daß sich alle Parabeln gleichförmig gegen diese Gerade bewegen, bis diese mit der Tangente
verschmilzt; die Geschwindigkeiten der Schnittpunkte dieser Geraden mit den Parabeln werden im letzten Augenblick
unendlich und zwar eine immer unendlich größer als die
andere" (16).

Es ist ganz offensichtlich, daß diese Gedanken dem Geist der
Fluxionsrechnung entstammen. Beim Fluxionenkalkül kann man
sich die Parabeln $x = y^{1+n}$ nämlich so entstanden denken, daß

sich entweder eine Gerade parallel zur Abszisse (der gemeinsamen Achse der Parabeln) gleichförmig mit der Geschwindigkeit $\dot{y}$ bewegt und zugleich auf dieser Geraden ein Punkt mit

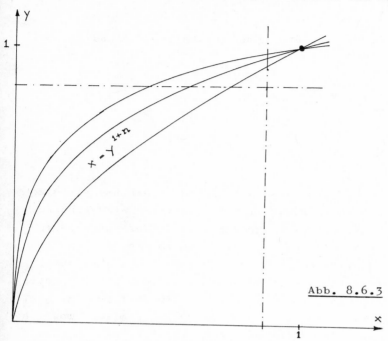

Abb. 8.6.3

der Geschwindigkeit $\dot{x} = (1+n)y^n\dot{y}$ oder daß sich eine Gerade
parallel zur Ordinate (der gemeinsamen Scheiteltangente der
Parabeln) gleichförmig mit der Geschwindigkeit x bewegt und
zugleich auf dieser Geraden ein Punkt mit der Geschwindigkeit

$\dot{y} = \dfrac{\dot{x}}{(1+n)y^n}$ (17). FATIO kehrt das Verfahren um, indem er je-

weils eine dieser Geraden festhält und sich ihnen das Para-
belsystem mit gleichförmiger Geschwindigkeit nähern und dabei den Punkt auf diesen Geraden gewissermaßen rückwärts
laufen läßt, wobei der Punkt einmal mit unendlich kleiner und
das andere mal mit unendlich großer Geschwindigkeit im Ursprung (im gemeinsamen Scheitel der Parabeln) verschwindet,
wenn die Geraden mit der Achse bzw. der Scheiteltangente ver-
schmelzen. Denn es ist

$$\dot{x} = (1+n)y^n\dot{y} \qquad \dot{x} \to 0 \text{ , wenn } y \to 0$$

und

$$\dot{y} = \frac{\dot{x}}{(1+n)y^n} \qquad \dot{y} \to \infty \text{ , wenn } y \to 0$$

Und für zwei aufeinanderfolgende Parabeln n = m und n = m+1 gilt

$$\frac{\dot{x}_{m+1}}{\dot{x}_m} = \frac{m+2}{m+1} \cdot \frac{\dot{y}_{m+1}}{\dot{y}_m} \qquad y \to 0, \text{ wenn } y \to 0$$

$$\frac{\dot{y}_{m+1}}{\dot{y}_m} = \frac{m+1}{m+2} \cdot \frac{\dot{x}_{m+1}}{\dot{x}_m} \cdot \frac{1}{y} \to \infty \text{ , wenn } y \to 0$$

d.h. bei jeder nächst höheren Parabel wird die Geschwindig_
keit, mit welcher der Punkt im Ursprung verschwindet unendlich kleiner bzw. unendlich größer als bei der vorhergehenden. Natürlich handelt es sich hier ebenso wie beim Problem
III um Größenordnungen von Funktionen: dort um Funktionen,
die durch Integration, hier um solche, die durch Differentia-
tion entstanden sind. Und ebenso wie FATIO dort gezeigt hat,
daß Unendlichkeiten verschiedener Ordnung "räumlich" möglich
sind, so will er hier mathematisch anschaulich machen, daß
unendlich kleine und enendlich große Geschwindigkeiten unterschiedlicher Größenordnung möglich sind. Unendlich große
Geschwindigkeiten sind in seiner Theorie notwendig, und FATIO
versichert hier abermals, seiner Ansicht nach "können die
Phänomene der Schwere nur durch Geschwindigkeiten erklärt werden, welche unendlich größer sind als die uns gewöhnlich bekannten Geschwindigkeiten. Und in dem gleichen Maße, in dem
eine mechanische Ursache der Schwere wahrscheinlich ist, in
eben diesem Maße sind es auch unermeßliche Geschwindigkeiten"
(18).

7. Über den Widerstand, welchen bewegte Körper in der schwermachenden Materie erleiden (Problem IV)

> "Man sieht ... wie die zusammengesetzten (internen)
> Bewegungen einer Flüssigkeit, deren Partikel sich
> gleichermaßen nach allen Richtungen bewegen, den
> Widerstand gegen die Bewegung bis zum Unendlichen
> anwachsen lassen; und das gleiche geschieht, wenn
> die Dichte zunimmt".
>
> N. FATIO 1701

FATIOs Ansatz und seine Mängel

FATIO formuliert das Problem IV mit folgenden Worten:

> "Man denke sich eine dünne, gleichermaßen nach allen Rich
> tungen bewegte Materie im gesamten Universum gleichmäßig
> verteilt; man fragt nach den Regeln, durch die man den
> Widerstand vergleichen kann, den sie der Bewegung einer
> gegebenen Kugel C entgegensetzen, [einmal] wenn diese Ma
> terie mehr oder weniger bewegt ist, und [zum anderen] wenn
> die Teile dieser Materie in Ruhe sind" (1).

Die Lösung dieses Problems bildet den mathematisch aufwendigsten Teil der FATIOschen Theorie. FATIOs Berechnungen haben
dabei einmal den Zweck, die Behauptung der Cartesianer zu widerlegen, daß bei einer idealen Flüssigkeit der Widerstand
gegen die Bewegung verschwände; zum anderen soll eine genaue
Berechnung dieses Widerstands weitere Bedingungen für die
Partikeln der schwermachenden Materie festlegen.

FATIO untersucht im Folgenden zwei Fälle:
1. Die Geschwindigkeit mit der sich die Kugel C bewegt ist
   kleiner als die der Partikeln;
2. die Geschwindigkeit der Kugel C ist größer als die der
   Partikeln (Der Sonderfall gleicher Geschwindigkeiten ergibt sich jeweils als Grenzfall).

FATIO berechnet dabei den gesuchten Widerstand einmal mit
konventionellen geometrischen Methoden und einmal mit Hilfe

des Fluxionenkalküls. Dazu beschreitet er den folgenden Lö-
sungsweg:

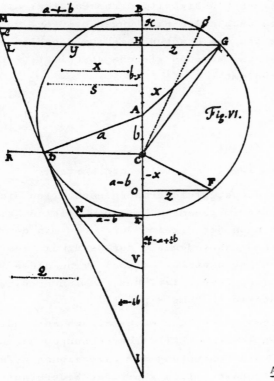

Abb. 8.7.1

"Fig. VI. Erster Fall. Wenn die Geschwindigkeit der Kugel
C geringer ist als diejenige der Teile der bewegten Materie. - Während einer bestimmten Zeit T beschreibt die
Kugel C in unserer gleichmäßig nach allen Richtungen bewegten Materie die beliebig vorgegebene Strecke CA = b,
und die Teile der bewegten Materie beschreiben in derselben Zeit eine beliebige Länge AB oder GA = a. Um das
Zentrum A und mit AB als Radius sei die Kugel BDEFGB beschrieben, und, nachdem man den Durchmesser BE in eine

unermessliche Anzahl n gleicher Teile geteilt hat, stelle
man sich vor, daß durch die Teilungspunkte B,$\mathcal{H}$, H etc.
zu BE senkrechte Ebenen gehen, welche die Oberfläche der
Kugel in eine entsprechende Anzahl n von gleichen Reifen
(ceintures) oder Zonen teilen" (2).

Die Analogie zum Vorgehen bei der Lösung des Problems II ist
augenfällig, FATIO nimmt darauf jedoch keinen Bezug. Als nächstes führt er auf folgende Weise ein Koordinatensystem ein:

"Es werde nun die Abszisse CH auf der Seite von A als = x
genommen und demgemäß die Abszisse CO, indem man von C
nach der zu A entgegengesetzten Richtung geht, als = - x
(3).

Es sei die Ordinate HG oder OF = z. Wir wollen den sphä-
rischen Körper C als in Ruhe versetzt betrachten, d.h.
uns vorstellen, daß die Partikel G unserer Materie, die
während der Zeit T die Strecke GA beschrieben hätte, die
Strecke GC beschreibt etc.

Es sei die Dichte unserer Materie = δ von beliebig gege-
gener Größe. Also wird $\frac{\delta}{n}$ die Dichte der Ströme sein, welche ringsum Bahnen folgen, die eine gleiche Neigung ge-
gen BC haben, wie z.B. alle von allen Punkten eines bestimmten Reifens $\mathcal{G}$G zum Punkte C gezogenen Linien.

Unter diesen Voraussetzungen gibt xx - 2bx + bb + zz = aa
den Ort des Kreises EFGB. Und folglich ist GC (und ebenso
CF) = $\sqrt{aa - bb + 2bx}$. GC verhält sich zu x wie $\frac{\delta}{n} \cdot GC^2$ zu
$\frac{\delta}{n}$ x·GC, dem Druck (Impression) in Richtung AE derjenigen
Ströme, die sich aus der Lage einer Zone G$\mathcal{G}$ ergeben und
deren Neigung z.B. gleich der irgendeiner Linie zwischen
GC und $\mathcal{G}$C ist. Dieser Druck ist dann also
$\frac{\delta}{n} \cdot x \cdot \sqrt{aa - bb + 2bx}$. Wir wollen ihn durch $\frac{\delta}{n} \cdot x \cdot HL$ darstel-
len und es wird HL = y gesetzt, senkrecht zu EB" (4).

Es ist zweckmäßig, FATIOs Gedankengang an dieser Stelle zu
unterbrechen, um sich über die Art seines Vorgehens klar zu
werden. FATIO verwendet das Relativitätsprinzip der Geschwindigkeiten, d.h. er stellt sich vor, daß der Körper C ruht
und die Zusammenstöße mit den Materiepartikeln aus der Zone

G$\mathcal{G}$ mit der Relativgeschwindigkeit GC = $\sqrt{a^2 - b^2 + 2bx}$ erfolgen. (FATIO erläutert dieses Verfahren ausführlich in einem
Brief an Jakob BERNOULLI (5) und beruft sich dort auf das
Corollarium V zu Lex III der NEWTONschen 'Principia'). FATIO
ist offensichtlich der Überzeugung, daß die Partikelströme
sämtlich normal zur Kugeloberfläche C aufprallen und - aufgrund der Überlegung in Problem II - der Druck pro Flächen-
einheit (z.B. der Partikeln aus der Zone G$\mathcal{G}$) $\frac{\delta}{n}$ GC^2 sein
muß. Dabei soll $\frac{\delta}{n}$ die Masse pro Volumeneinheit der Partikeln
bedeuten, deren Bewegungen den durch den Ring G$\mathcal{G}$ definierten
Richtungen entsprechen. Multipliziert man dieses Ergebnis mit
dem Richtungskosinus $\frac{x}{GC}$, erhält man als resultierenden Druck
in Richtung AE - in Fortbewegungsrichtung der Kugel C - $\frac{\delta}{n} \cdot GC \cdot x$;
und nichts anderes meint FATIO, wenn er sagt, daß sich GC zu
x verhalte wie $\frac{\delta}{n} \cdot GC^2$ zu $\frac{\delta}{n} \cdot x \cdot GC$. - Man kann sich nun leicht
klar machen, wie FATIO, wenn auch z.T. auf Grund falscher Vor-
stellungen zu diesem richtigen Ergebnis gekommen ist:
Schreibt man für die Höhe einer Kugelzone wie G$\mathcal{G}$, nämlich
H$\mathcal{H}$ = $\frac{2a}{n}$ = $\triangle$x, so wird

$$\frac{\delta}{n} \cdot x \cdot GC = \delta \cdot GC \cdot x \cdot \frac{\triangle x}{2a} \quad .$$

Macht man nun die Unterteilung so fein, daß n $\rightarrow \infty$ und $\triangle$x $\rightarrow$ 0,
so kann man schreiben

$$\frac{\delta}{n} \cdot x \cdot GC = \frac{\delta}{2a} \cdot GC \cdot x \cdot dx = \frac{\delta}{2a} \cdot \sqrt{a^2 - b^2 + 2bx} \cdot x \cdot dx$$

Hat jede Partikel der Materie die Masse m und ist die Anzahl
der Partikel pro Volumeneinheit ν so wird

$$\frac{\delta}{n} \cdot x \cdot GC = \nu \sqrt{a^2 - b^2 + 2bx} \cdot (mx) \cdot \frac{dx}{2a}$$

Von diesem Ergebnis ausgehend, kann man mühelos eine Beziehung zur kinetischen Gastheorie finden: CLAUSIUS z.B. errechnet als Anzahl der Stöße, die ein Molekül erleidet, das
sich mit der Geschwindigkeit $\vec{b}$ durch eine Ansammlung anderer
Moleküle der Geschwindigkeit $\vec{a}$ bewegt

$$dA = \pi r^2 \cdot \nu \cdot \sqrt{a^2 + 2ab \cdot \cos \vartheta + b^2} \cdot \frac{\sin \vartheta}{2} \cdot d\vartheta$$

wobei πr^2 der Wirkungsquerschnitt der Stöße ist und ϑ der Winkel zwischen der Richtung von $\vec{b}$ und einer bestimmten Richtung von $\vec{a}$; dA ist dann die Anzahl der Partikeln, die aus einem bestimmten Winkelintervall zwischen ϑ und $\vartheta + d\vartheta$ auf das Molekül treffen (6). Verwendet man die gleichen Koordinaten wie FATIO, schreibt also $a \cdot \cos \vartheta + b = x$ oder $\cos \vartheta = \frac{x-b}{a}$ dann wird $a \cdot \sin \vartheta = dx$, also ist

$$dA = \pi r^2 \nu \cdot \sqrt{a^2 - b^2 + 2bx} \cdot \frac{dx}{2a}$$

Multipliziert man CLAUSIUS' Ergebnis mit der mittleren Impulsänderung pro Stoß und dividiert durch πr^2 (das in unserem Falle gleich dem Querschnitt der Kugel C ist, da der Querschnitt der Partikeln demgegenüber als verschwindend klein angenommen werden kann), so müßte man das von FATIO gefundene Ergebnis erhalten.

Nun ergibt sich für die mittlere Impulsänderung pro Flächeneinheit des Wirkungsquerschnitts im Fall der Kugel aus einer einfachen Überlegung (7):

$$dI = mx$$

Also ist:

$$dp = \nu \cdot \sqrt{a^2 - b^2 + 2bx} \cdot \frac{dx}{2a} \cdot (mx)$$

$$dp = \frac{\delta}{2a} \sqrt{a^2 - b^2 + 2bx} \cdot x \cdot dx = \frac{\delta}{n} \sqrt{a^2 - b^2 + 2bx} \cdot x$$

Das aber ist auch FATIOs Ergebnis. Wie man erkennt, macht er zwei Fehler: den ersten, indem er annimmt, daß alle Stöße gegen die Kugeloberfläche C normal (zentrisch) erfolgen, den zweiten, indem er die Impulsänderung mit mx statt 2mx ansetzt, und den Druck pro Flächeneinheit aller aus der Zone $G\mathcal{G}$ kommenden Partikel zu $\frac{\delta}{n} \cdot GC^2$ statt $2 \cdot \frac{\delta}{n} \cdot GC^2$ bestimmt. Die beiden Fehler heben sich aber gegenseitig auf und so kommt FATIO zu einer richtigen Lösung.

FATIOs Berechnung der einzelnen Fälle.

FATIO berechnet nun den Gesamtdruck, d.h. den Widerstand, den
die Kugel C erfährt, auf geometrische Weise. Er bemerkt zunächst, daß sich die Größe $-\sqrt{a^2 - b^2 + 2bx}$ = HL = y als Parabel darstellen läßt und gibt durch entsprechende Umformung
des Wurzelausdruckes zugleich eine Konstruktionsanweisung
für diese Parabel. Dann fährt er fort:

"Wir haben als Druck (L'Impression), der längs der Richtung AE durch Ströme wie GC, $\mathcal{G}$C bewirkt wird, die Größe
$\frac{\varsigma}{n} \cdot x \cdot$HL. Auf den Ordinaten BM, $\mathcal{HL}$, HL, etc. stelle man
sich Rechtecke senkrecht zur Zeichenebene vor, deren
Höhe gleich x ist. Und folglich werden all diese Rechtecke - die einen über und die anderen unter der Zeichenebene - von einer Ebene begrenzt, die durch die Linie CDR
hindurchgeht und mit der Zeichenebene einen Winkel von
45° bildet. [Abb. 8.7.2]

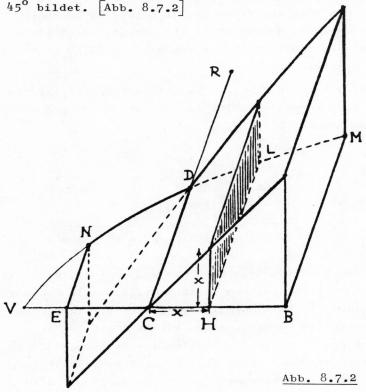

Abb. 8.7.2

Die Größe $\frac{\varsigma}{n}$ ist beliebig gegeben und es ist vorteilhaft,

sie als sehr klein anzunehmen, ja sogar als unendlich viel
kleiner als einen der Teile H,$\mathcal{H}$ der Strecke BE - damit
man sich ohne Schwierigkeiten die Rechtecke BM, $\mathcal{HL}$, HL,
etc. als kleine Körper einer bestimmten Dicke $\frac{\delta}{n}$ vorstellen kann.

Der Gesamtdruck (L'Impression totale) längs der Geraden
(der Richtung) AE auf den Körper C wird also nach allem
Vorangegangenen gleich allen Rechtecken oder Körpern BM,
$\mathcal{HL}$, HL, etc., auf der Fläche BMDC gebildet werden, abzüglich der ähnlichen Rechtecke oder Körper, die auf der
Fläche DNEC gebildet werden - denn für die letzteren Körper werden die x negativ.

Nun ergibt sich aber die Summe dieser Körper BM,$\mathcal{HL}$, HL,
etc. einschließlich des letzten negativen Körpers EN, wenn
man alle diese Körper auf (nur) einer Seite der Zeichen-
ebene mit der Höhe $\dfrac{\frac{8}{3}\cdot aab + \frac{8}{15}\cdot b^3}{2\cdot aa + \frac{2}{3}\cdot bb}$ errichtet, die ich als
Abstand des Schwerezentrums der Fläche BMNE von der Linie
CR ermittelt habe. Die Fläche BMNE aber ist $2aa + \frac{2}{3} bb$.
Also wird der Körper, der zur Basis BMNE und zur Höhe die
obige Größe hat, $\frac{8}{3}\cdot aab + \frac{8}{15}\cdot b^3$.
Nun verhält sich $\frac{2a}{n}$ (oder H$\mathcal{H}$) zu $\frac{\delta}{n}$ (oder zur Dicke der
Körper $\mathcal{HL}$, HL, etc.) d.h. also 2a zu δ , wie der Körper,
der zur Basis BMNE hat, sich zu $(\frac{4}{3} ab\delta + \frac{4b^3\delta}{15a})$ oder zu

$\dfrac{20aab\delta + 4b^3\delta}{15a} = R[(a,b)]$ verhält.

Und diese Größe R stellt in allen Fällen - gemäß der Änderung der Größen a, b und δ - das Maß des Widerstandes
dar, den der Körper C bei seiner Bewegung erfährt" (8).

Man kann sich FATIOs Verfahren klar machen, wenn man die Be-
ziehung n·Δx = 2a benutzt und schreibt: $\frac{\delta}{n}$·x·HL = $\frac{\delta}{n}$·xy =
= $\frac{\delta}{2a}$·xyΔx. Die Größe xyΔx kann man als infinitesimal kleinen
Quader mit der Länge y (der Parabelordinate), der Breite x
und der - bei genügend großen n, d.h. bei genügend feiner
Unterteilung - beliebig geringen Dicke Δx darstellen. Addiert
man alle Quader über dem Parabeltrapez BMDE - damit werden
alle Partikeln erfaßt, die von vorn, d.h. gegen die Bewegungs-

richtung b auf den Körper C stoßen - und subtrahiert von dieser Summe die Summe aller Quader über dem Parabeltrapez DNEC - damit werden alle Partikeln erfaßt, die von rückwärts, d.h. in der Bewegungsrichtung b gegen den Körper C stoßen -, so erhält man einen Differenzkörper dessen Volumen, mit der Größe $\frac{\delta}{2a}$ multipliziert, den resultierenden Gesamtdruck auf C in Richtung AE ergibt (9). Nennt man den über der Fläche BMDC errichteten Körper V_1 und den über DNEC errichteten Körper V_2, so kann man schreiben:

$$V_1 = \sum_{i=1}^{n} x_i y_i \Delta x \quad \text{wo} \quad \begin{array}{l} x_1 = 0, \ y_1 = \sqrt{a^2 - b^2} \\ x_n = a + b, \ y_n = a + b \end{array}$$

$$V_2 = \sum_{i=1}^{n} x_i y_i \Delta x \quad \text{wo} \quad \begin{array}{l} x_1 = 0, \ y_1 = \sqrt{a^2 - b^2} \\ x_n = b - a, \ y_n = a - b \end{array}$$

Nun folgt aber aus der Definitionsgleichung des Schwerpunktes für dessen x-Koordinate

$$x_S = \frac{\sum_{i=1}^{n} m_i x_i}{M}$$

und mit

$$M = \sum_{i=1}^{n} m_i, \quad m_i = \delta \cdot \Delta V_i$$

wird

$$x_S = \frac{\sum_{i=1}^{n} \Delta V_i x_i}{V}$$

und für eine Fläche gilt bei homogener Massenbelegung

$$x_S = \frac{\sum_{i=1}^{n} \Delta F_i x_i}{F} = \frac{\sum_{i=1}^{n} y_i \Delta x \cdot x_i}{F}$$

folglich ist

$$\sum_{i=1}^{n} x_i y_i \Delta x = F x_S$$

und es gilt

$$V = V_1 - V_2 = F_1 x_{S1} - F_2 x_{S2} \quad \text{wo} \quad \begin{array}{l} F_1 = \text{Fläche BMDC} \\ F_2 = \text{Fläche DNEC} \end{array}$$

Bezeichnet man nun die Fläche BMNE mit $F = F_1 + F_2$ und die zugehörigen Schwerpunktskoordinaten mit x_S, x_{S1}, x_{S2}, so ergibt sich aufgrund eines Satzes von ARCHIMEDES (10)

$$(F_1 + F_2) x_S = F x_S = F_1 x_{S1} - F_2 x_{S2} = V$$

und das gesuchte (Differenz)Volumen V ist tatsächlich gleich dem Produkt aus der Fläche BMNE und deren Schwerpunktskoordinate. - Nun ist aber die (Parabeltrapez)Fläche F nach ARCHIMEDES (11)

$$F_{BMV} - F_{ENV} = \frac{2}{3} \left[\left(2a + \frac{(a-b)^2}{2b} \right)(a+b) - \frac{(a-b)^2}{2b}(a-b) \right] = 2a^2 + \frac{2}{3} b^2$$

Für die Schwerpunktskoordinate x_S des Parabeltrapezes ergibt sich - ebenfalls nach ARCHIMEDES (12)

$$x_S = \frac{\frac{8}{3} a^2 b + \frac{8}{15} b^3}{2a^2 + \frac{2}{3} b^2}$$

Das gesuchte Volumen ist dann

$$V = F x_S = \frac{8}{3} a^2 b + \frac{8}{15} b^3$$

und der gesuchte Widerstand wird, wie von FATIO berechnet

$$R(a,b) = \frac{\delta}{2a} V = \frac{20a^2 b + 4b^3}{15a} \cdot \delta \quad (13)$$

FATIO interpretiert dieses Ergebnis mit folgenden Worten:

"Die Örter, die sich aus der obigen Gleichung ergeben, indem **man** a oder b als variabel annimmt, sind sehr leicht zu beschreiben und ihre Betrachtung wäre nützlich. Es ist aber nicht nötig, sich bei einer Einzelheit aufzuhalten, die weiter keine Schwierigkeit mit sich bringt" (14). [FATIO denkt hierbei ganz offensichtlich an eine graphische Darstellung und Interpretation der Funktion R (a,b)] "Der Widerstand gegen den Körper C verhielte sich

in einer nicht bewegten Materie wie bbδ . Der Widerstand
in unserer bewegten Materie wird sich nach dem Vorausgehenden wie die Materiemenge verhalten, wenn alles übrige
gleich bleibt. Er wird sich wie die Quadrate der Geschwindigkeiten verhalten, wenn die Geschwindigkeit des Körpers
C ein gegebenes Verhältnis zur Geschwindigkeit unserer
Materie hat, vorausgesetzt ihre Dichte ist konstant" (15).

Die Proportionalität des Widerstandes zur Dichte oder Materiemenge und zum Quadrat der Geschwindigkeit a (wenn b durch a
ausgedrückt wird) ist aus der abgeleiteten Beziehung sofort
abzulesen. Aus dieser Gleichung läßt sich aber nicht entnehmen, daß der Widerstand, den der Körper C in einer nicht bewegten Materie (bei a = 0) erfährt, proportional b$^2\delta$ ist.
Die Beziehung war ja gerade unter der Bedingung a > b abgeleitet worden, sie kann also für a = 0, also a < b kein ver-
nünftiges Ergebnis liefern. R $\sim$ b$^2\delta$ ergibt sich vielmehr als
Grenzfall einer Beziehung. welche unter der Bedingung b > a
abgeleitet wird (Cf. die Anmerkung (21) dieses Kapitels).

"Schließlich verhält sich die Kraft des Widerstandes
(l'Effort de la Resistence) wie der gesamte obige Ausdruck, multipliziert mit dem Quadrat des Durchmessers der
Kugel C - .wenn man diesen ändern will -, unter der Voraussetzung, daß die Dichte und das Gefüge (la Contexture)
der Kugel gleich bleiben" (16).

Diese Formulierung zeigt, daß "Impression" zuvor treffend als
Druck interpretiert worden ist, und daß demzufolge "Effort"
- entstanden durch Multiplikation der "Impression" mit der
wirksamen Fläche - als Widerstandskraft zu verstehen ist
(Nach den zuvor angestellten Überlegungen müßte mit dem Wirkungsquerschnitt πr^2 multipliziert werden, FATIOs "Effort"
also zum Quadrat des Radius' statt zum Quadrat des Durchmessers in Beziehung gesetzt werden - was aber an der Proportionalität grundsätzlich nichts ändert.

"Daher wird die Bewegung (Mouvement), welche dieser Widerstand in einer bestimmten, unendlich kleinen Zeit erzeugen wird, sich wie der gesamte obige Ausdruck, multipliziert mit dem Quadrat des Durchmessers und dividiert
durch den Kubus dieses Durchmessers verhalten, d.h. wie

der obige Ausdruck direkt und umgekehrt wie der Durchmesser der Kugel" (17).

Wenn - wie oben gefordert - Dichte und "Contexture" der Kugel
C unverändert bleiben sollen, ist der Kubus des Durchmessers
proportional der Materiemenge der Kugel, und man kann "le
Mouvement, que cette Resistence produira, en un Tems donné,
infiniment petit" als Beschleunigung oder als Verzögerung
interpretieren.

FATIO diskutiert dieses Ergebnis für die unterschiedlichen
Verhältnisse von b und a:

> "Wenn b im Vergleich zu a sehr klein ist und wenn δ unver-
> ändert bleibt, wird der Widerstand $\frac{4}{3}ab\delta + \frac{4b}{15a}\delta$, d.h. er
> verhält sich wie $\frac{4}{3} \cdot ab$. Wenn daher in diesem Fall b unver-
> ändert bleibt, d.h. wenn die Geschwindigkeit des Körpers
> C unverändert bleibt, und a geändert wird, verhält sich
> der Widerstand wie die Geschwindigkeit der Partikeln der
> bewegten Materie. Wenn jedoch im gleichen Fall a konstant
> bleibt und b größer oder kleiner wird, verhält sich der
> Widerstand wie b, d.h. wie die Geschwindigkeit des Kör-
> pers C. Schließlich verhält sich im selben Fall der Wi-
> derstand zu demjenigen [der sich ergibt] , wenn sich die
> Teile unserer Materie überhaupt nicht bewegen, wie $\frac{4}{3} \cdot ab\delta$
> zu $bb\delta$, d.h. wie $\frac{4}{3}a$ zu b, was ein immens großes Mißver-
> hältnis bilden kann. In dem Maße aber, in dem b ansehn-
> lich wird, tritt zur Größe $\frac{4}{3}$ $ab\delta$ die Größe $\frac{4b^3}{15a}\delta$.
> Wenn b gleich a ist, dann erweist sich der Widerstand
> gegen die Kugel C, der bei einer ruhenden Materie gleich
> $bb\delta$ wäre, als genau gleich $\frac{8}{5} \cdot bb\delta$ - was sich in der Rech-
> nung für den zweiten Fall bestätigt, und was ich darüber
> hinaus durch eine spezielle, diesen Voraussetzungen ge-
> mäße Rechnung beweisen werde" (18).

FATIO schließt diese Betrachtungen mit der folgenden Bemerkung
ab:

> "Ganz allgemein wird man, wenn das Zahlenverhältnis der
> Geschwindigkeiten a und b gegeben ist, auch das Verhält-
> nis der Widerstände - dann, wenn die Materie ruht und
> dann, wenn sich ihre Teile mit der Geschwindigkeit a be-

wegen - in Zahlen erhalten" (19).

Auf ganz analoge Weise berechnet FATIO den zweiten Fall, für
den die Geschwindigkeit der Kugel C viel größer als diejenige
der Partikeln der bewegten Materie ist. Mit Hilfe von Fig. VII
(20) berechnet er mittels des nun schon vertrauten Verfahrens

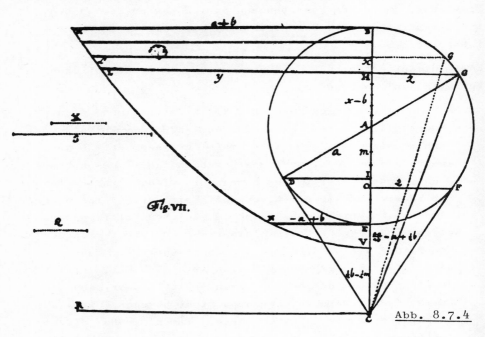

Abb. 8.7.4

den Widerstand R zu

$$R = \frac{2}{3}aa\delta + bb\delta - \frac{a^4}{15bb}$$

Im Anschluß an dieses Ergebnis folgt - in wörtlicher Übereinstimmung der Formulierungen - die gleiche Diskussion wie im
ersten Fall (21).

Diese Diskussion führt FATIO zu folgenden Ergebnissen: Für
$a \ll b$ und δ = const. verhält sich der Widerstand R wie das
Quadrat der Geschwindigkeit b, d.h. $R = b^2\delta$. Wenn b = const.
und a variabel ist, kommt zum Glied $b^2\delta$ noch das Glied
$\frac{2}{3}a^2\delta$ hinzu und der Widerstand wächst mit dem Geschwindig-
keitsquadrat a der Materiepartikeln. Für den Sonderfall a = b

ergibt sich wie zuvor $R = \frac{8}{5}b^2\delta$. Auch in diesem Fall sind natürlich quantitative Angaben möglich, wenn die Zahlenwerte
von a und b bekannt sind.

FATIO beendet die Diskussion mit den Bemerkungen:

> "Ich brauche diejenigen, die unseren Beweisen zu folgen
> vermochten, auf den Nutzen dieses Theorems in der Phy-
> sik nicht aufmerksam zu machen und [nicht darauf hinzu-
> weisen] innerhalb welcher Grenzen in der Natur der Wider-
> stand von Fluida proportional Quadrat der Geschwindig-
> keit ist. Man sieht aber, wie die zusammengesetzten (in-
> ternen) Bewegungen (mouvemens entremêlez) einer Flüssig-
> keit, deren Partikel sich gleichermaßen nach allen Rich-
> tungen bewegen, den Widerstand gegen die Bewegung bis
> zum Unermesslichen anwachsen lassen; und das gleiche ge-
> schieht auch, wenn die Dichte wächst" (22).

FATIOs Überlegungen lassen sich wie folgt zusammenfassen:

1. Man betrachtet die Geschwindigkeit b der Kugel C als konstant an und überlegt, was geschieht wenn die Geschwindigkeit a der Materiepartikeln von 0 über a = b bis a$\gg$b
   wächst: Für sehr kleine Geschwindigkeiten wird dann der Widerstand $R = b^2\delta$ = const. sein; wächst a, so kommt ein Korrekturglied hinzu, das $\approx \frac{2}{3}a^2\delta$ ist, d.h. der Widerstand R
   wird annähernd proportional zum Quadrat der Geschwindigkeit
   der Materiepartikeln wachsen bis a = b wird und damit
   $R = \frac{8}{5}b^2\delta$, endlich wird der Widerstand für wachsende a rasch

   $R \approx \frac{4}{3}ab\delta$, d.h. er wächst linear mit der Partikelgeschwindigkeit und geht schließlich über alle Grenzen.

2. Man sieht die Geschwindigkeit a der Materiepartikeln als
   konstant an und überlegt, was geschieht, wenn man die Geschwindigkeit b der Kugel C von 0 über b = a bis b$\gg$a wachsen läßt: Für sehr kleine Geschwindigkeiten ist der Widerstand $R \approx \frac{4}{3}ab\delta$, d.h. er wächst annähernd linear mit der
   Geschwindigkeit b der Kugel, mit zunehmendem b wird das
   Korrekturglied $\frac{4}{3}\cdot\frac{b^3}{a}$ immer bedeutungsvoller bis für b = a
   $R = \frac{8}{5}a^2\delta$ geworden ist; endlich wird, wenn b weiter wächst
   - über $R \approx \frac{2}{3}a^2\delta + b^2\delta$ - der Widerstand $R = b^2\delta$, d.h. er

wächst mit dem Quadrat der Geschwindigkeit b der Kugel und
geht schließlich über alle Grenzen.

Berechnung mit Hilfe des Fluxionen-Kalküls

FATIO führt im Folgenden die Rechnung noch einmal durch, genauer: er bestimmt die Größe $\frac{c}{n}x\sqrt{a^2-b^2+2bx}$ (das Volumen $x\sqrt{a^2-b^2+2bx}$)mit Hilfe des Fluxionenkalküls (23). Er schreibt:

"Das Problem, dessen Lösung soeben gegeben wurde, indem man einige bekannte Eigenschaften der Parabel voraussetzte, kann unabhängig von diesen Kenntnissen auf die folgende Weise gelöst werden, indem man sich der Figg. VI, VII, X und XI bedient.

Erster Fall: Wenn die Geschwindigkeit der Kugel C geringer ist als die der Teile der bewegten Materie. Wir wollen den obigen Beweis wieder aufgreifen bis zu dem Abschnitt, der beginnt, wie die jetzt folgende Fortsetzung des Beweises: 'Dieser Druck ist dann also $\frac{c}{n}x\sqrt{aa-bb+2bx}$ '. Wir wollen das Produkt $x\sqrt{aa-bb+2bx}$ durch HL darstellen und $\sqrt{aa-bb+2bx}$ = y setzen. Die auf EB senkrechten Linien HL bilden dann die Kurve MLCN [Fig. X]. Und die Fluxion des Raumes HCL wird $\dot{x}x\sqrt{aa-bb+2bx}$ und man muß das Integral dieser Fluxion finden, um den Raum HLC, etc., vielmehr den Raum BMC abzüglich des Raumes ENC zu erhalten. Aus der Gleichung aa-bb+2bx = yy gewinnt man die Gleichungen $\dot{x} = \frac{y\dot{y}}{b}$ und

$x = \frac{yy}{2b} + \frac{b}{2} - \frac{aa}{2b}$. Und daher wird $\dot{x}x\sqrt{aa-bb+2bx} =$

$\overline{\frac{yy}{2b} + \frac{1}{2}b - \frac{aa}{2b}} \cdot y \cdot \frac{y\dot{y}}{b}$ und das zugehörige Integral ist

$\frac{y^5}{10bb} + \frac{y^3}{6} - \frac{aay^3}{6bb} - q = 0$. Nehmen wir an, daß der Punkt N von N ausgeht und auf der Linie NCM bis nach M fließt und daß gleichzeitig die zu EB senkrechte Ordinate EN gleichförmig längs EB fließt, um schließlich in BM anzuhalten. Und nach dem Vorausgehenden hat man dann die Fluxion der Fläche ENCLH, oder ENCMB, deren Teil ENC negativ ist. Für den Fall, daß x noch = - CE ist, hat das gesuchte Integral den Wert Null. Nun ist aber in diesem Fall [Fig. VI] x oder - CE = b-a = $\frac{yy}{2b} + \frac{1}{2}b - \frac{aa}{2b}$, woraus folgt, daß y = a-b. Und wenn man

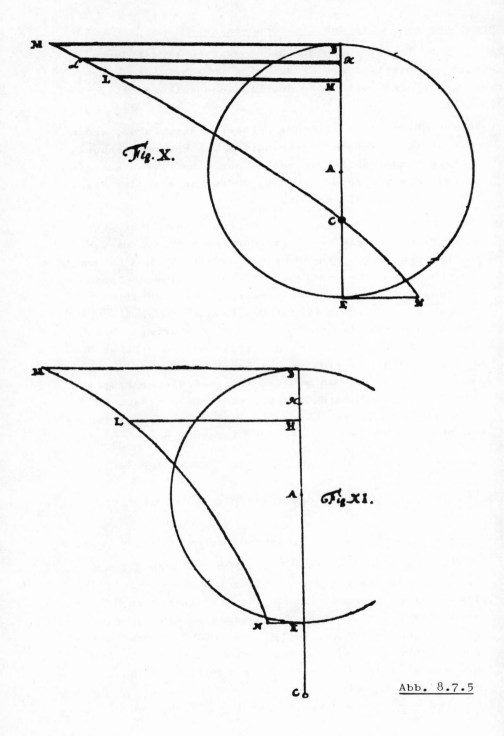

Fig. X.

Fig. XI.

Abb. 8.7.5

im gefundenen Integral die Werte y^5 und y^3 substituiert, erhält man

$$\frac{1}{10bb}\left[-\frac{2a^5}{3}+\frac{20a^3bb}{3}-\frac{40aab^3}{3}+10ab^4-\frac{8b^5}{3}\right]=q$$

Nun ist q bestimmt, und wenn man x = CB = b+a = $\frac{yy}{2b}+\frac{1}{2}b-\frac{aa}{2b}$ setzt, erhält man y = a+b. Und wenn man diesen Wert ebenso wie q im Integral substituiert, erhält man $\frac{8aab}{3}+\frac{8b^3}{15}$ für die gesamte Fläche BMC abzüglich der Fläche ENC. Wenn schließlich jedes $x\sqrt{aa-bb+2bx}$, d.h. jede Ordinate y mit der kleinen Dicke $\frac{\delta}{n}$ multipliziert wird, erhält man: $\frac{2a}{n}$ oder $H\mathcal{H}$ verhält sich zu $\frac{\delta}{n}$, d.h. 2a verhält sich zu δ wie die gesamte Fläche BMC abzüglich der Fläche ENC oder $\frac{8aab}{3}+\frac{8b^3}{15}$ sich zu dem Teil der Fläche verhält, die den gesuchten Widerstand $\frac{4ab}{3}+\frac{4b^3}{15a}$ darstellt, genau wie bei der ersten Rechnung" (24).

Es war zuvor gezeigt worden, daß man - bei genügend feiner Unterteilung - für den Druck eines aus einer bestimmten Kugelzone kommenden Partikelstromes schreiben kann

$$\frac{\delta}{2a}\sqrt{a^2-b^2+2bx}\,xdx=\frac{\delta}{2a}\,yxdx$$

und für den gesamten Druck auf die Kugel

$$\frac{\delta}{2a}\int_{b-a}^{a+b}xydx$$

wobei das Integral natürlich nichts anderes darstellt als die Differenz der beiden Körper in Abb. 8.7.2, die zuvor schon geometrisch berechnet worden waren. Mit Hilfe der Beziehung $y^2=a^2-b^2+2bx$ kann man den Integranden umschreiben und mit

$$x=\frac{y^2-a^2+b^2}{2b}\;;\,dx=\frac{y}{2b}\;;\;\begin{array}{l}x=b-a\rightarrow y=a-b\\x=a+b\rightarrow y=a+b\end{array}$$

wird das Integral

$$\int\limits_{a-b}^{a+b} \left(\frac{y^2}{2b} + \frac{b}{2} - \frac{a^2}{2b} \, y \, \frac{y}{2b}\right) dy = \frac{8}{3}a^2 b + \frac{8}{15}b^3$$

und

$$R = \frac{20a^2 b + 4b^3}{15a}$$

FATIO geht in entsprechender Weise vor - nur daß er die Fluxionsschreibweise benutzt. In der Darstellung weicht er allerdings von der ersten (geometrischen) Berechnung ab, indem er HL $= x\sqrt{a^2 - b^2 + 2bx}$ setzt und so in Fig. X eine semikubische Parabel erhält. Warum er aber deren Fläche berechnet und mit deren Fluxion $\dot{x}x\sqrt{a^2 - b^2 + 2bx}$ operiert, sagt er nicht. An anderer Stelle (25) steht in diesem Zusammenhang allerdings explizit, daß die Fluxion $\dot{x}$ "ein unendlich kleiner Teil des Durchmessers $\boxed{BE}$ " sei, sodaß man also ganz in FATIOs Sinn $2a = n\dot{x}$ schreiben darf und aus $\frac{\dot{c}}{n}x\sqrt{a^2 - b^2 + 2bx}$ dann $\frac{\dot{c}}{2a}\dot{x}x\sqrt{a^2 - b^2 - 2bx}$ wird. Nun ist klar, warum zur Berechnung des Gesamtdrucks die Integration einer semikubischen Parabel nötig ist. Wie FATIO dabei vorgeht, das kann etwa so wiedergegeben werden:

Um das Integral

$$\int\limits_{a-b}^{a+b} f(u)\,du$$

zu berechnen, bestimmt man zunächst das unbestimmte Integral

$$\phi(y) = \int\limits_{a-b}^{y} f(u)\,du = F(y) - q$$

wobei $\frac{dF(y)}{dy} = f(y)$, d.h. $F(y)$ eine Stammfunktion von $f(y)$ ist und q eine additive Konstante. Diese additive Konstante q läßt sich bestimmen für $y = a-b$, wo

$$\phi(a-b) = 0 = F(a-b) - q$$

$$q \quad\quad = F(a-b)$$

$$\phi(y) \quad = F(y) - F(a-b)$$

$$\phi(a-b) = \int\limits_{a-b}^{a+b} f(u)\,du = F(a-b) - F(a-b)$$

Dies stimmt im wesentlichen mit FATIOs Verfahren überein,
nur daß er (versehentlich) schon $\Phi(y) = F(y) - q$ gleich
Null setzt, freilich anschließend q so wie gerade angegeben
bestimmt.

Im zweiten Fall, wenn die Geschwindigkeit b der Kugel C
größer ist als die Geschwindigkeit a der Materiepartikeln
(Fig. VII und XI), ergibt sich aufgrund der veränderten Integrationsgrenzen - von y = b-a bis y = a+b - für die Fläche
BMNE jetzt:

$$\frac{4}{3}a^3 + 2ab^2 - \frac{2a^5}{15b^2}$$

und für den Widerstand R entsprechend

$$R = \frac{2a^2}{3}\delta + b^2\delta - \frac{a^4}{15b^2}\delta$$

Anzumerken ist noch, daß FATIO hier den Fall a = b nicht wie
bei den geometrischen Lösungen als Sonderfall der beiden Lösungen a > b und b > a behandelt, sondern ihn explizite als
"Calcul particulier" aus dem Ansatz $\frac{\delta}{n}x\sqrt{2bx}$ löst (Fig. VIII).
Die mit den vorhergehenden übereinstimmende Lösung $R = \frac{8}{5}b^2\delta$
ist dann eine weitere Probe für die Korrektheit seines Vorgehens (26).

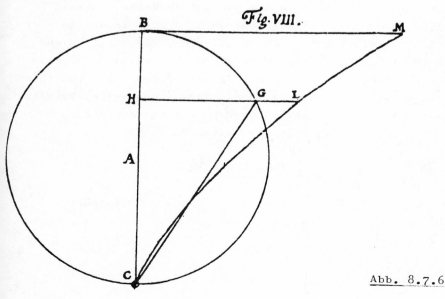

Fig. VIII.

Abb. 8.7.6

Ergänzende Überlegungen zu FATIOs Problem IV (27)

In einem homogenen Raum, der in der Dichte δ mit Partikeln der Masse m erfüllt ist, bewege sich ein Flächenelement $d\sigma$ in Richtung seiner Normalen mit einer Geschwindigkeit vom Betrage b. Die Partikeln selbst sollen sich mit einer Geschwindigkeit vom Betrage a unterschiedslos nach allen Richtungen bewegen und dabei an der Fläche $d\sigma$ reflektiert werden. Man bestimme die Impulsänderung dI, welche durch die in der Zeit dt auf $d\sigma$ auftreffenden Partikel hervorgerufen wird.

Die Geschwindigkeit $\vec{a}$ wird durch die Normalkomponente x und den Azimutwinkel φ ausgedrückt, welcher - von einer willkürlichen Anfangsrichtung aus - in positivem Sinn von 0 bis 2π gezählt wird. Es sei n die Anzahl der Partikeln pro Volumeneinheit und dn die Anzahl derjenigen von ihnen, welche dem Geschwindigkeitsintervall x, x+dx; φ, φ +dφ oder bezüglich $d\sigma$ dem Geschwindigkeitsintervall (x-b), (x-b)+dx; φ, φ +dφ angehören. Die Anzahl n verhält sich dann zur Anzahl dn wie die Fläche einer Kugel vom Radius a zu dem durch x, x+dx; φ, φ +dφ bestimmten Flächenelement:

$$\frac{dn}{n} = \frac{dx \cdot d\varphi}{4\pi a^2}$$

Beim Grenzübergang dx, d$\varphi \rightarrow 0$ reduziert sich das Volumen, in welchem alle Partikeln aus dem Geschwindigkeitsintervall (x-b), (x-b)+dx; φ, φ +dφ enthalten sind, die in der Zeit dt auf $d\sigma$ auftreffen, auf einen Zylinder mit der Basis $d\sigma$ und der Höhe $|$ x-b $|\cdot$dt. Während der Zeit dt werden dann insgesamt $d\sigma |$x-b$|$dn solcher Partikeln auf $d\sigma$ auftreffen; jede von ihnen erfährt eine Impulsänderung, deren Normalkomponente -2m(x-b) beträgt. Die gesamte Impulsänderung in Normalenrichtung ergibt sich nach Integration über alle φ zu:

$$\frac{dI}{dt} = p \cdot d\sigma = d\sigma \, \frac{\delta}{a} \int_{-a}^{+a} (x-b) \cdot | \, x-b \, | \cdot dx$$

wo p der von den Partikeln auf die Fläche $d\sigma$ ausgeübte Druck ist. Im einzelnen gilt:

$$p = -\delta \cdot \frac{2a^2 + 6b^2}{3} \qquad\qquad \text{für } a \leqslant b$$

$$p = -\delta \cdot 2b^2 \qquad\qquad \text{für } a \lll b$$

$$p = -\delta \cdot \frac{8}{3}a^2 = -\frac{8}{3}b^2 \qquad\qquad \text{für } a = b$$

$$p = -\delta \cdot \frac{6a^2 b + 2b^3}{3a} \qquad\qquad \text{für } a \geqslant b$$

$$p = -\delta \cdot 2ab \qquad\qquad \text{für } a \ggg b$$

Nun soll sich das Flächenelement $d\sigma$ mit einer Geschwindigkeit $\vec{b}$ bewegen, die mit der Flächennormalen den Winkel ψ
einschließt. Zerlegt man die Geschwindigkeit $\vec{b}$ in die Normalkomponente $b\cos\psi$ und eine dazu senkrechte Komponente,
welche auf die Impulsänderung dI keinen Einfluß hat, dann
erhält man die gesamte in der Zeit dt auf $d\sigma$ hervorgerufene
Impulsänderung, wenn man in den obigen Formeln b durch
$b\cos\psi$ ersetzt. Soll die Impulsänderung nur auf der Seite
von $d\sigma$ ermittelt werden, nach der die Normale weist, so muß
der Integrationsbereich durch die Zusatzbedingung $x - b\cos\psi \leqslant 0$
eingeschränkt werden. Die Impulsänderung auf der durch die
Normalenrichtung festgelegten Seite von $d\sigma$ beträgt dann in
der Zeiteinheit

$$\frac{dI^+}{dt} = p^+ d\sigma = d\sigma \frac{\delta}{a} \int\limits_{-a}^{\alpha} (x - b\cos\psi)^2 \, dx$$

wo $\alpha = b\cos\psi$ für $-a < b\cos\psi < +a$ und $\alpha = +a$ für $b\cos\psi \geqslant +a$.

Stellt man sich nun vor, daß das Flächenelement $d\sigma$ Teil der
Oberfläche einer Kugel K vom Radius r ist, so kann man, vom
letzten Ergebnis ausgehend, die Impulsänderung dI_K berechnen, die in der Zeit dt von der Kugel hervorgerufen wird,
wenn diese sich mit der Geschwindigkeit $\vec{b}$ durch den Partikel-
raum bewegt. Legt man durch den Kugelmittelpunkt eine Achse
in Richtung von $\vec{b}$ und eine dazu senkrechte Ebene, so ist jeder Punkt der Kugeloberfläche durch seinen in Richtung von $\vec{b}$

gemessenen Abstand h von dieser Ebene und durch einen in
der Ebene von einer willkürlichen Anfangsrichtung aus in positivem Sinn von 0 bis 2π gerechneten Azimutwinkel χ festgelegt und für das durch h, h+dh; χ , χ +dχ bestimmte Flächenelement dσ ergibt sich zu:

$$d\sigma = r \cdot dh \cdot d\chi$$

Ist seine Normale nach außen gerichtet, so beträgt die zugehörige Impulsänderung in Normalenrichtung pro Zeiteinheit

$$\frac{dI^+}{dt} = p^+ d\sigma$$

Zerlegt man diese Größe in ihre Komponenten in Richtung von
$\vec{b}$ und in die beiden dazu senkrechte Richtungen $\chi = 0$, $\chi = \frac{\pi}{2}$

$$p^+ \cos\psi \ , \ p^+ \sin\psi \cos\chi \ , \ p^+ \sin\psi \sin\chi$$

so verschwinden bei Integration über die Kugel K die beiden
letzten Komponenten, während die erste mit h = $r\cos\psi$

$$\frac{dI_K}{dt} = 2\pi \int_{-r}^{+r} p^+ h \ dh = \pi r^2 \cdot \bar{p}$$

ergibt. Dabei entspricht $\bar{p}$ einem über den Querschnitt gemit-
telten Druck und bei Berücksichtigung der für $\bar{p}$ angegebenen
Integrationsgrenzen wird im einzelnen

$$\bar{p} = -\delta \cdot \frac{-a^4 + 10a^2 b^2 + 15b^4}{15b^2} \qquad \text{für } a \leqslant b$$

$$\bar{p} = -\delta b^2 \qquad \text{für } a \lll b \qquad (28)$$

$$\bar{p} = -\delta \cdot \frac{8}{5} a^2 = -\delta \cdot \frac{8}{5} b^2 \qquad \text{für } a = b$$

$$\bar{p} = -\delta \cdot \frac{20a^2 b + 4b^3}{15a} \qquad \text{für } a \geqslant b$$

$$\bar{p} = -\delta \cdot \frac{4ab}{3} \qquad \text{für } a \ggg b$$

Kapitel 9

EINIGE BEMERKUNGEN ZUR WIRKUNGSGESCHICHTE DER FATIO'SCHEN

GRAVITATIONSTHEORIE

"Nicolas Fatio de Duillier hat im Jahre
1689 eine Theorie geschaffen, welche der
meinen so ähnlich ist, daß sie sich nur
durch die Elastizität unterscheidet, die
er den Teilen seiner heftig bewegten
[schwermachenden] Materie gibt".

G. L. LE SAGE am 26.VII.1768 an J.H.LAMBERT

"Warum ich Herrn LE SAGEs Theorie so sehr
bewundere davon ist vorzüglich dieses
der Grund, daß sie uns indem sie auf Analogie und strenge Geometrie gestützt vor
sich her aufräumt, und das Äußerste unseres Erkenntnis-Kreises umfaßt, alles
kleinliche hypothetische lokale Spiel-
zeug verschlingt und alles weitere Träu-
men unnütz macht. Ist es ein Traum, so
ist es der größte und erhabenste der je
ist geträumt worden, und womit wir eine
Lücke in unseren Büchern ausfüllen können, die nur durch einen Traum ausgefüllt
werden kann".

G.Chr. LICHTENBERG 1790.

Die Stimme FATIOs, so schreiben die Herausgeber der HUYGENS-schen Oeuvres, sei eine "vox clamantis in deserto" gewesen (1). Dennoch ist diese Stimme nicht ohne Widerhall geblieben: FATIOs Gedanken und Vorstellungen über die Natur der Schwere sind mehr als einmal von anderen aufgegriffen worden, wenn dabei auch FATIOs Name nicht immer genannt wurde. Noch zu FATIOs Lebzeiten bemächtigte sich Gabriel CRAMER der FATIOschen Gravitationstheorie, aber erst nach FATIOs Tod - fast ein Jahrhundert nach ihrem Entstehen - fand die Theorie in der ihr von G. L. LE SAGE gegebenen Form unter den Zeitgenossen neben Kritikern auch einige namhafte Bewunderer. Abermals ein Jahrhundert später erhitzte sie unter dem Namen THOMSON-LE SAGE-Theorie noch einmal die Gemüter der Physiker, ehe sie zu Beginn unseres Jahrhunderts endgültig zu Grabe getragen wurde.

Die Physiker, die - außer den schon im 7. Kapitel dieser Arbeit genannten - mit Gewißheit Kenntnis von FATIOs Theorie hatten oder Gelegenheit, Einblick in seine Manuskripte zu nehmen, waren Jakob HERMANN (1678-1733), Gabriel CRAMER (1704-1752) und George Louis LE SAGE (1724-1803). HERMANN und CRAMER kannten Kopien des Basler Manuskripts, und CRAMER wiederum machte seinen Schüler LE SAGE noch zu Lebzeiten FATIOs auf dessen Schweretheorie aufmerksam.

1. Jakob HERMANN. In einer Notiz über die Manuskripte seiner Schweretheorie schreibt FATIO:

" Das Manuskript wurde 1700 Herrn Jakob BERNOULLI mitgeteilt, und dieser hat davon eine Kopie für einen Herrn HERMANN herstellen lassen" (2).

Es ist kein Zweifel möglich, daß es sich bei diesem "Herrn HERMANN" um den Basler Gelehrten Jakob HERMANN handelt, denn dieser bestätigt in einer kleinen Abhandlung mit dem Titel 'Über die noch nicht entdeckte Ursache der Schwere' 1717 FATIOs Angabe mit den folgenden Worten:

"Ich habe ehedem ein Manuskript gesehen, in dem sich der berühmte Mathematiker Nicolas FATIO de Duillier rühmt, die naturgemäße Ursache der Schwere gefunden zu haben; da ich seine Theorie aber im Laufe der Zeit vergessen ha-

be, war es mir nicht möglich, sie an dieser Stelle zu referieren und zu prüfen" (3).
Die Frage, ob HERMANN durch diese Lektüre zu bestimmten Überlegungen in seiner 'Phoronomia' angeregt worden sein könnte
(cf. Anmerkung (26) von Abschnitt 5 des 8. Kapitels dieser
Arbeit), läßt sich freilich ebensowenig beantworten wie die,
ob nicht auch die Konzeption der kinetischen Gastheorie in
Sectio X der 'Hydrodynamica' Daniel BERNOULLIs von Vorstellungen FATIOs beeinflußt worden sein könnte - auszuschließen ist jedenfalls beides nicht.

2. Gabriel CRAMER. Im Jahre 1731 erschien in Genf eine Dis-
sertation mit dem Titel 'Theses Physico-Mathematicae de Gravitate', die Gabriel CRAMER als Verfasser nennt und die von
dessen Schüler Jean-Louis JALLABERT (1712-1768) verteidigt
wurde (4). Bezüglich dieser Abhandlung hat sich FATIO notiert
   "daß mein älterer Bruder 1699, 1700 und 1701 eine Kopie
   meiner drei ... Manuskripte [über die Ursache der Schwere]
   angefertigt hat; die auf seinen Erben, meinen Neffen
   [Jean-Ferdinand CALANDRINI] übergegangen ist, als mein
   Bruder im Oktober 1720 starb; auf welchem Wege sie Herrn
   CRAMER, Professor der Philosophie in Genf, übermittelt
   worden ist, der meine Theorie in öffentlichen Thesen verkürzt dargestellt und unter seinem eigenen Namen verbreitet hat, ohne sie recht zu verstehen" (5).
CRAMERs Abhandlung enthält insgesamt 37 Thesen, davon referieren die ersten 29 lediglich Ergebnisse der NEWTONschen
Physik, die Thesen XXX bis XXXVII jedoch enthalten in der
Tat wesentliche Gedanken von FATIOs Theorie, ohne daß auf
FATIO verwiesen wird. CRAMER nimmt ein äußerst dünnes und
subtiles Fluidum (Äther) an, dessen Teile sich mit ungeheuer
großer Geschwindigkeit geradlinig und unterschiedslos nach
allen Richtungen ausbreiten (These XXX), wobei der Abstand
zwischen den Partikeln sehr groß im Vergleich zur Partikel-
größe sein soll; die Wirksamkeit eines solchen Fluidums
wird von CRAMER in Analogie zur Ausbreitung des Lichts gesehen, die ja nach der NEWTONschen Theorie als geradlinige
Bewegung winzig kleiner Korpuskeln interpretiert werden muß
(These XXXI). Das Prinzip der Gravitation (der gegenseitigen

Anziehung) wird am Beispiel Sonne-Erde auf die gegenseitige
Abschirmung (Beschattung) gegenüber den Ätherkorpuskeln zurückgeführt; dadurch ist der Druck des (Äthers) gegen die Sonne auf der Erdseite und gegen die Erde auf der Sonnenseite
geringer als auf den voneinander abgewandten Seiten von Sonne
und Erde, wodurch beide aufeinander zugetrieben werden (These
XXXII). Die Universalität der Gravitation, die nach CRAMER
eine Folge der nahezu instantanen Ausbreitung der Ätherpartikeln ist, bedingt eine Netzstruktur der Körper bis hinunter
zu den Atomen (These XXXIII). Daraus folgt die Proportionalität zwischen Gewicht und Materiemenge (These XXXIV) und zwar
mit beliebiger Genauigkeit, unter der Voraussetzung, daß es
bei allen Körpern weit mehr materiefreie als materieerfüllte
Räume gibt (These XXXV). Aus der Wechselseitigkeit der Gravitation schließt CRAMER mit Hilfe der vorherigen Überlegungen auf die Gleichheit von Actio und Reactio, und damit auf
die umgekehrte Proportionalität der beschleunigten Massen und
zugehörigen Beschleunigungen (These XXXVI). Endlich wird die
Abnahme der Gravitation mit dem Quadrat des Abstandes mittels
optischer Analogien (Abnahme der Lichtintensität) erklärt
(These XXXVII) (6).

3. Georg Louis LE SAGE. LE SAGE wurde im Sommer 1749 von
CRAMER unterrichtet, "daß Nicolas FATIO de Duillier sich einen zur Erzeugung der Schwere geeigneten Mechanismus ausgedacht hatte" (7). LE SAGE hatte zu diesem Zeitpunkt bereits
die Grundgedanken seiner eigenen Theorie gefaßt, und verwahr-
te sich später gegen die Unterstellung, er sei durch CRAMERs
Hinweis oder gar erst durch die Lektüre von dessen 'Theses'
zu eigenen Gedanken über die Gravitation angeregt worden.
LE SAGE, der sich FATIOs Plagiatsvorwurf gegenüber CRAMER zu
eigen macht, charakterisiert sein Verhältnis zu den 'Theses'
wie folgt:

> "Selbst wenn man fälschlich einmal annimmt, ich hätte ir-
> gendwelche Kenntnis von Herrn CRAMERs Thesen gehabt, ehe
> ich mein eigenes System erdachte, so hätte dieser nichts
> anderes getan, als mich auf eine Goldmine aufmerksam zu
> machen, deren Wert er selbst überhaupt nicht erkannte,
> während ich mich der Mühe unterzog, sie auszubeuten" (8).

Sich mit CRAMERs 'Theses' im Detail auseinanderzusetzen, hält
LE SAGE angesichts ihres geringen wissenschaftlichen Wertes
für überflüssig, es geht ihm nur um den Nachweis seiner geistigen Unabhängigkeit. Nach PREVOSTs Zeugnis hatte LE SAGE
seine Gravitationstheorie schon 1746 konzipiert (9) doch
trat er mit ihr erst 1758 an die Öffentlichkeit, als er die
grundlegenden Gedanken in einer von der Akademie Rouen preis-
gekrönten Schrift mit dem Titel 'Essai de Chymie Mechanique'
darstellte (10). Und erst 1784 war LE SAGEs Theorie der All-
gemeinheit zugänglich, als sie unter dem programmatischen Titel 'Lucrèce Newtonien' in den 'Mémoires' der Berliner Akademie für das Jahr 1782 erschien (11). Diese Arbeit vor allem
war es, welche den Zeitgenossen eine genauere Vorstellung von
LE SAGEs Theorie vermittelte und einen Mann wie LICHTENBERG
zu enthusiastischer Zustimmung veranlaßte. Die umfangreichste Sammlung von LE SAGEs Gedanken zur Gravitation erschien
erst nach seinem Tode: Sie wurde 1818 unter dem Titel 'Physique Mécanique de George-Louis LE SAGE' von LE SAGEs Schüler
Pierre PREVOST herausgegeben (12). Im Rahmen unserer Untersuchungen genügt es, die wichtigsten Punkte der Theorie LE
SAGEs herauszugreifen und auf den Zusammenhang mit derjenigen
FATIOs hinzuweisen. Wie eng dieser Zusammenhang ist, geht
schon allein aus der Tatsache hervor, daß LE SAGE nach Er-
werb FATIOscher Manuskripte gezwungen war, sich die Unabhängigkeit seiner Gedanken durch gelehrte Freunde ausdrücklich bestätigen zu lassen (13).

Das Ziel von LE SAGEs Theorie ist nach seinen eigenen Worten
(14), die NEWTONsche Attraktion (die allgemeine Gravitation)
und ihre Gesetzmäßigkeiten zu erklären. Diese Gesetze besagen, daß die Attraktionskraft proportional zu den Massen einander anziehender Körper und umgekehrt proportional zu den
Quadraten ihrer gegenseitigen Abstände ist, und daß die von
den Körpern bei wechselseitiger Anziehung durchfallenen
Strecken proportional zu den Quadraten der dazu benötigten
Zeiten sind. - LE SAGE führt die Phänomene der Gravitation
auf die Wirkung einer schwermachenden Materie (fluide gravi-
fique) zurück, deren außerordentlich kleinen Korpuskeln absolut hart, d.h. starr und unzerbrechlich sind und "keinerlei Elastizität besitzen (privés de toute élasticité)" (15).

Diese Korpuskeln - deren gegenseitige Abstände im Zustand
der Ruhe immens groß sind - bewegen sich mit solch großer
Geschwindigkeit (etwa 100 000-facher Lichtgeschwindigkeit
(16)),daß es keinen Punkt des Raumes gibt, in dem nicht in
jedem Augenblick nahezu unendlich viele Korpuskeln nach allen
vorstellbaren Richtungen wegfliegen und aus allen vorstellbaren Richtungen ankommen. Befindet sich in diesem schwermachenden Fluidum nur ein einziger Körper (z.B. eine Kugel)
aus grober Materie, so bleibt er in Ruhe, weil sich die
Stoßwirkung der Korpuskeln der schwermachenden Materie im
Mittel aufhebt; erst bei Anwesenheit eines zweiten Körpers
entsteht eine Attraktion, d.h. die beiden Körper werden aufeinander zugestoßen, weil infolge der wechselseitigen Abschirmung ein Teil der Korpuskeln keine Antagonisten mehr besitzt,
genauer gesagt, diese Antagonisten durch Stoß gegen die Körper Geschwindigkeit eingebüßt haben (17). (Der daraus resultierende Energieverlust der schwermachenden Materie spielt in
LE SAGEs Theorie keine Rolle, weil er annimmt, daß die Korpuskeln der schwermachenden Materie "corpuscules ultramondains"
sind, d.h. einen außerirdischen Ursprung haben und unaufhörlich durch unser Universum hindurchfliegen). Da nun jeder
Punkt der sichtbaren Welt nach LE SAGEs Annahmen Zentrum einer
unermeßlich großen, mit "corpuscules ultramondains" angefüll-
ten Kugel sein muß und in jedem Punkt unendlich viele Ströme
dieser Korpuskeln konvergieren und divergieren, müssen Dichte
und Stoßwirkung der Ströme sich umgekehrt wie die von ihnen
durchsetzten Kugelflächen, d.h. umgekehrt wie das Quadrat der
Entfernung von jenem Punkt verhalten. Das Abstandsgesetz der
Gravitationskraft folgt also aus den Prämissen der Hypothese
LE SAGEs. Um die von der NEWTONschen Theorie geforderte Proportionalität zwischen Masse und Gewicht der schweren Körper
erfüllen zu können, muß LE SAGE bei diesen - gleich FATIO -
extreme Porosität voraussetzen. Nicht nur muß der Abstand der
Atome extrem groß gegenüber deren Durchmesser sein – LE SAGE
nimmt ein Verhältnis von 10^7 zu 1 an (18) –,auch die Atome
selbst müssen für die Korpuskeln der schwermachenden Materie
nahezu widerstandslos durchdringbar sein. LE SAGE gibt den
Atomen daher die Gestalt eines Netzes oder Gitters (cage),

dessen Stäbe 10^{20} mal so lang als dick sind (19). Abgesehen von dem Problem, der Forderung nach strenger Proportionalität zwischen Gewicht und Masse durch eine entsprechende Konstitution der Materie gerecht zu werden, sieht LE SAGE weitere Schwierigkeiten seiner Theorie - d.h. den Anlaß zu möglichen Einwänden gegen sie - einmal im Widerstand, welchen die Korpuskeln der schwermachenden Materie auf bewegte Körper wie die Planeten ausüben, und zum anderen in den Zusammenstößen der Korpuskeln untereinander. LE SAGE - auch hier auf FATIOs Spuren - diskutiert die beiden Probleme zwar sehr ausführlich, kommt aber über FATIO nicht hinaus, ja erreicht meist nicht einmal dessen Niveau; das fällt umso stärker ins Gewicht, als er nicht nur auf FATIOs Untersuchungen hätte zurückgreifen können, sondern nach eigenem Zeugnis auch die inzwischen von Jakob HERMANN und Daniel BERNOULLI entwickelten Vorstellungen über die kinetische Natur der elastischen Flüssigkeiten (Gase) kannte (20).

4. William THOMSON (KELVIN). Siebzig Jahre nach LE SAGEs Tode versuchte William THOMSON (1824-1907) eine Erneuerung der LE SAGEschen Gravitationstheorie, die den inzwischen gewonnenen Erkenntnissen Rechnung trug. Als einem der Pioniere der modernen kinetischen Theorie der Gase mußte sich THOMSON die Analogie zwischen den ultramundanen Korpuskeln von LE SAGEs schwermachenden Fluidum und den Molekülen eines Gases förmlich aufdrängen, nichts lag also näher, als entsprechende Überlegungen und Berechnungen der Gastheorie auf die Gravitationstheorie zu übertragen, insbesondere mußte die Erkenntnis von der (axiomatischen) Allgemeingültigkeit des Prinzips von der Erhaltung der Energie in die Betrachtungen einbezogen werden. THOMSON modifizierte daher in seiner Abhandlung 'Über die ultramundanen Korpuskeln von LE SAGE' (21) die Theorie des letzteren insoweit, als er den für das Zustandekommen der Gravitation notwendigen und beim Zusammenstoß mit irdischer Materie auftretenden Geschwindigkeitsverlust der ultramundanen Korpuskeln auf die Umwandlung von Translationsenergie in Rotations- oder Schwingungsenergie dieser Korpuskeln zurückführte (22). Die Diskussion über diese und zahlreiche andere Modifikationen der Theorie von LE SAGE (23) - an denen

sich z.B. auch James Clerk MAXWELL (1831-1879) beteiligte (24)
- wurde erst durch Henri POINCARÉ (1854-1912) beendet, der
in seinem Werke 'Wissenschaft und Methode' alle kritischen
Einwände gegen die Theorie von LE SAGE zusammenfaßte und diese
Theorie endgültig ins Reich der Spekulation verwies. POINCARÉ
bezog sich dabei auf Berechnungen DARWINs, nach denen sich
das Gravitationsgesetz nur dann aus LE SAGEs Theorie ergibt,
wenn die ultramundanen Korpuskeln völlig unelastisch sind
(25). Unter diesen Umständen kommt POINCARÉ durch einige einfache Überlegungen (26) zu dem Schluß, daß die Geschwindigkeit der Korpuskeln $24 \cdot 10^{17}c$ sein muß und daher beim unelastischen Stoß gegen die Erde die entstehende Wärmemenge so groß
wird, daß die Temperatur sich pro Sekunde um 10^{26} Grad erhöht
(27). Die absurden Konsequenzen, die sich aus einer wie auch
immer modifizierten Theorie von der Art der LE SAGEschen ergeben, haben die Physiker daran gehindert, sie noch weiter
als ernst zu nehmende Hypothese zur Erklärung der Gravitation
anzusehen.

Anhang

VERGLEICHENDE BESCHREIBUNG DER ÜBERLIEFERTEN MANUSKRIPTE FATIOS, WELCHE DER VORLIEGENDEN UNTERSUCHUNG ZU GRUNDE LIEGEN

"Hausherr und Nachbarn FATIOs teilten
dessen Manuskripte unter sich auf.
Man brachte einen Teil nach London,
wo ihn Halbgebildete ausplünderten.
Die Überreste wurden von Freunden
LE SAGEs gesammelt".

George Louis LE SAGE.

1. Vorbemerkung

Der Anhang verfolgt die Absicht, die im 2. Kapitel bezüglich
der FATIOschen Manuskripte aufgestellten Behauptungen im Detail zu belegen. In den Zusammenhang solcher Bemühungen gehört auch der im 6. Kapitel unternommene Versuch, die Urfas-
sung der FATIOschen Schweretheorie-den Vortrag vor der Royal
Society vom 8. März 1690-mit Hilfe des Basler Manuskripts und
unter Verwendung von Briefen aus den überlieferten Teilen des
Originalmanuskriptes FO 1 zu rekonstruieren. Auf diesen Versuch wird im folgenden nicht noch einmal eingegangen. Es wird
auch darauf verzichtet, das in BOPPs Edition gedruckt vorliegende Basler Manuskript in allen Einzelheiten zu beschreiben.
Alles darüber Wissenswerte kann dem Abschnitt 1 des 8. Kapitels dieser Arbeit entnommen werden. Dennoch steht das Basler
Manuskript auch im Anhang im Zentrum des Interesses, nicht
nur, weil es stets zum Vergleich herangezogen wird, sondern
weil die kritische Prüfung der anderen Quellen vor allem darauf abzielt, zu beweisen, daß das Basler Manuskript die für
Jakob BERNOULLI bestimmte und in den Jahren 1700 und 1701 entstandene Fassung der FATIOschen Schweretheorie ist.

Die beste Möglichkeit, sich über die verschiedenen Manuskripte FATIOs zu orientieren, bieten dessen eigene Aufzeichnungen. Neben dem schon in Abschnitt 1 des 8. Kapitels wiederge-
gebenen Inhaltsverzeichnis sind dies die Folia 64 und 65 der
Genfer Ms. français 603, auf denen FATIO seine drei Originalmanuskripte und die an ihnen vorgenommenen Veränderungen beschreibt; der Inhalt dieser beiden Folia soll als Leitfaden
bei der Untersuchung der überlieferten Manuskripte dienen.

2. FATIOs Beschreibung der drei Originalmanuskripte seiner Theorie der Schwere

"Mein Original 'Über die Ursache der Schwere', unterzeichnet von NEWTON, HALLEY, HUGENS. In 12 Folioseiten.

Ich habe die Abschnitte 13, 14, 16, 17, 18, 22, 23, 24, 26, 43, 44, 45, 46, 47, 48, 49 und zum Teil den Abschnitt 40 gestrichen.

Ich habe 1706 die Abschnitte 41, und 42 und 1742 die Abschnitte 50, 51 und 52 und die beiden Beweise hinzugefügt, die sich am Ende der Seite 12 befinden.

Mein Manuskript 'Über die Ursache der Schwere' in Quartformat, datiert Oxford 1696. Es hat 40 Seiten, die folgendes enthalten:

Den Titel, ein Vorwort von 4 Abschnitten, darüber hinaus 49 Abschnitte, welche, mit verschiedenen Änderungen und Zusätzen, den obigen 49 Abschnitten entsprechen. Auf den Seiten 27, 28, 29 findet man einen einzigartigen, von Herrn NEWTON eingegebenen Gedanken (une idée singulière suggérée par Monsieur NEWTON).

Beweis, daß der Stoß der Ätherpartikel gegen eine Ebene 6 mal stärker würde, wenn die Bewegungen der Ätherpartikel sämtlich senkrecht auf diese Ebene gelenkt würden und nur noch einen gemeinsamen Strom bildeten: Seite 29, 30.

Man soll in der Unendlichkeit des Raumes Platz für eine Unendlichkeit von Unermeßlichkeiten finden, von denen der Reihe nach die eine stets unendlich größer als die andere ist: Seite 30.

Dasselbe zwischen zwei Unermeßlichkeiten, von denen die eine unendlich größer als die andere ist: Seite 31. Es folgen 7 unbeschriebene Seiten. Die Seite 39 enthält 5 Abbildungen.

Mein Folio-Manuskript 'Über die Ursache der Schwere' - als N°III gekennzeichnet - enthält auf dem Deckel des Umschlages verschiedene historische Anmerkungen. Die ersten 14 Seiten sind unbeschrieben.

Auf der 15. stehen drei Zeilen über die extreme Geschwindigkeit der Ätherpartikel.

Die 16. enthält den Abschnitt 13 von N^o I, jedoch stark erweitert.

Die 25. enthält einige Zusätze zum Abschnitt 14 von N^o I.
Die 27. enthält einige Zusätze zum Abschnitt 22 von N^o I.
Die 28. enthält einen Zusatz zum Abschnitt 25 von N^o I.
Die 29. enthält einen Zusatz zum Abschnitt 28 von N^o I.
Die 31. enthält einen Zusatz zum Abschnitt 34 von N^o I, bezüglich der Korpuskeln, die gleichmäßig nach den unterschiedlichen Teilen des Universums gerichtet sind.
Die 35. enthält einen Zusatz zum Abschnitt 37.
Die 36. und 37. enthalten einen sehr langen Zusatz zum Abschnitt 45 von N^o I, um zu beweisen, daß die Ursache der Schwere mechanisch ist.
Die 37. enthält noch einen Zusatz zum Abschnitt 48.
Die 39. enthält die Beschreibung eines Thermometers, das die tatsächliche Bewegung der Luftteile in eben diesem Thermometer anzeigt; und auf der Rückseite eine notwendige Voraussetzung für die Lösung des Problems IV.
Die 40. 41. 42. und 43. enthalten die Lösung ebendieses Problems über den Widerstand des Äthers mit Hilfe der Lehre von den Fluxionen.
Die 45. 46. und 47. enthalten Erklärungen, Überlegungen und historische oder persönliche Bemerkungen.
Die 49. enthält die im Oktober 1692 verfertigte Kopie von einigen Korrekturen und Zusätzen, welche Herr NEWTON damals für seine 'Mathematischen Prinzipien der Naturphilosophie' vorgesehen hatte" (1).

"Die Abbildungen I, II, III, IV, V befinden sich in dem als N° II bezeichneten Quartmanuskript auf Seite 30. [Die Abbildungen] VI, VII, VIII, X, XI befinden sich in dem als N° III bezeichneten Foliomanuskript auf Folio 53.

[Die Abbildungen] IX [befindet sich] in dem als N° III bezeichneten Foliomanuskript auf Folio 39.
[Die Abbildungen] XII [befindet sich] in dem als N^o I bezeichneten Foliomanuskript auf Seite 9.

Auszug einer von mir 1692 verfertigten Kopie von Korrekturen
und Zusätzen, welche Herr NEWTON für seine Princ. Phil. Math.
bestimmte. Siehe das als N° III bezeichnete Foliomanuskript
fol. 49" (2).

3. Beschreibung der Genfer Manuskripte und ihres Zusammenhanges mit dem Basler Manuskript

a) Das Manuskript FG 1 ("Dossiers ouverts d'autographes: NEWTON"): Das Manuskript besteht aus den letzten Folioseiten des von FATIO als "Mon Original" bezeichneten Textes. Es trägt die doppelte Paginierung 9, 10, 11, 12 bzw. E, E_2, F, F_2 und sein Inhalt deckt sich mit foll. 42r°,11. 14-22 und mit fol. 43°,1, 24 - fol. 47r°,1. 13 des Basler Manuskripts FB und mit (p. 35,11. 31-41 und p. 38,1. 11 - p. 45,1. 27 der BOPPschen Edition); es überschneidet sich in den elf ersten Zeilen mit fol. 166,11. 35-44 und fol. 166,11. 58-66 des Manuskripts FG 3.

Der Text des Manuskriptes FG 1 ist stark von FATIO bearbeitet, so finden sich Zeichnungen und Zusätze am linken Rand von pp. 9 und 10, überall sind Sätze oder ganze Passagen unterstrichen, andere durchgestrichen; an zahlreichen Stellen sind nachträglich Wörter oder ganze Sätze eingefügt worden. Nahezu alle erkennbaren Veränderungen sind datiert, sie sind durch Jahreszahlen 1706, 1742 und 1743 gekennzeichnet. Die einzelnen Abschnitte sind numeriert und zwar von 34 - 52, wobei die Zahlen 34 - 49 offensichtlich nicht von Anfang an dastanden, sondern erst später in den Text eingeflickt worden sind; bei den von FATIO erst 1742 geschriebenen Abschnitten 50 - 52 dagegen sind sie deutlich vom Text abgesetzt. Am oberen Rand von p. 9 steht von fremder Hand "was seen by us, on March 19° 16$\frac{89}{90}$" und nach p. 11,1. 11 folgt - von der gleichen Hand geschrieben - "at Gresham Coll. Witness our hands", darunter die Unterschriften von Isaac NEWTON und Edmond HALLEY, links davon ist zu lesen "Veu à la Haye ce 29 Jan. 1691" gefolgt von Christiaan HUYGENS' Namenszug, und schließlich findet sich noch eine vierte Unterschrift, nämlich die von George CHEYNE, begleitet von dem Vermerk "Seen at Bath May 20 1735". Diese Unterschriften weisen das Manuskript zweifelsfrei als Fragment des Originalmanuskripts FO 1 ("Mon Original") aus, FATIO selbst beschreibt es an anderer Stelle

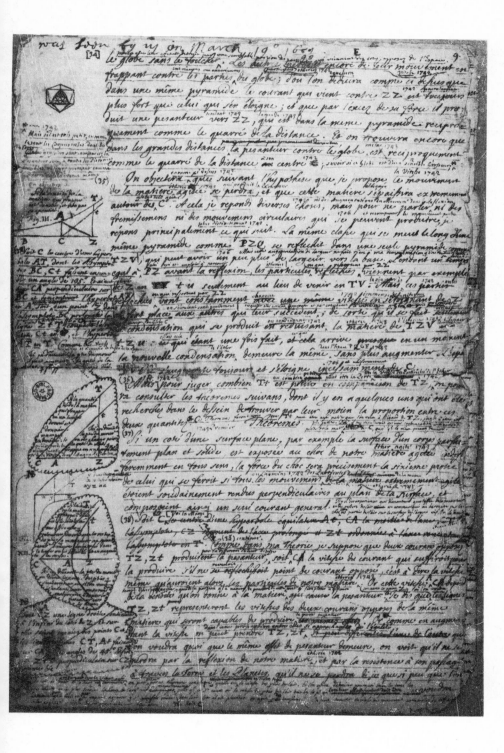

E.2

voudra... mouvement) d'autant plus que tous ces corps quelque grands qu'ils paraissent, et sur tout leurs parties solides, ne remplissent qu'une portion extremement petite de l'espace qu'il ... dans ... les plus voisins ... une ... ...

Supposant que la même pesanteur soit produite par une matiere plus ou moins dense, ... doit être prise réciproquement en raison soudouble de la densité de la matiere qui cause la pesanteur, et la ... ... être ...

Ainsi supposant que T soit $\frac{1}{100000}$ partie de TZ changeant la densité, il faudra pour produire la même pesanteur avec le même ... de mouvement, changer TZ réciproquement en raison soudouble de la densité. C'est à dire que dans une densité qui soit $\frac{1}{100}$ par exemple de la densité qu'on avoit supposée en décrivant l'hyperbole AT, TZ devra être 10 fois plus grande afin qu'elle puisse garder sa proportion avec ZZ, c'est à dire afin que le mouvement soit également conservé dans la reflexion. Et par ce moien on voit comment avec une matiere aussi rare que l'on voudra on produira la même pesanteur; et comment néanmoins en la produisant avec cette matiere rare on ne perdra pas ... choc sur les corps grossiers, qu'une partie si petite que l'on voudra de son mouvement. D'ou il paroit que le mouvement se conservera dans la vigueur aussi longtemps que l'on voudra.

La frequence du choc des particules parfaitement dures entre elles, et des autres qui n'ont pas un rapport parfait et qui ne ... pas dans leurs mouvements tout le mouvement qui se perd par le choc, la frequence dis-je du choc des particules entre elles, dépend de la grandeur des diametres, du nombre des particules, de leur vitesse, et en quelque sorte de leurs ... De cette frequence dépend la perte qui se fait du mouvement par la rencontre des particules mêmes; laquelle perte ... ...

Si les figures des particules sont supposées spheriques et tres polies, parce qu'ainsi elles s'appent plus également, et ne prennent pas des mouvemens circulaires dans leurs chocs, contre les autres corps, je trouve que la frequence de leurs chocs, en diverses suppositions que l'on peut faire, sera comme vnd^2, ou comme $\frac{vnd^3}{...}$. Or je suppose que v soit la vitesse des particules, n leur nombre, d la grandeur de leurs diametres; ce qui donne par consequent nd^3 pour leur densité. Ainsi donc gardant la vitesse et la grosseur des particules, dans un nombre de particules le double plus grand ou dans une densité le double plus grande la frequence du choc sera double. Et dans une vitesse ... gardant le reste les chocs se feront aussi le double plus souvent. Et gardant la densité et la vitesse si on ... le diametre des particules, ou ce qui est le même si on prend le nombre des particules ... fois ..., les chocs se feront le double moins souvent; car les chocs seront reciproquement comme le diametre des particules. Que si on ... simplement le diametre en gardant la vitesse et le nombre des particules la frequence du choc sera ... fois plus grande. Etant la vitesse et la densité de la matiere ... la frequence du choc si petite que l'on voudra en augmentant le diametre des particules, qui changera leur nombre en la raison reciproque du cube du diametre.

metre. Et on a ici une latitude immense pour choisir la vitesse des parti=
cules, leur nombre et leur grosseur comme l'on voudra. Mais je suis porté
de toutes manieres à augmenter la vitesse à l'infini pourvû qu'en produisant
la même pesanteur on puisse diminuer à l'infini la frequence du choc des
particules entre elles et la densité des matieres qui doivent produire cette
pesanteur; et c'est aussi ce que l'on peut toujours faire, en augmentant comme il est
requis la force de la Reflexion.

at Gresham Coll.

Wittness our hands

Vcu a la Haye seen at Bells May 20   Isaac Newton.
ce 29 Jan 1691   1735

Pr. Hugens . Geo: Cheyne Edmond Halley

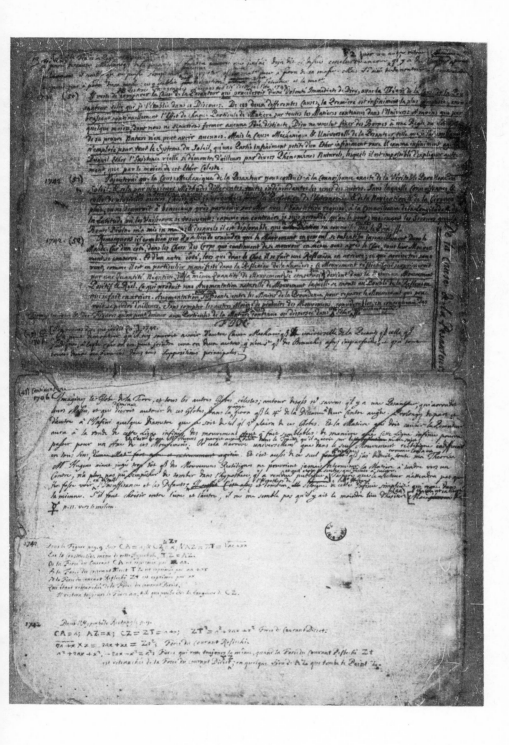

einmal mit folgenden Worten: "Das Original ... wurde von
mir auf elf großen Seiten geschrieben, an den Anfang jeder dieser Seiten hat Herr HALLEY in englischer Sprache
die folgenden wenigen Worte gestellt: This Discourse of
Gravity, of which Mr. FATIO did read an Abstract, before
the Roial Society, Feb: 26° $16\frac{89}{90}$, was seen by us, on March
19° $16\frac{89}{90}$, at Gresham Colledge; und am Schluß der letzten
Seite steht geschrieben: Witness our Hands, Isaac NEWTON,
Edmond HALLEY. Und etwa an derselben Stelle steht noch auf
französisch: Veu à la Haye, ce 29. Jan. 1691 Chr. HUGENS"
(3).

Zu dem Zeitpunkt, als HUYGENS seine Unterschrift unter
FATIOs Abhandlung setzte, endete sie auf p. 11 und mit den
Worten "... et c'est aussi ce que l'on peut toujours faire".
(Dem entspricht im Basler Manuskript fol. 45r°,l. 23 und in
der Edition BOPP p. 41,l. 41). FATIO hat später die Abhandlung in gebührendem Abstand von den illustren Unterschriften mit den Worten "Je suis persuadé d'avoir une demonstration etc." fortgesetzt (vid. das Faksimile des Manuskripts)
und sie bis zum Ende des späteren Abschnitts 49 auf p. 12,l.
3 (fol. 47r°,l. 13 des Basler Manuskripts und p. 45,l. 27
der Edition BOPP) weitergeführt. Als nächstes ist dann die
Ergänzung zum späteren Abschnitt 47 auf p. 11 entstanden
(foll. 46r°,ll. 29-37 des Basler Manuskripts und p. 44,ll.
4-13 der Edition BOPP). Zum Schluß hat FATIO die Abschnitte, die später die Nummern 41 und 42 erhielten (also fol.
45r°,ll. 24-36 des Basler Manuskripts und p. 42,ll. 1-14
der Edition BOPP), auf p. 11 zwischen die Unterschriften
und den bis dahin eingetragenen Text gedrängt. Erst nun
hat FATIO es für nötig gehalten, seine Abhandlung über-
sichtlich zu gliedern und die einzelnen Abschnitte zu nu-
merieren; selbst bei den unmittelbar unter die Unterschrift
eingetragenen Abschnitten sind die Numerierungen nachträglich - bei 41 sogar eindeutig mit anderer Feder oder
Tinte - hinzugesetzt worden. Wenn also, wie FATIO sich notiert hat, diese Abschnitte 1706 in das Manuskript übernommen worden sind, ist das Jahr 1706 auch der früheste
Zeitpunkt zu dem die Numerierung der Abschnitte entstanden
sein kann. Bei den nach FATIOs Notizen 1742 konzipierten

Abschnitten 50 bis 52 auf p. 12 sind die Zahlen klar vom Text abgesetzt, die Numerierung der anderen Abschnitte hat FATIO also vor oder zugleich mit der Übertragung der Abschnitte 50 bis 52 vorgenommen.

In FATIOs Beschreibung seines Originalmanuskripts steht der Hinweis, er habe die Abschnitte 43-49 und z.T. Abschnitt 40 gestrichen und 1706 die Abschnitte 41 und 42 hinzugefügt. Auch hierfür finden sich die Beweise in unserem Manuskript: Auf p. 10 sind 11. 20-45 mit der Bemerkung "Effacez tout d'ici jusqu'à la Fin de cette Page 1742" tatsächlich gestrichen. Der gestrichene Text - er entspricht im Basler Manuskript fol. 45r^{o},11. 1-18 und p. 41, 11. 18-36 in der Edition BOPP - war vor der Streichung als Abschnitt 40 und 41 bezeichnet, nun ist der Rest des Abschnitts 41, nämlich p. 11,1. 1-6 (fol. 45r^{o}.11. 18-23 im Basler Manuskript und p. 41,11. 36-41 in der Edition BOPP) unverändert zum neuen Abschnitt 40 geworden. Die Abschnitte 43-49 sind zwar nicht im eigentlichen Sinne gestrichen, bei genauerem Hinsehen fällt jedoch auf, daß die von FATIO in seinem Manuskript unterstrichenen Passagen einen in sich zusammenhängenden Text ergeben. Nimmt man an, daß die Unterstreichungen eine letzte Überarbeitung darstellen und daß sie vielleicht kennzeichnen, was davon gedruckt werden sollte, so sind bei dieser Überarbeitung die nicht unterstrichenen Abschnitte 43-49 tatsächlich weggefallen. Die Überarbeitung muß nach 1742 geschehen sein, denn es sind ihr auch Verbesserungen oder Ergänzungen zum Opfer gefallen, die jenes Datum tragen.

Vergleicht man die Abschnitte 34-49 des Manuskripts FG 1 mit den entsprechenden Passagen des Basler Manuskripts FB, so fällt auf, daß hier zwar keine Änderungen und Zusätze aus den Jahren 1742/43, aber alle undatierten und alle durch die Jahreszahl 1706 gekennzeichneten Änderungen und Zusätze von FG 1 zu finden sind, d.h. auch die von FATIO in seinem Originalmanuskript später gestrichenen Passagen stehen im Basler Manuskript. An zwei Stellen, nämlich foll. 42r^{o},1. 23 - 43r^{o},1. 23 (pp. 36,1. 1 - 38,1. 10 der Edition BOPP) und fol. 44r^{o},11. 1-19 (pp. 39,1. 22 - p.

40,1. 1 der Edition BOPP) geht der Text des Basler Manuskripts über den des Manuskripts FG 1 hinaus. Alle übrigen
Unterschiede sind entweder geringfügige Abweichungen bei
der Wortwahl oder sind auf Schreibfehler des Basler Kopi-
sten(oder Lesefehler BOPPs) zurückzuführen.

Die Tatsache, daß im Basler Manuskript Passagen zu finden
sind, die im Manuskript FG 1 als Verbesserungen oder Zusätze von 1706 gekennzeichnet sind, zwingt nicht zu dem
Schluß, daß auch das Basler Manuskript frühestens 1706
verfaßt worden sein kann (4). Es ist nämlich auch möglich,
daß diese Verbesserungen und Zusätze schon früher entstanden und erst 1706 in das Originalmanuskript übertragen worden sind (5). Es wird sich im folgenden zeigen, daß
nur diese Möglichkeit in Betracht kommt.

b) Das Manuskript FG 2 (Ms. français 603: "Ecrits scientifiques de Nicolas FATIO", foll. 79, 82-87: Das Manuskript
ist von FATIOs Hand und besteht aus dem Titelblatt, einem
Vorwort ("Avertissement") und 5 Folioseiten Text. Es steht
in einem 14seitigen Heft mit der Paginierung 79 und 82-94.
Die Seiten 88-94 sind leer; zwischen das Titelblatt (fol.
79) und das Vorwort (fol. 82) ist ein beidseitig beschrie-
benes Doppelblatt von etwas kleinerem Format eingeheftet,
das die Paginierung 80 und 81 trägt. Der Inhalt des Textes
foll. 83-87 deckt sich mit foll. $36r^{o}$ 1. 1 - $39v^{o}$ 1. 19 des
Basler Manuskripts (pp. 22,1. 40 - 30,1. 41 der Edition
BOPP); foll. 85,1. 36 - 87,1. 52 von FG 2 überschneiden
sich mit foll. 163,1. 1 - 164,1. 1 - 164,1. 38 von FG 3.
Die einzelnen Abschnitte des Manuskripts FG 2 sind nicht
numeriert, man kann eine solche Numerierung jedoch mit
Hilfe des Inhaltsverzeichnisses GMs 603, fol. 63 vorneh-
men. Das Manuskript FG 2 umfaßt dann die Abschnitte 1 -
24 und bricht mit den ersten Worten des Abschnitts 25 ab;
dem äußeren Bild nach handelt es sich bei FG 2 um das
Fragment eines von FATIO für den Druck bestimmten Manuskripts, das an einigen Stellen - insbesondere bei den Abschnitten 13 u. 20 - die Spuren intensiver Überarbeitung
in Form von Zusätzen und Veränderungen zeigt.

Beim Vergleich von FG 2 mit den entsprechenden Passagen
des Basler Manuskripts findet man zwar zahlreiche Abweichungen der Schreibweise und auch einige wenige geringfügige Änderungen von Formulierungen, aber insgesamt gesehen ist die Übereinstimmung so vorzüglich, daß man mit
Hilfe des Manuskripts FG 2 Fehler verbessern kann, die
dem Basler Kopisten oder BOPP unterlaufen sind. An zwei
Stellen allerdings geht der Inhalt des Basler Manuskripts
über den des Manuskripts FG 2 hinaus: fol. 37r^{o},ll. 26-41
(Zusatz zu Abschnitt 13) fol. 39r^{o},ll. 31-40 (Zusatz zu
Abschnitt 22) des Basler Manuskripts (p. 25,1. 34 -
p. 26,1.10 und p. 30,11. 1-14 der Edition BOPP) finden im
Manuskript FG 2 keine Entsprechung. Über die sachliche Bedeutung dieser Zusätze ist im 8. Kapitel dieser Arbeit
gehandelt worden, und allein aus der Tatsache, daß diese
Zusätze im Basler Manuskript stehen, im Manuskript FG 2
aber fehlen, lassen sich noch keine Schlüsse bezüglich
der zeitlichen Reihenfolge dieser Manuskripte ziehen.

Die einzige Passage des Manuskripts FG 2, die eine begründete Vermutung über den Zeitpunkt von dessen Entstehen zuläßt, ist das Vorwort (Avertissement), das FATIO zu
dieser Fassung seiner Schweretheorie geschrieben hat. In
diesem Vorwort sagt FATIO: "Die nachfolgende Abhandlung
ist lediglich der Abriß (abregé) einer anderen, weit um-
fangreicheren, die ich plane und für die ich das Material
besitze" (6). Die Vorlage für den Abriß ist - das geht aus
FATIOs Beschreibung deutlich hervor - keine andere als das
Originalmanuskript mit den Unterschriften von NEWTON, HAL-
LEY und HUYGENS. Worin sich der für den Druck bestimmte Abriß vom Originalmanuskript unterscheidet, beschreibt FA-
TIO so: "Obgleich ich mich im gedruckten Text nahezu überall an das Manuskript gehalten habe, habe ich an einigen
Stellen etwas geändert oder hinzugefügt, gewöhnlich, um
meine Betrachtung verständlicher zu machen oder um meine
Abhandlung um Beweise zu vermehren für das, was ich [nur]
behauptet hatte. Diese Änderungen und Zusätze sind im
Original leicht festzustellen" (7). Aber die Teile des
Originalmanuskripts FO 1, welche diese Änderungen festzu-
stellen erlaubten, sind nicht überliefert, man muß also

nach anderen Kriterien suchen, um das Manuskript FG 2 mit
einiger Sicherheit datieren zu können. Einen brauchbaren
Hinweis gibt FATIOs Beschreibung seiner Manuskripte: Nach
FATIOs Worten hat einzig das 1696 verfaßte Oxforder Manuskript FO 2 ein Vorwort (Avertissement) - das nach der Beschreibung ebenso wie das Vorwort des Manuskripts FG 2 aus
vier Abschnitten besteht -, ferner enthält es die 49 Abschnitte des Originalmanuskripts "mit verschiedenen Änderungen und Zusätzen" und darüber hinaus auch Beweise für
"das, was ich [nur] behauptet hatte", wie FATIO im Vorwort
zu FG 2 ankündigt; und zwar sind dies der Beweis für den
im Abschnitt 37 von FG 1 als "Theorem" formulierten Satz
über die "Stoßkraft" der fluiden, schwermachenden Materie
(der im Basler Manuskript als Problem II wiederzufinden
ist); und zum anderen ein Beweis, der auf die Überlegungen der Abschnitte 19 und 20 zum Unendlichkeitsbegriff Bezug nimmt (und im Basler Manuskript den Inhalt von Problem III ausmacht) (8). Schließt dies alles einen engen Zusammenhang zwischen dem Oxforder Manuskript und dem Manuskript FG 2 zumindest nicht aus, oder macht ihn nicht unwahrscheinlich, so ist ein anderes Indiz für diesen Zusammenhang weit beweiskräftiger: Bei FATIOs Papieren befindet sich auch ein Entwurf für das Vorwort (Avertissement)
von FG 2 und dieser Entwurf steht auf dem Doppelblatt das
zwischen das Titelblatt und das Vorwort des Manuskripts
FG 2 eingeheftet ist (9). Auf dem selben Doppelblatt stehen auch einige Sätze über den Aufbau der Atome (10), und
diese Sätze kehren nahezu wörtlich im Basler Manuskript
auf foll. 42r^o und 42v^o (pp. 36 und 37 der Edition BOPP)
wieder; dort gehören sie zu einer ausführlichen Betrachtung über die Struktur der Materie, die eine Erweiterung
des Abschnitt 34 des Originalmanuskripts FG 1 darstellt.
Diese Erweiterung muß aber auch schon im Oxforder Manuskript FO 2 gestanden haben, denn im Manuskript FG 3, in
dem diese Überlegungen ausgelassen sind, schreibt FATIO
an entsprechender Stelle: "Hier habe ich in meiner Kopie
von 1696 versucht, in aller Ausführlichkeit eine Vorstellung von atomaren Strukturen zu geben, die zur Zusammensetzung grober Körper dienen ...; mit der Absicht, diesen

eine Schwere zu verleihen, die proportional zu ihrer Masse ist" (11).

Wenn man also GMs. 603 fol. 81r^o zu den Vorstudien für das Oxforder Manuskript zählen kann, so darf man auch annehmen, daß der auf demselben Blatt stehende Entwurf des Vorworts für das Manuskript FG 2 zur gleichen Zeit entstanden, und daß das Vorwort (Avertissement) des Manuskripts FG 2 seinem Inhalt nach identisch ist mit dem des Oxforder Manuskripts, und daß also das gesamte Manuskript FG 2 nichts anderes ist als Teil einer Druckvorlage, die auf das Oxforder Manuskript FO 2 zurückgeht (12).

c) Das Manuskript FG 3 (Ms. joint au Ms. français 603, foll. 163-166): Das beinahe kalligraphisch geschriebene Manuskript von FATIOs Hand - die Schrift gleicht der der Zusätze Abschnitte 50-52 in FG 1 - umfaßt vier Folioseiten, welche die Paginierung 3-6 tragen. Der Inhalt des Textes deckt sich annähernd mit foll. 38r^o,1. 9 - 43r^o,1. 27 des Basler Manuskripts (pp. 27,1. 16 - 38,1. 14 der Edition BOPP); foll. 163,1. 1 - 164,1. 38 von FG 3 überschneiden sich mit foll. 85,1. 36 - 87,1. 52 von FG 2 und foll. 166,11. 35-60 von FG 3 mit p. 9,11. 1-11 von FG 1.

Die Abschnitte des Manuskripts FG 3 sind numeriert, der Text setzt mitten im Abschnitt 16 ein und endet mitten im Abschnitt 35. Nur an wenigen Stellen sind Verbesserungen oder Zusätze FATIOs zu finden, und nur eine Passage, der Abschnitt 22, zeigt Spuren intensiver Bearbeitung; im gesamten Manuskript aber sind Wörter oder ganze Sätze unterstrichen oder durch eckige Klammern eingeklammert. Die Bedeutung der Unterstreichungen und Klammern läßt sich durch Vergleich mit FG 1 herausfinden, d.h. durch Vergleich der kurzen Passage, in der beide Manuskripte inhaltlich übereinstimmen: danach geben sich alle in FG 3 unterstrichenen Stellen als undatierte Änderungen oder Zusätze, alle eingeklammerten dagegen als Änderungen oder Zusätze zu erkennen, die 1742 oder 1743 datiert sind. Daraus kann man schließen, daß FATIO nach 1743 wahrscheinlich das Originalmanuskript FO 1 in Reinschrift übertragen und dabei

den augenblicklichen Zustand festgehalten hat, d.h., daß
er um dessen dokumentarischen Wert zu wahren, alle Änderungen und Zusätze gekennzeichnet hat, die erfolgten, nachdem HALLEY, HUYGENS und NEWTON das Manuskript FO 1 unterzeichnet hatten.

Vergleicht man das Manuskript FG 3 mit dem Basler Manuskript und dem Manuskript FG 2, so zeigt sich, daß hier
keine der im Manuskript FG 3 eingeklammerten, jedoch nahezu alle der dort unterstrichenen Stellen zu finden sind.
Daraus läßt sich folgern, daß das Ende des Abschnitts 20,
der Abschnitt 26, die zweite Hälfte des Abschnitts 29
und der Schluß des Abschnitts 30 des Basler Manuskripts
Zusätze zum Originalmanuskript FO 1 sind. Der Zusatz zu
Abschnitt 20 - der auch in FG 2 zu lesen ist - bezieht
sich auf das Problem III, das ja erst im Oxforder Manuskript von 1696 auftaucht, die Zusätze zu den Abschnitten 29 und 30 beziehen sich auf das Problem I und sind
aufgrund der Auseinandersetzungen mit HUYGENS entstanden. Beim Vergleich der Manuskripte FG 2 und FB mit dem
Manuskript FG 3 zeigt sich außerdem, daß FATIO seine Abhandlung nach 1743 einer Revision unterzogen hat, deren
Ergebnis einerseits kräftige Streichungen bei den Abschnitten 20, 22, 23 und 26, andererseits Zusätze bei Abschnitt 30 und starke Änderungen bei Abschnitt 31 waren. All diese Veränderungen gereichen der Abhandlung
zum Nutzen; soweit die Änderungen sachlich bedeutsam sind,
ist von ihnen im 6. und 8. Kapitel dieser Arbeit gehandelt worden; daß schließlich der lange Zusatz zum Abschnitt
34 - der sich mit der Struktur der Materie beschäftigt und
nur im Basler Manuskript auftaucht - in FG 3 beschrieben und dort als Zusatz des Oxforder Manuskripts FO 2 bezeichnet wird, ist schon im vorhergehenden Abschnitt b) erwähnt worden.

d) Das Manuskript FG 4 (Ms. français 603: "Ecrits scientifiques de Nicolas FATIO" foll. 95, 96 und 101): Das Manuskript ist von FATIOs Hand und umfaßt ein Doppelblatt aus
den Folia 95 und 101 und ein Einzelblatt fol. 96; der In-

halt des Manuskripts ist dem Titelblatt fol. 95r^o zu
entnehmen: Es ist die "Demonstration de la Resistence au
Mouvement d'une Globe, dans une Matiere rare agitée in
differement en tous sens", also nichts anderes als das
Problem IV des Basler Manuskripts. Dabei enthält fol. 96
die Reinschrift, deren Inhalt sich mit foll. 49r^o,1. 43 -
52r^o,1. 7 des Basler Manuskripts (pp. 50,1. 29 - 56,1. 27
der Edition BOPP) deckt, während foll. 95 und 101 einen
Entwurf zum Inhalt haben, in dem zwar manche Passagen nur
skizziert sind, das Problem aber mit den Mitteln der In-
finitesimalmathematik behandelt wird. Das Manuskript ist
im Jahre 1700 entstanden, als FATIO seine Abhandlung über
die Schwere für Jakob BERNOULLI zusammenstellte: "Ich war
gezwungen", so notiert FATIO auf dem Titelblatt des Manuskripts, "all diese Berechnungen im Jahre 1700 abermals
anzustellen, da ich die, welche ich zuvor gemacht hatte
und die unter meinen Papieren vergraben sind, nicht fand",
und er setzt hinzu: "Siehe meine Abhandlung über die
Schwere" (13), ein Hinweis der sich nur auf das Manuskript
FO 3 beziehen kann, denn in dessen Inhaltsverzeichnis
heißt es an entsprechender Stelle: "Die 39. [Seite] enthält ... auf der Rückseite eine notwendige Voraussetzung
für die Lösung des Problems IV. - Die 40. 41. 42. und 43.
[Seite] enthalten die Lösung ebendieses Problems bezüglich
des Widerstandes des Äthers mittels der Lehre von den
Fluxionen". Auch die zum Problem gehörenden Abbildungen
VI, VII, VIII, X und XI waren nach FATIOs Angabe im Manuskript FO 3 enthalten; die Lösung des Problems IV muß demnach zwischen den Jahren 1696 - dem Zeitpunkt der Abfassung des Oxforder Manuskripts FO 2 - und 1700 entstanden
sein, als FATIO sich gezwungen sah, die Berechnungen erneut anzustellen.

e) Das Manuskript FG 5 (Ms. français 603:"Ecrits scientifiques
de Nicolas FATIO" foll. 97-100): Das Manuskript ist eine
von Jean-Christophe FATIO angefertigte Kopie aus vier beidseitig beschriebenen Blättern, welche die Paginierung 3-10
tragen. Die Abschnitte des Textes sind nicht numeriert, und
es gibt kein Titelblatt, doch steht auf fol. 98v^o: "Extrait

du Traité de la Cause de la Pesanteur de Mr. N[icolas]
F[ATIO] D[e] D[uillier]". Das Manuskript setzt mitten im
Problem IV ein, der fehlende Anfang läßt sich jedoch mit
Hilfe des Manuskripts FG 4 rekonstruieren und so mit foll.
49r^o, l. 43 - 52v^o,l. 22 des Basler Manuskripts (pp. 50,l.
29 - 58,l. 17 der Edition BOPP) vergleichen. Die Übereinstimmung ist wörtlich genau, die wenigen Abweichungen
sind auf Fehler BOPPs oder des Basler Kopisten zurückzuführen und können mit Hilfe der beiden Genfer Manuskripte
korrigiert werden. Der erhaltengebliebene Teil des Problems IV nimmt in FG 5 foll. 97r^o, 97v^o und 98r^o ein; der
Rest des Manuskripts besteht aus den Problemen I, II und
III, stimmt also mit foll. 40r^o,l. 29 - 42r^o,l. 22 (Abschnitte 27-34 = Problem I) und foll. 47v^o,l. 37 - 49r^o,l.
42 (Probleme II und III) des Basler Manuskripts (pp. 32,l.
13-35,l. 41 (Abschnitte 27-34 = Problem I) und pp. 47,l.
13-50,l. 28 (Probleme II und III)der Edition BOPP) überein. Auch hier ist die Übereinstimmung so vorzüglich, daß
Abweichungen, die als Fehler BOPPs oder des Basler Kopisten zu erkennen sind, mit Hilfe des Manuskripts FG 5 korrigiert werden können. Man könnte also das Manuskript
FG 5 ohne Bedenken als Kopie entsprechender Passagen des
auch dem Basler Manuskript zugrundeliegenden Originals be-
zeichnen, gäbe es nicht eine gravierende Abweichung: In
fol. 48v^o,ll. 18-23 des Basler Manuskripts (p. 49,ll.
8-14 der Edition BOPP) heißt es bezüglich der Verwendung
des im 5. Abschnitt des 8. Kapitels abgehandelten Luft-
thermometers:

"Dann gibt die Fläche E auf horizontalen, an die Wand
gezeichneten Linien die Höhe des Quecksilbers über C
in Zoll an. Der Druck der eingeschlossenen Luft auf
die Fläche C verhält sich dann wie die Wurzel aus der
Höhendifferenz zwischen den Niveaus C und E oder wie
die durch E gehende Ordinate einer Parabel, deren
Scheitel nach unten gerichtet ist und in der Höhe von
C liegt. Und dieser Druck ist proportional zur Geschwindigkeit der Luftpartikeln im Volumen AC."

Im Manuskript FG 5 dagegen heißt die entsprechende Stelle
fol. 100,ll. 20-27:

"Dann gibt die Fläche E auf horizontalen, an die Wand
gezeichneten Linien die Höhe des Quecksilbers über C
in Zoll an.

Und da das Volumen unverändert bleibt und sich infolgedessen auch die Dichte der eingeschlossenen Luft nicht
ändert, verhält sich deren Druck auf C (der proportional zum Niveauunterschied zwischen C und E ist) auf
Grund des vorhergehenden Beweises wie das Quadrat der
Geschwindigkeit der Luftpartikeln in AC, und infolgedessen ist die Wurzel des Niveauunterschiedes zwischen
C und E, - d.h. die durch E gehende Ordinate einer Parabel, deren Scheitel nach unten gerichtet ist und in
der Höhe von C liegt - proportional zur Geschwindigkeit
der Luftpartikeln im Volumen AC" (14).

Es wäre natürlich nicht von vornherein auszuschließen, daß
der Basler Kopist die zitierte Passage beim Abschreiben
verfälscht hat, gäbe es nicht einen Beweis dafür, daß FA-
TIO selbst diese Stelle verballhornt hat. Am 15. VIII. 1701,
also mehr als ein halbes Jahr nachdem er seine Abhandlung
nach Basel geschickt hat, schreibt er an Jakob BERNOULLI:

"Ich habe auch einen großen Irrtum bemerkt, den ich begangen habe, als ich in einem ungünstigen Augenblick
am Ende des zweiten Problems meiner Abhandlung die
Stelle änderte, an der ich vom Gebrauch des Thermometers spreche. Ich bitte Sie diese wie folgt zu korrigieren: ..." (15)

Die sich anschließende Korrektur stimmt wörtlich mit der
zuvor zitierten Passage fol. 100,11. 20-27 des Manuskripts
FG 5 überein. Im Zusammenhang mit dieser Verbesserung ergänzt FATIO im Brief an BERNOULLI seine Überlegungen, indem er noch ein zweites Thermometer entwirft; auch dessen
Beschreibung steht wörtlich in Jean-Christophes Kopie,
nämlich fol. 100,11. 33-43 (Cf. den 5. Abschnitt des 8.
Kapitels dieser Arbeit).

Das Inhaltsverzeichnis und die Beschreibung, die FATIO von
seinen Manuskripten angefertigt hat, können dazu dienen,
die auf den ersten Blick etwas verwirrenden Zusammenhänge

zu klären. Mit ihrer Hilfe kann man sich vergegenwärtigen, in welchem Zustand sich die Manuskripte im Jahre 1700 befanden, als FATIO aus ihnen die für Jakob BERNOULLI bestimmte Fassung seiner Schweretheorie zusammenstellte:

1. In welchem Zustand sich das Manuskript FO 1 im Jahre 1700 befand, ist schwer zu sagen. Wahrscheinlich sah es noch so aus, wie im Jahre 1691, als HUYGENS unterschrieb. Es ist aber nicht auszuschließen, daß die erst später numerierten Abschnitte 42-49 schon eingetragen waren.

2. Mit Sicherheit war im Jahre 1700 das nach FATIOs Angabe schon 1696 geschriebene (für den Druck bestimmte) Oxforder Manuskript FO 2 vollendet. Es bestand laut Inhaltsverzeichnis aus einem Vorwort und 49 (damals sicher noch nicht numerierten) Abschnitten. Darüber hinaus enthielt es die Probleme II und III und die zu den drei ersten Problemen gehörenden Abbildungen I-V. Unter der Voraussetzung, daß "ein einzigartiger, von Herrn NEWTON eingegebener Gedanke" mit dem in foll. $47r^o$,l. 14 - $47v^o$,l. 36 des Basler Manuskripts (pp. 45,l. 28 - 47,l. 12 der Edition BOPP) entwickelten Gedankengang identisch ist, muß das Oxforder Manuskript - abgesehen von seinem Vorwort - etwa das zum Inhalt gehabt haben, was im Basler Manuskript auf foll. $36r^o$,l. 1 - $49r^o$,l. 42 und (in der Edition BOPP auf pp. 22,l. 40 - 50,l. 28 steht.

3. Um mit einiger Sicherheit sagen zu können, welchen Umfang im Jahre 1700 das von FATIO "N°III" genannte Manuskript FO 3 besaß, müßte man wissen, welche Funktion es eigentlich hatte. Es sieht nicht so aus, als ob es ein eigenständiges Manuskript gewesen sein könnte, weit eher dürfte es lediglich zur Ergänzung der beiden anderen Manuskripte gedient haben. Prüft man das Inhaltsverzeichnis für das Manuskript FO 3, und vergleicht es mit denen der beiden anderen Manuskripte, so bleibt als einzige plausible Erklärung, daß das Manuskript FO 3 alle Veränderungen und Zusätze festgehalten hat, die FATIOs Schweretheorie nach Abfassung des Originalmanuskripts FO 1 erfahren hat, ausgenommen diejenigen, die schon im Oxforder Manu-

skript FO 2 enthalten und diesem zu entnehmen sind. Man
darf daraus nicht schließen, daß tatsächlich alle Änderungen und Zusätze in späteren Fassungen übernommen und dort
identifizierbar sein müssen. Vorausgesetzt aber, die soeben angestellten Überlegungen sind zutreffend, vorausgesetzt ferner, das Manuskript FG 2 ist, wie in d) ausein-
andergesetzt, seinem Inhalt nach ein Teil des Oxforder
Manuskripts, und vorausgesetzt endlich, dem Basler Manuskript lagen die drei Originalmanuskripte zugrunde, müßten die im Inhaltsverzeichnis von FO 3 vermerkten Zusätze
zu den Abschnitten 13, 14 und 22 im Basler Manuskript zu
identifizieren sein. Während beim Abschnitt 14 kein Unterschied zwischen dem Basler Manuskript und dem Manuskript
FG 2 festzustellen ist, sind, wie schon in b) auseinander-
gesetzt worden ist, solche Zusätze bei den Abschnitten 13
und 22 des Basler Manuskripts vorhanden. Das Manuskript
FG 5 liefert einen weiteren Hinweis in dieser Sache; im
Anschluß an das Problem III, jedoch deutlich abgesetzt,
steht am Ende von Jean-Christophes Kopie auf fol. 100v^{o}:

> "In der Abhandlung über die Ursache der Schwere, ge-
> genüber (vis a vis) dem Abschnitt, der beginnt 'Da
> ich behaupte, daß mein Beweis grundsätzlich gelten
> muß, selbst wenn man keine vollkommene Federkraft an-
> nimmt etc.'" (16).

Der Abschnitt, der mit diesen Worten beginnt, ist der Abschnitt 22, und die Art, in der hier zitiert wird, beweist,
daß auch zu dem Zeitpunkt, zu dem Jean-Christophe kopiert
hat, die Abschnitte der Abhandlung noch nicht numeriert
gewesen sein konnten, sonst hätte als Hinweis "gegenüber
von Abschnitt 22" genügt. Der Zusatz, der gegenüber [?]
Abschnitt 22 in der Abhandlung stehen soll und den Jean-
Christophe ebenfalls kopiert hat, stimmt wörtlich mit fol.
39r^{o},ll. 31-40 des Basler Manuskripts (p. 30,ll. 1-14 der
Edition BOPP) überein (dieser Zusatz ist im Basler Manuskript in wesentlich kleinerer Schrift zwischen das ur-
sprüngliche Ende des Abschnitts 22 und den Anfang des Abschnitts 23 gequetscht; es sieht ganz so aus, als habe der
Kopist zunächst einen Abstand gelassen, den für den Zusatz
benötigten Raum aber unterschätzt).

Auch für die anderen Abschnitte, bei denen das Basler
Manuskript über die vergleichbaren Genfer Manuskripte hin-
ausgeht - bei den Abschnitten 34 und 37 -, gibt es Hinweise auf ebensolche Zusätze im Manuskript FO 3; daß auch
das Problem IV in diesem Manuskript enthalten gewesen sein
muß, wurde schon in d) erörtert. Und auf der selben Seite
wie das Problem IV muß sich im Manuskript FO 3 auch ein
weiterer Zusatz befunden haben:

> "Die 39. [Seite] enthält die Beschreibung eines Ther-
> mometers, das die tatsächliche Bewegung der Luftteile
> in ebendiesem Thermometer anzeigt."

Sicher war das die Vorlage für die weiter oben zitierten
Passagen im Basler Manuskript und im Manuskript FG 5, denn
auch die dazugehörige Abb. IX hat sich im Manuskript FO 3
befunden.

Dem Inhaltsverzeichnis des Manuskripts FO 3 kann man weiter entnehmen, daß auch die "Kopie von einigen Korrekturen
und Zusätzen, welche Herr NEWTON damals für seine Mathematischen Prinzipien der Naturphilosophie vorgesehen hatte"
- von FATIO nach eigenen Angaben 1692 angefertigt -, dem
Konvolut des Manuskripts FO 3 zugeschlagen worden war; ein
Blick in das Basler Manuskript zeigt, daß diese Kopie dort
auf foll. 55r^o,l. 19-56r^o,l. 23 (pp. 64,l. 19-66,l. 31
der Edition BOPP) an die eigentliche Abhandlung angehängt
ist. Zieht man ferner in Betracht, daß auch die foll.
52v^o,l. 23 - 54v^o,l. 4 des Basler Manuskripts (pp. 58,l
19 - 62,l. 38 der Edition BOPP) ebenfalls eine Entsprechung
im Manuskript FO 3 finden könnten (das Inhaltsverzeichnis
vermerkt: "Die 45. 46. und 47. [Seite] enthalten Erklärungen, Überlegungen und historische oder persönliche Bemerkungen"), so enthält das Basler Manuskript nichts, was im
Jahre 1700 nicht bereits in den anderen Manuskripten vorhanden gewesen sein könnte oder - wie die vier Probleme
und die Kopie von NEWTONs Korrekturen - mit Sicherheit
vorhanden war; einzig die Vorrede des Basler Manuskripts
wäre dann von FATIO ad hoc verfaßt worden.

Aus alledem folgt mit großer Gewißheit, daß das Basler

Manuskript eine Kopie des Manuskripts sein muß, das FATIO
im Januar 1701 an Jakob BERNOULLI nach Basel sandte.

FATIO hatte sich auf Drängen BERNOULLIs bemüht, seine
Theorie der Schwere "ins Reine zu schreiben und daraus eine richtige Abhandlung zu machen" (17), d.h. eine solche
Abhandlung aus seinen Manuskripten zusammenzustellen. FA-
TIO scheint sich dieser Arbeit nicht ohne Widerwillen
unterzogen zu haben, denn an BERNOULLI schreibt er bei
dieser Gelegenheit: "Ich habe eine angeborene Abscheu davor, Untersuchungen Fleiß und Aufmerksamkeit zu schenken,
mit denen ich einmal zufrieden bin ... und ich leide kaum
weniger, wenn ich meine eigenen Schriften kopiere" (18).
(Ist ihm deshalb der Fehler mit dem Thermometer unterlaufen? Wahrscheinlich hatte FATIO aber gerade hier das Original nicht zur Hand, denn "die Beschreibung eines Thermometers, das die tatsächliche Bewegung der Luftteile in
ebendiesem Thermometer anzeigt" stand ja im Manuskript FO 3
auf dem selben Blatt wie ein Teil des Problems IV, und die
Berechnungen zu diesem Problem konnte FATIO bekanntlich
im Jahre 1700 nicht finden und mußte sie erneut anstellen;
wahrscheinlich war er aus dem gleichen Grund gezwungen,
auch die Beschreibung des Thermometers zu rekonstruieren
und dabei ist ihm der schon zitierte Fehler unterlaufen).
Wenn die für Jakob BERNOULLI gedachte Fassung der Schweretheorie nichts anderes ist, als eine Kompilation aus den
drei Manuskripten FO 1, FO 2 und FO 3, so ist es kein Widerspruch, wenn FATIO einmal davon spricht "daß Herr Jacques BERNOULLI zu Basel im Februar 1701 meine drei obgenannten Manuskripte hat kopieren lassen" (19) und ein an-
dermal davon, daß er "Herrn James BERNOULLI, Professor der
Mathematik zu Basel, das Original selbst, mit einigen Zusätzen" (20) mitgeteilt habe. Aber treffender wird das
Basler Manuskript in dem Briefe an BERNOULLI charakterisiert, in welchem seine Übersendung angekündigt wird. Dort
schreibt FATIO: "Da dieses Schriftstück, welches ich ihnen zusenden werden, mir aufgrund der Zusätze und Änderungen, die ich bei meiner Abhandlung gemacht habe, das Original ersetzt (me tient lieu d'original), wäre ich zu Tode

betrübt, wenn es verloren gehen sollte", denn FATIO ist
überzeugt, er könne sich "niemals mehr dazu aufraffen, sie
[die Abhandlung] wiederum in die augenblickliche Form zu
bringen" (21). BERNOULLI hat das Manuskript, das ihm im
Januar 1701 zugestellt wurde, umgehend kopieren und FATIO
alsbald wieder zukommen lassen, denn schon am 22. III.
1701 schreibt dieser an ihn:"Was Ihre Schwierigkeiten mit
meiner Theorie der Schwere angeht, hier meine Antwort ..."
(22). Aber erst im August 1701, angesichts einer neuen
Schwierigkeit BERNOULLIs, hat FATIO seinen Fehler bezüglich des Thermometers bemerkt. Ohne Zweifel hat er die
Korrektur und die schon zuvor erwähnte Konstruktion des
zweiten Thermometers in das ihm inzwischen von BERNOULLI
zurückerstattete Manuskript übertragen. Dieses korrigier-
te (und erweiterte) Manuskript diente seinem Bruder Jean-
Christophe als Vorlage; deshalb finden wir in dessen Kopie
nicht nur den Fehler korrigiert, sondern auch den zweiten
Thermometertyp beschrieben (Daß Jean-Christophe seines
Bruders Abhandlung kopiert hat, dafür gibt es zwei Belege:
Nicolas FATIO notiert sich, "daß mein älterer Bruder 1699,
1700 oder 1701 eine Kopie meiner drei obgenannten Manuskripte verfertigt hat" (23), und Jean-Christophe bestätigt dies in einem Brief an seinen Bruder Nicolas, in welchem er von dessen Traktat über die Ursache der Schwere
spricht und dazu vermerkt: "Ich habe von ihm eine ganz genaue Kopie nach Eurem Original angefertigt, sie müßte jedoch noch ins Reine geschrieben werden" (24)).

Da FATIO nachweislich in einer für Jakob BERNOULLI bestimmten Fassung seiner Schweretheorie ein gravierender physikalischer Fehler unterlaufen ist, gerade dieser Fehler aber
in einer nachweislich aus dem Besitz der Familie BERNOULLI
stammenden Kopie zu finden ist, dürfte es, wenn man auch
die übrigen hier ausgebreiteten Argumente mit in Rechnung
stellt, keinen Zweifel daran geben, daß das Basler Manuskript eine Kopie der 1700/1701 entstandenen Fassung der
Schweretheorie FATIOs ist (25).

f) Das Manuskript FG 6 (Ms. français 603:"Ecrits scientifiques de Nicolas FATIO"): Das aus zehn doppelseitig be-

schriebenen Blättern bestehende Manuskript ist eine Kopie
von der Hand Firmin ABAUZITs und hat folgenden Titel:
"Ein Stück FATIOs, welches als ganzes in die Sammlung
ABAUZITs übergegangen und von diesem am 21. Mai 1758 LE
SAGE mitgeteilt (Betitelt am 17. März 1804 durch P. PRE-
VOST)" (26). PREVOST beschreibt dieses Manuskript an an-
derer Stelle wie folgt:

> "Das hier ausdrücklich erwähnte, unvollständige Stück
> ist LE SAGE am 21. Mai 1758 mitgeteilt worden. Es um-
> faßt drei recht ungleiche Artikel oder Abschnitte.
> Die beiden ersten sind als kurze Wiederholung der NEW-
> TONschen Theorie gedacht. Im dritten entwickelt FATIO
> seine eigene Hypothese. Das Stück schließt mit einem
> 'Problem I', dem kein anderes mehr folgt" (27).

Die beiden ersten Artikel - die hier nicht von Belang sind
und die Umkehrung des Flächensatzes und die Grundzüge von
NEWTONs Theorie der universellen Gravitation referieren -
nehmen die beiden ersten Seiten des Manuskripts ein; auf
fol. 3r^o beginnt die Darstellung der FATIOschen Theorie.
Deren einzelne Abschnitte sind zwar nicht numeriert, doch
kann man ebenso wie bei anderen Manuskripten eine solche
Numerierung nachträglich mit Hilfe von FATIOs Inhaltsverzeichnis und durch Vergleich mit dem Basler Manuskript
nachtragen. Der Artikel III des ABAUZITschen Manuskripts
stimmt dann von foll. 2r^o,l. 1 - 9v^o,l. 2 überein mit foll.
36r^o,l. 21 - 43v^o,l. 18 des Basler Manuskripts (pp. 23,l.
22 - 39,l. 5 der Edition BOPP), umfaßt also - anders ausgedrückt - die Abschnitte 5-36. Ein genauer Vergleich mit
dem Basler Manuskript zeigt, daß im ABAUZITschen Manuskript
nicht nur die einleitenden Abschnitte 1-14, sondern überdies die Abschnitte 6, 11, 17, 18, und 24-26 fehlen, das
Manuskript enthält jedoch den Zusatz von Abschnitt 13 und
den langen Zusatz von Abschnitt 34, nicht aber den Zusatz
von Abschnitt 22. Bei den übrigen Abschnitten sind zahlreiche kleine Änderungen und Auslassungen feststellbar;
abgesehen davon ist die Übereinstimmung mit dem Basler
Manuskript gut. Die Änderungen und Streichungen - meist

handelt es sich um persönliche Bemerkungen FATIOs, philo-
sophisch-metaphysische Betrachtungen oder Überlegungen,
die mit der Schweretheorie nicht unmittelbar zu tun haben - sind eher zum Vorteil der Abhandlung ausgeschlagen.
Die ABAUZITsche Kopie endet mit dem Anfang des Abschnitts
37, dem Theorem über die "Stoßkraft" der fluiden Materie,
im Basler Manuskript fol. 43v^{o},11. 19-27 (p. 39,11. 6-12
der Edition BOPP) und an dieses Theorem schließt sich -
eigentlich ganz konsequent - dessen Beweis an, also diejenigen Überlegungen, welche im Basler Manuskript den Beweis des sogenannten Problems II bilden, also foll. 48r^{o},
11. 10-48 (pp. 47,1. 21-48, 1. 26 der Edition BOPP).

Es ist wohl nicht mehr zu ermitteln, welches Manuskript
oder welche Fassung der FATIOschen Schweretheorie ABAUZIT
beim Kopieren vorgelegen haben könnte - vor allem, wenn
man den Kommentar liest, den G.L. LE SAGE zu dieser Kopie
abgegeben hat:

> "Ergänzungen zu Herrn FATIOs Abhandlung über die Schwe-
> re, von der Herr ABAUZIT ein großes Stück kopiert hat
> (wobei er zweifelsohne seiner Gewohnheit gemäß gestri-
> chen hat, was ihm weniger wichtig oder leicht zu er-
> gänzen schien)" (28).

4. Tabelle 1

Zuordnung der numerierten Abschnitte des Inhaltsverzeichnisses GMs 603 fol. 63 zu den (nicht numerierten) Abschnitten des Basler Manuskripts FB bzw. der Edition BOPP.

	Basler Manuskript				Edition BOPP			
	von		bis		von		bis	
Abschnitt	folio	linea	folio	linea	pagina	linea	pagina	linea
1	36r°	1	36r°	6	22	40	23	4
2	36r°	7	36r°	10	23	5	23	9
3	36r°	11	36r°	14	23	10	23	14
4	36r°	15	36r°	20	23	15	23	21
5	36r°	21	36r°	29	23	22	23	32
6	36r°	30	36r°	31	23	33	23	35
7	36r°	32	36v°	7	23	36	24	6
8	36v°	8	36v°	14	24	7	24	14
9	36v°	15	36v°	23	24	15	24	25
10	36v°	24	36v°	35	24	25	24	38
11	36v°	36	36v°	38	24	39	24	41
12	36v°	39	37r°	6	24	41	25	13
13	37r°	7	37r°	41	25	14	26	10
14	37v°	1	37v°	32	26	11	27	3
15	37v°	32	38r°	5	27	3	27	12
16	38r°	6	38r°	12	27	13	27	20
17	38r°	13	38r°	20	27	21	27	28
18	38r°	21	38r°	35	27	29	28	3
19	38r°	36	38v°	10	28	4	28	15
20	38v°	10	38v°	38	28	15	29	7
21	39r°	1	39r°	7	29	8	29	15
22	39r°	8	39r°	40	29	15	30	14
23	39r°	41	39v°	8	30	15	30	29
24	39v°	9	39v°	19	30	30	30	41
25	39v°	20	39v°	36	30	41	31	17
26	39v°	37	40r°	27	31	18	32	12
27	40r°	28	40r°	35	32	13	32	18
28	40r°	36	40v°	32	32	19	33	11
29	40v°	33	41r°	22	33	12	33	41
30	41r°	22	41r°	32	33	41	34	10

Abschnitt	Basler Manuskript				Edition BOPP			
	von		bis		von		bis	
	folio	linea	folio	linea	pagina	linea	pagina	linea
31	41r$^{\circ}$	32	41v$^{\circ}$	20	34	10	34	40
32	41v$^{\circ}$	20	41v$^{\circ}$	31	34	40	35	10
33	41v$^{\circ}$	31	42r$^{\circ}$	2	35	10	35	19
34	42r$^{\circ}$	3	43r$^{\circ}$	23	35	20	38	10
35	43r$^{\circ}$	24	43v$^{\circ}$	11	38	11	38	31
36	43v$^{\circ}$	12	43v$^{\circ}$	18	38	32	39	5
37	43v$^{\circ}$	19	44r$^{\circ}$	22	39	6	40	3
38	44r$^{\circ}$	23	44v$^{\circ}$	7	40	4	40	24
39	44v$^{\circ}$	8	44v$^{\circ}$	29	40	25	41	8
40	44v$^{\circ}$	30	44v$^{\circ}$	38	41	9	41	17
41	45r$^{\circ}$	1	45r$^{\circ}$	29	41	18	42	7
42	45r$^{\circ}$	30	45r$^{\circ}$	36	42	8	42	14
43	45r$^{\circ}$	37	45v$^{\circ}$	17	42	15	42	36
44	45v$^{\circ}$	17	45v$^{\circ}$	33	42	36	43	10
45	45v$^{\circ}$	34	45v$^{\circ}$	36	43	10	43	13
46	45v$^{\circ}$	37	46r$^{\circ}$	4	43	14	43	20
47	46r$^{\circ}$	4	46r$^{\circ}$	37	43	20	44	13
48	46r$^{\circ}$	38	46v$^{\circ}$	36	44	15	45	10
49	46v$^{\circ}$	36	47r$^{\circ}$	13	45	10	45	27

5. Tabelle 2

Zuordnung der Genfer Manuskripte und der Edition GAGNEBIN zum Basler Manuskript und zur Edition BOPP.

Abschnitte	Basler Ms. foll.·linea	Edition BOPP pag.·linea	Genfer Ms. français N° foll.·linea	Edition GAGNEBIN pag.·linea
1-24	$36r°_1-39v°_{19}$	$22_{40}-30_{41}$	603, 83-87 (FG2)	$126_{17}-137_8$
5-36	$36r°_{21}-43v°_{18}$	$23_{22}-39_5$	603 (ABAUZIT), $2r°_1-9v°_2$ (FG6)	
18-34	$38r°_{21}-42r°_{22}$	$27_{29}-35_{41}$	603, Ms.joint, $163_{11}-166_{44}$ (FG3)	$132_{11}-142_{23}$
27-34 (Problem I)	$40r°_{28}-42r°_{22}$	$32_{13}-35_{41}$	603, $98v°_1-99v°_{18}$ (FG5)	
35-49	$43r°_{24}-47r°_{13}$	$38_{11}-45_{27}$	Dossiers (NEWTON), $9_9 - 11_3$ (FG1)	143_9-153_7
	$47r°_{14}-47v°_{36}$	$45_{28}-47_{12}$		
Problem II	$47v°_{37}-48v°_{28}$	$47_{13}-49_{19}$	603, $99v°_{19}-100r°_{43}$ (FG5)	
Problem III	$48v°_{29}-49r°_{42}$	$49_{20}-50_{28}$	603, $100r°_{44}-100v°_{32}$ (FG5)	
Problem IV	$49r°_{43}-52r°_7$	$50_{29}-56_{27}$	603, 96 (FG4)	
	$50v°_{35}-52v°_{22}$	$53_{32}-58_{17}$	603, $97r°_1-98r°_{39}$ (FG5)	
	$52v°_{23}-54v°_4$	$58_{19}-62_{38}$		
"Avertissement"	$54v°_5-55r°_{18}$	$62_{39}-64_{18}$	602, 32	
'Principia' Korrekturen	$55r°_{19}-56r°_{23}$	$64_{19}-66_{31}$		

ZUSÄTZE UND ANMERKUNGEN

Anmerkungen zur Seite 1

Anmerkungen zu Kapitel 1

(1) FATIO (zuweilen auch FACIO oder FACCIO geschrieben) ist
die Verkleinerungsform des von BONIFATIUS abgeleiteten
Namens BONIFAZIO (GALIFFE, p. 33).

(2) GALIFFE, p. 34.

(3) SEWARD, pp. 193-194.

(4) Der ältere Sohn Johann Anton (1616-1674) war Rechnungs-
rat und Generalkontrolleur der Finanzen beim Kurfürsten
von der Pfalz in Mannheim; Johann Antons Sohn, der Doktor
der Medizin Johann FATIO (1649-1691), wurde als Hauptan-
stifter der Basler Bürgerunruhen von 1691 öffentlich ent-
hauptet (GALIFFE, p. 44).

(5) Der Vater Gaspard BARBAULD, Seigneur de Florimont etc.,
verwaltete die Besitzungen der FATIOs im Sundgau (SE-
WARD, p. 194).

(6) In den Biographien wird als Geburtsdatum der 16.II.1664
angegeben; in die Familienbibel hat der Vater Jean-Baptiste als Geburtstag eingetragen: "Nicolas Mardi 16.
febr. 1664 Basle". Der 16.II.1664 fällt aber nur im ju-
lianischen Kalender auf einen Dienstag, das korrekte Geburtsdatum im gregorianischen Kalender ist der 26.II.1664
(Die Familienbibel der FATIOs ist eine Biblia Gallica,
die unter der Signatur 9331 (Rar) im Besitze der Bibliothek der ETH Zürich ist. Diese Bibel trägt am Titel den
handschriftlichen Besitzervermerk "J.B. Fatio" und am
Schluß die genealogischen Eintragungen).

(7) Zwischen den Jahren 1656 und 1670 sind in der Familienbibel als Geburtsorte der Kinder abwechselnd Belfort und
Basel angegeben. Zwischen dem $\frac{16.}{26.}$ Juli 1670, dem Geburtsdatum der Tochter Juliane ("née Samedi 16. Juillet 70
forge de Belfort"), und dem $\frac{5.}{15.}$ Juli 1672, dem Geburtsdatum des Sohnes André ("né Vendr. 5. Juillet 72 Duilliers"), muß Jean-Baptiste FATIO die Herrschaft Duillier
erworben haben, einen Besitz der später in einem Erbver-
trag auf einen Wert von 80 000 Livres veranschlagt wurde.

(8) In Genf war bereits seit 1647 Jean-Baptistes Vetter, der
Bankier und Ratsherr François FATIO (1622-1704) ansässig;
außerdem hatte Jean-Baptiste im Jahre 1670 durch die Ver-
ehelichung seiner Tochter Sybille-Cathérine mit dem Pfar-
rer und späteren Theologieprofessor Benedict CALLANDRINI
(1639-1720) verwandtschaftliche Beziehungen zu einer anderen sehr angesehenen und reichen Familie geknüpft.

(9) "promoti ad lectiones philosophicas anno 1678 ... Nicolaus
Fatio Basileensis", so lautet die entsprechende Eintra-
gung in der Matrikel (Livre du Recteur, p. 170).

(10) SEWARD, p. 197.

(11) Pierre BAYLE (in: CHOUET, Extrait).

(12) Zu FATIOs Studienzeit gab es acht Professuren: Drei für
Theologie, zwei für Philosophie und je einen für orien-
talische Sprachen (Hebräisch), für schöne Wissenschaften
(Griechisch und Latein) und für Rechtswissenschaften.
Diese Professuren - ausgenommen die juristische - wurden
durch die Vereinigung der Genfer Pastoren, die 'Venerable
Compagnie' besetzt, die auch stets den Rektor der Akade-
mie stellte.

(13) BORGEAUD, p. 406.

(14) BORGEAUD, p. 411.

(15) BORGEAUD, p. 412.

(16) Sicher hatte FATIO schon erhebliche Vorkenntnisse, als
er seine Studien an der Genfer Akademie begann; zu seinen Lehrern rechnet er auch den "geliebten Bruder [Jean-
Christophe], der mich einst die Anfangsgründe der Mathematik lehrte" (FATIO, Epistola, p. 173). Es ist aber auch
nicht wichtig, welche positiven Kenntnisse ihm durch Jean-
Robert CHOUET vermittelt wurden, entscheidend ist, daß
FATIO durch ihn in die (cartesische) Methode der Erkenntnis eingeführt, d.h. mit den philosophischen Voraussetzungen vertraut gemacht wurde, unter denen man im 17.
Jahrhundert Wissenschaft betrieben hat.

Anmerkungen zu den Seiten 4-6

(17) FATIO am 16.IX.1681 (BN:NAL 1639, foll. 109-114) und
am 4.XI.1681 an CASSINI (BN:NAF 1086, foll. 31-33).

&(18) FATIO nennt seine Überlegungen sehr bescheiden "so etwas wie die ersten Früchte meiner Liebe zur Mathematik"
(BN:NAL 1639, fol. 109). - Die Bedeutung, welche Jean
SENEBIER in seiner Genfer Literaturgeschichte den ersten Schritten FATIOs in der Wissenschaft verleiht,
ist diesen nicht angemessen:

"FATIO begann zeitig Problem seines Talents abzule-
gen und die Nützlichkeit seiner Arbeiten unter Beweis zu stellen: Im Alter von 17 Jahren schrieb er
einen Brief an CASSINI, der den Versuch, die Distanz zwischen Sonne und Erde zu ermitteln und eine Hypothese zur Erklärung des Saturnrings zum Inhalt hatte. CASSINI nahm FATIOs Überlegungen mit
Beifall auf und blieb mit ihm von da an zeitlebens
in Verbindung" (SENEBIER, p. 157).

&(19) CASSINI am 28.XI.1681 an FATIO (GMs 601, fol. 31v°).

&(20) NICAISE an CHOUET am 28.XI.1681 (GMs 602, fol. 2).

&(21) CHOUET an NICAISE am 23.XII.1681 (GMs 602, fol. 4).

(22) "Herrn CASSINIs Antwort war sehr freundlich und veranlaßte mich, im April 1682 nach Paris zu gehen"
(FATIO, Gentleman Magazine, Vol. VIII (1738), p. 95).

(23) SEWARD, p. 198.

(24) DUHAMEL, p. 424.

(25) DUHAMEL, p. 212 und FONTENELLE, Tome I, p. 349.

(26) FONTENELLE, Tome I, p. 350.

(27) DUHAMEL, p. 424 - DUHAMEL bezieht sich auf CASSINIs
"Observations Nouvelles de M. CASSINI, touchant le
Globe & l'Anneau de Saturne" (Journal des Sçavans, V
(1677), pp. 71-73) in welchen auch die von CASSINI entdeckte "CASSINIsche Teilung" des Saturnrings beschrieben wird.

(28) Das Zodiakalicht ist nur zu sehen, wenn der Winkel
zwischen Ekliptik und Horizont steil genug ist; in

Anmerkungen zu den Seiten 6-7

unseren Breiten ist es daher am besten im Februar und
März am Abendhimmel und im September und Oktober am
Morgenhimmel zu beobachten, in den Tropen dagegen ist
es eine alltägliche Erscheinung, "wer Jahre lang in
der Palmen-Zone gelebt hat, dem bleibt eine liebliche
Erinnerung von dem milden Glanze, mit dem das Thier-
kreislicht, pyramidal aufsteigend, einen Theil der immer gleich langen Tropennächte erleuchtet" (HUMBOLDT,
p. 142).

(29) In seiner 'Lettre ... à Monsieur CASSINI etc.' schreibt
FATIO später von der "Lichterscheinung die Sie [CASSINI]
als erster am Himmel wahrgenommen haben ... die Sie mir
sogleich, nachdem Sie sie wahrgenommen hatten, zeigten,
und die ich ohne Sie gewiß nicht kennte" (FATIO, Lettre,
p. 146).

(30) "Ganz zu Anfang hatte ich das Vergnügen, Zeuge einer
großen Anzahl Ihrer Beobachtungen zu sein" (FATIO, Lettre, p. 146). - Eine genaue Überprüfung der Beobachtungs-
protokolle CASSINIs und der wissenschaftlichen Aufzeichnungen FATIOs aus den Jahren 1682 und 1693 müßte zeigen,
an welchen Beobachtungen FATIO teilnahm; dies soll Gegenstand einer Veröffentlichung werden, welche sich ausschließlich mit seinen frühen astronomischen Arbeiten
beschäftigt.

(31) FONTENELLE, Tome I, p. 383.

(32) FATIO, GMs JALLABERT 41.

(33), (34) FONTENELLE, Tome I, p. 386.

(35) SEWARD, p. 198.

(36) CASSINI, Découverte, p. 156.

(37) CASSINI, Découverte, p. 27. - Die FATIOs ließen ihre
Instrumente bei dem in Paris ansässigen Michael BUTTER-
FIELD (1635-1724) anfertigen, der auch für CASSINI ar-
beitete. Dies geht aus dem Briefwechsel zwischen BUT-
TERFIELD und den Brüdern Nicolas und Jean-Christophe
FATIO hervor (GMs 601, foll. 16-27 und GMs 602, foll.
48-49).

Anmerkungen zu den Seiten 7-8

(38) FATIO am 6.VI.1684 an CASSINI (BOP, Ms B. 4.10).

(39) FATIO am 21.VII.1684 an CASSINI und CASSINI am 28.VII.
1684 an FATIO (BOP, Ms B. 4.10 und GMs 601, foll. 42-
43).

(40) CASSINI am 14.III.1685 an FATIO (GMs 601 foll. 40-41).
- Die Unzulänglichkeit der Bestimmung ist leicht zu er-
klären: Weder CASSINI noch FATIO haben den Anfang der
Finsternis beobachten können. FATIO gar die Lage des
Mondschattens ("la position des cornes sur le bord du
soleil" (39)) nur zu unterschiedlichen Zeitpunkten.

&(41) FATIO am 27.III.1685 an CASSINI (BOP, Ms B. 4.10). -
Der Brief trägt die Datierung 27.III.1684 [sic!], dies
ist, da der Brief sich auf die Beobachtungen der Son-
nenfinsternis vom 12.VII.1684 und die daraus resultierenden Berechnungen bezieht, offensichtlich ein Irrtum
FATIOs.

&(42) FATIO am 6.XII.1684 an CASSINI (BOP, Ms B. 4.10). -
Es handelt sich um Vincenzo CORONELLI (1650- ?),
den Kartographen der Republik Venedig, dessen Opus
'Cours géographique universelle' zum ersten Male 1692
erschien.

(43) Johann BERNOULLI am 12.II.1695 an LEIBNIZ (LEIBNIZ,
Mathematische Schriften, Vol. III. 1, p. 162). - Jean-
Christophe FATIO (1656-1720), war seit 1684 als In-
genieur bei der Festungskammer (chambre de fortifica-
tion) tätig, jener Behörde, welcher die Aufsicht über
die, für die stets bedrohte Stadt lebenswichtigen
Festungswerke oblag.

(44) Nicolas FATIO am 26.XI.1687 an Jean-Christophe (GMs
602, fol. 54). - In diesem Brief liefert Nicolas dem
Bruder eine detaillierte, mit Zeichnungen versehene
Gebrauchsanweisung des Graphometers (einer Art Theo-
dolith) und erklärt, wie das Fadenkreuz des Graphome-
terrohrs zu justieren ist.

(45) CLOUZOT, p. 232. - In CLOUZOTs Aufsatz sind Nicolas'
und Jean-Christophes kartographische Arbeiten in aller

Anmerkungen zu den Seiten 8-9

Ausführlichkeit dargestellt.

(46) Jean-Christophes 'Bemerkungen' sind in der im Jahre 1730 erschienenen vierten Auflage von Jacob SPONs 'Histoire de Genève', pp. 289-330, enthalten.

(47) Diese verbesserten Angaben kann man einem von Jean-Christophe FATIO gezeichneten Umriß des Genfer Sees entnehmen, den später ABAUZIT ergänzt und mit Anmerkungen versehen hat. Auf dieser Karte schneiden sich in Duillier ein Parallelkreis mit der Angabe: "46° 24' nördlich vom Äquator" und ein Meridian mit der Angabe: "4° 13' 45'' östlich vom Pariser Meridian" (CLOUZOT, pp. 248 und 249).

(48) Nicolas FATIO am 26.XI.1687 an Jean-Christophe (GMs 602, fol. 54). - Dort beklagt sich Nicolas, daß er von seinem Bruder noch immer keine Angaben über die Entfernung des Maudit bekommen habe, obgleich er, Nicolas, schon vor 3 Jahren dessen Höhe und eine Basis vermessen habe.

(49) Als Höhe des Maudit über dem Meeresspiegel erhält Jean-Christophe sogar den beachtlich genauen Wert von 2426 Klafter ($\hat{=}$ 4728 m) statt des korrekten Wertes von 4807 m; dies beruht aber nur darauf, daß er die Höhe des Genfer Sees über dem Meeresspiegel mit 426 Klaftern ($\hat{=}$ 830 m) um 458 m zu hoch annimmt und dadurch die weit zu niedrig gemessene Höhe des Maudit über dem Genfer See zum Teil ausgeglichen wird.

(50) Im Jahre 1743 bestimmte LOYS DE CHÉSEAUX die Höhe des Maudit zu 2246 Klafter ($\hat{=}$ 4377 m) über dem Genfer See (de BEER, pp. 8 und 9).

(51) GMs 602, fol. 6 und GMs JALLABERT 47.

&(52) MARTINE im Oktober 1684 an FATIO (GMs 601, fol. 244).

&(53) Noch einige Monate zuvor hatte der Abbé de CATELAN die Befürchtung geäußert, man werde die Akademie der Wissenschaften auflösen, denn alle Beweise für die Leistungsfähigkeit der Akademie genügten den Machthabern nicht, die "mehr auf die Unkosten, als auf die Wissen-

Anmerkungen zu den Seiten 9-11

schaften sehen". Zu diesem Zeitpunkt konnten - mit Ausnahme CASSINIs - die Akademiker nach CATELANs Angaben
kaum auf die Bezahlung ihrer Pensionen und Gehälter
rechnen. CATELAN spricht von einer "vernichtenden Nie-
derlage", welche den Wissenschaften in Frankreich drohe
(CATELAN am 20.VII.1684 an FATIO; GMs 601, foll. 46-47).
Im Oktober 1684 änderte sich die Lage insofern, als
am 15.VIII.1684 Ludwig XIV. mit dem Reich einen Waffen-
stillstand abgeschlossen hatte, und sich dadurch auch
die finanzielle Situation der Akademie zu verbessern
versprach.

&(54) MARTINE im Oktober 1684 an FATIO (GMs 601, fol. 244).

&(55) Nach seinem eigenen Zeugnis lagen FATIO technisch-
praktische Probleme eher fern, so schreibt er etwa dem
Bruder Jean-Christophe: "Ich bin daran gewöhnt, schwierige Probleme zu lösen, ich begehe aber insofern einen
Fehler, als ich mich eher in solche Probleme verbeiße,
die merkwürdig (curieux) sind, als in solche, die irgend einen praktischen Nutzen haben. Wenn Ihr irgend
einen Effekt bemerkt, von welchem Ihr annehmt, daß man
mit seiner Hilfe irgend eine nützliche Maschine konstruieren könnte, oder wenn Ihr die Idee zu irgend einem wichtigen Problem habt und keine Zeit, Euch mit
ihm zu beschäftigen, so macht mir davon Mitteilung"
(Nicolas FATIO am 9.XII.1686 an Jean-Christophe; GMs
602, foll. 52-53).

&(56) FATIO am 15.II.1684 an CASSINI (BOP, Ms. B. 4. 10).

(57) Aus FATIOs Angaben läßt sich errechnen, daß die Dicke
dieser Linse ca. $35 \cdot 10^6$ km und ihre Länge ca. $380 \cdot 10^6$
km betragen müßte. FATIO rechnet dabei mit einer bemerkenswert kleinen Fixsternparallaxe von 6,5", was
einem Erdbahndurchmesser von 400 000 km entspricht
(FATIO, Lettre, p. 226).

(58) FATIO, Lettre, p. 182.

(59) FATIO, Lettre, p. 214.

(60) FATIO, Lettre, p. 224.

Anmerkungen zu den Seiten 11-12

(61) FATIO am 6.VI.1684 an CASSINI (BOP, Ms B. 4. 10).

(62) FATIO am 21.VII.1684 an CASSINI (BOP, Ms B. 4. 10).

(63) FATIO am 21.VIII.1684 an CASSINI (BOP, Ms B. 4. 10).

(64) CASSINI, Découverte, p. 157 - fast gleichzeitig, am
    20.XI.1684, bringt das 'Journal des Sçavans' die fol-
    gende Notiz:
        "Mr. FATTIO [!] de Duillier schreibt uns aus Genf,
        daß er eine eigenartige Naturerscheinung - eine
        Lichterscheinung - gesehen hat, die sich am Him-
        mel zeigte und sich noch zeigt, und von der er
        glaubt, daß sie sich gemäß seiner Hypothese auch
        noch weiter auf der Ekliptik zeigen wird" (J.Sç.,
        Vol. XII (1684), p. 383).

(65) Der Jesuitenpater Jean-Paul de LA ROQUE war von 1675 bis
    1686 Herausgeber des 'Journal des Sçavans', das zu die-
    ser Zeit das eigentliche Publikationsorgan der Pariser
    Akademie der Wissenschaften war.

(66) MARTINE im Oktober 1684 an FATIO (GMs 601, fol. 244).

(67) MARTINE im Oktober 1684 an FATIO (GMs 601, fol. 245).

(68) LA ROQUE am 20.X.1684 an FATIO (GMs 601, foll. 233-
    234). LA ROQUE spricht in diesem Brief von zwei weite-
    ren Abhandlungen FATIOs: einer über die Verfertigung
    von Teleskopobjektiven (sie erscheint wie versprochen
    im 'Journal des Sçavans' vom 20.XI.1684) und einer zwei-
    ten über das "Saturnsystem" - vermutlich über die von
    CASSINI und FATIO gemeinsam beobachteten Streifen im
    Saturn, eine Arbeit, die FATIO auch in einem an CASSINI
    gerichteten Brief vom 21.VII.1684 erwähnt.

&(69) LA ROQUE am 20.X.1684 an FATIO (GMs 601, fol. 233).

(70) Nouvelles (1685), p. 260.

&(71) "LA ROQUE sagt", so schreibt MARTINE am 25.IV.1684
    an FATIO, "Sie selbst hätten ihm zu erkennen gegeben,
    daß Sie ihm [das Manuskript] schickten, damit er bezeu-
    gen könne, daß Sie der erste waren, falls jemand die
    nämliche Entdeckung macht, was, wie er behauptet, in-

zwischen geschehen ist". LA ROQUE habe sich an diese
Abmachung gehalten, so schreibt MARTINE weiter, und darum die Abhandlung eines anderen Gelehrten über das Zodiakallicht mit dem Hinweis auf FATIOs Manuskript abgelehnt. Dieser andere nun habe bei LA ROQUE Klage geführt, als er CHOUETs Artikel in den 'Nouvelles' entdeckte (GMs 601,fol. 248).

(72) Aus einem Briefe CASSINIs geht hervor, daß FATIO zwei
weitere Abhandlungen zur Veröffentlichung im 'Journal
des Sçavans' bestimmt hatte, diese aber zuvor von CAS-
SINI und einem anderen Akademiker, dem Mediziner VERNEY,
prüfen lassen wollte. Es handelt sich um 'Beobachtungen über das Erweitern und Zusammenziehen der Pupille'
und um eine Abhandlung mit dem Titel: 'Die Fasern der
vorderen Uvea und der Choroida' (CASSINI am 28.VII.
1684 an FATIO; GMs 601, fol. 43).

(73) FATIO am 9.III.1685 an CASSINI (BOP, Ms B. 4. 10).

(74) Das 'Journal des Sçavans' war - so geht aus einem Briefe LA ROQUEs an FATIO hervor - schon auf Monate im voraus belegt (LA ROQUE am 20.X.1684 an FATIO; GMs 601,
fol. 233r$^{\circ}$).

(75) Nicht nur, daß Pierre BAYLE offensichtlich imstande
war, auch sehr kurzfristig Artikel in seine Zeitschrift
aufzunehmen, er war auch für Beiträge naturwissenschaft-
lichen Inhalts besonders dankbar, denn "diejenigen, welche philosophische [naturwissenschaftliche] Themen allen anderen vorziehen", so schreibt BAYLE in der Vorbemerkung zu CHOUETs Brief, "finden mit einigem Recht,
daß unsere 'Nouvelles' nicht ganz die Zusammensetzung
haben, die sie sich wünschten" (Nouvelles, (1685), p.
259).

(76) FATIO am 9.III.1685 an CASSINI (BOP, Ms B. 4. 10).

&(77) CASSINI am 14.III.1685 an FATIO (GMs 601, foll. 40-41).

(78) FATIO am 27.III.1685 an CASSINI (BOP, Ms B. 4. 10). -
Der CASSINI gewidmete Traktat, den FATIO wenige Tage
später abschickt, deckt sich - über große Passagen wört-

lich - mit der ersten Hälfte der im November 1686 in
der 'Bibliotheque Universelle' publizierten 'Lettre ...
à Monsieur CASSINI etc.'; das als Ms. B. 4. 1 in der
Bibliothek des Pariser Observatorium liegende Manuskript
ist unvollständig und bricht mitten im Satze ab.

&(79) CASSINI am 10.IV.1685 an FATIO (GMs 601, fol. 37).

(80) CASSINI, Découvertes, pp. 155-158.

(81) Dies bestätigt auch DUHAMEL in seiner Geschichte der
Akademie; dort heißt es über die FATIOschen Zodiakal-
lichtbeobachtungen:

> "Was er damals diesbezüglich beobachtet und über-
> legt hat, wurde im Buche der astronomischen Beobach-
> tungen der Öffentlichkeit zugänglich gemacht (pu-
> blici iuris facta) und in verschiedenen Sitzun-
> gen vorgelesen und geprüft" (DUHAMEL, Historia, p.
> 246).

&(82) CASSINI am 10.IV.1685 an FATIO (GMs 601, fol. 37). -
Worauf CASSINI anspielt, wird bei genauerer Betrachtung des Pariser Manuskripts klar: dort sind von fremder (CASSINIs?) Hand einige Stellen gestrichen, bei-
spielsweise eine, in welcher FATIO in allen Einzelheiten darlegt, daß er ursprünglich die Absicht hatte, schon im März 1684 an   LA ROQUE zu schreiben,
um die Wiederkehr des Zodiakallichts am herbstlichen
Morgenhimmel vorherzusagen, und für diese seine Absicht mehrere Zeugen nennt, etc.

(83) Die Darstellung des FENIL-Abenteuers folgt FATIOs eigenem Bericht, den er in seinem schon mehrfach zitierten autobiographischen 'Letter to Dr. WORTH' gegeben
hat (SEWARD, pp. 199-208). Dieser Bericht wird in wesentlichen Details durch denjenigen Gilbert BURNETs
bestätigt (BURNET, History, pp. 388-389). FATIOs Kommentar zu BURNETs Bericht steht in einem Brief FATIOs
an Ch. PORTALES und ist als Note in François de LA
PILLONIEREs Übersetzung von BURNETs 'History' abgedruckt (BURNET, Histoire, pp. 730-732). Auch diese
Quelle ist bei unserer Darstellung berücksichtigt worden.

Anmerkungen zur Seite 15

(84) WILHELM von Oranien sollte am Strand von Scheveningen
bei einer seiner abendlichen Spazierfahrten überfallen
und mit einem bereitliegenden Schiff nach Frankreich
entführt werden.

(85) FATIO hat unter dem Datum des 12. April seine letzte
Zodiakallichtbeobachtung in Duillier eingetragen (FA-
TIO, Lettre, p. 233); Jean-Christophe berichtet dem
Bruder von einem Todesfall, der sich "Ende April" zu-
getragen hat (Jean-Christophe am 21.VI.1686 an Nicolas; GMs 601, fol. 82). Nicolas muß nach dem Zwölften
und vor "Ende April" abgereist sein.

(86) Gilbert BURNET (1643-1715), der spätere Bischof von
Salisbury, mußte während der Herrschaft KARLs II. (1630-
1685) nach Holland fliehen und war in der Emigration
WILHELM von Oraniens Kaplan und Vertrauter geworden.
Auf einer Reise durch die Schweiz, Italien und Frankreich, die er in den Jahren 1685 und 1686 unternahm,
hatte BURNET auch längere Zeit in Genf zugebracht. Im
ersten seiner an Robert BOYLE gerichteten Reisebriefe,
in welchem er auch von Genf berichtet, rühmt er die
glänzenden Geistesgaben "des Herrn Nicolas FATIO de
Duilliers, berühmten Mathematici und Philosophi, welcher seines Alters 22 Jahr, einer von den vornehmsten
Leuten unserer Zeit ist, und darzu gebohren zu seyn
scheinet, daß er die Philosophie und Mathematique weit
höher bringe, als sie jemahls gestiegen sind" (BURNET,
Reise, p. 31). Dies dürfte weniger ein Urteil BURNETs,
als die Ansicht CHOUETs sein, mit dessen Onkel, dem
Theologen Louis TRONCHIN, BURNET häufig zusammen war.

(87) Jakob BERNOULLI am 17.VII.1700 an FATIO (GMs 601, fol.
$2r^o$).

(88) Die Reiseroute läßt sich anhand von BURNETs Briefen
verfolgen, der letzte Brief ist datiert: Nijmwegen,
7. Mai 1686. Nicolas FATIO hat wahrscheinlich in einem
(verschollenen) Brief am 27.V.1686 dem Bruder Jean-
Christophe von dieser Reise berichtet, auch der Brief
vom 24.VI.1686 aus Den Haag steht noch unter deren Ein-

druck. Hier schildert er dem Bruder, der mit der Erneuerung der Genfer Befestigungsanlagen beauftragt
ist, die Festungen Huningen und Wesel, die er auf
seiner Reise gesehen hat (Nicolas FATIO am 24.VI.1686
an Jean-Christophe; GMs 602, fol. 50). Auch die detaillierte Beschreibung der Befestigungsanlagen der
Städte und ihrer Geschütze in BURNETs Reisebriefen
könnte FATIOs Werk sein.

(89) SEWARD, p. 208. - FATIO schreibt, er habe einige Monate in Leiden und Amsterdam verbracht und sei dann
nach Den Haag zurückgekehrt, genauere Angaben macht er
nicht. Anhand von Briefen und Tagebucheintragungen
lassen sich aber die folgenden Zeiten belegen: Am 27.V.
1686 schreibt FATIO aus Amsterdam an seinen Bruder Jean-
Christophe, am 24.VI. schreibt er an ihn aus Den Haag
(GMs 602, fol. 50), zwei ebenfalls in Den Haag geschriebene Notizen (GMs JALLABERT 47, foll. 153r^o u.
155v^o) datiert FATIO in seiner Kladde am 30.VI. und
am 3.VII.1686. Am 26.IX.1686 befindet sich FATIO nach
Auskunft HUYGENS' in Amsterdam, um seine Abhandlung
über das Zodiakallicht drucken zu lassen (HUYGENS Oeuvres, Vol. IX, p. 97), am 24.X.1686 bedankt sich HUY-
GENS aus Den Haag für einen Brief, "den der treffliche
Duillier ... brachte" (HUYGENS, Oeuvres, Vol. IX, p.
109). Die letzten Beobachtungen in FATIOs Abhandlung
über das Zodiakallicht sind am 14.XI.1686 in Amsterdam
gemacht worden (FATIO, Lettre, p. 235), und am 9.XII.
1686 schreibt FATIO ebenfalls aus Amsterdam an den Bruder Jean-Christophe und teilt ihm mit, daß die Abhandlung über das Zodiakallicht nun gedruckt sei (GMs 602,
fol. 52v^o). Die beiden diesem Datum nächsten Eintragungen in FATIOs Kladde sind am 1.II. und am 23.III.1687
in Den Haag erfolgt (GMs JALLABERT 47, foll. 159v^o u.
162r^o); vom Jahreswechsel 1686/87 an hat FATIO sich offenbar ständig in Den Haag aufgehalten.

(90) SEWARD, pp. 208-209. - Zwei Jahre später schreibt FATIO
aus England bezüglich dieser Professur:

Anmerkungen zur Seite 16

> "Ich weiß wohl, daß die Anstellung, von der man Ihnen
> in Holland erzählt hat, für mich rühmlicher gewe-
> sen wäre, aber abgesehen davon, daß ich die Zurück-
> gezogenheit liebe, ... glaube ich, daß ich mich in
> Den Haag ebensowohl in ein oder zwei Jahren bewer-
> ben kann. Zumindest weiß ich, daß diese Stelle nur
> mit Ihrem Einverständnis besetzt wird, und daß Sie
> sie mir erhalten können." (FATIO am 9.V.1688 an
> HUYGENS, HUYGENS, Oeuvres, Vol. IX, Lettre N° 2523,
> p. 297).

(91) Es ist nicht mit Sicherheit festzustellen, bei welcher
Gelegenheit sich Christiaan HUYGENS und FATIO kennengelernt haben und wann dies geschehen ist. HUYGENS ist
der Name FATIO jedenfalls vertraut, als ihm de LA HIRE
im September 1686 über "ein Lichtsystem [berichtet],
das nahe der Sonne erscheint" (HUYGENS, Oeuvres, Vol.
IX, p. 92). HUYGENS bezieht dies ganz selbstverständlich auf FATIO und schreibt: "Die Theorie des Lichts in
Sonnennähe, die Sie erwähnt haben, ist, wie ich glaube,
die des Herrn de DUILLIERs" (HUYGENS, Oeuvres, Vol. IX,
p. 97). - Regelmäßig haben sich HUYGENS und FATIO wohl
erst vom Jahreswechsel 1686/87 an gesehen.

(92) HUYGENS, Oeuvres, Vol. IX, N° 2450, pp. 118-120. - Diese
Aufzeichnungen hat FATIO schon im Januar/Februar
1684 gemacht, wie ein Blick in seine Kladden lehrt.

&(93) HUYGENS, Oeuvres, Vol. IX, N° 2449, pp. 117-118. -
Es ist dies ein Auszug aus einer längeren Abhandlung
FATIOs, die in seiner Kladde das Datum: Den Haag, 3.VII.
1686 hat und den Titel trägt: 'Über verschiedene Arten
von Rädern, welche stets mit der gleichen Kraft wirken' (GMs JALLABERT 47, foll. 155v^o - 158v^o).

(94) de LA HIRE am 8.IX.1686 an HUYGENS (HUYGENS, Oeuvres,
Vol. IX, Lettre N° 2432, p. 91).

(95) Es handelt sich um den im Jahre 1693 erschienenen Band
'Diverses Ouvrages etc.', der auch eine Reihe HUYGENS-
scher Arbeiten enthält.

Anmerkungen zu den Seiten 17-19

(96) HUYGENS spricht in einem Brief an FATIO über Papiere,
"von welchen Kopien anzufertigen Sie sich die Mühe
machten" (HUYGENS am 11.VII.1687 an FATIO, HUYGENS,
Oeuvres, Vol. IX, Lettre N° 2473, p. 190).

(97) In FATIOs Kladde sind es die Aufzeichnungen vom 1.II.
1687 bis zum 24.III.1687.

(98) HUYGENS, Oeuvres, Vol. XX, pp. 243-255.

&(99) FATIO, GMs JALLABERT 47, fol. 159v° (Brouillard 15).

(100) loc.cit., fol. 162v°; datiert Den Haag, 24. III.1687.

(101) HUYGENS, Oeuvres, Vol. XXII, p. 149.

(102) HUYGENS, Oeuvres, Vol. XX, p. 491.

(103) FATIO, Reflexions de Mr. N. FATIO de Duillier etc.
(Bibliothèque Universelle, Vol. V (1687), pp. 25 sqq.
= HUYGENS, Oeuvres, Vol. IX, pp. 154-158).

(104) TSCHIRNHAUS, Responsio ad Reflexiones etc. (HUYGENS,
Oeuvres, Vol. IX, N° 2468, pp. 176-180).

(105) FATIO, Reponse à l'ecrit de M. de T. etc. (Bibliothèque Universelle, Vol. XIII (1689), pp. 46-76).

(106) loc.cit., p. 53.

(107) HUYGENS am 18.XI.1690 an LEIBNIZ (HUYGENS, Oeuvres,
Vol. IX, Lettre N° 2633, p. 538). - Zuvor hatte LEIB-
NIZ geschrieben:
"Ich habe mich daran gemacht, eine bessere Regel
zu finden, um die Tangenten mittels der Brenn-
punkte und Fäden zu finden, und ich habe sie ge-
funden; bei der Publikation ist mir Herr FATIO de
Duillier zuvorgekommen, was mich nicht weiter
kränkt, denn mir scheint, daß er sehr viel Talent
hat" (LEIBNIZ am 13.X.1690 an HUYGENS, HUYGENS,
Oeuvres, Vol. IX, Lettre N° 2627, p. 519). - Zur
Debatte über das "TSCHIRNHAUS-Problem" vid. COSTA-
BEL, Chap. III.

&(108) FATIO schreibt am 20.III.1687 an den Abbé NICAISE,
daß er "in wenigen Tagen" nach England abreisen werde,

und er fügt hinzu: "Ich hoffe dort ein gut Teil des Jahres zu verbringen" (BN: NAF 4218, fol. 30). Am 3.V.1687 schreibt FATIO aus Rotterdam an HUYGENS (HUYGENS, Oeuvres, Vol. IX, Lettre N⁰ 2456, pp. 133-134), am 24.VI.1687 zum ersten Male aus London. In diesem Brief heißt es: "Ich habe mich schon dreimal bei der Royal Society eingefunden" (HUYGENS, Oeuvres, Vol. IX, Lettre N⁰ 2465, p. 167). Da die Sitzungen mittwochs stattfanden, am 11.VI.1687 aber keine Sitzung war (BIRCH, p. 540), muß FATIO also nach dem 3.V. und vor dem 28.V.1687 in London eingetroffen sein.

(109) VOLTAIRE, Lettres, p. 14.

(110) FATIO am 24.VI.1687 an HUYGENS (HUYGENS, Oeuvres, Vol. IX, Lettre N⁰ 2465, p. 167).

(111) FATIO hat zu BERNARDs Werk 'De mensuris concavis etc.' einen Beitrag über das eherne Meer im Tempel Salomonis [1. Könige 7, 23-26] geschrieben, welcher unter dem Titel 'Extrait d'une Lettre latine ... à M. BERNARD' in der 'Bibliothèque Universelle', Vol. XIII (1689), pp. 413-426, erschienen ist.

(112) BIRCH, p. 542.

&(113) Nicolas FATIO am 26.XI.1686 an Jean-Christophe (GMs 602, fol. 54r⁰).

(114), (115) FATIO am 22.XII.1686 an HUYGENS (HUYGENS, Oeuvres, Vol. XXII, Lettre N⁰ LXXIV, p. 126).

(116) HUYGENS spricht in seinen Briefen an LEIBNIZ und den Marquis de L'HOSPITAL stets von "la Regle inverse des Tangentes de Mr. FATIO".

&(117), (118) Nicolas FATIO am 26.XI.1686 an Jean-Christophe (GMs 602, fol. 54r⁰).

(119) THOMSON, History, Appendix IV, p. XXVIII.

&(120) CHOUET am 11.VI.1688 an FATIO (GMs 601, fol. 59v⁰).

(121) Journalbook, Vol. VII (1686-1690), p. 131.

&(122) Jean-Christophe FATIO am 11.VI.1688 an Nicolas (GMs 601, fol. 86).

326

Anmerkungen zu den Seiten 21-23

(123), (124) FATIO am 9.V.1688 an HUYGENS (HUYGENS, Oeuvres, Vol. IX, Lettre N° 2523, p. 297).

&(125) FATIO am 1.XII.1689 an CHOUET (GMs 602, fol. 58r°).

(126) Außer den schon genannten Personen zählten auch Gilbert BURNETs Vetter James JOHNSTON (1643-1737), Botschafter Englands am kurbrandenburgischen Hofe, Richard HAMPDENs Schwager William PAGET (1637-1713), englischer Botschafter zunächst am kaiserlichen Hof zu Wien, später in Konstantinopel und Wilhelms Schatzminister Charles MORDAUNT (1658-1735) zu FATIOs Freunden und Gönnern, wie sich Briefen und Aufzeichnungen entnehmen läßt.

(127) Am 18.I.1692 schreibt Constantyn HUYGENS über FATIO: "Er wohnt noch immer mit dem jungen HAMDON zusammen, der ein großer Republikaner und dafür auch bekannt ist ..." (HUYGENS, Oeuvres, Vol. X, Lettre N° 2729, p. 231).

&(128) FATIO am 6.II.1732 an *** (ULC, Add. Ms. 4007, fol. 728).

&(129) Nicolas FATIO am 28.II.1690 an Cathérine FATIO (mère) GMs 602, fol. 60v°).

&(130) Nicolas FATIO am 28.II.1690 an Jean-Baptiste FATIO (père) (GMs 602, fol. 60r°).

&(131) Nicolas FATIO am 28.II.1690 an Cathérine FATIO (mère) (GMs 602, fol. 60r°).

(132) Daß sich FATIO in London für die Interessen seiner Vaterstadt Genf, deren Bürger er nach wie vor blieb, verwandt hat, beweist sein Brief vom 1.XII.1689 an den Ratsherren de NORMANDIE. Dort erörtert FATIO ausführlich die politischen Vor- und Nachteile einer englischen Vertretung in Genf, wobei er den Genfer Herren in recht selbstbewußtem Tone Ratschläge erteilt (GMs 602 fol. 58v°). Man darf auch nicht vergessen, daß FATIOs Freund und Briefpartner, sein ehemaliger Lehrer Jean-Robert CHOUET inzwischen in Genf hohe Staats-

stellungen bekleidete, auch mit ihm wird FATIO über
Themen der großen Politik korrespondiert haben.

(133) SEWARD, pp. 211-212.

&(134) Nicolas FATIO am 28.II.1690 an Jean-Baptiste FATIO
(père) (GMs 602, fol. 59v$^{\circ}$).

(135) Der Herzog von Zell (= Celle) ist der Herzog GEORG
II. WILHELM von Braunschweig-Lüneburg, der Herzog von
Hanover (= Hannover) ist dessen Bruder, der Herzog
ERNST-AUGUST von Braunschweig-Lüneburg (1629-1698),
nach 1692 Kurfürst von Hannover.

(136) WILHELM hatte das von den Whigs beherrschte, sogenannte Conventionsparlament am 16.II.1690 aufgelöst.
Im neuen Parlament gewannen die Tories die Mehrheit.

(137) Die Herzogin vor Hanover (= Hannover) ist SOPHIE (1630-
1714), die Gemahlin ERNST-AUGUSTs und Mutter GEORG-
LUDWIGs (1660-1727), der im Jahre 1714 als GEORG I. den
englischen Thron bestieg. SOPHIE war eine Tochter des
"Winter-Königs" FRIEDRICH V. von der Pfalz (1596-1632)
und seiner Gemahlin ELISABETH (1596-1662), einer Tochter JAKOBs I. (1565-1625).

(138) Prorogation = Vertagung des Parlaments, der in diesem
Fall dessen Auflösung folgte.

(139) Leopold von RANKEs 'Englischer Geschichte' ist zu entnehmen, daß sich vor allem Gilbert BURNET und Richard
HAMPDEN, zwei Freunde FATIOs, für die Rechte des Hau-
ses Hannover bei der Thronfolge einsetzten. "Der Vorschlag fiel vornehmlich deshalb zu Boden, weil eben
damals der Herzog von Gloucester geboren wurde" (RAN-
KE, Englische Geschichte, 21. Buch, Kap. 6).

(140) Der "Minister" ist Wilhelm de BEYRIE (? - ?), der
diplomatische Vertreter ("resident et conseiller") der
Herzöge von Hannover und Braunschweig. Wilhelm de BEY-
RIE war einer der Korrespondenten LEIBNIZens und
pflegte - wie viele Briefe beweisen - mit FATIO vertrauten Umgang.

Anmerkungen zu den Seiten 25-26

(141) Dieser Vortrag und dessen von HALLEY und NEWTON unter-
zeichnete schriftliche Fassung sind Gegenstand des 6.
Kapitels dieser Arbeit.

(142) Vid. RANKE, Englische Geschichte, 19. Buch, 8.-10.
Kapitel.

&(143) FATIO am 1.XII.1689 an CHOUET (GMs 602, fol. 58r^o).

&(144) Nicolas FATIO am 19.VI.1690 an Jean-Baptiste FATIO
(père) (GMs 610, fol. 16r^o).

(145) Wie aus einem Brief an den Vater des jungen ELLYS' hervorgeht, hatten die beiden jungen Leute nur französische Lektionen und Unterricht bei einem Tanzmeister;
später studierten sie an der Universität Zivilrecht,
Geographie, allgemeine Geschichte und Chronologie,
Kirchengeschichte, moderne Geschichte und endlich
schöne Wissenschaften (FATIO am 10.IX.1690 an William
ELLIS, GMs 602, fol. 67).

(146) Nicolas FATIO am 19.VI.1690 an Jean-Christophe (GMs.
610, fol. 17).

&(147) Jean-Christophe FATIO am 25.VIII.1690 an Nicolas (GMs.
601, fol. 101).

(148) FATIO am 17.VI.1690 an Gilbert BURNET (GMs 610, fol.
13); FATIO am 13.VI.1690 an Jean LE CLERC (GMs 610,
fol. 15v^o).

(149) "... ich glaube, es wäre besser, Sie in der Erimitage
zu besuchen von der Sie mir so viel erzählt haben",
schreibt FATIO am 7.VIII.1690 an HUYGENS, "mich schrek-
ken nicht Stille und Einsamkeit, die dort herrschen;
ich fürchte eher, daß ich ihnen verfallen könnte"
(HUYGENS, Oeuvres, Vol. IX, Lettre N° 2607, p. 464).

(150) Die erste dieser Eintragungen muß kurz nach dem 1.I.
1690, die letzte kurz nach dem 22.IV.1690 gemacht worden sein. Aus diesen Eintragungen kann man nicht entnehmen, ob es sich um mehrere kurze Besuche oder um
längere Aufenthalte FATIOs bei HUYGENS handelte (HUY-
GENS, Adversaria, Heft G = HUYGENS, Oeuvres, Vol. XX,
pp. 516 sqq.).

Anmerkungen zu den Seiten 27-28

&(151) FATIO am 22.VIII.1700 an Jakob BERNOULLI (GMs. 610, fol. 33).

(152) Auf der Rückseite eines Briefes von HUYGENS' hat FATIO notiert: "3. April 1691, am Tage nach dem Begräbnis von Herrn ELLYS" (HUYGENS, Oeuvres, Vol. X, Lettre N° 2672, p. 76).

(153) FATIO am 18.IX.1691 an HUYGENS (HUYGENS, Oeuvres, Vol. X, Lettre N° 2697, p. 145).

(154) HUYGENS, Oeuvres, Vol. XXII, pp. 742-749.

(155) HUYGENS, Oeuvres, Vol. XXII, p. 749. - Es handelt sich um die Rektorenstelle des Kings-College; die gemeinsamen Bemühungen FATIOs und HUYGENS' waren hier freilich ebenso erfolglos wie später FATIOs Versuche, John LOCKE und WILHELMs Minister Charles MORDAUNT für NEWTONs Interessen zu engagieren (FATIO am 6.III.1690 an NEWTON; NEWTON, Correspondence, Vol. III, Letter N° 463, p. 390).

(156) Vid. das 5. Kapitel dieser Arbeit.

&(157) FATIO am 1.XII.1689 an CHOUET (GMs 602 fol. 58r°). - FATIO entschuldigt seinen Überschwang mit den Worten: "Sie sehen, daß außergewöhnliche Wahrheiten den Worten einen Anstrich von Enthusiasmus geben." FATIOs Enthusiasmus für NEWTON ist jedoch nicht ungewöhnlich. So liest man etwa bei JÖCHER:
> "Er [NEWTON] stand überall in großer Hochachtung, und der Marquis d'HOSPITAL pflegte die Engelländer die ihn besuchten, zu fragen: isset, trincket und schläfft denn euer NEWTON wie andere Menschen? Ich stelle mir denselben wie einen Genium, wie einen Geist vor, der von den Banden des Leibes befreyet ist" (JÖCHER, p. 390).

(158) NEWTON am 20.X.1689 an FATIO (NEWTON, Correspondence, Vol. III, Letter n° 346, p. 45).

(159) FATIO am 6.III.1690 an NEWTON (NEWTON, Correspondence, Vol. III, Letter N° 463, p. 390).

Anmerkungen zu den Seiten 28-30

(160) FATIO am 21.IV.1690 an HUYGENS (HUYGENS, Oeuvres,
Vol. IX, Lettre N° 2582, p. 410).

(161) NEWTON, Correspondence, Vol. III, Letters N°S 400
bzw. 411 vom 3.II. bzw. 24.III.1693.

(162) FATIO am 21.IV.1693 an NEWTON (NEWTON, Correspondence,
Vol. III, Letter N° 464, p. 391).

(163) FATIO am 17.III.1692 an HUYGENS (HUYGENS, Oeuvres,
Vol. X, Lettre N° 2745, p. 272).

(164) Vid. Kapitel XVII der NEWTON-Biographie von D. BREW-
STER.

(165) FATIO am 9.X.1694 an HUYGENS (HUYGENS, Oeuvres, Vol.
XXII, Lettre N° LXXXII, p. 162). - DOMSON hingegen
glaubt, daß gerade während NEWTONs Krise der Kontakt
zwischen diesem und seinem Freunde FATIO besonders eng
gewesen sei (DOMSON, pp. 70-73).

(166) FATIO im Mai oder Juni 1699 an den Marquis de L'HOSPI-
TAL (GMs 601, fol. 235). - Der Brief ist die Antwort
auf einen Brief L'HOSPITALs vom 15.V.1699.

(167) Vid. Abschnitt 12 dieses Kapitels.

(168) In FATIOs Papieren findet sich kein Hinweis auf eine
Fortsetzung der Korrespondenz. Es war freilich schon
LE SAGE aufgefallen, daß sich bei FATIOs Papieren
nicht ein einziger Brief NEWTONs befand, sondern diese Briefe nach FATIOs Tod offenbar verkauft worden
sind (GMs 602, fol. 264). Es ist ungewiß, ob alle
Briefe NEWTONs an FATIO wieder aufgetaucht sind.

(169) HUYGENS, Oeuvres, Vol. X, Lettre N° 2693, pp. 148-
155. - Über das weitere Schicksal dieser Korrekturen
- sie wurden 1701 in der 'Historia Cycloidis' J.
GROENINGs veröffentlicht und dort HUYGENS zugeschrieben.- Vid. COHEN, pp. 186-187.

(170) FATIO am 18.IX.1691 an HUYGENS (HUYGENS, Oeuvres,
Vol. X, Lettre N° 2697, p. 146).

Anmerkungen zu den Seiten 30-33

(171) HUYGENS am 18.XII.1691 an FATIO (HUYGENS, Oeuvres, Vol. X, Lettre N° 2721, p. 209).

(172) FATIO am 28.XII.1691 an HUYGENS (HUYGENS, Oeuvres, Vol. X, Lettre N° 2723, p. 213).

(173) HUYGENS am 5.II.1692 an FATIO (HUYGENS, Oeuvres, Vol. X, Lettre N° 2733, p. 241).

(174) FATIO am 9.V.1692 an HUYGENS (HUYGENS, Oeuvres, Vol. XXII, Lettre N° LXXIX, pp. 158-159).

(175) Jean-Christophe FATIO am 14.XII.1692 an Nicolas (GMs 601, fol. 108v°).

(176) HUYGENS am 30.XI.1693 an FATIO (HUYGENS, Oeuvres, Vol. X, Lettre N° 2839, p. 567).

(177) Vid. RIGAUD, pp. 89-96 und COHEN, Chap. VII, §§ 7-10, pp. 177-187.

(178) COHEN bemerkt dazu (p. 179):

> "I have not been able to find any extensive notes of FATIO's that would enable us to know just what revisions he planed to make of the Principia or even what his commentary would contain".

(179) GMs 602, fol. 221.

(180) Jean-Christophe FATIO am 11.I.1693 an Nicolas (GMs 601, fol. 110).

(181) FATIO am 28.V.1693 an NEWTON (NEWTON, Correspondence, Vol. III, Letter N° 415, pp. 267-268).

(182) FATIO am 9.V.1692 an HUYGENS (HUYGENS, Oeuvres, Vol. XXII, Lettre N° LXXIX, p. 159); FATIO am 20.V.1692 an S. DIERQUENS (GMs 602, fol. 77v°) und FATIO am 15. VIII.1692 an DIERQUENS (GMs 602, fol. 78v°).

(183) FATIO am 9.V.1692 an HUYGENS (HUYGENS, Oeuvres, Vol. XXII, Lettre N° LXXIX, p. 159). - David GREGORY (1661-1710) erhielt die Professur auf NEWTONs Empfehlung.

(184) FATIO am 28.V.1693 an NEWTON (NEWTON, Correspondence, Vol. III, Letter N° 415, pp. 268-269).

Anmerkungen zu den Seiten 34-35

(185) BUDÉ, p. 27.

&(186) LEIBNIZ am 14.I.1694 an de BEYRIE für FATIO (HMs, LBr.
62, fol. 14v^o). - Cf. GMs 602, fol. 5, dort notiert
FATIO auf die Kopie des für ihn bestimmten Postskrip-
tums des LEIBNIZ-Briefes: "In seinem Brief an Herrn
de BEYRIE schlägt er [LEIBNIZ] mir vor, die Unterrich-
tung (instruction) des Kurprinzen zu übernehmen." -
Dies ist offensichtlich ein Mißverständnis FATIOs.
Den Hinweis, daß es sich bei der angebotenen Stelle
in Wahrheit um die Professur in Wolfenbüttel handelte,
verdanke ich Frau G. UTERMÖHLEN (Hannover).

(187) FATIO am 9.IV.1694 an de BEYRIE für LEIBNIZ (GMs 610,
foll. 21-22 = HUYGENS, Oeuvres, Vol. X, Lettre N° 2853,
pp. 605-608). Dort schreibt FATIO:
"Ich bin, mein Herr, Herrn LEIBNIZ für all seine
Artigkeiten aufs äußerste verbunden. Sie wissen,
welche Verpflichtungen ich vor kurzem übernommen
habe: sie sind so beschaffen, daß sie mir nicht
die Freiheit lassen, Vorschlägen Gehör zu schenken,
die mir von anderer Seite gemacht werden könnten;
sie hindern mich jedoch nicht, das Anerbieten von
Herrn LEIBNIZ mit der gebührenden Dankbarkeit aufzunehmen".

&(188) "Ich muß bald bei dem jungen Lord RUSSELL sein, damit
ich mich um seine Erziehung kümmere", schreibt FATIO
am 9.II.1694 an seinen Bruder Jean-Baptiste (GMs 602,
fol. 98).

(189) FATIO am 21.I.1694 an R. HAMPDEN (GMs. 602, fol. 90).
FATIO am 4.II.1694 an LOCKE (GMs. 602, fol. 86).

(190) Constantijn HUYGENS am 5.III.1694 an Christiaan (HUY-
GENS, Oeuvres, Vol. X, Lettre N° 2844, p. 581).

&(191) FATIO am 28.X.1695 an GALLOWAY (GMs 602, fol. 98).

(192) Nicolas FATIO am 28.I.1698 an Jean-Christophe (GMs.
602, fol. 100). - Die Pension ist laut Vertrag zum
ersten Male fällig am 11. November 1702, also ein Jahr
nach der Volljährigkeit des jungen RUSSELL.

Anmerkungen zu den Seiten 35-36

&(193) FATIO am 23.III.1696 an TOURTON (GMs. 602, fol. 99r^{o}).

&(194) De BEYRIE am 16.XI.1696 an LEIBNIZ (HMs, LBr. 62, fol. 18v^{o}).

(195) GMs 603 fol. 65r^{o}. - Vid. das 2. Kapitel und den Anhang dieser Arbeit.

&(196) Nicolas FATIO am 28.I.1698 an Jean-Christophe (GMs 602, fol. 100).

"Ich beginne den Wert meiner Freiheit und die Lust an ihr lebhaft zu empfinden", so gibt er seiner Erleichterung Ausdruck.

&(197) FATIO am 21.I.1698 an Lady RUSSELL: "Ich habe Mylord am letzten Donnerstag [also am 16.I.] etwa eine Meile jenseits Leydens verlassen" (GMs 602, fol. 100).

(198) FATIO, GMs 602, fol. 108r^{o}.

(199) Johann BERNOULLI, Problema novum (AE 1696, p. 269).

(200) Johanns Lösung wurde im Januar 1697 in den 'Philosophical Transactions' publiziert (Phil. Trans., Vol. XIX (1697), pp. 384-387).

(201) LEIBNIZ, Communicatio (AE 1697, p. 203 = Mathematische Schriften, Vol. V, p. 334). - Johann BERNOULLI stellte die Aufgabe im Januar 1697 nochmals, diesmal versandte er sie als Flugblatt (programma) an verschiedene Gelehrte, wobei er, wie er später schreibt, annahm, daß NEWTON sein Exemplar auch FATIO zeigen werde (AE 1699, p. 513).

(202) LEIBNIZ, loc. cit.

&(203) FATIO schreibt am 22.VII.1700 an Jakob BERNOULLI, daß er es ablehne, "der Öffentlichkeit Aufgaben zu stellen, d.h. die anderen in die eigenen Fußstapfen treten zu lassen, wobei sie kein Ruhm erwartet, als eben dies vermocht zu haben" (GMs 610, fol. 25).

(204) FATIO, GMs 602, fol. 108.

(205) FATIO, Investigatio, p. 4.

Anmerkungen zu den Seiten 36-38

(206) FATIO beruft sich auf das Zeugnis seines Freundes de
MOIVRE (GMs 602, fol. 108).

&(207) FATIO am 22.III.1701 an Jakob BERNOULLI (GMs 610, fol.
42v°).

(208) NEWTON hatte in einem Briefe an David GREGORY Schritte
zur Lösung des Problems angegeben (NEWTON am 24.VII.
1694 an David GREGORY; NEWTON, Correspondence Vol. III
N° 460, pp. 380-382, cf. NEWTON,Correspondence, Vol.
III, N° 459, pp. 375-379).

(209) FATIO, Investigatio, p. 18.

(210) L'HOSPITAL am 13.VII.1699 an LEIBNIZ (LEIBNIZ, Mathematische Schriften, Vol. II, N° XLII, p. 336).

(211) LEIBNIZ am 14.VIII.1699 an WALLIS (LEIBNIZ, Mathematische Schriften, Vol. IV, N° XIV, pp. 70-71).

(212) FATIOs 'Investigatio' hatte in der Tat das (undatierte) Imprimatur der Royal Society, unterzeichnet vom
Vizepräsidenten John HOSKYNS. Die 'Investigatio' war
meist - auch bei L'HOSPITALs Exemplar war dies der
Fall - an eine andere, zur gleichen Zeit edierte
Schrift FATIOs, an seine 'Fruit-Walls Improved etc.'
angebunden. Auch diese Schrift hatte das Imprimatur, und zwar vom 31.VIII.1698 (10.IX.1698 Gregorianischen Stils). Ob HOSKYNS das Imprimatur für beide
Abhandlungen am gleichen Tage erteilt hat?

(213) MENCKE hat - wohl auf Anweisung LEIBNIZens - dabei
nicht nur das herausgestrichen, was Anlaß zu neuerlichen Querelen hätte werden können, sondern auch
FATIOs mathematische Argumentation stellenweise so
verkürzt, daß einige Dinge auf den Leser "den Eindruck armseliger und lächerlicher Großsprecherei"
machen, wie FATIO bei der Lektüre der 'Acta Eruditorum' feststellen muß (FATIO am 5.VII.1701 an Jakob
BERNOULLI. GMs 601, fol. 111 . - Das vollständige
Manuskript der Entgegnung, datiert 30.VIII.1700 liegt
bei seinen Genfer Papieren: GMs 602, foll. 107-111).

Anmerkungen zur Seite 39

(214) Anläßlich der Auseinandersetzung mit TSCHIRNHAUS
hatte FATIO an HUYGENS geschrieben:

> "Um der Reputation der Mathematiker willen bedaure
> ich, daß es unter denen, die sich dieser Wissen-
> schaft widmen, Differenzen gibt; mit noch größe-
> rem Bedauern würde ich jedoch einen Streit an-
> dauern sehen, an dem ich selbst in irgendeiner
> Weise beteiligt bin". (FATIO am 22.XII.1687 an
> HUYGENS; HUYGENS, Oeuvres, Vol. XXII, Lettre N^o
> LXXIV, p. 128).

FATIO hatte sich übrigens vor den Auseinandersetzun-
gen mit LEIBNIZ und Johann BERNOULLI zumindest der
Wertschätzung des letzteren erfreuen dürfen. So schreibt
Johann BERNOULLI noch im Februar 1695 an G.W. LEIBNIZ:

> "Daß Nicolaus FATIUS Duillerius in England eine Sta-
> tion gefunden, höre ich mit Vergnügen; noch lieber
> jedoch wünschte ich ihm eine solche in seinem Va-
> terlande, wo er mir näher wäre; aber ich ersehe
> schon hieraus, daß in England und anderwärts die
> Mathematik höher geschätzt wird als hierorts, da
> jener sich lieber im Auslande aufhalten will als
> in seiner Heimat." (Zitiert nach WOLF, Biographien,
> Vol. IV, pp. 76-77).

(215) LEIBNIZ am 2.III.1691 an HUYGENS (HUYGENS, Oeuvres,
Vol. X, Lettre N° 2664, pp. 49-52).

(216) FATIO am 28.XII.1691 an HUYGENS (HUYGENS, Oeuvres, Vol.
X, Lettre N° 2723, p. 214). - Es ist nicht daran zu
zweifeln, daß FATIO hier die Meinung seines Freundes
NEWTON wiedergibt, daß also der Prioritätsstreit zwischen NEWTON und LEIBNIZ von langer Hand vorbereitet
war. Cf. SCRIBA, Neue Dokumente.

(217) HUYGENS am 5.II.1692 an FATIO (HUYGENS, Oeuvres, Vol.
X, Lettre N° 2733, p. 241).

(218) FATIO spielt auf LEIBNIZens ersten Aufsatz zur Dif-
ferentialrechnung an, der im Jahre 1684 im Oktoberheft
der 'Acta Eruditorum' publiziert wurde (LEIBNIZ, Nova
methodus, AE 1684, pp. 467-473).

Anmerkungen zu den Seiten 39-42

(219) FATIO am 15.II.1692 an HUYGENS (HUYGENS, Oeuvres, Vol.
X, Lettre N° 2739, p. 258). - Der besonnene HUYGENS
hatte die von gegenseitigem Mißtrauen und von Über-
empfindlichkeit gekennzeichnete Entwicklung der Dinge
mit einiger Verwunderung zur Kenntnis genommen: "Sie
verschmähen also beide gleichermaßen, von einander
etwas zu lernen", so schreibt HUYGENS im Mai 1692 an
FATIO, nachdem seine Vermittlungsversuche erfolglos
geblieben waren, und er setzt hinzu: "dies ist eine
Empfindlichkeit, die ich allem Anschein nach nicht
besitze, denn ich habe mich gefreut, von Ihnen beiden
zu lernen". (HUYGENS am 2.V.1692 an FATIO, HUYGENS,
Oeuvres, Vol. X, Lettre N° 2752, p. 287).

(220) LEIBNIZ (DUTENS), Vol. III, p. 488. - Zum Prioritätsstreit überhaupt vid. FLECKENSTEIN.

(221) Nicolas FATIO am 29.VI.1698 an Jean-Baptiste FATIO
(père) (GMs. 602, fol. 102r°).

(222) FATIO am 21.XI.1698 an de MOIVRE (GMs 602, fol. 103).

&(223) FATIO am 21.XI.1698 an de MOIVRE (GMs 602, fol. 103).

&(224) Nicolas FATIO am 29.VI.1698 an Jean-Baptiste FATIO
(père) (GMs 602, fol. 102r°).

&(225) FATIO am 15.V.1698 an CHOUET (GMs 602, fol. 101).

(226) GMs 606.

(227) Vid. das 7. Kapitel dieser Arbeit.

(228) Jakob BERNOULLI am 17.VII.1700 an FATIO (GMs 601, foll.
2-3).

&(229) Jakob BERNOULLI am 14.VIII.1700 an FATIO (GMs 610, fol.
26r°).

(230) FATIO, GMs 602, foll. 107-111

(231) Jakob BERNOULLI am 22.IX.1700 an FATIO (GMs 610, fol.
34r°).

(232) FATIO am 24.I.1701 an Jakob BERNOULLI (GMs 610, fol.
39).

&(233) Jakob BERNOULLI im April 1701 an FATIO (GMs Collection

<u>Anmerkungen zu den Seiten 42-44</u>

RILLIET).

&(234) Jakob BERNOULLI am 9.VIII.1701 an FATIO (GMs 610, fol. 41).

(235) GMs 602, fol. 237r^o.

(236) Jean-Christophe schreibt am 24.XII.1701 an Nicolas nach London. Der Inhalt des Briefes läßt vermuten, daß Nicolas zu diesem Zeitpunkt schon seit Wochen wieder in England weilt (GMs 601, foll. 120-121).

(237) DNB, Vol. XVIII, p. 115.

(238) FELDHAUS, Sp. 1231.

(239) BM, Add. Ms. 28536, SLOANE Mss. 4055, fol. 27.

(240) HAZARD, p. 479.

&(241) Schon lange zuvor hatte FATIO seiner Schwester Alexandrine (1659-1762) bekannt:

"Ich weiß, daß [die calvinistische Religion] falsch ist, wenn auch weit besser als die römische Religion. Seit langem wird die Wahrheit in der Kirche von D[ordrecht] durch die Machenschaften der Fürsten und Priester verbogen, verfolgt und unterdrückt. Nur wenige sehr kluge und vom Himmel bevorzugte Menschen vermögen sich den Irrtümern zu entziehen, die heute triumphieren. Auch wenn ich Euch als Visionär erscheine: ich weiß, daß wir unsere Befreiung nicht vergeblich erwarten, obgleich es ganz danach aussieht, als käme sie weder zu unserer Zeit, noch in einigen Jahrhunderten. (FATIO am 13.II.1692 an Alexandrine LULLIN (née FATIO); GMs 602, fol. 82).

&(242) FATIO am 7.IX.1748 an François CALANDRIN[I] (GMs 602, fol. 182r^o). - FATIOs Aufzeichnungen über die Versammlungen der Camisarden (der "Inspirierten") liegen bei seinen Genfer Papieren (GMs 605).

(243) J.J. RITTER, p. 108, n.1.

(244) HAZARD, p. 479.

Anmerkungen zu den Seiten 45-47

(245) FATIO hatte im Jahre 1707 die 'Prophetischen Mahnungen Élie MARIONs (Prophetical Warnings of E. MARION)' herausgegeben.

(246) Biographie Universelle, p. 186.

&(247) Nicolas FATIO am 30.XII.1707 an Jean-Christophe (GMs 602, fol. 22v^o).

(248) Jean-Christophe meint das in Anmerkung (245) angeführte Werk.

&(249) Jean-Christophe FATIO am 4.VI.1707 an Nicolas (GMs 601, fol. 146v^o).

&(250) Nicolas FATIO am 30.XII.1707 an Jean-Christophe (GMs 602, fol. 22v^o).

&(251) Nicolas FATIO am 30.XII.1707 an Jean-Christophe (GMs 602, fol. 24r^o).

(252) Aus einem Briefe, den FATIO 6.XI.1714 an Hans SLOANE (1660-1753) schreibt, geht hervor, daß FATIO zuvor in Holland und in Italien, in Konstantinopel und in Smyrna gewesen ist (BM, Add. Mss. 28536, SLOANE Ms. 4043, fol. 307).

(253) HAZARD, p.480.

(254) VOLTAIRE, Oeuvres, Vol. XV, p. 38.

(255) DOMSON glaubt, daß FATIO sich erst unter dem Einflusse NEWTONs zum religiösen Fanatiker entwickelte, kann jedoch für einen solchen Einfluß keine überzeugenden Beweise beibringen, sondern vermag nur darzulegen, daß diese Möglichkeit nicht auszuschließen ist. Läßt man die gebotene Vorsicht nicht außer acht, so kann man zwar sagen, daß FATIOs Mentalität durch einen Zug zum Unbedingten und Fanatischen gekennzeichnet ist, daß das vorliegende Material aber keine Aussagen darüber erlaubt, warum sich dieser latente Fanatismus gerade zu diesem Zeitpunkt und in dieser Richtung Bahn brach; daß die Folgen umso verheerender sind, je größer der Verstand ist, den man zu verlieren hat, dafür freilich

ist FATIO ein eindrucksvolles Exempel.

&(256) FATIO, Epistola, Phil. Trans., Vol. XXVIII (1713), pp. 172-176. - Da dieser Brief in London am 17. Mai (28. Mai Gregorianischen Stils) datiert ist, müßte FATIO spätestens zu diesem Zeitpunkt zurückgekehrt sein; später hat FATIO jedoch in Zusammenhang mit der zweiten Auflage von NEWTONs 'Principia' notiert: "Da ich 1713, als die zweite Auflage jener Principien erschien, nicht in England war ..." (GMs 603, fol. 66). Hat FATIO noch eine weitere Reise unternommen?

(257) Briefe vom April 1716 sind noch in London datiert, solche vom 2. Januar 1717 schon in Worcester (GMs 602, foll. 117-121).

(258) FATIO, GMs 603, foll. 215-245.

(259) FATIO, GMs 603, foll. 33-61.

(260) FATIO, GMs 605.

(261) FATIO, NEUTONUS · Ecloga - Überdies beteiligt sich FATIO auch an John CONDUITTs Bemühungen um NEWTONs Epitaph. Einige der Verse sind mit Sicherheit von FATIOs Hand (FATIO am 19. und 23.VIII. sowie am 6.IX. 1730 an CONDUITT; ULC Add. Ms. 4007, foll. 711-714, 715-716 und 717-722 und auch GMs 603, foll. 187-191).

(262) FATIO, Navigation improv'd.

(263) FATIO im Juli 1728 an die Admiralität (GMs 602, foll. 137-143).

(264) FATIO im August 1728 an HALLEY (GMs 602, foll. 158-161).

(265) FATIO, De Causa Gravitatis (GMs 603, foll. 105-153).

(266) Der Preis wurde an G.B. BILFINGERs (1693-1750) 'De causa gravitatis' verliehen. Vid. BRUNET, chap. III.

(267) FATIO am 6.IX.1730 an CONDUITT (ULC Add. Ms. 4007, fol. 718).

&(268) FATIO am 4.III.1730 an William WHISTON (GMs 610, fol. 43).

Anmerkungen zu den Seiten 48-49

(269) Dies ist die klassische Methode des ARISTARCH, FATIO
hatte sie 1681 in seinen beiden Briefen an CASSINI
aufgegriffen. Vid. Anmerkung (18) dieses Kapitels.

&(270) FATIO am 22./23.X.1736 an den Sekretär der Royal
Society - (GMs 602, fol. 167 = GAGNEBIN, pp. 113-114).

&(271) FATIO am 8.I.1737 an SLOANE (BM, Add. Ms. 28536, SLOA-
NE Ms. 4055, fol. 27).

(272) FATIO am 15.I.1737 an HALLEY (GMs 602, foll. 168-169).

(273) FATIO am 2.X.1737 an Jacques CASSINI (GMs 602, fol.
169).

(274) FATIO am 23.VIII.1735 an James BRADLEY (GMs 602, foll.
165-166).

(275) Gentlemen's Magazine, VIII (1738), p. 481.

&(276) FATIO, GMs 602, fol. 246r^{o}.

(277) Mme. BAZIN, née FATIO, am 30.IX.1762 an Mlle. MARCOMBE
(GMs 602, foll. 28-29). - Mme. BAZIN geb. FATIO ist
Françoise Michée Louise FATIO (1732-1764), die Enke-
lin von FATIOs Bruder François, der den Herrensitz
Duillier geerbt hatte. Mit Françoise FATIO, die kin-
derlos starb, ist dieser Zweig der FATIOs erloschen.

(278) François CALLANDRINI (1677-1750) ist ein Sohn Benedict
CALLANDRINIs und von FATIOs älterer Schwester Sybille-
Cathérine (Vid. Anmerkung (8) dieses Kapitels). François CALLANDRINI war viermal "Premier Syndic", d.h.
erster Mann der Stadtrepublik Genf.

(279) FATIO ist der Überzeugung, das geht aus einer anderen,
hier nicht zitierten Stelle seines Briefes hervor, daß
ihm für seine 'Navigation improv'd' und seine astronomischen Entdeckungen von rechtswegen der Preis von
20.000 £ Sterling zustehe, welchen das englische Parlament im Jahre 1713 für eine Methode ausgesetzt hatte, mittels derer man die Länge auf See bis auf 1/2°
genau bestimmen könne. Vid. WOLF, Geschichte, pp. 495-
497.

Anmerkungen zur Seite 50

&(280) FATIO am 7.IX.1748 (oder 1745?) an François CALANDRINI
(GMs 602, fol. 183).

(281) Gentlemen's Magazine, Vol. XXIII (1753), p. 243.

(282) WOLF, Geschichte, p. 695.

(283) SENEBIER, p. 156.

Anmerkungen zu den Seiten 52-61

Anmerkungen zu Kapitel 2

(1) HUYGENS, Oeuvres, Vol. XIX, p. 628.

(2) HUYGENS, Oeuvres, Vol. XIX, p. 630.

&(3) FATIO am 1.XII.1689 an CHOUET (GMs 602, fol. 58r^{o}).

(4) HUYGENS, Traité = Oeuvres, Vol. XIX, p. 461.

(5) HUYGENS, Discours = Oeuvres, Vol. XXI, p. 451.

&(6) FATIO am 7.IX.1748 an François CALLANDRINI (GMs 602, fol. 182).

(7), (8) FATIO, GMs 603, fol. 65.

(9) FATIO, GMs 603, fol. 82 = GAGNEBIN, p. 126.

&(10) FATIO, GMs 603, fol. 64.

&(11) Jean-Christophe FATIO am 13.XI.1703 an Nicolas (GMs 601, fol. 130v^{o}).

&(12) FATIO, GMs 603, fol. 64.

&(13) FATIO, GMs 603, fol. 66.

&(14) FATIO am 24.I.1701 an Jakob BERNOULLI (GM 610, fol. 39).

(15) BMs, LIa 755, fol. 36-56.

(16) STECK, p. 141 und 143.

(17) BOPP, LAMBERTs Monatsbuch, p. 5.

(18) BOPP, FATIO, pp. 22-66.

(19) PREVOST, Notice, pp. 64-69 und pp. 163-174.

(20) GAGNEBIN, pp. 118 sqq.

(21) FATIO, GMs dossiers.

(22) FATIO, GMs 603, foll. 82-87.

(23) FATIO, GMs 603, Ms joint, foll. 163-166.

(24) FATIO, GMs 603, foll. 95, 96 und 101.

&(25) FATIO, GMs 603, fol. 95r^{o}.

(26) FATIO, GMs 603, foll. 97-100.

Anmerkungen zu den Seiten 61-62

&(27) FATIO, GMs 603, Ms ABAUZIT.

&(28) FATIO, loc.cit., fol. 1v^{o}.

(29) FATIO, GMs 603, fol. 63 (Vid. den 1. Abschnitt des
8. Kapitels dieser Arbeit).

(30) GAGNEBIN, pp. 125-154.

Anmerkungen zu den Seiten 66-73

Anmerkungen zu Kapitel 3

(1) DESCARTES, Philosophische Principien, Teil II, 36, p. 48. - Die wörtlichen Zitate sind ausnahmslos der Übersetzung A. BUCHENAUs entnommen und wurden anhand der französischen Ausgabe überprüft, bei den bloß referierten Passagen ist die Fundstelle im Text selbst angegeben, z.B. durch: (Princ. Phil. II. 37).

(2) DESCARTES, Princ. Phil. II. 40 (BUCHENAU), p. 52.

(3) DESCARTES, Princ. Phil. II. 52 (BUCHENAU), p. 56.

(4) DESCARTES, Princ. Phil. III. 47 (BUCHENAU), p. 82.

(5) DESCARTES, Princ. Phil. IV. 21 (BUCHENAU), p. 157-158.

(6) DESCARTES, Princ. Phil. IV. 25 (BUCHENAU), p. 159.

(7) DESCARTES am 16.X.1639 an MERSENNE (MERSENNE, Correspondance, Vol. VII, p. 546).

(8) DESCARTES am 30.VII.1640 an MERSENNE (MERSENNE, Correspondance, Vol. IX, p. 528 - cf. HUYGENS, Discours = Oeuvres, Vol. XXI, p. 454 n.10).

(9) HUYGENS, Oeuvres, Vol. X, p. 403.

(10) HUYGENS, Traité = Oeuvres, Vol. XIX, p. 461.

(11) HUYGENS, Discours = Oeuvres, Vol. XXI, p. 446.

(12) HUYGENS, Oeuvres, Vol. IX, Lettres N°s 2432 und 2435.

(13) Diverses Ouvrages, Préface.

(14) HUYGENS, Oeuvres, Vol. XIX, pp. 631-640.

(15) 1687 = Diverses Ouvrages, pp. 305-312.

(16) 1690 = HUYGENS, Discours = Oeuvres, Vol. XXI pp. 443-448. - HUYGENS' 'Discours' wurde 1893 von Rudolf MEWES unter dem Titel 'Abhandlung über die Ursache der Schwere' übersetzt. Die Übersetzung ist stellenweise so unsinnig, daß sie nicht zu verwenden ist.

(17) HUYGENS, Oeuvres, Vol. XIX, pp. 628-645.

(18) Heute versteht man unter der Schwingungsdauer T des mathematischen Pendels die Größe

Anmerkungen zu den Seiten 73-75

$$T' = 2\pi \sqrt{\frac{l}{g}}$$

Ein Sekundenpendel ist ein mathematisches Pendel, das für eine halbe Schwingung eine Sekunde braucht, dessen Schwingungsdauer also

$$T' = 2\ s$$

ist. Zu HUYGENS Zeit und bis hinein in unser Jahrhundert verstand man unter der Schwingungsdauer dagegen die Größe

$$T = \pi \sqrt{\frac{l}{g}}$$

und die Schwingungsdauer eines Sekundenpendels war demzufolge

$$T = 1\ s$$

(19) 1690 beruft sich HUYGENS an dieser Stelle auf sein 1672 erschienenes 'Horologium Oscillatorium' und zieht statt des Sekundenpendels den Freien Fall zum Vergleich heran. Dann muß nach HUYGENS die Kraft F, mit welcher der Körper am Faden zieht, gleich derjenigen bei lotrechter Aufhängung sein, wenn die Umlaufsgeschwindigkeit v des Körpers gleich derjenigen ist, welche er beim Durchfallen einer Strecke von der Größe der halben Fadenlänge l erreichte. Es muß also gelten:

$$F = m\ \frac{v^2}{l} \quad \text{mit } v = \sqrt{2gh} \quad \text{und} \quad h = \frac{1}{2} \quad \text{also}$$

$$F = m \cdot \frac{2g \cdot \frac{1}{2}}{l} = mg$$

(HUYGENS, Discours = Oeuvres, Vol. XXI, p. 452).

(20) Erst in der Fassung von 1687 wird gesagt, daß das Gefäß durch eine verkittete Deckplatte verschlossen wird (Diverses Ouvrages, p. 306), und erst 1690 werden darüberhinaus genaue Angaben über Durchmesser und Höhe des Gefäßes gemacht: es soll ein Zylinder von

Anmerkungen zu den Seiten 75-82

ca. 24 cm Durchmesser und ca. 10 cm Höhe sein (HUY-
GENS, Discours = Oeuvres, Vol. XXI, p. 453).

(21) Vid. POHL, pp. 134-135; BERGMANN-SCHÄFER, p. 276.

(22) HUYGENS Experiment mit den Siegellackstückchen läßt
sich auf sehr einfache Weise nachmachen: Wenn man den
Tee in einer Tasse umrührt, so werden die in ihr
schwimmenden Teeblättchen zunächst mitgerissen; stellt
man das Rühren ein, sinken sie alsbald zu Boden und
laufen auf spiraligen Bahnen zur Mitte der Tasse (vid.
EINSTEIN, p. 166-170).

(23) HUYGENS, Oeuvres, Vol. XIX, pp. 634-635.

(24) HUYGENS, loc.cit., p. 636.

(25) In der Fassung von 1687 heißt es, daß ohne solche
freien Durchgänge für die fluide Materie alle Körper
gleichen Volumens auch gleiches Gewicht haben müßten,
denn "die Schwere eines jeden Körpers wird bestimmt
durch die Menge der fluiden Materie, die an seinen
Platz steigen muß", wobei "diejenigen, welche schwerer sind, mehr von den Teilen enthalten, die den frei-
en Durchgang der fluiden Materie hindern, denn nur an
deren Stelle könnte diese Materie steigen" (Diverses
Ouvrages, p. 310).

(26), (27) HUYGENS, Oeuvres, Vol. XIX, p. 638.

(28) HUYGENS, loc.cit., pp. 638-639.

(29) HUYGENS, loc.cit., p. 639.

(30) Vid. Anmerkung (18) dieses Kapitels.

(31) Cf. Anmerkung (17) dieses Kapitels.

(32) Das dürfte DESCARTES nicht verborgen geblieben sein,
es kam ihm aber bei seinem Experiment wohl mehr auf
eine anschauliche Demonstration, als auf eine Erklärung der Schwere an.

(33) HUYGENS, Oeuvres, Vol. XIX, p. 633.

(34) HUYGENS, loc.cit., p. 637.

Anmerkungen zu den Seiten 82-86

(35) DESCARTES, Princ. Phil. IV. 25 (BUCHENAU), pp. 159-160.

(36) HUYGENS, Oeuvres, Vol. XIX,p. 638.

(37) HUYGENS, Discours = Oeuvres, Vol. XXI, p. 472.

(38) HUYGENS, loc.cit., p. 471.

(39) HUYGENS, loc.cit., p. 472.

(40), (41) HUYGENS, loc.cit., p. 474.

(42) HUYGENS am 18.XI.1690 an LEIBNIZ (HUYGENS, Oeuvres, Vol. IX, Lettre N° 2633, p. 538).

(43) HUYGENS am 11.VII.1692 an LEIBNIZ (HUYGENS, Oeuvres, Vol. X, Lettre N° 2759 p. 297).

(44), (45) HUYGENS, Oeuvres, Vol. IX, pp. 483-484, n. 5.

Anmerkungen zu den Seiten 88-92

Anmerkungen zu Kapitel 4

(1) FATIO, GMs JALLABERT N° 47, (Brouillard 14), fol. 113r^o/v^o.

(2) Wie eng diese Verwandtschaft ist, geht auch daraus hervor, daß die von den Cartesianern beherrschte Pariser Akademie im Jahre 1734 eine Abhandlung auszeichnet, in der für die Erklärung von Schwere und Gravitation die selben Vorstellungen zu Grunde gelegt werden, wie in FATIOs Notiz von 1685: Es ist Johann BERNOULLIs 'Essai d'une nouvelle physique céleste' (Johann BERNOULLI, Essai).

&(3) FATIO, GMs JALLABERT N° 47, (Brouillard 14), fol. 113r^o.

&(4) Eine von dieser Erklärungsweise ein wenig abweichende gibt FATIO in einer anderen Notiz mit dem Titel "Über die Natur der Schwere", wo er schreibt: "Wenn im Inneren der Erde ein Feuer ist, und man dort Partikeln annimmt, die sich subtilisieren und dabei eine große Geschwindigkeit erreichen, so werden sie nach außen gestoßen und nach allen Seiten weggeblasen. Dies könnte andere, gröbere Teile veranlassen, deren Stelle einzunehmen und mit großer Geschwindigkeit zur Erde zu fallen" (GMs JALLABERT N° 47, (Brouillard 15), fol. 140r^o).

&(5), (6) FATIO, GMs JALLABERT N° 47, (Brouillard 14), fol. 113v^o.

(7) Robert BOYLE, New experiments.

(8) HUYGENS, Oeuvres, Vol. III, Lettre N° 863.

(9) HUYGENS, Oeuvres, Vol. IV, Lettre N° 1033.

(10) HUYGENS, Oeuvres, Vol. IV, Lettres N°s 1056 und 1080.

(11) HUYGENS, Oeuvres, Vol. IV, Lettre N° 1163.

(12) HUYGENS, Oeuvres, Vol. IV, Lettre N° 1171.

(13) HUYGENS, Oeuvres, Vol. VII, Lettre N° 1899.

(14), (15) HUYGENS, loc.cit., p. 205.

(16) HUYGENS, loc.cit., p. 205 - Welcher Art diese Zweifel

sind, ist nicht schwer zu erraten:

1. Wenn die subtile Materie einen solchen Zusatzdruck
erzeugt, mißt man beim TORRICELLIschen Experiment
nicht den wahren Luftdruck, sondern den um die Differenz der Zusatzdrucke vermehrten Luftdruck, denn unten,
an der freien Quecksilberfläche wirkt die subtile Materie stärker als oben durch das Glas hindurch (Abb.
4.2). Den wahren Luftdruck könnte man nur durch Ex-
trapolation bestimmen, in dem man entweder Rohre gleicher Wandstärke aus unterschiedlichem Material, oder
solche unterschiedlicher Wandstärke aus gleichem Material benutzte.

2. Wie soll man sich die "liaison ensemble" der Flüs-
sigkeitsteilchen erklären, ohne abermals zu einer subtilen Materie Zuflucht zu nehmen? Eine solche "liaison ensemble", d.h. eine Anziehungskraft, darf in der
mechanistischen Physik ja nicht als eine der Materie
innewohnende Eigenschaft angenommen werden.

(17) HUYGENS, loc.cit., p. 205.

(18) HUYGENS, loc.cit., p. 206.

(19) Zitiert nach MAUTNER, p. 358.

&(20) FATIO, GMs JALLABERT N° 47, (Brouillard 14), fol.
113v^o.

&(21) FATIO, loc.cit.

(22) FATIO, GMs JALLABERT N° 47 (Brouillard 15), foll.
159v^o-160r^o. FATIO datiert irrtümlich "1. Februar
1686"; die unmittelbar vorrausgehenden und die unmittelbar folgenden Eintragungen in der Kladde lassen
aber nur den 1. Februar 1687 als Zeitpunkt dieser Ein-
tragung zu. Am 1. Februar 1686 war FATIO in Genf und
kannte HUYGENS nur dem Namen nach.

(23) DESCARTES, Princ. Phil. III. 120 (BUCHENAU), p. 126.

&(24) FATIO, GMs JALLABERT N° 47 (Brouillard 15), fol. 159v^o.

&(25) FATIO, loc.cit., fol. 159v^o.

Anmerkungen zu den Seiten 98-100

&(26) FATIO, loc.cit., fol. 160r$^{\circ}$.

(27) FATIO, loc.cit., fol. 159v$^{\circ}$. - FATIO verwendet dabei übrigens die gleichen Zahlenwerte wie HUYGENS im 'Discours' von 1690.

&(28) - (30) FATIO, loc.cit., fol. 160r$^{\circ}$.

Anmerkungen zu den Seiten 102-112

Anmerkungen zu Kapitel 5

&(1) FATIO, GMs 603, fol. 72.

(2) Journalbook, p. 131 = GAGNEBIN, p. 115.

(3) FATIO am 24.VI.1687 an HUYGENS (HUYGENS, Oeuvres, Vol. IX, Lettre N° 2465, p. 169).

&(4), (5) FATIO, GMs 603, fol. 73.

(6) Dies teilte mir auf Anfrage die Bibliothek der RS mit.

(7) FATIO, GMs 603, foll. 72-76 - Bei den Papieren der Genfer Bibliothek sind FATIOs Vortrag die Folia 72-77 zugeordnet. Meiner Ansicht nach umfaßt der Vortrag aber nur foll. 72-76: fol. 72 enthält nur den Titel; auf den einseitig beschriebenen foll. 73-75 und auf fol. 76r° findet man den Text des Vortrags, auf fol. 76v° dessen Resümé; dagegen werden auf fol. 77 Themen wieder aufgegriffen, die schon zuvor behandelt wurden, vor allem werden Einwände gegen HUYGENS Theorie abgewehrt, und es sieht ganz so aus, als sei der Inhalt von fol. 77 erst nach dem Vortrag - vielleicht unter dem Eindruck einer sich ihm anschließenden Debatte - niedergeschrieben worden.

&(8) FATIO, GMs 603, fol. 76v°.

&(9) - (14) FATIO, GMs 603, fol. 73.
&(15) FATIO, GMs 603, foll. 73-74.

&(16) - (20) FATIO, GMs 603, fol. 74.

&(21) Beim zweiten Experiment überlegt sich FATIO, ob man nicht auch eine andere Möglichkeit hätte, als die Kugel zwischen Schnüren laufen zu lassen (was ja nur verhindern soll, daß sie von der rotierenden Flüssigkeit mitgerissen wird). FATIO schreibt:

&"Wenn man in einem solchen Gefäß voll Wasser verschiedene kreisförmige Bewegungen zugleich und in zueinander entgegengesetzten Richtungen erregen könnte, und die Kugel dann völlig frei laufen ließe, so bestünde kein Zweifel, daß sie geraden Wegs zum Zentrum herabstiege, was die Hypo-

Anmerkungen zu den Seiten 112-121

these des Herrn HUGENS vollständig erhellt" (FA-
TIO, GMs 603, fol. 74).

&(22), (23) FATIO, GMs 603, fol. 74.

&(24) FATIO, GMs 603, fol. 75.

&(25) - (27) FATIO, GMs 603, fol. 75.

&(28) FATIO, GMs 603, fol. 75. - FATIO beschäftigt sich an
anderer Stelle noch einmal ausführlicher mit der Frage, auf welche Weise sich der Anfangszustand der fluiden Materie verändert haben kann: daß nämlich die Partikeln der fluiden Materie bei Zusammenstößen mit den
soliden Körpern Bewegung (d.h. Geschwindigkeit) verloren haben und sich dadurch nach langer Zeit und außerordentlich vielen Stößen ein Gleichgewichtszustand
"reduzierter und kompensierter Bewegung" einstellt,
der dem augenblicklich herrschenden entspricht (FATIO,
GMs 603, fol. 77).

(29) DESCARTES, Princ. Phil. III.45 (BUCHENAU), p. 81.

&(30) - (33) FATIO, GMs 603, fol. 75.

&(34) FATIO, GMs 603, fol. 76r^o. - Es ist bemerkenswert, daß
FATIO diesem Druck und der Kompressionsfähigkeit der
fluiden, schwermachenden Materie auch "die Kohärenz
der Teile von Körpern wie Glas etc." (also die Kohäsion) und die "Kraft, welche zwei sehr glatte Bleche
zusammenhält" (also die Adhäsion) zuschreibt und
nicht - wie HUYGENS - dazu eine weitere subtile Materie fordert.

(35) HUYGENS, Discours = Oeuvres, Vol. XXI, p. 455.

(36) Das Auspumpen wäre dann sinnvoll, wenn das innere
Gefäß durch eine Membrane verschlossen wäre, die sich
beim Auspumpen ausbeulte und auf diese Weise den Druck
anzeigte, der "äquivalent dem Druck der Luft darüber
ist".

&(37), (38) FATIO, GMs 603, fol. 76r^o.

&(39) FATIO, GMs 603 fol. 76r^o - Cf. NEWTON, Principia,

Anmerkungen zu den Seiten 121-128

1687, Lib. II, Prop. XXIII.

(40) FATIO am 6.III.1690 an HUYGENS (HUYGENS, Oeuvres, Vol. IX, Lettre N° 2570, p. 381).

(41) 1687 = Divers Ouvrages, p. 310.

(42) 1690 = HUYGENS, Discours = Oeuvres, Vol. XXI, p. 458.

(43) HUYGENS, Discours = loc.cit., p. 460.

&(44) FATIO, GMs 603, fol. 74.

(45) FATIO am 6.III.1690 an HUYGENS (HUYGENS, Oeuvres, Vol. IX, Lettre N° 2570, pp. 383-384.

(46) HUYGENS am 21.III.1690 an FATIO (FATIO, GMs 610, foll. 6v°-7r° = GAGNEBIN, pp. 155-156).

(47) FATIO am 21.IV.1690 an HUYGENS (HUYGENS, Oeuvres, Vol. IX, Lettre N° 2582, p. 409).

(48) NEWTON, Principia, 1687, Lib. III, Prop. X, Lemma IV, Coroll. 3.

&(49), (50) FATIO, GMs 602, fol. 62r°.

Anmerkungen zur Seite 130

Anmerkungen zu Kapitel 6

(1) FATIO stellt die Grundgedanken seiner Schweretheorie am 6.III.1690 in einem Brief an HUYGENS dar (HUYGENS, Oeuvres, Vol. IX, Lettre N° 2570). HUYGENS antwortet darauf am 21.III.1690 und bringt Einwände vor. (HUYGENS Oeuvres, Vol. IX, Lettre N° 2572. - Dort sind aber nur Teile dieses Briefes abgedruckt. Den vollständigen Text des Briefes, allerdings ohne das Resümé von FATIOs Hand, hat B. GAGNEBIN nach dem Manuskript GMs 610, foll. 6-9 ediert. Vid. GAGNEBIN, pp. 154-158). In einem zweiten Brief an HUYGENS, am 21. IV.1690, ergänzt FATIO seine Theorie durch einen kleinen Zusatz und antwortet auf HUYGENS Einwände (HUYGENS, Oeuvres, Vol. IX, Lettre N° 2582).

(2) HUYGENS war vom 11.VI. bis zum 24.VIII.1689 in England. Er nahm am 22.VI. an einer Sitzung der Royal Society im Gresham College teil, wo er über seine Schweretheorie sprach. Im 'Journalbook' der RS ist vermerkt: "Herr HUYGENS von Zulichem, der anwesend war, berichtete, daß er gerade dabei sei, eine Abhandlung über die Ursache der Schwere zu veröffentlichen und eine andere über die Brechung, worin unter anderem die Gründe für die Doppelbrechung des Isländischen Kristalls angegeben werden" (Zitiert bei EDDLESTON, p. LIX). In HUYGENS Reisejournal finden sich an verschiedenen Stellen Eintragungen, die ein Zusammensein mit FATIO festhalten (HUYGENS, Oeuvres, Vol. XXII, pp. 742-749).

(3) FATIO am 6.III.1690 an HUYGENS (HUYGENS, Oeuvres, Vol. IX, Lettre N° 2570, p. 384).

(4) Christiaan HUYGENS 'Discours de la Cause de la Pesanteur' war zusammen mit dem 'Traite de la Lumière' im Januar 1690 erschienen. Am 7.II.1690 sandte Chr. HUYGENS über seinen Bruder Constantijn, den Privatsekretär König WILHELMs, sieben Exemplare des 'Traité' an FATIO. In einem Brief, der diese Sendung begleitete, bat er FATIO, die Verteilung der Bücher zu übernehmen.

Anmerkungen zu den Seiten 130-132

Eines war für FATIO selbst bestimmt, die übrigen für
BOYLE, FLAMSTEED, HALLEY, LOCKE, NEWTON und Richard
HAMPDEN (HUYGENS, Oeuvres, Vol. IX, Lettre N° 2558).
Die Übergabe der Bücher und des Briefes erwies sich
jedoch als recht schwierig, weil Constantijn HUYGENS
FATIO in London nicht ausfindig machen konnte und die
Bücher daher dem Kaplan König WILHELMs, Richard STAN-
LEY, zur Verteilung übergab und ihm zum Dank dafür
das für FATIO bestimmte Exemplar schenkte. Erst zwischen dem 3. und 6.III.1690 fand Constantijn HUYGENS
FATIO an dessen neuer Adresse und konnte so wenigstens
den Brief seines Bruders weiterleiten (HUYGENS, Oeuvres, Vol. IX., Lettres N°s 2565, 2566, 2567 und Lettre N° 2569). Sein Exemplar des 'Traité' erhielt FA-
TIO - der freilich inzwischen HAMPDENs Exemplar gelesen hatte - erst im April 1690, zusammen mit drei anderen für PEMBROKE (den Präsidenten der Royal Society),
WALLIS und WREN. "Sie sind alle gebunden, und die Namen derjenigen, denen ich sie sende, auf dem Titelblatt vermerkt" (GAGNEBIN p. 155 und HUYGENS, Oeuvres,
Vol. IX, Lettres N°s 2570, 2572 und 2582). Das für FA-
TIO bestimmte Exemplar des 'Traité' befindet sich heute unter der Inv.N° 7506 (Rar) im Besitze der Bibliothek der ETH Zürich. Es enthält außer der Widmung
"Pour Monsieur Fatio de Duillers" auf p. 110 eine un-
bedeutende Marginalie von HUYGENS Hand.

(5) FATIO am 6.III.1690 an NEWTON (NEWTON, Correspondence
III, Letter N° 463, pp. 390-391).

(6) FATIO, FB, fol. 36r^o = BOPP, p. 23.

(7) FATIO am 21.IV.1690 an HUYGENS (HUYGENS, Oeuvres, Vol.
IX, Lettre N° 2582, p. 411).

(8) loc.cit., p. 411.

(9) HUYGENS, Oeuvres, Vol. IX, Lettre N° 2558, p. 358. -
Man darf aber nicht übersehen, daß HUYGENS an einem Urteil über seine Theorie der Doppelbrechung, das zentra-

Anmerkungen zu den Seiten 132-133

le Problem seiner gesamten Theorie des Lichts, überhaupt mehr gelegen war, als an einem Urteil über seine Schweretheorie.

(10) FATIO, FB, fol. 36r^{o} = BOPP, p. 23.

(11) Mitteilung des Bibliothekars der RS, Mr. N.H. ROBINSON.

(12) Journalbook, p. 268 = GAGNEBIN, p. 115. - Es ist bemerkenswert, daß in derselben Sitzung Robert HOOKE
"eine Abhandlung über Herrn HUGENS [HUYGENS] Vorstellung vom Licht und über die Ursache der Schwere" vorgetragen hat (Journalbook, p. 268). HOOKE notiert dazu in seinem 'Diary': "Ich las über HUYGENS Gravitation. FATIO las seine eigene Hypothese über die Gravitation. Unzulänglich (not sufficient)" (GUNTHER, p.
190).

&(13) FATIO, GMs 603, fol. 82 = GAGNEBIN, p. 125 - Damit
stimmt eine weit später geschriebene Notiz FATIOs
überein: "Im Februar 1689/90 las ich bei einer Sitzung
der RS einen Auszug (abridgement) aus meiner französischen Abhandlung über die Schwere" (GMs 603, fol. 66).

(14) Der in HUYGENS Oeuvres, Vol. IX, pp. 384$_{10}$ bis 387$_{30}$
enthaltene Text entspricht den Abschnitten 29-35 des
Manuskripts FB und der Edition BOPP, während das Problem I in FB die Abschnitte 27-36 umfaßt.

NB. Die Abschnitte des Manuskripts FB sind nicht numeriert, anhand des von FATIO selbst verfaßten, numerierten Inhaltsverzeichnisses in GMs 603, fol. 63 ist eine
solche nachträgliche Numerierung großer Teile des Manuskripts FB jedoch mühelos möglich und wie die von FA-
TIO selbst vorgenommene nachträgliche Numerierung der
Abschnitte in FG 1, d.h. der überlieferten Teile von
FO 1, beweist, auch ganz in dessen Sinne. (Eine Zuordnung der Abschnitte von FATIOs Inhaltsverzeichnis zu
denen des Manuskripts FB und der Edition BOPP findet
man in der Tabelle 1 des Anhangs. Im zitierten Text
werden die einzelnen Abschnitte durch das Zeichen '§'
markiert).

Anmerkungen zu den Seiten 134-138

(15) FATIO am 6.III.1690 an HUYGENS (HUYGENS, Oeuvres, Vol. IX, Lettre N° 2570, p. 384). - In der späteren Fassung seiner Theorie beginnt FATIO entsprechende Überlegungen mit der folgenden Formulierung seines 1. Problems:

> (§27:) "Es sei C ein grober Körper, der sich in einem unendlichen Raum befindet. In diesem Raum sei eine sehr dünne (fort rare) Materie gleichmäßig verteilt, deren Teile sich geradlinig und ungehindert bewegen sollen, [und zwar] gleichmäßig und unterschiedslos nach allen Richtungen. Man möchte wissen, wie wirkt sich der Widerstand des Körpers C auf die ungehinderte Bewegung eines dieser Teile aus?" (FB, fol. 40r° = BOPP, p. 32).

In dem sich anschließenden Abschnitt 28 wird die Frage, was bei einem Stoß zwischen den Partikeln der feinen, schwermachenden Materie und einem groben Körper geschieht, noch detaillierter als im Brief an HUYGENS erörtert. Worauf es FATIO bei diesen Überlegungen aber letztlich ankommt, zeigt FG 3, also diejenige Fassung seiner Theorie, die in seinen letzten Lebensjahren entstanden ist und in welcher der Abschnitt 28 auf einen einzigen Satz reduziert worden ist:

> (§28:) "Ich nehme grundsätzlich an, daß die Ätherpartikeln, die gegen den Körper C stoßen, alles in allem nach dem Stoß nicht mehr die gleiche Geschwindigkeit besitzen wie zuvor, sondern daß sich ihre Geschwindigkeit etwas verringert hat" (GMs 603 cj., fol. 165 = GAGNEBIN, p. 138).

(16) FATIO am 6.III.1690 an HUYGENS (HUYGENS, Oeuvres, Vol. IX, Lettre N° 2570, pp. 384-387). - Die Numerierung der Abschnitte wurde nach FATIOs Inhaltsverzeichnis vorgenommen (cf. die vorausgehende Anmerkung (14)). - Abb. 6.1 wurde aus technischen Gründen dem Manuskript FB entnommen, die Zeichnung in FATIOs Brief an HUYGENS ist mit ihr aber nahezu identisch.

Anmerkungen zu den Seiten 139-140

(17) Zum Verständnis der von FATIO hier verwendeten Begriffe "vollkommene Härte" und "vollkommene Elastizität" sowie über FATIOs Interpretation der Vorgänge beim Stoß "vollkommen harter" oder "vollkommen elastischer" Körper lese man Abschnitt 2 des 8. Kapitels dieser Arbeit.

(18) Die verwirrende Vielfalt der Partikeln und ihrer Stoßprozesse, die FATIO hier aufzählt, um alle Möglichkeiten des Energieverlustes zu erfassen, den die Partikeln beim Stoß gegen die Kugel C erleiden, ist nicht notwendig und der Klarheit der Theorie nur abträglich. FATIO hat dies später selbst bemerkt, denn in FG 3 reduziert er diese Vielfalt und unterscheidet, bei bewußter Vernachlässigung aller anderen Größen, die auf die Kugel C auftreffenden Partikeln nur noch nach Geschwindigkeit und mehr oder weniger vollkommener Federkraft (Elastizität). "Um die Theorie einfacher und einsichtiger zu machen", so fährt FATIO fort, "kann man sich sogar vorstellen, daß alle Partikeln welche den Äther bilden, der am meisten zur Ursache oder Erzeugung der Schwere beiträgt, gleiche Kugeln sind, die wie Lichtstrahlen reflektiert werden". Die Energieverluste entstehen dann, weil die Stöße weder vollkommen elastisch noch reibungsfrei erfolgen (GMs 603 cj., fol. 165 = GAGNEBIN p. 140).

(19) Diese Porosität ist notwendig, damit die Partikeln der schwermachenden Materie im Inneren eines Körpers in gleichem Maße wirken können wie die an der Körperoberfläche. Im Brief an HUYGENS schreibt FATIO dazu:
"Sie können auch erkennen, mein Herr, in welchem Maße es zutrifft, daß die Schwere der Körper proportional zu deren Masse ist; ich glaube, daß uns darüber zuverlässige Erfahrungen [Experimente?] fehlen. Wenn aber die [Körper] aus einem sehr dünnen Gewebe bestehen und ihre Partikeln selbst sehr dünn sind und sich aus wieder anderen Partikeln zusammensetzen, die in verschiedenen irdischen Körpern stets von annähernd gleicher Größe sind, dann wird

Anmerkungen zu den Seiten 140-145

> die Schwere [das Gewicht] von der Proportionalität
> zur Masse nicht abweichen" (FATIO am 6.III.1690 an
> HUYGENS. HUYGENS, Oeuvres, Vol. IX, Lettre N° 2570,
> p. 387). - Über diese Frage wird ausführlich im 3.
> Abschnitt des 8. Kapitels dieser Arbeit gehandelt.

(20) FATIO am 6.III.1690 an HUYGENS (HUYGENS, Oeuvres, Vol.
IX, Lettre N° 2570, p. 387). - Der zitierte Text stimmt
bis auf einen durch {...} gekennzeichneten Zusatz wörtlich mit dem des Abschnitts 35 des Manuskripts FG 1
von 1690 überein (GMs dossiers, p. 9 = GAGNEBIN p.
143).

(21) Das wird nicht immer der Fall sein; vid. Anmerkung (48)
dieses Kapitels.

(22) Es ist eigentlich nicht recht zu erklären, warum FA-
TIO damit solche Mühe hatte; aber gerade dieses Problem hat ihm das meiste Kopfzerbrechen bereitet, wie
er auch in seinem Brief an HUYGENS betont:

> "Was mich lange Zeit an der Erkenntnis hinderte,
> daß diese Hypothese die richtige sein könnte, war
> die Vorstellung, daß sich die Materie, welche ich
> annehme, in der Umgebung grober Körper - wie der
> Erde - zu stark verdichten müsse und dies gegen
> die rechte Physik (bonne Philosophie) verstieße"
> (FATIO am 6.III.1690 an HUYGENS. HUYGENS, Oeuvres,
> Vol. IX, Lettre N° 2570, p. 384).

&(23) HUYGENS am 21.III.1690 an FATIO (GMs 610, foll. 6-8 =
GAGNEBIN, pp. 156-157). - Daß FATIO HUYGENS Einwände
für unzutreffend hielt, geht aus seinem handschriftlichen Resümé hervor, das sich auf dem Umschlag des
HUYGENS-Briefes befindet. Dort heißt es u.a. "Er [HUY-
GENS] macht Einwände, die beweisen, daß er meine Theorie nicht gründlich verstanden hat" (GMs 610, fol. 9).

(24) FATIO am 21.IV.1690 an HUYGENS (HUYGENS, Oeuvres, Vol.
IX, Lettre N° 2582, p. 408).

(25) Wahrscheinlich ist es auf HUYGENS' Kritik zurückzu-

Anmerkungen zur Seite 145

führen, daß FATIO im Manuskript FB, die in seinem
Brief im Abschnitt 29 von FB angestellten Betrachtungen durch die folgende Erörterungen ergänzt, in denen
er das Versäumte nachholt und bestimmt, welcher Teil
der sich geradlinig und unterschiedslos nach allen
Richtungen bewegenden Partikeln unter einem bestimmten
Winkel auf die kleine Fläche zz prallt. Es heißt dort:

> "Wir wollen nun z.B. auf der unendlich kleinen Flä-
> che PQ den unendlich kleinen Körper mit der Höhe
> PF errichten [Abb. 6.1]. Der Raum PFGQ enthält,
> obwohl er unendlich klein ist, unendlich viele
> Partikeln unserer Materie. Diese breiten sich
> ringsum gleichförmig aus und ich behaupte, so, wie
> sich die gesamte Kugeloberfläche zu der vom Raume
> PFGQ aus gesehenen scheinbaren Fläche von zz ver-
> hält, so verhält sich auch die unendliche ⟨im Rau-
> me PFGQ eingeschlossene Anzahl der Partikeln⟩ zur
> Anzahl der nämlichen Partikeln die auf zz trifft
> ... Nun muß aber das, was ich bezüglich des Raumes
> PFGQ behauptet habe, auf alle anderen entsprechen-
> den Räume erweitert werden, von denen man die
> Fläche zz sehen kann. Es ist also richtig, daß es
> in einer Pyramide wie PzzQ eine große Anzahl, oder
> sogar eine unendliche große Anzahl von Korpuskeln
> gibt, die diese Pyramide unaufhörlich der Länge
> nach durchlaufen und auf die kleine Fläche zz auf-
> treffen" (FB, fol. 41r^o = BOPP, p. 33. - Die durch
> ⟨...⟩ gekennzeichneten Stellen sind Auslassungen
> des Basler Kopisten und wurden anhand des Manu-
> skripts FG 5 = GMs 603, fol. 98v^o ergänzt).

Diese Überlegungen hat FATIO aber sicher erst angestellt, als er daran ging, das "Problem II" seiner
Theorie zu lösen, nämlich die "Stoßkraft" (den Druck)
seiner schwermachenden Materie zu berechnen. Davon
wird im 5. Abschnitt des 8. Kapitels dieser Arbeit
ausführlich gehandelt.

Anmerkungen zu den Seiten 145-149

(26) FATIO am 21.IV.1690 an HUYGENS (HUYGENS, Oeuvres, Vol. IX, Lettre N° 2582, p. 408).

(27) Es ist eigentlich unvorstellbar, daß gerade HUY-GENS, der die Vorgänge beim Stoß genauer erforscht hatte, als irgendeiner seiner Zeitgenossen, dies nicht gewußt haben sollte. Es sieht eher so aus, als hielte HUYGENS bei den Stößen der feinen schwermachen-den Materie nur die Alternativen: "vollkommen ela-stisch" oder: "vollkommen unelastisch" für möglich.

(28) FATIO am 21.IV.1690 an HUYGENS (HUYGENS, Oeuvres, Vol. IX, Lettre 2582, p. 411). - Ähnliche Bemerkungen fügt FATIO später auch an entsprechende Stellen seiner Ab-handlung ein. Der Zusatz am Ende des Abschnitts 30 im Manuskript FB hört sich so an, als nehme er direkt auf HUYGENS' Einwand Bezug. FATIO schreibt dort:

"Ich mache diese Bemerkung nicht, weil sie für mei-nen Beweis notwendig wäre, dieser bleibt bestehen, ob nun die gesamte Materie, die von einer Pyramide kommt, in eine Pyramide reflektiert wird, welche gleich der ersten oder breiter oder schmaler ist. Wenn ich so ins Detail gehe, verfolge ich damit die Absicht, Schwierigkeiten zu verhindern, denen man begegnen könnte, weil man meine Theorie nicht recht begriffen hat" (FB, fol. 41r° = BOPP, p. 34).

(29) FATIO, GMs dossiers, p. 9 = GAGNEBIN, p. 144.

(30) FATIO, FB, fol. 43 = BOPP, p. 39. Auch als undatierter späterer Zusatz im Manuskript FG 1 = GMs dossiers, p. 9 = GAGNEBIN, p. 144 n.1 (von GAGNEBIN falsch zugeord-net und falsch datiert).

(31) Ihrem Inhalt nach dürfen alle fünf Abschnitte als Theo-reme angesehen werden, wenngleich FATIO selbst nur den Abschnitt 37 deutlich als "erstes Theorem" gekennzeich-net hat (GMs dossiers, p. 9, Zusatz von 1743).

(32) FATIO, GMs dossiers, p. 9 = GAGNEBIN, p. 144.

Anmerkungen zu den Seiten 149-150

(33) FATIO, FB, fol. 48r$^{\circ}$ und 48v$^{\circ}$ = BOPP, pp. 47-49. -
Es ist interessant, daß im Manuskript FG 6, also in
der von Firmin ABAUZIT angefertigten Kopie, unmittelbar auf das im Abschnitt 37 formulierte Theorem der
Beweis, d.h. die Lösung des "Problem II" folgt (GMs
603 cj., fol. 9v$^{\circ}$).

(34) FATIO bestimmt den Zahlenfaktor falsch, weil er für
die Änderung der Bewegungsgröße, die eine Partikel
beim Stoß gegen eine ebene Fläche erfährt, mv statt
2mv ansetzt. Darüber wird ebenfalls im 5. Abschnitt
des 8. Kapitels dieser Arbeit gehandelt.

(35) Nach FATIOs eigenem Zeugnis muß er den Beweis für seine Druckformel spätestens 1696 gefunden haben, denn er
ist im Inhaltsverzeichnis zum Manuskript FO 2 - das
ist die zu jener Zeit in Oxford entstandene, verschol-
lene Fassung seiner Schweretheorie - ausdrücklich auf-
geführt (GMs 603, fol. 65). Das heißt aber nicht, daß
FATIO diese Beziehung nicht auch schon im Jahre 1690
gekannt haben könnte. Denn da er annahm, daß beim Stoß
gegen die feste ebene Fläche von jeder Partikel die
Bewegungsgröße [m]·v übertragen wird und ihm ferner bekannt war, daß die Anzahl der pro Zeit- und Flächeneinheit auftreffenden Partikeln proportional zur Dichte
und zur Geschwindigkeit dieser Partikeln ist, so könnte er, da er außerdem eine gleiche Verteilung der Geschwindigkeiten über alle Richtungen voraussetzte, zu
der Formel $\frac{1}{6} \cdot \delta v^2$ auch durch eine reine Plausibilitäts-
betrachtung gekommen sein und nach einem Beweis für
sie erst später gesucht haben.

(36) FATIO, GMs dossiers, pp. 9-10 = GAGNEBIN, pp. 145-146;
die Abbildung, die GAGNEBIN nicht bringt, befindet
sich auf p. 9 von GMs dossiers und ist dort als "Abb.
XII" verzeichnet. FATIO hat diese Betrachtung auch
schon in dem Brief vom 21.IV.1690 an HUYGENS angestellt, wobei er sich bei seiner Demonstration übrigens der gleichen Hyperbel bedient (HUYGENS, Oeuvres,
Vol. IX, Lettre N$^{\circ}$ 2582, p. 408).

Anmerkungen zu den Seiten 151-154

(37) FATIO, GMs dossiers, p. 10 = GAGNEBIN, p. 146.

&(38) Ganz ähnlich geht FATIO in einem 1742 datierten Nachtrag in FG 1 vor: Dort heißt es bezüglich der gleichseitigen Hyperbel (Abb. 6.3):

"Bei der rechtwinkligen Hyperbel p. 9

CA = a; AZ = x; CZ = ZT = a + x

$ZT^2 = a^2 + 2ax + x^2$: Kraft des direkten Stromes

$2a + x \, x = 2ax + x^2 = Zt^2$: Kraft des reflektierten Stromes

$a^2 + 2ax + x^2 - 2ax - x^2 = a^2$: Kraft, welche stets dieselbe bleibt, wenn die Kraft des reflektierten Stromes Zt von der Kraft des direkten Stromes TZ abgezogen worden ist, an welchen Ort von AZ der Punkt Z auch immer fällt" (GMs dossiers p. 12).

(39) NEWTON, Principia, 1687, Lib. I, Lex III, Scholium.

(40) FATIO am 6.III.1690 an HUYGENS (HUYGENS, Oeuvres, Vol. IX, Lettre N° 2570, p. 387).

(41) Also ist die Stoßkraft bei vollkommen elastischem Stoß $\frac{1}{3} \cdot \delta_E v_E{}^2$, während FATIO $\frac{1}{6} \cdot \delta_E v_E{}^2$ schreibt (Vid. Anmerkung (34) dieses Kapitels).

&(42) Vielleicht hat er ausgerechnet die Verdichtung der schwermachenden Materie nach dem Stoß übersehen und ist so, durch zwei sich aufhebende Fehler zum richtigen Ergebnis gelangt?

Im Manuskript FB und bei der Veränderung, welche FATIO im Jahre 1706 an seinem Originalmanuskript vorgenommen hat, operiert er mit einer Hyperbel, bei welcher die Asymptoten einen Winkel von 135° zwischen sich einschließen sollen (Abb. 6.4).

(NB: Bei der in FB und FG 1 als "Fig. III." bezeichneten Hyperbel finden sich nur die nicht eingeklammerten Buchstaben)

Anmerkungen zur Seite 154

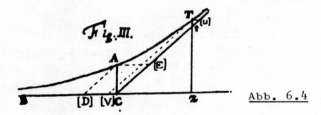

Abb. 6.4

Für diese Hyperbel gelten die folgenden Beziehungen:

Wegen

$$\square \; AECD = \square \; TUCV = \frac{a^2+b^2}{4} = const.$$

folgt

$$\overline{CA} \cdot \overline{CD} = \overline{CV} \cdot \overline{TZ}$$

da ferner

$$\overline{CD} = \overline{CA} \quad und \quad \overline{CV} = \overline{TU} = \overline{Tt}$$

ist

$$\overline{CA}^2 = \overline{TZ} \cdot \overline{Tt} = \overline{TZ}^2 - \overline{TZ} \cdot \overline{Zt}$$

Wenn $\overline{CA}$, $\overline{TZ}$ und $\overline{Zt}$ die gleichen Größen wie zuvor repräsentieren sollen, also wenn $\overline{CA} = v_U$, $\overline{TZ} = v_E$ und $\overline{Zt} = v_R$ sein sollen, dann ist bei dieser Hyperbel tatsächlich

$$v_U{}^2 = v_E{}^2 - \varepsilon \cdot v_E{}^2 = (1-\varepsilon) \, v_E{}^2$$

Es wird also genau diejenige Beziehung demonstriert, auf die FATIO - wie zuvor gezeigt wurde - aufgrund seines falschen Ansatzes für die Änderung der Bewegungsgröße beim nicht vollständig unelastischen Stoß eigentlich hätte kommen müssen. Im Widerspruch dazu steht, daß FATIO aber auf der richtigen Beziehung

$$CA^2 = TZ^2 - Zt^2$$

beharrt, die an dieser Hyperbel garnicht aufgezeigt

Anmerkungen zu den Seiten 154-157

werden kann; FATIO erzwingt das richtige Ergebnis durch
einen fehlerhaften Beweis: in einem 1742 datierten Zusatz im Manuskript FG 1 heißt es nämlich bezüglich der
Hyperbel in Abb. 6.4:

&"In der Abb. p. 9 sei CA = a, CZ = Zt = x und
AZ = ZT = $\sqrt{aa+xx}$. Auf Grund der Konstruktion
dieser Hyperbel ist TZ = AZ [sic!]. Nun wird aber
die Kraft des Stromes CA ausgedrückt durch aa
und die Kraft des direkten Stromes TZ wird ausgedrückt durch aa+xx und die Kraft des reflektierten Stromes Zt wird ausgedrückt durch xx, wenn also dieser von der Kraft des direkten Stromes abgezogen worden ist, bleibt stets die Kraft aa,
welche Länge CZ auch immer haben mag" (GMs. dossiers, p. 12).

(43) Exakt wäre es allerdings erst dann, wenn man, von FA-
TIO abweichend, TZ = $\sqrt{\delta}\cdot v_E$, Zt = $\sqrt{\delta}\cdot\epsilon v_E$ und CA = $\sqrt{\delta}\cdot v$
setzte.

(44) FATIO, GMs dossiers, pp. 10-11 = GAGNEBIN, pp. 146-
148. - An dieser Stelle endete, wie die Unterschriften
von HALLEY und NEWTON beweisen, das Manuskript im März
1690. Bei der letzten Überarbeitung im Jahre 1742 hat
FATIO die Betrachtung über die Stöße der Partikel der
schwermachenden Materie untereinander, also die Abschnitte 40 und 41, ersatzlos gestrichen und nur die
unterstrichenen Passagen am Ende des Abschnitts 41
als Abschnitt 40 einer neuen Fassung stehen lassen.
GAGNEBIN gibt dies in seiner Edition nicht richtig
wieder.

(45) In einem später geschriebenen Zusatz am Ende des Abschnitts 40 heißt es:

"Dieser Verlust [an Bewegung bei den Partikeln der
schwermachenden Materie] wird sich als um so geringer erweisen, für je vollkommener man die Federkraft bei den kleinsten Teilen der Materie zu
halten wagt" (GMs dossiers, p. 10 = GAGNEBIN, p.
147 n.1. cf. FB, fol. 44v^{o} = BOPP, p. 41).

Anmerkungen zu den Seiten 157-160

(46) Ganz ähnlich bestimmt CLAUSIUS die Stoßzahl für den
Fall, daß sich nur ein Gasmolekül bewegt und die anderen ruhen (CLAUSIUS, Annalen 105 (1858), 239 sqq).
– Da sich FATIO auf die Angabe einer Proportionalität
beschränkt, gölte seine Beziehung $Z \sim vnd^2$ auch dann,
wenn die Partikeln eine BOLTZMANNsche Geschwindigkeits-
verteilung besäßen und v ihre mittlere Geschwindigkeit
wäre.

(47) Die Überlegung FATIOs, die Stoßzahl bei konstanter
Dichte nd^3 und konstanter Geschwindigkeit v durch Ver-
größerung des Partikeldurchmessers d bei gleichzeiti-
ger entsprechender Verringerung der Teilchenzahl n zu
verringern, ist zwar wenig sinnvoll, aber insoweit
lehrreich, als sie FATIOs Vorstellungen über Dichte
und Masse deutlich macht. Da es für FATIO nur eine Art
von Materie gibt, die den von ihr eingenommenen Raum
homogen und kontinuierlich erfüllt, ist es durchaus
konsequent, die Größe nd^3 als Dichte der schwermachen-
den Materie zu interpretieren. Denn wenn $\frac{4}{3} \cdot \pi\, r^3 \sim d^3$
das Volumen einer einzigen (kugelförmigen) Partikel
ist und n deren Anzahl pro Volumeneinheit, dann ist
die Größe $nd^3 \sim \frac{4}{3} n \pi r^3$ ein Maß für den materieerfüllten
Raum pro Volumeneinheit, also nichts anderes als die
Dichte. In einer solchen Physik müßte man sinnvollerweise eine andere relative Dichteskala benutzen. Die
Dichte $\delta = 1$ hätte ein Körper, der vollständig mit
Materie erfüllt ist. In allen anderen Fällen wäre
$\delta < 1$.

(48) Man kann sich die Verhältnisse leicht an Abb. 6.6 klar-
machen. Dort ist in eine Kugel mit dem Radius $v\,\Delta t$ ein
(zusammengedrücktes) Rotationsellipsoid mit den großen
Achsen $v\,\Delta t$ und der kleinen Achse $\varepsilon \cdot v \cdot \Delta t$ einbeschrie-
ben. Man kann dann die bei der Reflexion eintretende
Verdichtung mit Hilfe der Abbildung so ausdrücken: Die
Partikeln, die bei vollkommen elastischem Stoß an der
Fläche $d\sigma$ die Strecke $v \cdot \Delta t$ zurückgelegt und den kugelförmigen Raum $\frac{2}{3} \pi \cdot v^3 \cdot (\Delta t)^3$ erfüllt hätten, legen nun

Anmerkungen zu den Seiten 160-161

eine vom Reflexionswinkel abhängige kleinere Strecke
zurück und erfüllen in der Zeit Δt nur noch den El-

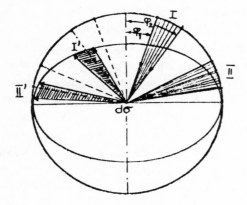

Abb. 6.6

lipsoidraum $\frac{2}{3}\pi \cdot v^2 \cdot \epsilon \cdot v \cdot (\Delta t)^3$, woraus sich das Verdich-
tungsverhältnis $\frac{1}{\epsilon}$ ergibt. Man erkennt außerdem, daß
die Partikeln nicht, wie FATIO ursprünglich behauptet
hatte, nach dem Stoß stets in ein größeres Raumwinkelintervall (eine breitere Pyramide) reflektiert werden,
sondern daß dies vom Einfallswinkel der stoßenden Partikeln abhängt. Aus entsprechenden Additionstheore-
men ergibt sich, daß $\Delta\varphi = \varphi_2 - \varphi_1$, d.h., daß das
Raumwinkelintervall der reflektierten Partikeln nur
dann größer ist als das der stoßenden, wenn $\mathrm{tg}\,\varphi_1 \cdot \mathrm{tg}\varphi_2 < \epsilon$
(z.B. bei I'> I); aber kleiner wird, wenn
$\mathrm{tg}\,\varphi_1 \cdot \mathrm{tg}\,\varphi_2 > \epsilon$ (z.B. bei II'< II). Da nun aber $\varphi_1 \approx \varphi_2$
(differentielles Winkelintervall) und $\epsilon \approx 1$ sind, heißt
das, daß das Raumwinkelintervall (der Öffnungswinkel
von FATIOs Pyramide) für die reflektierten Partikeln
nur solange größer ist als das der stoßenden, solange
der Einfallswinkel φ der Partikel kleiner ist als 45°.

(49) Im Gegensatz zu der hier gewählten Betrachtungsweise,
welche von vornherein die Existenz zweier Körper (der
Scheibe S und der Kugel K) in Rechnung stellt und jeweils den Einfluß des einen auf den anderen bestimmt,

Anmerkungen zur Seite 161

also die Gegenseitigkeit der Anziehung berücksichtigt,
bezieht FATIO seine Überlegungen zunächst nur auf einen einzigen Körper (die Kugel C) und untersucht dessen Wirkung auf die sich unterschiedslos nach allen
Richtungen bewegenden Partikeln der schwermachenden
Materie. Der durch die unvollkommen elastische Reflexion dieser Partikeln entstehende Energieverlust führt
in der Umgebung der Kugel C zu einer Zustandsänderung,
einem Überschuß an "Stoßkraft" d.h. zu einem resultierenden Strom, der zur Kugel C hingerichtet ist. Man kann
in dieser Zustandsänderung ein Analogon zu einem Kraft-
feld sehen, weil "dieser ständige Strom gegen die Kugel
C in runden, homogenen Körpern gleicher Größe wie N,
N ... eine Schwere gegen eben diese Kugel erzeugt".
FATIO vergißt aber darauf hinzuweisen, daß der Körper
N nur darum auf die Kugel C zugetrieben wird, weil die
Partikeln der schwermachenden Materie infolge der unvollkommen elastischen Reflexion an der Kugel C auf die
von der Kugel abgewandte Seite mit größerer Stoßkraft
auftreffen als auf die der Kugel C zugewandte Seite;
er läßt vielmehr im Leser das Bild von radial zum Ku-
gel- oder Erdmittelpunkt gerichteten Partikelströmen
entstehen, die den Körper N mit sich reißen. Dieses
Bild, das ganz in FATIOs früheste Überlegungen zur Natur der Schwere zu gehören scheint (vid. das 4. Kapitel dieser Arbeit), kann leicht zu Mißverständnissen
verleiten - zu Mißverständnissen, die etwa HUYGENS dazu gebracht haben könnten, die FATIOsche Theorie als
absurd zu verwerfen.

&(50) Dieses Kraftgesetz, das sei nochmals ausdrücklich betont, gilt, wie FATIO auch selbst sagt, nur "in großen
Abständen von dieser Kugel, wo ihr Durchmesser klein
erscheint", also für $r \gg R$, R'. "Es wäre sehr schwierig
und, wie Sie auf den ersten Blick sehen werden, ziemlich nutzlos, eine Berechnung anzustellen, welche auch
die kleinen Abstände berücksichtigt; denn die Grund-
sätze, nach denen man hier vorzugehen hätte, sind

Anmerkungen zur Seite 161

nicht klar und wären anfechtbar", so erläutert es FA-
TIO später Jakob BERNOULLI (FATIO am 22.III.1701 an
Jakob BERNOULLI; GMs 610, fol. 42v^o).

G.H. DARWIN hat 1905 ein allgemeines Kraftgesetz berechnet, das auch für sehr kleine Abstände zwischen
den beiden Kugeln gilt und überdies die Reibung bei
den Stößen der kleinen Partikeln gegen die Kugeln berücksichtigt (G.H. DARWIN, pp. 387 sqq.);

Lyman SPITZER jr. endlich findet für den Strahlungsdruck des Lichtes auf galaktischen Staub ein ganz ent-
sprechendes Gesetz. Die Kraft, mit welcher zwei Staubkörnchen mit dem Radius a und dem gegenseitigen Abstand
r infolge des Strahlungsdrucks aufeinander zugetrieben
werden, beträgt nämlich nach SPITZER

$$F = \frac{\pi Q_a \cdot Q_p \cdot a^4 U}{4r^2}$$

wo U die (Strahlungs)Energiedichte, Q_a der Wirkungs-
faktor für die Absorption der Strahlung, Q_p der Wir-
kungsfaktor für den Strahlungsdruck sind, wobei Q_a, Q_p
Mittelwerte für den gesamten Frequenzbereich darstellen (SPITZER, pp. 210-212); daß die Größen πa^4 und
$\pi R^2 R'^2$ in beiden Gesetzen einander entsprechen, ist
trivial, bei den übrigen ist leicht einzusehen, daß
die Energiedichte U der Größe $\frac{1}{6} \cdot \delta v^2$ und die Größen
Q_a bzw. Q_p den Größen $(1- \varepsilon)$ bzw. $(1+ \varepsilon)$ entsprechen
müssen, wenn man den unelastischen Stoß der vollstän-
digen Absorption gleichsetzt. Unter diesen Bedingungen
ist SPITZERs Gesetz mit demjenigen FATIOs identisch.

Anmerkungen zu den Seiten 165-166

Anmerkungen zu Kapitel 7

&(1) FATIO am 6.IX.1730 an John CONDUITT (ULC Add. Ms. 4007, fol. 719). - Ganz ähnlich auch in FB, fol. 45r^o = BOPP, p. 42 (Abschnitt 43).

(2) FATIO, FB, fol. 45v^o = BOPP, p. 42 (Abschnitt 44).

(3) Genauer gesagt: FATIOs Annahmen über seine schwermachende Materie gleichen weitgehend denjenigen der (nichtstatistischen) kinetischen Gastheorie, und die von ihm für seine schwermachende Materie daraus abgeleiteten Gesetzmäßigkeiten für den Druck, die Stoßzahl etc. sind auf Gase übertragbar. FATIO ist diese Analogie nicht entgangen (Vid. Abschnitt 5 des 8. Kapitels dieser Arbeit).

(4) FATIO, FB, fol. 38r^o = BOPP, p. 27 (Abschnitt 10). - Natürlich denkt FATIO hierbei nicht nur an die geradlinig-gleichförmige Bewegung der Partikeln seiner schwermachenden Materie, sondern vor allem auch an die von ihm postulierte extreme Porosität der Körper und die in seiner Theorie geforderte Leere. FATIO will aber, daß diese zur Erklärung des Gravitationsgesetzes notwendigen Postulate auch bei der Erklärung anderer physikalischer Phänomene beibehalten werden; denn dann wird man "die ganze Natur äußerst vereinfachen und auf eine kleine Anzahl von Prinzipien reduzieren können" (FB, fol. 38r^o = BOPP, p. 27 (Abschnitt 18)). Das sind jedoch "physikalische Prinzipien ..., recht verschieden von denen, welche als richtig angenommen werden", wie FATIO später an Jakob BERNOULLI schreibt; Prinzipien nämlich, die gegen diejenigen der herrschenden cartesischen Physik verstoßen, weshalb FATIO sich gegenüber BERNOULLI zu der Bemerkung veranlaßt sieht: "Ihre [der Prinzipien] unendliche Einfachheit und ihre außerordentliche Kühnheit werden Sie zuerst abschrecken. Je weiter Sie jedoch voranschreiten, desto mehr werden Sie verstehen, daß alle Naturerscheinungen zu ihrer Begründung beitragen" (FATIO am 22.VIII.

Anmerkungen zu den Seiten 166-169

1700 an Jakob BERNOULLI. GMs 610 fol. 33r^o = PRÉVOST, Fragmens II, p. 7).

(5) FATIO, FB, fol. 45v^o = BOPP, p. 42 (Abschnitt 44). - "onme illud verum est, quod clare et distincte percipitur", sagt DESCARTES.

(6) FATIO, FB, fol. 36r^o = BOPP, p. 23 (Abschnitt 4).

(7) FATIO, FB, fol. 36v^o = BOPP, p. 23 (Abschnitt 7). - Man vergleiche die in den Anmerkungen (5) - (7) zitierten Argumente mit denen in FATIOs Brief vom 6.III. 1690 an Chr. HUYGENS (HUYGENS, Oeuvres Vol. IX, Lettre N° 2570, p. 387).

(8) FATIO, FB, fol. 54r^o = BOPP, p. 62. - Man vergleiche damit die skeptische Haltung des schon genannten ROBERVAL, der sich fragt, "ob nicht den Menschen ganz einfach spezifische Sinne fehlen, die sich dazu eigen, solche Dinge [wie die Ursache der Schwere] zu erkennen, so daß sie darüber ebensowenig urteilen können, wie Blindgeborene über Licht und Farben" (HUYGENS, Oeuvres, Vol. XIX, p. 629).

&(9) z.B. in GMs 603, fol. 64r^o, GMs 603 j., fol. 167 und in GMs 603, fol. 66r^o, wo FATIO notiert "... hierzu ist zu bemerken, daß all diese Zeugnisse [der Zustimmung] und vor allem das von Herrn HUGENS umso größere Bedeutung besitzen, als sie nach der Veröffentlichung eigener Schweretheorien ausgestellt wurden".

&(10) FATIO am 1.XII.1689 an CHOUET: "Ich weiß nicht, ob Sie davon Kenntnis haben, daß er [NEWTON] auf mathematischem Wege das wahre System der Welt herausgefunden hat, und zwar auf eine Weise, die aus den Köpfen derer, welche es zu begreifen überhaupt im Stande sind, alle Zweifel ausräumt" (GMs 602, fol. 58r^o).

&(11) FATIO am 6.IX.1730 an John CONDUITT (ULC, Add. Ms. 4007, fol. 719).

&(12) FATIO, GMs 603, fol. 66r^o.

Anmerkungen zu den Seiten 169-170

(13) FATIO, FB, foll. 55r^{o} - 56r^{o} = BOPP, pp. 64-66.

(14) Vid. I.B. COHEN, pp. 184-185. - COHEN läßt alle Möglichkeiten offen: 1. Es hat noch ein drittes Exemplar der 'Principia' gegeben, in welches NEWTON die von FATIO kopierten Korrekturen und Zusätze eingetragen hatte. 2. NEWTON hat diese Passagen später entfernt. 3. FATIO hat sich geirrt und diese Zusätze von einigen losen Blättern abgeschrieben. Tatsächlich existiert nach COHENs Angaben ein Beleg für FATIOs Kopie unter NEWTONs Cambridger Papieren, nämlich ULC, Add. Ms. 3965, fol. 311.(Marie BOAS HALL und Rupert HALL, die bei den von ihnen edierten NEWTON-Manuskripten einen Text NEWTONs abdrucken, der mit dem größten Teil von FATIOs Kopie wörtlich übereinstimmt, geben als Beleg ULC, Add. Ms. 4005, foll. 28-29 an. Vid. I. NEWTON, Unpublished Papers. pp. 312-315).

(15) Unter "Solidität" versteht man zu dieser Zeit die Quantität homogener Materie, durch die das betreffende Volumen erfüllt werden soll.

(16) FB, fol. 55v^{o} = BOPP, p. 65.

&(17) FATIO am 6.IX.1730 an John CONDUITT (ULC, Add. Ms. 4007, fol. 719).

(18) NEWTON, Opticks, Question 31 = NEWTON (ABENDROTH) II, p. 126 - Man vergleiche damit Sectio XI der 'Principia', wo es heißt: "Aus diesem Grunde fahre ich nun fort, die Bewegung von Körpern, welche einander anziehen, dadurch zu erklären, daß ich die Zentripetalkräfte als Anziehungen (attractiones) betrachte, obgleich sie, drückten wir es physikalisch aus, vielleicht richtiger Impulse (impulsus) genannt würden" (Principia, 1687, Lib. I, Sectio XI,p. 162).

(19) NEWTON, Opticks = NEWTON (ABENDROTH) I, p. 4.

(20) NEWTON, Opticks, Question 21 = NEWTON (ABENDROTH) II, p. 108. - Das ätherische Medium soll im Inneren der Himmelskörper viel dünner als außerhalb derselben sein.

Anmerkungen zu den Seiten 170-172

Selbst wenn die Dichte nach außen nur sehr wenig zunimmt, reicht nach NEWTONs Auffassung die extrem hohe
elastische Kraft des Mediums aus, "um die Körper von
den dichteren nach den dünneren Theilen des Mediums
zu treiben mit all der Kraft, welche wir Gravitation
nennen". - Man vergleiche damit NEWTONs Brief an Robert BOYLE vom 10.III.1679 (NEWTON, Correspondence,
Vol. II, p. 288-296).

(21) NEWTON, Principia, 1687, Lib. I, Sectio XI. - Entsprechende Bemerkungen finden sich z.B. in Definition VIII
des ersten Buches und im Scholium der Section XI.

(22) NEWTON, Principia, Lib. III, Scholium Generale.

(23) NEWTON am 7.III.1693 an Richard BENTLEY, zitiert nach
KOYRÉ, p. 163 - NEWTON hat in der zweiten Auflage seiner 'Optik' (1717) und in der dritten Auflage seiner
'Principia' (1726) diese Unterstellung von sich gewie-
sen. Im Vorwort zur 'Optik' heißt es: "Um zu zeigen,
daß ich die Schwerkraft nicht als eine wesentliche
Eigenschaft der Körper auffasse, habe ich eine Frage
über die Ursache derselben hinzugefügt ..." (NEWTON
(ABENDROTH) I, p. 4) und in einer Ergänzung zur Regel III des dritten Buches der 'Principia' ist zu lesen "Ich behaupte jedoch keineswegs, daß die Schwere
den Körpern wesentlich sei." - Nicht wenig hat wohl
Roger COTES zu dem Mißverständnis beigetragen, NEWTON
fasse die Schwerkraft als wesentliche Eigenschaft der
Materie auf. In der Vorrede zur zweiten Auflage der
'Principia' (1613) schreibt COTES "Entweder ist die
Schwere eine der Grundeigenschaften (qualitates pri-
mariae) aller Körper-oder Ausdehnung, Beweglichkeit
sind es ebensowenig".

(24) FATIO am 9.IV.1694 (für LEIBNIZ) an W. de BEYRIE (GMs
610, fol. 22r^o = HUYGENS, Oeuvres, Vol. X, Lettre N^o
2853, p. 607).

(25) NEWTON, Opticks, Question 31: "Es scheint mir ferner,
daß diese Partikel [aus welchen sich die Körper zusam-

Anmerkungen zu den Seiten 172-174

mensetzen] nicht nur Trägheit besitzen, sondern daß
sie auch von activen Principien, wie es die Schwerkraft oder die Ursache der Gährung und der Cohäsion
der Körper sind, bewegt werden" (NEWTON (ABENDROTH) II,
p. 143). - "Da wir also sehen, daß die verschiedenen
Bewegungen, die wir in der Welt vorfinden, in stetiger Abnahme begriffen sind, so liegt die Nothwendig-
keit vor, sie durch thätige Principe zu erhalten und
zu ergänzen, wie solches die Ursache der Schwerkraft
ist". (NEWTON (ABENDROTH) II, p. 142).

(26) NEWTON am 7.III.1693 an Richard BENTLEY, zitiert nach
KOYRÉ, p. 163.

(27) ULE, Ms. GREGORY C 86 (teilweise in englischer Übersetzung abgedruckt in: NEWTON, Correspondence, Vol.
III, p. 70).

(28) RS, Ms. GREGORY, N° 247 (teilweise abgedruckt in: NEW-
TON, Correspondence, Vol. III, p. 197).

(29) RS, Ms. GREGORY, N° 247 - Selbst auf einer Fotokopie
des Originalmanuskripts ist deutlich zu sehen, daß
der Zusatz "Mr NEUTON and Mr HALLEY laugh at Mr FATIO's
manner of explaining gravity" mit anderer Feder und
Tinte geschrieben wurde. Es ist sehr wahrscheinlich,
daß er erst einige Zeit später verfaßt wurde. Dieser
Ansicht ist auch I.B. COHEN (COHEN, p. 180, n.4).

(30) LEIBNIZ am 14.I.1694 (für FATIO) an W. de BEYRIE:
"Da Herr NEUTON zu den Gelehrten gehört, welche ich
von allen in der Welt am meisten schätze, und da, wie
ich erfahren habe, Herr FATIO zu ihm besonders enge Beziehungen unterhält" (HMs, LBr. 62, fol. 6r^o/6v^o =
LEIBNIZ (DUTENS), Vol. III, p. 657).

(31) loc.cit., fol. 6v^o bzw. pp. 657-658.

(32) FATIO am 9.IV.1694 (für LEIBNIZ) an W. de BEYRIE (GMs
610, fol. 21r^o/v^o = HUYGENS, Oeuvres, Vol. X, Lettre
N° 2853, p. 606).

(33) loc.cit, fol. 22r^o/v^o bzw. p. 607.

Anmerkungen zur Seite 174

(34) loc.cit., fol. 22v^{o} bzw. p. 608.

(35) LEIBNIZ am 8.V.1694 (für FATIO) an W. de BEYRIE (GMs 610, fol. 23r^{o} = LEIBNIZ (DUTENS), Vol. III, p. 660).

(36) loc.cit., fol. 23r^{o} bzw. p. 661.

(37) loc.cit.

(38) loc.cit. - LEIBNIZ führt hier neben der Möglichkeit, die Schwere vermittels Kreisbewegung als Folge der Zentrifugalkraft zu erklären, auch eine Erklärungs- weise an, welche die Schwere auf geradlinige Bewegun- gen zurückführt:

"Indessen habe ich auch noch an eine geradlinige Bewegung gedacht, wobei ich mir eine kontinuier- liche Explosion in den Körpern denke, welche ein- ander anziehen ... Die Explosion einer dichten und feinen Materie erzeugte die Attraktion der dünnen und groben, die sich in ihrer Umgebung befindet, etwa so, wie die beim Feuer zu bemerkende Explosi- on von einer Anziehung der Luft begleitet wird, und die grobe Materie wird, während sie zum Zen- trum gezogen wird, zerbrochen und subtilisiert, (etwa so wie das Feuer das von ihm Angezogene ver- braucht und auflöst), während im Austausch die in der Nähe des Zentrums dichte und feine Materie bei der Zerstreuung in die Umgebung verdünnt wird und zum Aufbau grober Körper dient und so in der Natur diesen wunderbaren Kreislauf unterhält. Da nun aber die Explosion nach den Gesetzen der Lichtaus- breitung verläuft, verursacht sie eine Attraktion, die sich wie das reziproke Verhältnis der Quadrate der Abstände ändert" (loc.cit.,foll. 23v^{o} - 24r^{o} bzw. p. 662).

Vergleicht man diese Spekulation LEIBNIZ' etwa mit den im Kapitel 4 dieser Arbeit dargestellten frühen Vor- stellungen FATIOs oder mit denen von Johann BERNOULLI, so zeigt sich nicht nur, wie groß die Ähnlichkeit all dieser Überlegungen ist, sondern auch, daß sich erst

Anmerkungen zu den Seiten 175-176

im Vergleich mit diesen "konventionellen" Theorien ermessen läßt, wie modern und einzigartig FATIOs Hypothese über die Ursache der Schwere zu ihrer Zeit ist.

(39) GMs 610, fol. 24r$^{\circ}$ = LEIBNIZ (DUTENS), Vol.III, p. 662.

(40) FATIO am 9.X.1694 an HUYGENS (HUYGENS, Oeuvres, Vol. XXII, Lettre N$^{\circ}$ LXXXII, p. 163).

(41) LEIBNIZ am 26.IV.1694 an HUYGENS (HUYGENS, Oeuvres, Vol. X, Lettre N$^{\circ}$ 2852, p. 603). - FATIO hatte in seinem Brief vom 9.IV.1694 (Vid. Anmerkung (32)) versichert: "Herr NEWTON gesteht mir die Genauigkeit meiner Beweise zu, es hat mich jedoch viel Zeit gekostet, Herrn HUGENS davon zu überzeugen ..." (HUYGENS, Oeuvres, Vol. X, pp. 607-608).

(42) HUYGENS am 29.V.1694 an LEIBNIZ (HUYGENS, Oeuvres, Vol. X, Lettre N$^{\circ}$ 2854, p. 613).

&(43) Für VARIGNON ist die Schwere eine unmittelbare Folge der Fluidität der Luft, d.h. eine Wirkung von deren subtilen Partikeln, denn "die Natur aller flüssigen Körper besteht darin, daß ihre sinnlich nicht wahrnehmbaren Teile sich unaufhörlich nach allen Richtungen bewegen" (VARIGNON, p. 13). Ein fester Körper, der sich in einem solchen Fluidum befindet, wird ständig von dessen Partikeln gestoßen, jedoch hebt sich die Wirkung dieser von allen Seiten erfolgenden Stöße im Mittel auf. Soll also die Schwere auf die Stoßwirkung der Partikel zurückgeführt werden, müssen deren Bewegungen eine Vorzugsrichtung senkrecht zum Horizont (d.h. radial zum Erdmittelpunkt) aufzuweisen haben. Diese Forderung sieht VARIGNON in dem folgenden Modell erfüllt: Man denke sich in einem Abstand von z.B. 10 Meilen von der Erdoberfläche E ein zu dieser konzentrisches Gewölbe H (Abb. 7.1), das für die subtilen Partikeln undurchdringlich sein soll. Für einen Würfel von 1 Zoll Kantenlänge, der von der Erdoberfläche 1 Zoll entfernt ist, wird sich die Stoßwirkung der subtilen Partikel bei vier der Würfelflächen ausglei-

Anmerkungen zur Seite 176

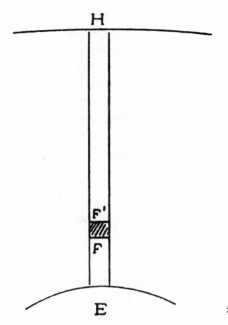

Abb. 7.1

chen, nicht jedoch bei den beiden einander gegenüberliegenden Flächen F und F', die zum Erdradius senkrecht orientiert sind; denn die der Erdoberfläche zugewandte Seite F kann nur die Stöße derjenigen Partikel empfangen, welche sich in der 1 Zoll hohen Luftsäule zwischen ihr und der Erdoberfläche befinden, die
dem Gewölbe H zugewandte Seite F' dagegen die Stöße
derjenigen, welche sich in einer Luftsäule von 10 Meilen weniger 2 Zoll befinden. Da nun aber nach VARIGNON
die gesamte Stoßwirkung gegen jede der Würfelflächen
proportional zur Anzahl der an den Stößen mittelbar
oder unmittelbar beteiligten Partikeln und proportional
zu deren Bewegungsgröße ist, hängt diese letztlich
von der Höhe der Luftsäule über der Würfelfläche ab.
Bei dem gewählten Beispiel wird der Würfel also in
Richtung auf den Erdmittelpunkt gegen die Erdoberfläche gedrückt, d.h. er fällt. Wäre der Würfel dagegen

Anmerkungen zur Seite 176

1 Zoll vom Gewölbe H entfernt gewesen, wäre er radial
vom Erdmittelpunkt weg gegen das Gewölbe gedrückt worden, d.h. er wäre gestiegen. In einem mittleren Bereich zwischen Erdoberfläche und Himmelsgewölbe muß
es eine neutrale Zone geben in der die Stoßkraft der
Partikeln nicht ausreicht, um einen Körper gegen den
Widerstand des Fluidums nach der einen oder anderen
Seite in Bewegung zu setzen, d.h. Körper, die sich
dort aufhalten, können weder steigen noch fallen (was
nach VARIGNONs Ansicht erklärt, warum senkrecht nach
oben geschossene Kanonenkugeln zuweilen nicht zur Erde
zurückkehren). VARIGNON findet endlich für sein Modell
auch einen Platz im DESCARTESschen Kosmos, indem er
postuliert, daß die Wirkung des Gewölbes H durch die
Zentrifugalkraft der an den terrestrischen Wirbel angrenzenden Wirbel hervorgerufen wird.

Diese grobe Skizze, die sich im wesentlichen an die
Darstellung anlehnt, die FONTENELLE im zweiten Bande
seiner 'Histoire' von VARIGNONs Theorie der Schwere
gegeben hat (FONTENELLE, Tome II, pp. 75 sqq.), ist
völlig ausreichend, um zu zeigen, wie abwegig es im
Grunde ist, diese Theorie mit derjenigen FATIOs zu
vergleichen. Die einzige Gemeinsamkeit ist, daß beide,
VARIGNON sowohl als FATIO, die Schwere auf die Stoßwirkung kleinster Partikeln zurückführen, die sich unterschiedslos nach allen Richtungen bewegen. Während
aber FATIO die "Stoßkraft" seiner Partikel zutreffend
als proportional zu deren Dichte, d.h. zu deren Anzahl pro Volumeneinheit, und proportional zum Quadrat
ihrer Geschwindigkeit berechnet, ist sie nach VARIGNON
proportional zur Anzahl der am Stoß beteiligten Partikel und zu deren Bewegungsgröße, also deren Geschwindigkeit. VARIGNON kann in seinem Modell lediglich erklären, warum schwere Körper mit kontinuierlich wach-
sender Geschwindigkeit fallen: weil proportional zur
durchfallenen Wegstrecke die Anzahl der in Richtung
des Falles stoßenden Partikel zu- und diejenige der in

Anmerkungen zur Seite 176

Gegenrichtung stoßenden zugleich abnimmt. Auch in
VARIGNONs Theorie ergibt sich ein Abstandsgesetz für
die Schwerkraft, statt $G \sim \frac{1}{r^2}$ müßte es hier aber lauten
$G \sim (h-2r)$, wenn G die Gewichtskraft, h den Radius
des terrestrischen Wirbels und r den Abstand vom Erdmittelpunkt bedeuten. Da also nach VARIGNONs Ansicht
die Schwere eines Körpers (oder für $r > \frac{h}{2}$ dessen
"Leichte") proportional zur Höhendifferenz der beiden
Luftsäulen ober- und unterhalb desselben sein muß,
liegt es nahe, zu vermuten, daß VARIGNON durch Überlegungen über die Ursache des Luftdrucks zu einem un-
zulässigen Analogieschluß verleitet worden ist.

FATIO, der VARIGNONs Schweretheorie kannte, hat keine
Verwandtschaft mit der seinen entdecken können:
&"Die größte Ehre, welche ich der Abhandlung des
Abbé VARTIGNON antun kann, ist, sie mit Still-
schweigen zu übergehen" (GMs 603, fol. 68r°).

&(44) Ebenso wie gegenüber LEIBNIZ so versichert FATIO 6
Jahre später auch gegenüber Jakob BERNOULLI:
"Ich erinnere mich, daß Herr HUGENS lange Zeit
nichtige Einwände vorbrachte, die nur darauf zurückzuführen waren, daß er meine Hypothese nicht
recht begriffen hatte. Als ich jedoch Gelegenheit
bekam, ihn 1690 und 1691 zu sehen, zerstreute ich
seine Bedenken vollständig und ließ ihn recht ver-
blüfft zurück, nach dem er meinen Gedankengang
von Grund auf verstanden hatte" (FATIO am 30.XII.
1700 an Jakob BERNOULLI. GMs 610, fol. 39).
Es ist nicht vorstellbar, daß FATIO solche Versicherun-
gen wider besseres Wissen abgegeben hat; dies wäre zu
HUYGENS Lebzeiten und gegenüber einem Manne wie LEIB-
NIŻ, von dem FATIO wußte, daß er mit HUYGENS korre-
spondierte, ein recht törichtes Verhalten gewesen. Der
Umstand, daß FATIO so unerschütterlich glaubte, seinen
Freund HUYGENS von der Richtigkeit seiner Schweretheorie überzeugt zu haben, läßt vermuten, daß FATIO dies
nicht einfach aus der Luft gegriffen haben kann. In

Anmerkungen zu den Seiten 176-177

der Tat hatte HUYGENS in seinem Brief vom 21.III.1690
eine ausführlichere Diskussion über FATIOs Schweretheorie in Aussscht gestellt und nichts spricht dagegen, daß eine solche Debatte bei FATIOs Besuchen nicht
auch stattgefunden haben kann. Wahrscheinlich hat HUY-
GENS aber keine Einwände mehr vorgebracht, um die Zeit
nicht mit Auseinandersetzungen zu vergeuden, die seiner
Ansicht nach fruchtlos waren. HUYGENS lag weit mehr an
einer Zusammenarbeit auf mathematischem Gebiet, und er
war zwar sehr daran interessiert, sich über FATIOs
Fortschritte bei der Lösung des inversen Tangentenproblems zu unterrichten, nicht aber daran, sich über die
Natur der Schwere belehren zu lassen. FATIO hat HUY-
GENS' mangelndes Interesse als Zustimmung gedeutet und
geglaubt, dieser habe seine Einwände fallen lassen,
weil er sie aus den eben angeführten Gründen nicht wiederholte.

(45) HUYGENS am 24.VIII.1694 an LEIBNIZ (HUYGENS, Oeuvres
X, Lettre N° 2873, p. 669).

(46) AE, November 1699. - Es handelt sich um die Rezension
von FATIOs Beitrag zur Lösung des Brachystochronenproblems (Vid. das 1. Kapitel dieser Arbeit).

(47) Jakob BERNOULLI am 17.VII.1700 an FATIO (GMs 601,
foll. 2-3).

(48) FATIO am 22.VII.1700 an Jakob BERNOULLI (GMs 610, fol.
25 = PREVOST, Fragmens II, p. 4).

(49) Jakob BERNOULLI am 14.VIII.1700 an FATIO (GMs 610,
foll. 26v^o - 27r^o = PREVOST, Fragmens II, pp. 5-6.

(50) FATIO am 26.VIII.1700 an Jakob BERNOULLI (GMs 610,
fol. 33 = PREVOST, Fragmens II, pp. 6-7).

(51) Jakob BERNOULLI am 22.IX.1700 an FATIO (GMs 610, fol.
35r^o = PREVOST, Fragmens II, p. 7).

(52) Jakob BERNOULLI am 28.XII.1700 an FATIO (GMs 610, fol.
37v^o = PREVOST, Fragmens II, p. 8).

(53) FATIO am 24.I.1701 an Jakob BERNOULLI (GMs 610, fol.39).

Anmerkungen zu den Seiten 178-181

(54) Dies läßt sich aber nur einem Briefe FATIOs entnehmen; entweder fehlt ein Brief BERNOULLIs an FATIO oder jener hat diesen auf andere Weise von seinen Schwierigkeiten wissen lassen (FATIO am 22.III.1701 an Jakob BERNOULLI. GMs 610, fol. 42v^{o}).

(55) NEWTON, Principia, 1687, Lib. I, Sectio XII, Prop. LXXI.

&(56) FATIO am 22.III.1701 an Jakob BERNOULLI (GMs 610, fol. 42v^{o})

(57) Jakob BERNOULLI im April 1701 (GMs, Collection RILLIET) und am 14.V.1701 (GMs 601, fol. 4) an FATIO.

(58) Jakob BERNOULLI am 9.VIII.1701 an FATIO (GMs 610, fol. 40r^{o} = PREVOST, Fragmens II, pp. 10-11).

(59) loc.cit., fol. 40r^{o} bzw. Fragmens, p. 11.

(60) FATIO am 26.VIII.1701 an Jakob BERNOULLI (GMs 610, fol. 33).

&(61) "Herr BERNOULLI hat Euch seit Eurer Abreise aus Duillier nicht mehr geschrieben", so Jean-Christophe FATIO am 22.VIII.1701 an den Bruder Nicolas (GMs 601, fol. 125). - In den Genfer Manuskripten finden sich keine Hinweise, die auf eine spätere Fortsetzung des Briefwechsels schließen lassen.

&(62) "Eure Abhandlung käme gerade im rechten Augenblick, um zusammen mit der von Herrn NEWTON einen ganz neuen Begriff von Philosophie [Naturphilosophie] zu geben", schreibt am 25.VII.1690 Jean-Christophe FATIO an den Bruder Nicolas, und "nach dem Ansehen, welches sich Herr DESCARTES durch seine Werke erworben hat, könnt Ihr selbst urteilen, welch wirksames Mittel es zur Begründung des Euren wäre, die Öffentlichkeit mit einem System bekannt zu machen, welches wohlerwiesen ist und zugleich einen Teil von dem niederreißt, was dieser große Philosoph begründet hat" (GMs 601, fol. 101r^{o}).

(63) FATIO am 22.VII.1700 an Jakob BERNOULLI (GMs 610, fol. 25 = PREVOST, Fragmens II, p. 4).

Anmerkungen zu den Seiten 184-189

Anmerkungen zu Kapitel 8.1

&(1) FATIO, GMs 603, fol. 63. - Die mit ✳ gekennzeichneten
Abschnitte sind diejenigen, welche FATIO später gestrichen hat.

&(2) Die Zuordnung dieser 49 Abschnitte zu den entsprechenden Abschnitten des Basler Manuskripts und der Edition
BOPP findet man in Tabelle 1 des Anhangs zu dieser Arbeit. - In unmittelbarem Anschluß an die soeben zitierte Stelle heißt es in FATIOs Manuskript:

"50. Vergleich der beiden Ursachen der Schwere: der
mechanischen und derjenigen, welche auf dem
freien göttlichen Willen beruht.

Im Jahre 1742 gemachter Zusatz:

51. Die mechanische Ursache der Schwere führt zur
exakten Kenntnis der Sonnenparallaxe und des
Systems der Welt und zu Hilfsmitteln, ohne die
man zu keiner hinlänglich guten Methode kommt
- so wie ich sie besitze -, um die Länge auf
See zu bestimmen.

52. Daß kein Grund zur Befürchtung besteht, daß
sich im Lauf der Zeit die Bewegung im Universum verringerte".

Die Abschnitte 50 - 52 finden sich im Originalmanuskript FO 1 (d.h. in FG 1); im Gegensatz zur Angabe
des Inhaltsverzeichnisses ist aber im Originalmanuskript auch der Abschnitt 50 deutlich als Zusatz von
1742 gekennzeichnet (Vid. den Anhang zu dieser Arbeit)

(3) Die Zuordnung des zweiten Teiles des Basler Manuskripts
zu entsprechenden Genfer Manuskripten findet man in
Tabelle 2 des Anhangs zu dieser Arbeit.

Anmerkungen zu den Seiten 191-195

Anmerkungen zu Kapitel 8.2

(1) Für den Gesamtzusammenhang cf. den 6. Abschnitt des 4. Buches von LASSWITZ vorzüglicher 'Geschichte der Atomistik'.

(2) Die Debatte zwischen den beiden Gelehrten ist in den Briefen N°s 2751, 2759, 2766, 2785 und 2797 des Bandes X der Oeuvres von HUYGENS nachzulesen.

(3) LEIBNIZ am 11.IV.1692 an HUYGENS (HUYGENS Oeuvres, Vol. X, Lettre N° 2751, p. 286 = LEIBNIZ (BUCHENAU) II, p. 36).

(4) HUYGENS, Discours = Oeuvres, Vol. XXI, p. 473.

(5) HUYGENS am 11.VII.1692 an LEIBNIZ (HUYGENS, Oeuvres, Vol. X, Lettre N° 2759, p. 300 = LEIBNIZ (BUCHENAU) II, p. 38).

(6) LEIBNIZ am 26.IX.1692 an HUYGENS (HUYGENS, Oeuvres Vol. X, Lettre N° 2766, p. 319 = LEIBNIZ (BUCHENAU) II, p. 40).

(7) HUYGENS am 12.I.1693 an LEIBNIZ (HUYGENS, Oeuvres Vol. X, Lettre N° 2795, p. 386 = LEIBNIZ (BUCHENAU) II, p. 43).

(8) HUYGENS, Oeuvres, Vol. XVI, p. 168, N° XI.

(9) HUYGENS, loc.cit.

(10) HUYGENS, Traité = Oeuvres, Vol. XIX, p. 472 = HUYGENS (LOMMEL), p. 19.

(11) HUYGENS, loc.cit. = HUYGENS (LOMMEL), p. 18.

(12) HUYGENS, loc.cit. = HUYGENS (LOMMEL), p. 19 (cf. HUYGENS, Oeuvres, Vol. XVI, p. 184, N° 17).

(13) HUYGENS am 12.I.1693 an LEIBNIZ (HUYGENS Oeuvres, Vol. X, Lettre N° 2785, p. 386 = LEIBNIZ (BUCHENAU) II, p. 40).

(14) HUYGENS, De motu = Oeuvres, Vol. XVI, pp. 30-31 = HUYGENS (HAUSDORFF), p. 3.

Anmerkungen zu den Seiten 196-200

(15) NEWTON, Principia, 1687, Lib. I, Leges, Scholium =
NEWTON (WOLFERS), p. 42.

(16) Wie KOYRÉ, Von der geschlossenen Welt zum unendlichen
Universum, p. 186, festgestellt hat, steht Frage 31
bereits als Quaestio 23 in der von CLARKE herausgegebenen lateinischen Übersetzung von 1706.

(17) NEWTON, Opticks, Question 31 = NEWTON (ABENDROTH) II,
p. 135.

(18) NEWTON, Principia,^{2} 1713, Lib. III, Regulae Philosophandi, Regula III = NEWTON (WOLFERS), p. 380.

(19) NEWTON, Opticks, Question 31 = NEWTON (ABENDROTH) II,
p. 141.

(20) NEWTON, Opticks, Question 31 = NEWTON (ABENDROTH) II,
p. 141.

(21) NEWTON, Opticks, Question 31 = NEWTON (ABENDROTH) II,
p. 142.

(22) NEWTON, Opticks, Question 31 = NEWTON (ABENDROTH) II,
p. 143.

(23) NEWTON, Opticks, Question 31 = NEWTON (ABENDROTH) II,
p. 121.

(24) FATIO am 21.IV.1690 an HUYGENS (HUYGENS, Oeuvres, Vol.
IX, Lettre N° 2582, p. 409).

(25) "Ich beweise auch ... daß sie [die Schwerkraft] nicht
im Lauf der Zeit zerstört wird" (FATIO, FB, fol. 36r°
= BOPP, p. 23 (Abschnitt 6)).

(26) HUYGENS, Traité = Oeuvres, Vol. XIX, p. 472 = HUYGENS
(LOMMEL), p. 19.

(27) FATIO, FB, fol. 37r° = BOPP, p. 25 (Abschnitt 13).

(28) FATIO, FB, fol. 37r° = BOPP, p. 25 (Abschnitt 13).

(29) Das geht unstreitig aus dem Zusatz hervor, welcher im
Basler Manuskript den Abschnitt 13 ergänzt. FATIO handelt dort von "äußerst dünnen und äußerst rasch bewegten Materien" d.h. von den Wirkungsfluida der mechani-

Anmerkungen zu den Seiten 200-202

stischen Physik und zählt darunter die Materien, welche Kohäsion und Adhäsion, Magnetismus, Feuer und Wärme verursachen (Vid. das 3. Kapitel dieser Arbeit) und sagt zum Abschluß ausdrücklich: "Schließlich muß diejenige Materie, welche die Schwere erzeugt, die am heftigsten bewegte und vielleicht dünnste von allen sein". (FB, fol. 37r^o = BOPP, p. 26) - Und eben jener "feinsten und am heftigsten von allen Ordnungen bewegten ⎡Materie⎤ " hat er zuvor unterstellt, daß sie die Federkraft der anderen Materien bewirkt!

(30) FATIO, FB, fol. 37v^o = BOPP, pp. 26-27 (Abschnitt 14).

(31) Erst in der letzten der überlieferten Fassungen seiner Theorie macht FATIO dem verwirrenden Einerseits-Andererseits ein Ende. Dort legt er sich in Abschnitt 21 so fest:

> "Und wenn ich im Äther elastische Partikel annehme, die eine fast unendlich vollkommene Federkraft besitzen, ... verlasse ich nicht die Wege, welche die Natur einschlägt, denn in der Reflexion der Lichtstrahlen haben wir ein Beispiel vollkommener Elastizität" (FG 3, GMs 603 joints, foll. 163-164 = GAGNEBIN, p. 134, n.5).

Konsequenterweise heißt es dann in dem sich anschließenden Abschnitt 22:

> "Meine Theorie setzt bei den groben Körpern keine vollkommene elastische oder Federkraft voraus. Es genügt, daß die auf sie stoßenden Ätherpartikel eine vollkommene Federkraft besitzen" (FG 3, GMs 603 joints, fol. 164 = GAGNEBIN, p. 135, n.1).

Und die umständlichen Erörterungen darüber, was bei Stößen zwischen den Partikeln der schwermachenden und jenen der groben Materie geschehen kann, werden im Abschnitt 28 durch die lapidare Bemerkung ersetzt:

> "Ich nehme als Prinzip an, daß die Ätherpartikel die gegen den Körper C stoßen, alles in allem nach dem Stoß nicht mehr die gleiche Geschwindigkeit besitzen wie zuvor, sondern daß diese sich etwas

verringert hat" (FG 3, GMs 603 joints, fol. 165 =
GAGNEBIN, p. 138).

(32) FATIO, GMs 603, fol. 65 - Vid. den Anhang zu dieser
Arbeit.

(33) FATIO, FB, fol. 39r^o = BOPP, p. 29 (Abschnitt 22).

(34) FATIO, FB, fol. 39r^o = BOPP, p. 30.

(35) HUYGENS, De motu = Oeuvres, Vol. XVI, pp. 48-49 =
HUYGENS (HAUSDORFF), p. 13. - Klarer hatte HUYGENS
1669 im 'Journal des Sçavans' diesen Satz als Regel 5
formuliert:

> "Die Bewegungsgröße zweier Körper kann durch ihren
> Stoß wachsen oder abnehmen: Sie bleibt jedoch nach
> derselben Seite gerechnet immer dieselbe, wenn man
> die Größe der entgegengesetzten Bewegung abzieht"
> (HUYGENS, Oeuvres, Vol. XVI, p. 180).

(36) DESCARTES formuliert den Satz von der Erhaltung der
Bewegungsgröße in den 'Principia Philosophiae', II.36
und II.40, und in II.41 behauptet er, nachdem er zuvor
vom "Unterschiede zwischen der Bewegung an sich betrachtet und ihrer Richtung" gesprochen hat, daß "in
der Begegnung mit einem harten Körper zwar eine Ursache eintritt, welche die Fortdauer der bisherigen Richtung hindert, aber keine, die die Bewegung selbst aufhebt oder mindert, weil die Bewegung der Bewegung
nicht entgegengesetzt ist" (DESCARTES (BUCHENAU), pp.
52-53). - Zu FATIOs Zeiten verstand man unter "Bewegungsgröße (Quantité de mouvement)" deren Betrag. Das
kann man sowohl an der (gegen DESCARTES gerichteten)
Formulierung des HUYGENSschen Lehrsatzes ablesen, als
auch der LEIBNIZschen Polemik gegen DESCARTES entnehmen; LEIBNIZ unterscheidet dort streng zwischen der
"Bewegungsgröße (Quantité de mouvement)" und der "Größe des Fortschreitens der Bewegung (progrès de la Quantité du mouvement)" und weist nach, daß nur diese Rich-
tungsquantität nicht aber - wie DESCARTES glaubte -

Anmerkungen zur Seite 205

die Bewegungsquantität bei Stoßprozessen konstant
bleibt (LEIBNIZ, Essay de Dynamique = Mathematische
Schriften, Vol. VI, pp. 215-217).

(37) FATIO, FB, fol. 40v^o = BOPP, p. 33 (Abschnitt 28).

(38) Zwar ist - wie aus der Beschreibung der Manuskripte
(GMs 603, fol. 65) hervorgeht - auch der Abschnitt 22
in der endgültigen Fassung gestrichen worden, nicht
jedoch der Trugschluß erkannt. In dem erst 1742 geschriebenen Abschnitt 52 heißt es:

"Wir wollen hier noch festhalten, wie wenig Anlaß
zu der Befürchtung besteht, die Bewegung in der
Welt könne sich insgesamt allmählich verringern.
Denn einerseits bleibt bei Stößen von Körpern,
die nach dem Stoße fortfahren, sich in gleicher
Richtung zu bewegen, deren gesamte Bewegung erhalten; andererseits: wenn es beim Stoß zu einer
Rückwärtsbewegung (Réflexion en arrière) kommt -
was, wie es insbesondere die Reflexion des Lichts
zeigt, recht häufig ist - so wird diese reflektierte Bewegung, die sich als negative Größe darstellte, wenn die Bewegungsgröße nicht erhalten
bliebe, in der Natur eine positive, tatsächliche
Bewegung. Dadurch kommt eine natürliche Vermehrung
der Bewegung zustande, die auf das Doppelte der
nach rückwärts erfolgenden Reflexion ansteigt. In
den Händen der Vorsehung ein mehr als ausreichen-
der Zuwachs, um die Bewegung zu ersetzen, die an-
derswo verloren gehen könnte" (FG 1, p. 12 = GAG-
NEBIN, p. 154).

Anmerkungen zu den Seiten 206-212

Anmerkungen zu Kapitel 8.3

(1) FATIO, FB, foll. $36v^o$ - $37r^o$ = BOPP, pp. 12-13 (Abschnitt 12).

(2) FATIO, FB, fol. $39v^o$ = BOPP, pp. 30-31 (Abschnitt 25).

(3) HUYGENS, Traité = Oeuvres, Vol. XIX, p. 519 = HUYGENS (LOMMEL), p. 81.

(4) FATIO, FB, fol. $42v^o$ = BOPP, p. 37.

(5) FATIO, FB, fol. $42r^o$ = BOPP, p. 36.

(6) FATIO, FB, fol. $42r^o$ = BOPP, p. 36.

(7) FATIO, FB, fol. $42r^o$ = BOPP, p. 36.

(8) FATIO, FB, fol. $42v^o$ = BOPP, p. 36.

(9) FATIO, FB, fol. $42v^o$ = BOPP, p. 37.

(10) FATIO, FB, fol. $43r^o$ = BOPP, p. 37.

(11) FATIO, FB, fol. $43r^o$ = BOPP, p. 38. - Wie mir M. SCHRAMM mitteilt, ist FATIOs Behauptung in folgendem Sinn korrekt: Aus einer Schar paralleler Geraden werden die ausgesondert, die den Ring treffen. Der Flächeninhalt eines normal zur Richtung der Geraden gelegten Schnittes ist unabhängig von ihr, vorausgesetzt, daß die Geraden doppelt gezählt werden, die den Ring zweimal treffen. (Da die Teilchen aber den soliden Ring nicht durchdringen können, ist diese Lösung in FATIOs Theorie eigentlich nicht brauchbar. Er hält an ihr dennoch Zeit seines Lebens fest. Er erwähnt sie sogar ausdrücklich in der lateinischen Fassung 'De causa gravitatis'. (GMs 603, fol. 265 und in FG 3, GMs 603 joints, fol. 166)).

(12) FATIO, FB, foll. $42v^o$ - $43r^o$ = BOPP, p. 37.

(13) FATIO kommt schließlich auch noch einmal in den Teilen des Basler Manuskripts, die auf das Problem IV folgen, auf dieses Thema zurück - diesmal setzt er Kräfte zwischen den kleinsten Partikeln der Materie allerdings schon voraus:

389

Anmerkungen zu den Seiten 212-214

"Ein Mittel, die Körper so zusammenzusetzen, daß
sich ihre kleinen Partikeln nicht berühren, wäre
z.B., zu bewirken, daß diese Partikeln sich wechselseitig reziprok proportional zum Kubus, oder
zum Quadrat-Quadrat oder vielmehr zu einer sehr
hohen Potenz, wie z.B. die 1000^e Potenz des Abstandes anziehen, und daß der Punkt, an dem diese
Kräfte rings um Partikeln gleich sind, in einem
passenden und sehr kleinen Abstand liegt. Unter
dieser Voraussetzung würden die Partikeln noch Anhäufungen miteinander bilden, gewöhnlich aber ohne
einander zu berühren" (FB, fol. $53v^o$ = BOPP, p.
61).

Sicher steckt hinter dieser Überlegung die durchaus
zutreffende Vorstellung, daß beim Aufbau der Körper
aus den Grundbausteinen der Materie Kräfte eine Rolle
spielen könnten, die zwar von weit größerer Stärke,
aber von erheblich geringerer Reichweite sind als die
Gravitationskräfte. Ähnliche Vorstellungen finden sich
in NEWTONs 'Optik', NEWTON allerdings führt abstoßende
Kräfte kürzester Reichweite ein (NEWTON, Opticks, Question 31 = NEWTON (ABENDROTH) II, p. 139) mittels derer ein Minimalabstand zwischen den einzelnen Atomen
oder Korpuskeln zu erreichen wäre. FATIO hält solche
Betrachtungen für spekulativ: "Bevor man aber keine
mechanische Ursache findet, die eine solche Wirkung
hervorruft, gehört eine solche Annahme grundsätzlich
in den Bereich der Metaphysik" (FB, fol. $53v^o$ = BOPP,
p. 61).

(14) FATIO, FB, fol. $53r^o$ = BOPP, pp. 59-60.

(15) NEWTON, Opticks, Book II, Part II.

(16) FATIO, FB, fol. $53v^o$ = BOPP, pp. 60-61.

(17) FATIO, FB, foll. $39v^o$ - $40r^o$ = BOPP, p. 31 (Abschnitt
26).

Anmerkungen zu den Seiten 215-216

Anmerkungen zu Kapitel 8.4

(1) FATIO am 1.XII.1689 an CHOUET (GMs 602, fol. 58r^o).

(2) FATIO, FB, foll. 45v^o - 46r^o = BOPP, p. 43 (Abschnitt 46).

(3) FATIO, FB, fol. 46v^o = BOPP, p. 45 (Abschnitt 48).

(4) Der Philosoph John LOCKE (1632-1704) befaßt sich im 2. Buche seines 1690 erschienenen 'Essay' in den Kapiteln IV und XIII mit den hier anstehenden Fragen. LOCKE postuliert die Solidität - "diese Idee scheint am innigsten von allen mit den Körpern verknüpft und für sie wesentlich zu sein" (IV.1) - als eine von der Materie untrennbare Eigenschaft und beharrt gegenüber den Cartesianern - "gewisse Leute möchten uns davon überzeugen, daß Körper und Ausdehnung dasselbe seien" (XIII.11) - auf dem Unterschied zwischen der Idee des Raumes, die für ihn eine "gleichförmige, einfache Idee" (XIII.27) ist, und denjenigen des Körpers und der Solidität. Für LOCKE ist es gewiß, daß uns "unsere klaren und deutlichen Ideen hinreichend davon überzeugen, daß zwischen Raum und Solidität keine notwendige Verbindung besteht, weil wir uns das eine ohne das andere vorstellen können" (XIII.22); mehr noch, "wir haben keine zwei Ideen, die schärfer unterschieden wären; wir können uns ebenso leicht Raum ohne Solidität vorstellen, wie Körper oder Raum ohne Bewegung, so gewiß es auch sein mag, daß weder Körper noch Bewegung ohne Raum existieren können" (XIII.27). Am auffälligsten ist die Übereinstimmung zwischen FATIOs und LOCKEs Definitionen der Idee der Materie und des Körpers, wenn man die Formulierung LOCKEs in der Kurzfassung seines Essays von 1688 betrachtet. Dort heißt es, "ob man in der Idee, welche man vom Körper hat, etwas anderes erkennt als Solidität, Ausdehnung und Beweglichkeit miteinander vereinigt" (Bibliothèque Universelle XIII, p. 74), und in nahezu wörtlicher Übereinstimmung damit definiert FATIO die Idee des Körpers als "die mit Solidität oder Undurchdringlichkeit und

Anmerkungen zu den Seiten 216-219

Beweglichkeit ausgestattete Ausdehnung".

FATIO hat LOCKE's Essay - "das beste englische Buch,
um das Urteilsvermögen eines Menschen zu bilden" (FA-
TIO am 10.IX.1690 an William ELLYS; GMs 602, fol. 67)
- schon 1690 gründlich studiert; wahrscheinlich kannte
er auch die Kurzfassung, die von FATIOs Genfer Bekannten Jean LE CLERC übersetzt und 1688 in der "Bibliothèque Universelle et Historique" abgedruckt worden
war.

(5) DESCARTES, Princ. Phil. II. 16 (BUCHENAU), p. 38.

(6) LOCKE, Essay, 2. Buch, Kapitel XIII. 24.

(7) DESCARTES, Princ. Phil. III. 60; ähnlich Princ. Phil.
IV.21. Hier und an den folgenden Stellen, an denen
BUCHENAUs Übersetzung nicht zitiert wird, habe ich ei-
ne eigene, wörtlichere gegeben.

(8) DESCARTES, Princ. Phil. III. 25 (BUCHENAU), p. 72.

(9) DESCARTES, Princ. Phil. II. 54.

(10) DESCARTES, Princ. Phil. III. 25.

(11) FATIO, FB, fol. 46v^o = BOPP, p. 45, (Abschnitt 48).

(12) Zu diesen, aus Translations-, Rotations- und Vibra-
tionsbewegungen zusammengesetzten Bewegungen vid. das
6. Kapitel und den 2. Abschnitt des 8. Kapitels dieser Arbeit.

(13) FATIO, FB, fol. 46r^o = BOPP, pp. 43-44, (Abschnitt
47).

(14) HUYGENS, Discours = Oeuvres, Vol. XXI, p. 474 (vid.
das 4. Kapitel dieser Arbeit).

(15) FATIO hatte am 9.IV.1694 in einem Brief an de BEYRIE
in dem für LEIBNIZ bestimmten Abriß seiner Schweretheorie (vid. das 7. Kapitel dieser Arbeit) geschrieben:
"Die Dünnigkeit, die in der Welt anzunehmen Herrn
HUYGENS solche Mühe zu bereiten scheint, ist
schlechterdings notwendig. Denn wenn alle Teile,

Anmerkungen zur Seite 219

welche den Äther zusammensetzen, in Ruhe wären, so
ist evident, daß sie die Bewegungen der Himmelskörper außerordentlichen Widerstand entgegensetzten, und daß sich dieser Widerstand vergrößerte,
je mehr man ihn als von Kprpuskeln erfüllt annäh-
me. Nun habe ich aber einen exakten Beweis, daß
der Widerstand wächst, wenn man die Ruhe der Äther-
teile beendet und ihnen zusammengesetzte (interne)
Bewegungen (Mouvemens entremêlés) verleiht, wie
man sie von den Flüssigkeiten kennt, und zwar umso mehr, je mehr Geschwindigkeit man diesen Bewegungen verleiht" (GMs 610, fol. 21v^o = HUYGENS,
Oeuvres, Vol. X, Lettre N° 2853, p. 606).

Und LEIBNIZ hatte in seiner für FATIO bestimmten Antwort an de BEYRIE am 8.V.1694 entgegnet:

"Ich sehe aber, daß er [FATIO] sich keineswegs damit zufrieden gibt, die Doktrin vom Leeren als
Hypothese aufzustellen, er hält sie für eine unumstößliche Wahrheit. Seine Begründung ist, daß
die Teile der Materie oder des Äthers, die man
diese Räume erfüllen läßt, wenn sie ruhen, den Bewegungen der Himmelskörper evidentermaßen äußersten
Widerstand entgegensetzten, und wenn dieser Äther
zusammengesetzte (interne) Bewegungen hat - solche, wie man sie den Fluida zuschreibt -, so macht
sich Herr FATIO anheischig zu beweisen, daß er
[der Äther] dann noch mehr Widerstand besitzt, und
zwar in dem Maße, in dem man dieser Bewegung Geschwindigkeit verleiht. Nun begreife ich in der
Tat, daß ein raumfüllendes Medium, welches ruht,
der Bewegung eines Körpers widersteht, nicht aus
dem Grunde, den DESCARTES dafür angibt, sondern
weil dieser Körper sich dort nicht bewegen kann,
ohne Bewegung an das umgebende Medium abzugeben,
und dies kann er nicht tun, ohne von der seinen
zu verlieren; und ich kann mir durchaus vorstellen, daß die Umgebung, wenn sie schon eine Bewe-

gung besitzt, noch mehr einer anderen Bewegung
widersteht, welche der Körper, der sich dort bewegt, ihr mitteilen will. Dies aber geschieht am
Anfang, denn Körper und Umgebung werden sich allmählich einander anpassen, und solches muß man
auch für Gestirne und Äther annehmen".

(16) I. NEWTON, Principia, Lib. II, Prop. 38, Corol. 2 und
Prop. 40, Corol. 3.

(17) FATIO, FB, foll. 46r^o - 46v^o = BOPP, p. 44 (Abschnitt
48).

(18) FATIO, FB, fol. 46v^o = BOPP, p. 44 (Abschnitt 48).
- Dies stimmt fast wörtlich mit NEWTON überein, in
den von FATIO kopierten eigenhändigen Korrekturen
heißt es in Hypothese III (FB, fol. 55r^o = BOPP, p.
64): "Eigenschaften der Körper welche nicht gestei-
gert und gemindert werden können und welche allen Körpern zukommen, bei denen man Versuche anstellen kann,
sind Eigenschaften schlechthin aller Körper". (Ganz
ähnlich lautet Regel III in den Regulae Philosophandi
im 3. Buche der 'Principia', ^{2}1713 und ^{3}1726).

(19) FATIO, FB, fol. 46v^o = BOPP, p. 44 (Abschnitt 48).

(20) FATIO, FB, fol. 47r^o = BOPP, p. 45 (Abschnitt 49).

(21) FATIO, FB, fol. 46v^o = BOPP, p. 44 (Abschnitt 48).

(22) FATIO, FB, fol. 46v^o = BOPP, pp. 44-45 (Abschnitt 48).
- Es ist auffällig, wie genau diese Argumentation mit
derjenigen Roger COTES' in der Vorrede zur zweiten
Auflage der NEWTONschen 'Principia' übereinstimmt.
Bei COTES heißt es:

"Auf keine Weise kann daher der aus der Dichtigkeit
und der Kraft der Trägheit entspringende Widerstand der Flüssigkeiten aufgehoben werden ...,
warum sollte man also diese Hypothese, welche
durchaus grundlos ist, und nicht im mindesten zur
Erklärung der Natur der Dinge dient, nicht eine
sehr unpassende und des Naturforschers ganz unwür-

Anmerkungen zu den Seiten 221-224

dige nennen dürfen? Diejenigen, welche annehmen, der Himmelsraum sei mit einer flüssigen Materie erfüllt, diese sei aber nicht träge, heben mit Worten den leeren Raum auf, der Sache nach errichten sie ihn. [WOLFERS übersetzt sinnentstellend: "... heben mit diesen Worten den leeren Raum auf und legen ihn zur Seite".] Denn da eine derartige Flüssigkeit auf keine Weise vom leeren Raume unterschieden werden kann, so findet der Streit nur über den Namen, nicht aber über die Natur der Dinge statt" (NEWTON (WOLFERS), pp. 16-17).

(23) FATIO, FB, fol. 47r° = BOPP, p. 45 (Abschnitt 49).

(24) NEWTON, Principia, Lib. III, Prop. VI und Coroll. 1-3.

&(25) FATIO, GMs 603, fol. 65.

(26) Vid. den Anhang zu dieser Arbeit.

(27) DESCARTES, Le Monde, Chap. VI = DESCARTES (ALQUIÉ), Vol. I, p. 343.

(28) FATIO, FB, fol. 47r° = BOPP, p. 45.

(29) FATIO, FB, fol. 47r° = BOPP, p. 45.

(30) NEWTON, Principia, Lib. I, Definitiones, Scholium = NEWTON (WOLFERS), p. 25.

(31) FATIO, FB, fol. 47r° = BOPP, pp. 45-46.

(32) Dies ist keineswegs selbstverständlich und steht in krassem Gegensatz etwa zur Auffassung HUYGENS', bei dem es heißt:

"Es gibt weder Translation noch Ruhe, außer von irgendeiner Substanz" (HUYGENS, Oeuvres, Vol. XVI, p. 230).

und an anderer Stelle:

"Denn Ruhe und Bewegung sind nichts ohne Körper und allein aus ihnen entspringen beide Ideen" (loc.cit. p. 231).

Anmerkungen zur Seite 225

(33) FATIO, FB, foll. 47r^o - 47v^o = BOPP, p. 46.

(34) FATIO, FB, fol. 47v^o = BOPP, p. 46.

&(35) Diese Überlegungen werden ergänzt, durch Spekulationen, die FATIO an anderem Ort angestellt hat:

"Man stelle sich den Zeitraum einer Stunde vor,
die in einem bestimmten Augenblick begonnen wurde, und man stelle sich alle Körper im Universum
vor, mit den verschiedenen Gestalten und Bewegungen, die sie während dieser Stunde haben. Sodann
stelle man sich vor, all diese Körper würden in
den Zustand zurückversetzt, in welchem sie am Anfang dieser Stunde waren, und daß sie in diesem
Augenblick vernichtet würden; daß man aber während einer Stunde den Orten im Raume folgt, an
denen die Körper sich befinden müßten - was man
ihre Schatten oder Spuren nennen könnte. Diese
Spuren beachten untereinander die gleichen Re-
flexions- und Bewegungsregeln wie die Körper
selbst; und wenn man sie ihr Spiel auch dann fortsetzen läßt, wenn die Stunde verflossen ist, so
werden sie sich weiter auf die gleiche Weise bewegen, wie es die Körper getan hätten. Und ein Verstand wie der Göttliche könnte leicht der Spur all
dieser Bewegungen folgen und auf diese Weise die
ganze Natur darstellen. Man fragt nun, welche Welt
geeigneter ist, von der menschlichen Seele (ame)
für wahr gehalten zu werden, ob nämlich die Körper
so, wie wir sie begreifen, geeigneter als die Kör-
perschatten oder -spuren sind, mit dem Verstande
verknüpft zu werden. Und wenn man davon überzeugt
ist, daß die (Natur-)Erscheinungen unter beiden
Voraussetzungen die gleichen sein müßten, und wenn
man bedenkt, daß Gott sie nach Belieben abwechselnd aufeinanderfolgen lassen könnte, so fragt
man, woran man den Wechsel erkennen würde, und wie
man sich versicherte, ob im Augenblick gerade die

Anmerkungen zu den Seiten 225-226

erste oder die zweite Voraussetzung erfüllt ist"
(GMs 603, fol. 80v$^{\circ}$).

(36) FATIO, FB, fol. 47v$^{\circ}$ = BOPP, p. 46.

Anmerkungen zu den Seiten 227-235

Anmerkungen zu Kapitel 8.5

(1) FATIO, FG 1, p. 9 = GAGNEBIN, p. 144 bzw. FB, fol.
43v^o = BOPP, p. 39 (Abschnitt 37).

(2) FATIO, FB, fol. 48r^o = BOPP, p. 47.

(3) FATIO, FB, fol. 48r^o = BOPP, p. 47.

(4) Die Grundlage für diesen Satz bietet ARCHIMEDES, De
sphaera et cylindro , II.3, wonach eine Ebene eine
Sphäre im Verhältnis der Abschnitte teilt, in die ein
zu dieser Ebene senkrechter Durchmesser zerlegt wird.
(ARCHIMEDES, Opera, Vol. I, pp. 184/185 - 186/187).

(5) FATIO, FB, fol. 48r^o = BOPP, p. 47.

(6) FATIO, FB, fol. 48r^o = BOPP, pp. 47-48.

(7) FATIO, FB, fol. 48r^o = BOPP, p. 48.

(8) FATIO, FB, fol. 48r^o = BOPP, p. 48.

(9) Es ist unwahrscheinlich, daß FATIO die Richtungsabhän-
gigkeit der Bewegungsgröße nicht bedacht hat (vid. den
2. Abschnitt dieses 8. Kapitels); wahrscheinlich hat
er übersehen, daß eine Partikel nicht nur beim Aufprall die Größe [m]·v überträgt, sondern - wenn der
Stoß elastisch erfolgt - beim Abstoßen abermals die
Größe [m]·v.

(10) FATIO, FB, fol. 48r^o = BOPP, p. 48.

(11) ARCHIMEDES, De lineis spiralibus 10 = Opera, Vol. II,
pp. 30/31 - 34/35.

(12) WALLIS, pp. 373-374.

(13) Diese Größe hat die Dimension einer Kraft, man darf
also "effort" auch mit "Kraft" übersetzen.

(14) FATIO, FB, fol. 48r^o = BOPP, p. 48.

(15) Im Basler Manuskript dagegen heißt es im Anschluß an
das Theorem:
    "Es gibt Experimente, die beweisen, daß die Wirkung
     der Schwere und der Federkraft (Elastizität) der
     Luft sich durch ungehinderte Stöße der Luftteile

auf die Quecksilberoberfläche dem Barometer überträgt. Wenn nun aber die Dichte der Luft und die
Höhe des Quecksilbers im Barometer gegeben sind,
kann man mittels dieses Theorems leicht schließen,
welche Geschwindigkeit die Teile der Luft haben,
wie ich dies früher getan habe". (FB, fol. 43v^{o} =
BOPP, p. 39).- In FG 1, p. 9 ist diese Passage
ein undatierter Zusatz; der Satz "wie ich dies
früher getan habe" ist durchgestrichen.

&(16) FATIO, GMs 603, fol. 199 - In FATIOs eigenhändiger Beschreibung seiner Manuskripte, GMs 603, fol. 64 steht
bei der Beschreibung des Manuskripts N° III: "Die 35.
[Seite] enthält einen Zusatz zu Abschnitt 37". Es
könnte der hier behandelte sein.

(17) Korrekt wäre $\frac{1}{3} \cdot dV^2$.

(18) NEWTON, Principia, Lib. II, Prop. L, Scholium.- In der
1. Auflage von 1687 ist das Verhältnis mit 850:1 angegeben, in der 3. Auflage von 1726 mit 870:1. FATIO,
der selbst von der "stark veränderlichen Dichte unserer Luft" spricht, benutzt den abgerundeten Wert
aus rechentechnischen Gründen (vid. die folgende Anmerkung (22)).

(19) Die ist eine verkappte Form des Satzes von der Erhaltung der Summe aus potentieller und kinetischer Energie. In ähnlicher Form hat ihn schon GALILEI 1638 in
den 'Discorsi' bei der Behandlung der schiefen Ebene
verwendet. HUYGENS macht in dem FATIO wohlbekannten
'Horologium' ausgiebig Gebrauch von diesem Prinzip,
das er in Proposition IV des zweiten Teils auch explizit formuliert. FATIO beruft sich an dieser Stelle
auf François BLONDELs 'L'art de jetter les Bombes'
von 1683 und auf MARIOTTE, gewiß auf dessen 'Traité
du mouvement des eaux et des autres liquides' von
1686.

(20) NEWTON dagegen war es erst mit FATIOs Hilfe möglich,
"die Bewegung [Geschwindigkeit] von Wasser zu finden,

Anmerkungen zu den Seiten 237-240

welches aus einem gegebenen Gefäß durch eine Öffnung
ausfließt" (Principia, 1687, Lib. II., Prop. XXXVII).
FATIO hat sich in seinem Exemplar der 'Principia' dazu notiert: "Ich konnte NEWTON von den in diesem Satz
enthaltenen Irrtümern erst durch ein Experiment befreien, nämlich nach Konstruktion eines zu diesem
Zweck bestimmten Gefäßes" (COHEN, p. 182; vid. auch
HUYGENS, Oeuvres IX, p. 331).
(TORRICELLIs Gesetz über die Ausflußgeschwindigkeit
des Wassers steht in dessen 'Trattato del moto dei
gravi' von 1641. FATIO kannte dieses Gesetz wahrscheinlich aus dem zuvor zitierten Werke MARIOTTEs).

(21) Im 'Horologium' gibt HUYGENS in Proposition XXVI (des
vierten Teils) für die von einem schweren Körper in
der ersten Sekunde durchfallene Höhe h_o den Wert $h_o =$
$15 \frac{1}{12}$ Pariser Fuß ($\triangleq 4,90$m) an. Aus der Beziehung $h =$
$\frac{g}{2} t^2$ läßt sich ablesen, daß dies einen Wert für die
Erdbeschleunigung von $g = 30 \frac{1}{6}$ Pariser Fuß pro s^2
($\triangleq 9,80$ m/s^2) entspricht, während FATIOs Wert $g = 30$
Pariser Fuß pro s^2 ($\triangleq 9,74$ m/s^2) entspricht.

(22) Möglichen anderen Werten für das Verhältnis $\frac{D}{d}$ trägt
FATIO durch eine kleine Reduktionstabelle Rechnung,
in der er zu diesen Werten Reduktionsfaktoren c für
die errechneten Geschwindigkeiten V gibt:

D/d	28^2	29^2	30^2	31^2	32^2
c	1.148	1.070	1.000	0.936	0.879

(23) FATIO, FB, fol. 48v^o = BOPP, pp. 48-49.

(24) Im Baseler Ms. (bzw. der Edition BOPP) steht, daß sich
der Druck der in AC eingeschlossenen Luft wie die Wurzel aus der Höhendifferenz CE verhalte. FATIO hat den
Fehler später bemerkt und Jakob BERNOULLI im Brief vom
15.VIII.1701 (GMs 610,fol. 42) gebeten, die Passage
entsprechend zu ändern. Man lese die entsprechenden Bemerkungen im Anhang zu dieser Arbeit.

Anmerkungen zur Seite 241

(26) In dem zuvor erwähnten Brief an Jakob BERNOULLI gibt
FATIO noch ein zweites Luftthermometer an, das nicht
bei konstantem Volumen, sondern nach einem anderen
Prinzip arbeiten soll. In einem geschlossenen, zwei-
schenkligen Glasgefäß ab (Abb. 8.5.3), befinde sich
über dem Ende c einer Quecksilbersäule $\overline{fc}$

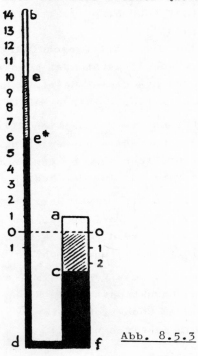

Abb. 8.5.3

ein Volumen $\overline{ac}$ von Luft, während über ihrem anderen
Ende e im Raum $\overline{eb}$ ein Vakuum vorliegen möge. Dann ist
die Geschwindigkeit V der im Volumen $\overline{ac}$ befindlichen
Luftpartikeln proportional der Wurzel aus dem Produkt
der Höhendifferenzen $\overline{ac}$ und $\overline{ce}$:

$$V \sim \sqrt{\overline{ac} \cdot \overline{ce}}$$

Das ergibt sich wie folgt: Der Druck auf den Quecksilberspiegel bei c ist gleich der Höhendifferenz $\overline{ce}$ der
Quecksilbersäule. Andererseits ist dieser Druck proportional zum Produkt aus der Dichte d und dem Quadrat
V^2 der Geschwindigkeit der eingeschlossenen Luft. Die

Anmerkungen zur Seite 241

Dichte ist aber umgekehrt proportional zur Höhe $\overline{ac}$.

FATIO weist nun darauf hin, daß durch die Menge von
Quecksilber in seinem Barometer mit der Höhendifferenz
$\overline{ce}$ stets auch $\overline{ac}$ gegeben ist. Man könne daher das Rohr
$\overline{bd}$ leicht mit Teilungsmarken versehen, und zwar, wie
FATIO schreibt, mit "zur Geschwindigkeit der Teile
der Luft proportionalen Zahlen (nombres proportionels
à la Vitesse des parties de l'air ac)". Was damit gemeint ist, läßt sich leicht einsehen: Nehmen wir an, o
bezeichne die Stelle, an welcher sich der Quecksilberspiegel im Schenkel $\overline{af}$ beim Einfüllen befand, das wieder bei Normaldruck und beim Gefrierpunkt des Wassers
erfolgt ist. Der Quecksilberspiegel befinde sich dann
im Schenkel $\overline{db}$ bei e*.

Setzt man:
$$\overline{oe*} = h$$
$$\overline{ao} = H$$
dann wird
$$V_o \sim \sqrt{hH}$$

Bei einer beliebigen anderen, etwa bei einer höheren
Temperatur, steigt der Quecksilberspiegel im Schenkel
$\overline{db}$ um
$$\overline{e*e} = \triangle h$$
und sinkt im Schenkel $\overline{af}$ um
$$\overline{oc} = \triangle H$$
die Geschwindigkeit V wird dann:
$$V \sim \sqrt{(H + \triangle H) \cdot (h + \triangle h + \triangle H)}$$

Man kann nun die Schenkel $\overline{af}$, $\overline{bd}$ so mit genauen Markie-
rungen versehen, daß man $\triangle H$, $\triangle h$ jeweils bequem ablesen kann. Man kann aber auch berücksichtigen, daß sich
$\triangle H$, $\triangle h$ umgekehrt wie die Querschnitte der betreffenden Schenkel verhalten und

Anmerkungen zur Seite 241

$$\triangle H = \frac{\text{Querschnitt } \overline{db}}{\text{Querschnitt } \overline{af}} \cdot \triangle h = k \cdot \triangle h$$

schreiben. Dann wird

$$V \sim \sqrt{(H + k \triangle h) \cdot (h + [k+1] \triangle h)}$$

Man braucht dann nur noch, sobald H, h, k bestimmt sind, $\triangle h$ abzulesen, um eine jeweils zu V proportionale Größe ermitteln zu können.

Zum Schluß ist zu bemerken, daß die beiden von FATIO 1701 vorgeschlagenen Luftthermometer später auch bei anderen Autoren zu finden sind. Das zuletzt genannte in J. HERMANNs 'Phoronomia' von 1716 (Lib. II, Scholium zu Cap. XXIV); das Thermometer konstanten Volumens in Daniel BERNOULLIs 'Hydrodynamica' von 1738 (Sectio X, §§ 6-10) - Bei beiden Autoren wird jedoch explizite ausgesprochen, daß Wärme in einer inneren Bewegung (motus intestinus) der Partikeln eines Körpers besteht und proportional zur Dichte und zum Quadrat der Geschwindigkeit dieser Partikeln ist. HERMANN gibt für sein Thermometer keine Eichung an, BERNOULLI dagegen will zur Festlegung des "primus coloris gradus" kochendes Regenwasser benutzen.

<u>Anmerkungen zu den Seiten 243-244</u>

<u>Anmerkungen zu Kapitel 8.6</u>

&(1) FATIO, GMs 603, fol. 70.

&(2) FATIO, GMs 603, fol. 63r^o.

(3) FATIO, FB, foll. 38r^o/38v^o = BOPP, p. 28 (Abschnitt 19).

(4) Ein solch "bestimmter, unendlich langer Körper" entsteht bei Rotation des Stückes OMNS einer gleichseitigen Hyperbel um deren Asymptote OS (Abb. 8.6.1); die Berechnung seines (endlichen) Volumens gelang als erstem TORRICELLI (cf. ZEUTHEN, p. 262).

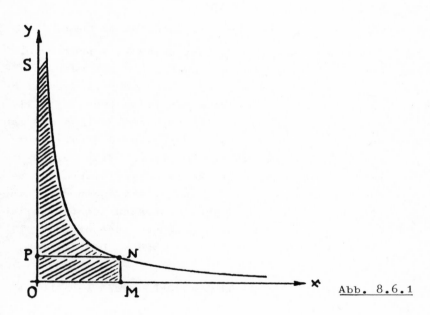

Abb. 8.6.1

Wenn $xy = k$; $M(x_1, 0)$, $N(x_1, \frac{k}{x_1})$

so ergibt sich bei Rotation um die y-Achse für das gesuchte Volumen V, das durch Rotation von SPN um OS entsteht:

$$V = \pi \int_{k}^{\infty} x^2 dy = \pi \int_{k}^{\infty} \frac{k^2}{y^2} dy = \pi k x_1$$

Anmerkungen zu den Seiten 245-254

(5) FATIO, FB, fol. 53r^o = BOPP, p. 59.

(6) FATIO, FB, fol. 38v^o = BOPP, p. 28 (Abschnitt 20).

(7) FATIO, FB, fol. 38v^o = BOPP, p. 28 (Abschnitt 20).

(8) FATIO, FB, fol. 38v^o = BOPP, pp. 28-29 (Abschnitt 20).

(9) FATIO, FB, foll. 48v^o - 49r^o = BOPP, pp. 49-50.

(10) Der Kopist des Basler Manuskripts schreibt w, BOPP liest ω (Omega), jedoch findet man in FG 5, der von FATIOs Bruder Jean-Christophe angefertigten Kopie ∞ .

(11) FATIO, FB, fol. 49r^o = BOPP, p. 50.

(12) cf. NEWTON, Principia, Lib. I, Scholium zu Lemma XI.

&(13) In diesem Sinne jedenfalls könnte man interpretieren, was FATIO in einem Brief an Jakob BERNOULLI schreibt: "Da ich aber bei meiner Hypothese mehrere Unendlichkeiten verwende oder wenn man es so [nennen] will, mehrere unendlich große Disproportionen, so muß man nur sein [mathematisches] Unterscheidungsvermögen recht gebrauchen, um sie in die richtige Reihenfolge zu bringen, damit keine dieser Disproportionen die Wirkung der anderen aufhebt, wozu die Unendlichkeit unterschiedlicher Ordnungen dient, die ich zwischen den unermeßlichen Größen festsetze". — FATIO am 22.III.1701 an Jakob BERNOULLI; GMs 610, fol. 42v^o.

(14) FATIO, FB, foll. 40v^o - 41r^o = BOPP, p. 33 (Abschnitt 29).

(15) FATIO, FB, fol. 45r^o = BOPP, p. 41 (Abschnitt 41).

(16) FATIO, FB, fol. 52v^o - 53r^o = BOPP, pp. 58-59.

(17) NEWTON verwendet in seiner 'Methode der Fluxionen' ein ganz ähnliches Beispiel (NEWTON, De methodis ... fluxionum = Mathematical Papers, Vol. III, pp. 70-73; Méthode des Fluxions, p. 21, N° LVIII).

(18) FATIO, FB, fol. 53r^o = BOPP, p. 59.

Anmerkungen zu den Seiten 255-259

Anmerkungen zu Kapitel 8.7

(1) FATIO, FB, fol. 49v^o = BOPP, p. 50.

(2) FATIO, FB, fol. 49v^o = BOPP, pp. 50-51.

(3) Dem Brauch der Zeit folgend gibt FATIO hier Beispiele
für beliebige positive und negative Abszissen, die aber
nicht den gleichen Betrag besitzen sollen.

(4) FATIO, FB, fol. 49v^o = BOPP, p. 51.

&(5) FATIO am 15.VIII.1701 an Jakob BERNOULLI (GMs 610, fol.
42). Dort heißt es im Einzelnen:

> "In einem System von Körpern, deren jeder sich unge-
> hindert und geradlinig bewegt, sind die Wirkungen
> des Stoßes die gleichen wie [dann], wenn das ganze
> System zusammen mit dem Raum, der es einschließt,
> über seine einzelnen Bewegungen (Mouvemens parti-
> culiers) hinaus sich mittels einer Gesamtbewegung
> (Mouvement general) geradlinig-gleichförmig ohne
> Kreisbewegung bewegt.
>
> Wenn ich also in meinen Abbildungen die verschiede-
> nen, durch GA repräsentierten Bewegungen zu betrach-
> ten habe und sie mit den durch CA repräsentierten
> Bewegungen vergleichen will, nehme ich an, daß sich
> das gesamte System der betrachteten Körper - wobei
> es seine Einzelbewegungen behält - mit einer Gesamt-
> bewegung bewegt, die durch die Richtung und Ge-
> schwindigkeit von AC repräsentiert wird, was be-
> wirkt, daß der Körper C in C unbewegt bleibt und die
> Partikel G, anstatt längs der Strecke GA zu laufen,
> nun längs der Strecke GC läuft. Es bleiben jedoch
> der Widerstand und alle Wirkungen gleich, und wenn
> ich so die durch CA repräsentierte Bewegung erhalte,
> lasse ich auch der Partikel G die durch GA repräsen-
> tierte Bewegung".

(6) CLAUSIUS, Annalen = BRUSH, p. 201, n.1.

(7) Über die Impulsänderung der Partikeln beim Stoß gegen eine Kugel cf. die Anmerkung (28) dieses Kapitels.

Anmerkungen zu den Seiten 261-263

(8) FATIO, FB, foll. $49v^o$ - $50r^o$ = BOPP, pp. 51-52.

(9) Da nach FATIOs eigenen Worten $H\mathcal{H}$ - also die mit $\triangle x$ bezeichnete Höhe einer Zone - gleich $\frac{2a}{n}$ ist, kann die Forderung, $\frac{\delta}{n}$ unendlich klein gegen $H\mathcal{H}$ zu machen, nicht
sinnvoll erfüllt werden. FATIOs Verfahren läuft aber
in Wirklichkeit so wie zuvor skizziert, d.h. mit $n \rightarrow \infty$
geht bei konstantem δ und konstantem a mit $\frac{\delta}{n}$ auch $H\mathcal{H}$
= $\triangle x \rightarrow 0$

(10) ARCHIMEDES, De planorum aequilibriis, Lib. I, Prop.
VIII (ARCHIMEDES, Opera, Vol. II, pp. 138-141).

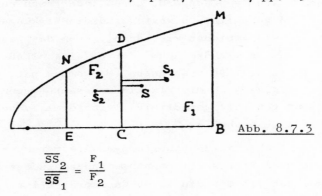

Abb. 8.7.3

$$\frac{\overline{SS}_2}{\overline{SS}_1} = \frac{F_1}{F_2}$$

und da

$$\overline{SS}_2 = x_{S2} + x_S$$
$$\overline{SS}_1 = x_{S1} - x_S$$

ist

$$F_2 x_{S2} + F_2 x_S = F_1 x_{S1} - F_1 x_S$$

(11) ARCHIMEDES, Quadratura Parabolae, Propp. XVI, XXIV.
(loc.cit., pp. 294-299, 312-315).

(12) ARCHIMEDES, De planorum aequilibris, Lib. II, Prop. X
(loc.cit., pp. 202-213). - Auf die in diesem Kapitel angeführten einschlägigen Lehrsätze des ARCHIMEDES hat
mich M. SCHRAMM hingewiesen.

Anmerkungen zu den Seiten 263-266

(13) Das Volumen ist

$$\sum_{\Delta x} x\sqrt{a^2-b^2+2bx}\cdot\Delta x = \sum_{n} x\sqrt{a^2-b^2+2bx}\cdot\frac{2a}{n}$$

gesucht ist aber

$$\sum_{n} x\sqrt{a^2-b^2+2bx}\cdot\frac{\delta}{n}$$

Also verhält sich das gewonnene Ergebnis zum gesuchten Widerstand wie $\frac{2a}{n}$ zu $\frac{\delta}{n}$

&(14) - (17) FATIO, FB, fol. 50 (Von BOPP nicht transkribiert).

(18) FATIO, FB, foll. 50r^o- 50v^o = BOPP, pp. 52-53.

(19) FATIO, FB, fol. 50v^o = BOPP, p. 53.

&(20) FATIO, FB, foll. 50v^o- 51v^o = BOPP, pp. 53-55. - Die Problematik dieses Falles wird von FATIO ebenfalls in dem schon zuvor zitierten Brief an Jakob BERNOULLI erläutert. Dort heißt es:

&"Und obschon in Fig. VII EC tatsächlich Geschwindigkeit und Richtung des Stoßes anzeigt, mit denen die von E nach A laufenden Ströme auf den Körper C prallen, von dem man sich vorstellt, daß er gerade in A ankommt, ergibt sich dabei keine bemerkenswerte Schwierigkeit: denn die Partikeln, welche die Strecke EA durchlaufen, bewirken in A tatsächlich einen Stoß nach rückwärts (un contrecoup) gegen den Körper C, der viel schneller als sie läuft, und der sie in A erreicht. Und dieser Stoß (contrecoup) stößt den Körper nach rückwärts und ist der gleiche, den die unbewegliche Kugel C verspürte, wenn die Partikeln E in der gleichen Zeit die Strecke EC in entgegengesetztem Sinne durchliefen. Wenn Sie sich in der Luft einen Wind vorstellen, dessen Geschwindigkeit nun EA ist, so steht fest, daß die Kugel, wenn sie die Geschwindigkeit CA besitzt, einen entgegengesetzten und ihrer Bewegung direkt entgegengerichteten Wind verspürt, dessen

Geschwindigkeit und Richtung richtig durch EC
repräsentiert wird. Ich glaube mich zu erinnern,
daß diejenigen, die über den Stoß gehandelt haben, EC die relative Geschwindigkeit (la Vitesse
respective) der Körper E und C genannt haben. Diese ist stets dieselbe, wenn die von E und C aus
startenden Körper sich am Ende einer gegebenen
Zeit in einem Punkt A begegnen, wo immer der auch
liegen mag und solange diese Relativgeschwindigkeit dieselbe ist, ist auch der Stoß derselbe" (GMs
610, fol. 42).

(21) Diese wörtliche Übereinstimmung ist leicht zu erklären.
Im Entwurf des Problems IV (vid. das 2. Kapitel dieser
Arbeit und deren Anhang) behandelt FATIO beide Fälle
noch nebeneinander, sodaß der Leser den Stand der Rechnung stets für beide Fälle zugleich im Auge hat (GMs 603,
fol. 96). Erst bei der für BERNOULLI bestimmten Fassung
werden die beiden Fälle einzeln und nacheinander abgehandelt. So ist zu erklären, warum nahezu wörtliche
Übereinstimmung herrscht und FATIO schon bei der Diskussion des ersten Falles den bei unbewegter Materie
entstehenden Widerstand zum Vergleich heranziehen kann,
obwohl sich dieser erst bei der Untersuchung des zweiten Falles ergibt.

(22) FATIO, FB, fol. 51v$^{\circ}$ = BOPP, p. 51.

(23) Eine sehr gute Einführung in die Methoden der Fluxionsrechnung ist de MOIVREs kleine Abhandlung: 'Specimina
quaeddam illustria Doctrinae Fluxionem etc.'

(24) FATIO, FB, fol. 52r$^{\circ}$ = BOPP, pp. 56-57. - Ganz entsprechend behandelt FATIO auch den zweiten Fall, b > a (FB,
foll. 52r$^{\circ}$- 52v$^{\circ}$ = BOPP, pp. 57-58).

(25) FATIO, FB, fol. 51v$^{\circ}$ = BOPP, p. 56.

(26) FATIO, FB, foll. 51v$^{\circ}$- 52r$^{\circ}$ = BOPP, p. 56.

Anmerkungen zu den Seiten 274-276

(27) Die "Ergänzenden Überlegungen" gehen auf M. SCHRAMM zurück, der meinen ursprünglichen Entwurf verbesserte
und in eine mathematisch einwandfreie Form brachte.

(28) Den Spezialfall einer Kugel, die sich mit der Geschwindigkeit b durch eine Ansammlung ruhender elastischer
Partikeln hindurchbewegt (a = 0), behandelt NEWTON in
den Propositionen XXXVI (1687) bzw. XXXV (1713 und 1726)
des zweiten Buches seiner 'Principia'. Dort ergibt
sich für den Druck p, den diese Kugel erfährt, die Hälfte des für eine ebene Scheibe ermittelten Wertes (cf.
Anmerkung (7) dieses Kapitels). FATIO wird dieses Ergebnis aus der Lektüre der 'Principia' bekannt gewesen
sein.

Anmerkungen zu den Seiten 278-281

Anmerkungen zu Kapitel 9

(1) HUYGENS, Oeuvres, Vol. XXI, p. 496.

&(2) GMs 603 joints, fol. 167 - In fol. 64 von GMs 603 heißt es irreführend: "für einen Mr. HOFMANN".

(3) HERMANN, Exercitationes, t.I., pp. 107-108.

(4) Der Mathematiker Jean-Louis JALLABERT heiratete 1740 Sybille-Catherine CALLANDRINI, eine Enkelin von FATIOs Schwester Sybille-Cathérine; beider Sohn François ist der JALLABERT, der von LE SAGE erwähnt wird (vid. Anmerkung (12) des Anhangs zu dieser Arbeit) und der im Besitze zahlreicher Papiere FATIOs war.

&(5) GMs 603, fol. 64.

(6) CRAMER, pp. 22-27.

(7) PREVOST, Notice, p. 64.

(8) WOLF, Biographien, Vol. IV, p. 182, n.19.

(9) PREVOST, Deux Traités, pp. XXXIV-XXXV.

(10) Dieser 'Essai' war - obwohl gedruckt - nur einigen mit LE SAGE befreundeten Gelehrten zugänglich. Das Tübinger Exemplar stammt aus dem Besitze C.F.v.PFLEIDERERs; Titel und Inhaltsverzeichnis hat LE SAGE geschrieben (oder schreiben lassen), Anmerkungen und Korrekturen im gedruckten Text stammen teils von PFLEIDERER, teils von LE SAGE selbst.

(11) Die Schrift wurde allerdings erst im Jahre 1784 publiziert.

(12) PREVOST, Deux Traités de Physique Mécanique. - Die aus vier Büchern bestehende erste Abhandlung enthält die Arbeiten LE SAGEs, die zweite einschlägige Überlegungen PREVOSTs zur mechanistischen Physik.

(13) PREVOST, Notice, pp. 164-165. - Das Zertifikat trägt die Unterschriften PFLEIDERERs und J.A. MALLETs und bestätigt, "daß Herr LE SAGE vor Ende März 1766 ... keinerlei Papiere von Herrn Nicolas FATIO über die Ursache der Schwere gesehen hat, und daß wir in diesen Papieren

Anmerkungen zu den Seiten 281-283

nichts gefunden haben, was Herr LE SAGE nicht schon
in den seinen detaillierter behandelt hätte".

(14) PREVOST, Deux Traités, pp. 4-15.

(15) PREVOST, loc.cit., p. 5. - In LE SAGEs Theorie voll-
ziehen sich die Stöße zwischen ultramundanen Korpuskeln
und irdischer Materie also völlig unelastisch; darin
sieht LE SAGE den gravierenden Unterschied zu FATIOs
Ansatz. LE SAGE unterstellt hier (loc.cit., p. 62) ebenso wie in dem bereits zitierten Brief an LAMBERT, daß
FATIO "eine vollkommene Elastizität der Elemente [der
Atome der irdischen Materie] und der Korpuskeln [der
schwermachenden Materie]" angenommen habe. LE SAGE hat
FATIO also nicht sehr genau studiert.

(16) PREVOST, loc.cit., p. 22.

(17) PREVOST, loc.cit., p. 61. - Der Betrag der mittleren
Geschwindigkeit der reflektierten Korpuskeln ist nach
LE SAGE zwei Drittel derjenigen der auftreffenden. PRÉ-
VOST gibt in einer Note auf p. 107 an, daß er die zu
diesem Wert führende Rechnung LE SAGEs weggelassen hat.

(18) PREVOST, loc.cit., p. 44.

(19) PREVOST, loc.cit., p. 45. - Hier beruft sich LE SAGE
ausdrücklich auf FATIO.

(20) Das dritte Buch in LE SAGEs 'Traité' handelt eigens von
der Natur der Gase ('Des Fluides élastiques ou expansifs'),
die LE SAGE auf eine Wechselwirkung seiner ultramundanen
Korpuskeln mit den spezifisch geformten Partikeln der
elastischen Fluida zurückführt. - PRÉVOST, loc.cit., pp.
123-151.

(21) THOMSON, Philosophical Magazine, Vol. XLV (1873).

(22) THOMSON muß seinen ultramundanen Korpuskeln also eine
eigene Struktur geben, er gibt ihnen - angeregt durch
Betrachtungen HELMHOLTZ' - wirbelförmige Gestalt (Rauch-
ringe).

(23) Will man sich nicht nur über diese Diskussionen, sondern

Anmerkungen zur Seite 284

über die Geschichte (mechanischer) Erklärungen der Gravitation im allgemeinen und über Ätherstoßtheorien im besonderen einen Überblick verschaffen, so sind dazu vorzüglich W.B. TAYLORs 'Kinetic Theories of Gravitation' von 1876 und C. ISENKRAHEs 'Das Räthsel von der Schwerkraft' von 1879 geeignet. Kurzgefaßte Darstellungen mit zahlreichen Literaturhinweisen findet man in DRUDEs Referat 'Über Fernewirkungen' von 1887 und in J. ZENNECKs Artikel 'Gravitation' von 1901.

(24) In seinem Artikel 'Atom' in der Encyclopaedia Britannica.

(25) Cf. die Anmerkung (50) im 6. Kapitel dieser Arbeit.

(26) POINCARÉ schließt dies einerseits aus der Proportionalität zwischen Gewicht und Masse und aus der daraus folgenden höchstmöglichen Absorption der Gravitationskraft durch die Materie und andererseits aus dem höchstmöglichen Widerstand, welchen die Planeten bei ihrem Lauf von den Korpuskeln der schwermachenden Materie erfahren dürfen.

(27) POINCARÉ, pp. 224-225.

Anmerkungen zu den Seiten 288-295

Anmerkungen zum Anhang

&(1) GMs 603, fol. 65.

&(2) GMs 603, fol. 64.

(3) GMs 603, fol. 82 = GAGNEBIN, pp. 125-126.

(4) Dieser Ansicht ist E. FUETER. Cf. FUETER, pp. 28-29.

(5) Schon das Oxforder Manuskript von 1696 hatte 49 Abschnitte.

(6) GMs 603, fol. 82 = GAGNEBIN, p. 125.

(7) GMs 603, fol. 82 = GAGNEBIN, p. 126.

(8) Jedenfalls haben sich nach FATIOs Angaben die dazugehörigen Abbildungen IV (Problem II) und V (Problem III) beim Oxforder Manuskript befunden.

(9) GMs 603, fol. 80r$^{\circ}$. - Der Entwurf ist mit dem Text von fol. 82 fast identisch.

(10) GMs 603, fol. 81r$^{\circ}$.

(11) GMs 603, Ms. joints, fol. 166 = GAGNEBIN, p. 142.

&(12) G.L. LE SAGE hat sich bezüglich des Manuskripts FG 2 notiert: "Gestern, am 17.X.1770 hat mir Herr JALLABERT ein undatiertes Heft Herrn N. FATIOs im Folio-Format übergeben, welches eine Vorrede und die ersten fünf Seiten einer gekürzten französischen Abhandlung 'Über die Ursache der Schwere' enthält, in der Form, in der er damals beabsichtigte, von ihr einige Exemplare drucken zu lassen" (GMs 603, fol. 103). - Einen der Gründe, weshalb FATIO nun auf einmal "nicht länger säumen wollte, einige Exemplare des Abriß' drucken zu lassen" nennt FATIO im Avertissement:

"Ich hatte verschiedentlich Gelegenheit ihn [den Abriß] einigen meiner Freunde zu zeigen; und häufig widerfuhr mir, daß ich ihn nicht finden konnte, obschon ich nach ihm mit größter Sorgfalt unter meinen Papieren suchte. Jahrelang glaubte ich ihn sogar verloren. Wenn ich nichts anderes bewirke, bewahre ich mich nun [durch den beabsichtigten

Anmerkungen zu den Seiten 295-304

Druck] wenigstens vor einem ähnlichen Vorfall" (GMs 603, fol. 82 = GAGNEBIN, p. 125).

In der Tat hatte FATIO sein Manuskript - so geht aus einem Brief an Chr. HUYGENS vom 15.II.1692 hervor (HUYGENS, Oeuvres, Vol. X, Lettre N° 2739 p. 257) - seit dem Herbst 1691 vermißt; nachdem es wieder aufgetaucht war, hat er offensichtlich den Entschluß gefaßt, sich durch den Druck eines Abriß' seiner Theorie wenigstens soviele Exemplare zu verschaffen, daß er solche an Interessenten verschicken und zugleich sich von der Furcht vor einem neuerlichen Verlust seines (nicht mehr unersetzlichen) Manuskripts befreien konnte.

&(13) GMs 603, fol. 95r°.

&(14) GMs 603, fol. 100r°.

&(15) FATIO am 15. VIII. 1701 an Jakob BERNOULLI (GMs 610, fol. 42r°).

&(16) GMs 603, fol. 100v°.

&(17) FATIO am 22. VIII. 1700 an Jakob BERNOULLI (GMs 610, fol. 33).

(18) FATIO am 30. XII. 1700 an Jakob BERNOULLI (GMs 610, fol. 39 = PREVOST, Fragmens, p. 9).

&(19) GMs 603, fol. 64.

&(20) GMs 603, fol. 66.

(21) FATIO am 30. XII. 1700 an Jakob BERNOULLI (GMs 610, fol. 39 = PREVOST, Fragmens, p. 9).

&(22) FATIO am 22. III. 1701 an Jakob BERNOULLI (GMs 610, fol. 42v°).

&(23) GMs 603, fol. 64.

&(24) Jean-Christophe FATIO am 13.XII.1703 an Nicolas F. (GMs 601, fol. 130v°).

(25) FUETER (Vid. die vorangehende Anmerkung (4)) schließt aus dem Umstand, daß alle mit der Jahreszahl "1706" versehenen Änderungen und Zusätze des Originalmanuskripts

Anmerkungen zur Seite 304

FO 1 (FG 1) auch im Basler Manuskript zu finden sind,
daß dieses Manuskript nicht vor dem Jahre 1706 entstanden sein kann. Warum aber hat FATIO dann einen Fehler nicht verbessert, der ihm schon fünf Jahre zuvor
aufgefallen war? Einsichtiger ist der umgekehrte Schluß:
Aus der wohlbegründeten Annahme, daß das Basler Manuskript 1701 entstanden ist, zu folgern, daß die mit der
Jahreszahl "1706" versehenen Änderungen und Zusätze zu
diesem Zeitpunkt mitsamt der Numerierung in das Originalmanuskript FO 1 zwar erst eingetragen wurden, nicht
aber erst entstanden sind. - Weitere überzeugende Hinweise auf die Entstehungszeit des Basler Manuskript
finden sich in dessen "Avertissement". Dort heißt es:

> "Sollte ich nicht gestehen, daß ich mich nicht dazu
> hätte bewegen lassen, diese Theorie gerade jetzt zu
> veröffentlichen, hätte ich mich nicht auf eine Art
> und Weise herausgefordert gefühlt, die mir unge-
> rechtfertigt genug erscheinen mußte? Man möchte
> mir - ohne mich zu kennen - den bescheidenen An-
> spruch bestreiten, den ich erheben könnte: zu den-
> jenigen Mathematikern gezählt zu werden, denen die
> neue und großartige Mathematik [die Infinitesimal-
> rechnung] nicht völlig unbekannt ist" (FB, fol. 54v$^{\circ}$
> = BOPP, p. 63).

Diese (und die ihnen unmittelbar folgenden) Zeilen können sich nur auf die Auseinandersetzung über das Brachystochronenproblem beziehen, die FATIO in den Jahren 1699
und 1700 mit LEIBNIZ und Johann BERNOULLI hatte (vid.
das 1. Kapitel dieser Arbeit), und FATIO hat dies gewiß
zu einem Zeitpunkt formuliert, als der Eindruck der ihm
widerfahrenen Kränkung noch ganz frisch war. Einen zweiten, noch deutlicheren Hinweis auf die Entstehungszeit
des Basler Manuskripts findet man in FATIOs eigenhändi-
gem Entwurf des "Avertissement" (GMs 602, fol. 32). Im
Basler Manuskript heißt es bezüglich der Theorie der
Schwere:

> "Ich werde hier nicht alles vortragen ..., sondern

Anmerkungen zu den Seiten 304-306

lediglich einen Teil, den ich wirklich unangreifbar gemacht habe [... mais seulement une partie que j'ai actuellement fait irreprochables]".(FB, fol. 54v^o = BOPP, p. 63).

Der Text ist offensichtlich verstümmelt, denn in FATIOs Entwurf heißt es an gleicher Stelle:

"Ich werde hier nicht alles vortragen ..., sondern lediglich einen Teil von dem, was ich tatsächlich vor mehreren Jahren vollbracht habe, wie ich durch völlig unanfechtbare Zeugnisse beweisen könnte [..., mais seulement une partie de ce que j'ai actuellement fait, depuis plusieurs Années, comme je puis prouver par temoignages tout à fait irreprochables]" (GMs 602, fol. 32).

Ursprünglich hatte an genau dieser Stelle der folgende Text im Entwurf des "Avertissement" gestanden:

"Ich werde hier nicht alles vortragen ..., sondern lediglich einen Teil von dem, was ich tatsächlich vor mehr als zehn Jahren vollbracht habe, wie ich durch eigenhändig geschriebene Zeugnisse der Herren NEWTON, HUGENS und HALLEY beweisen könnte [..., mais seulement une partie de ce que j'ai actuellement fait, depuis plus de dix Années, comme je le puis faire voir par des temoignagnes de Mrs. NEWTON, HUGENS et HALLEY écrits de leurs propres mains]" (GMs 602, fol. 32).

Erinnert man sich daran, daß FATIO seine Theorie am 8.III. 1690 auf einer Sitzung der Royal Society vorgetragen hat, und sich seine Priorität am 29.III.1690 durch die Unterschriften NEWTONs und HALLEYs bestätigen ließ, so ist die Angabe "vor mehr als zehn Jahren [depuis plus de dix Années]" genau dann recht zutreffend, wenn man annimmt, daß das Basler Manuskript und das die Abhandlung beschließende "Avertissement" etwa um die Jahreswende 1700/1701 entstanden sind.

&(26) GMs 603, Ms. ABAUZIT, fol. 1r^o.

 (27) PREVOST, Notice, p. 165.

&(28) GMs 603, fol. 102.

QUELLEN

Quellen zu den Seiten 313-315

Quellen zu Kapitel 1

(18) (Les reflexions ... etans) comme les premiers effets
de mon inclination pour les Mathematiques, ...

(19) (Sur ce pied la) vous pouvez examiner quelle prise il y
a dans les methodes que vous proposez pour en venir a
bout, quelqu'esperance qu'en donne la Theorie simple,
computant les erreurs qui s'insinuent dans les observations par les doutes dans l'estimation, par l'insuffi-
sance des instruments, et par d'autres circonstances
que l'experience fait connoitre lorsqu'on met la main
a l'oeuvre, et examinant qu'elle variation peut faire
la somme de ces petites erreurs dans la determination
de ce que vous cherchez.

(20) C'est ce qui lie les mains à Monsieur CASSINI et qui
l'empeche de pouvoir s'expliquer au ministre, qui ne
recevroit pas agreablement les propositions qu'on luy
pourroit faire sur ce sujet.

(21) (Je puis pourtant vous assurer ...) que ces considera-
tions ne font point que Monsieur FATIO porte ses pen-
sées jusques à souhaiter d'entrer dans l'Academie Royale des sciences, beaucoup moins jusques aux pensions;
ses desirs sont plus moderés; il sçait qu'il est d'une
age et d'une religion à ne pouvoir pretendre à tels
honneurs.

(41) Si dans le calcul Monsieur que vous avés pris la peine
de faire, il n'y a point d'erreur de nombres, les cartes
de Geographie manquent beaucoup dans la situation de
cette Ville; et j'enleve au Roi du coté de l'Orient par
une seule Observation plus de terrain que ses plus grands
Ennemis ne lui en pourront jamais oter.

(42) Depuis que le Pere CORONELLI nous demande une description de notre Lac et de cet etat pour l'inserer dans
le grand Atlas qu'il entreprend, on me persecute incessamment pour donner tout ce que mes observations peuvent
faire connoitre d'utile à cette description.

Quellen zu den Seiten 316-319

(52) ... parce que Mr. CASSIGNI ... avois dit que ... en
quas que Mr. de LOUVOIS voulu ocmente Lacademie il
vous nommerois comme une personne tres capable de bien
remplis une place ...

(53) Mais tout cela ne satisfait gueres les puissances qui
ont plus d'égard aux dépenses qu'aux Sciences ...

(54) ... pour veut que vous luy donnasié quelque nouveauté
eutile particulierement sur les niveaux donc il se cer
beaucoup ou sur quelque autre instrumen qui serve a
larpentage ou pour lever des plans et faire la carte
dun pay voyla ce que Mr. de LOUVOIS ayme mais il ne se
souslie gaire d'astronomie aussi des amis de Mr. CAS-
SIGNI luy on conseille pour ce bien mettre dans son
lesprit de faire plus paraitre de geografie que dastro-
nomie ...

(55) Je me suis aquis assés d'habitude à resoudre des problemes difficiles; mais je manque en ceci que je m'attache
presque davantage à ceux qui sont curieux, qu'à ceux
qui ont quelque utilité particuliere. Si vous remar-
quez quelque effet par le moien duquel Vous jugiez qu'on
puisse construire quelque machine utile; ou si Vous
aveez l'idée de quelque probleme considerable à quoi
Vous n'aiez pas le temps de Vous appliquer faites m'en
part.

(56) Nous avons une belle occasion de nous instruire de la
nature du phenomene lumineux qui nous parut à Paris au
commencement du printemps de l'année 1683, puis qu'à
present il en paroit icy un entierement semblable et à
peu pres dans le meme endroit du ciel.

(69) À l'égard du Phénomène dont vous m'avez envoyé la description j'attendray de la publier que j'aye reçeû de
vos nouvelles, puisque vous le voulez ainsy.

(71) (il dit que ...) vous luy marquié mesme que vous luy envoyé afin que sil arivois que quel quautre fit la mesme
decouverte comme il dit que cela est arivé il peut te-
moigné que vous estié le premier ...

Quellen zu den Seiten 319-325

(77) Je n'oublie pas Monsieur de parler de l'assiduité de
vos observations, de vos hypotheses de vos predictions
et de leur Verification èt de la bonté que vous avez euë
de me les communiquer.

(79) Je l'ay parcouru[?] avec un plaisir extraordinaire d'autant qu'il entient des observations tres importantes et
de tres belles reflexions.

(82) Il avoit sensible a l'Academie a la quelle j'avois com-
munique vos lettres a mesme que je les avois receues,
que vous aviez pris des precautins superflues ..., d'autant que vos simples lettres ettoient plus que suffis-
santes pour rendre temoignage de vos observations et de
vos meditations. ..., et il ne sera pas mal que vous
fassiez reflexions a quelques endroits de vostre traitte
qui pourroient paroitre trop pleins de precautions.

(93) Diverses sortes de rouës qui agissent toujours avec la
meme force.

(99) J'ai copié à la Haie pour Monsieur HUGENS un écrit de
quelques feuilles qu'il a composé touchant la cause de
la pesanteur et qui m'a beaucoup plû.

(108) (... si je ne partois) dans peu de jours (pour l'Angleterre: ...) j'espere d'y passer une bonne partie de
l'année, ...

(113) Les assemblées de la Societé Roiale ont recommencé à
Londres, mais je n'ai pas sçu qu'ils aient encore pro-
cedé à mon election qu'ils avoient resolue.

(117) J'ai cependant fini depuis peu une theorie que j'avois
dejà commencé en Hollande et qui est fort belle; mais
j'ai fait pour cela des efforts un peu trop grands, et
rien n'auroit pû me soutenir dans un travail si difficile excepté l'ardeur et l'apreté que j'ai pour la re-
solution quand je me suis fois animé à la rechercher.

(118) On avoit deja une methode usée semblable à la premiere
des deux miennes mais la seconde qui est sans doute
meilleur et d'une recherche bien plus difficile m'est

tout à fait particuliere: elle n'est cependant presque
autre chose qu'une suite de la premiere consideré de
la maniere que je la considere.

(120) Je ne vous fais point de complimens, mon cher Monsieur,
sur vostre Reception dans la Societé Roiale; parce que
vous merités encore plus que cela; ...

(122) ... il ne vous manqueroit qu'une pension conforme à
l'honneur que vous receuée d'étre membre d'un semblable
corps.

(125) Je suis moi même sans emploi au milieu de gens conside-
rables, qui me font la grace de m'aimer et s'interesser
pour moi, et qui dans le dessein de me faire plaisir ont
avancé 10 ou 12 personnes.

(128) I must only say, That not only I sought no advantage to
myself, but did often refuse what did offer. I was young
yet, and wanted nothing, but a greater degree of human
Prudence ...

(129) Mr. JOHNSTON a refusé cet emploi et m'a fait dire que
si j'avois voulu aller avec lui il auroit accepté.

(130) (Monsr. HAMPDEN etant brouillé à la Cour, ce qui fait
que) on ne s'empresse plus tant de lui faire plaisir ...

(131) Mais ie dirai sous un tel maistre j'aurois refusé trois
fois autant. ... J'avois affaire à un coeur difficile
à contenter et qui aimeroit mieux se mettre tout à fait
à l'étroit qu'il de s'embarquer dans des affaires mêmes les plus avantageuses, qui ne seroient pas entierement de son gout.

(134) Je recommenderai mon frere Fr. au Resident du Duc de
Zell qui est ici. Il m'a d'assez grands d'obligations
pour tacher de lui faire avoir de l'emploi chez le Duc
son maitre. Je m'etois emploié ici avec beaucoup de
chaleur pour les interets de la famille de ce Prince,
et même avec beaucoup de succez, n'eut été que le Roi
en prorogeant la 1er fois le Parlement fit échouer
l'acte par lequelle on vouloit déclarer la Duchesse de

Quellen zu den Seiten 327-329

Hanover pour 1er successeur à la couronne aprez la famille Roiale, qui est à present en Angleterre. Cet affaire là ne pouvoit guere manquer que par cette prorogation; et le ministre du Duc de Cell frere du Duc de-
Hanover scait bien que j'avois extremement contribué
pour ne rien de plus à la porter par le moien de mes
amis au point òu elle etoit venue. Je l'avoit à la
consideration de ce ministre même, qui est extremement
de mes amis et qui ne manquera pas de tacher de s'en
acquiter; ...

(143) ... dont le pere a cent mille livres de rente et qui
sans doute voudroit nous faire voyager en grands Seig-
neurs.

(144) Dans le commencement on m'avoit fait croire que j'irois
droit en Italie; aprez que l'on m'a en tenté par là et
que j'ai été une fois engagé on n'a plus parlé que des
Pays bas, du moins pour ces deux premieres années. Il
m'arrivera donc de sacrifier ma plus belle jeunesse et
apparemment l'age où je pouvois m'appliquer avec de plus
grand succez; et pourquoi? pour être aussi avancé au
bout de ce temps là que je le suis à present; c'est à
dire pour être également ignorant et sans un etablisse-
ment fixe.

(147) Vous pouvéz connoitre par votre propre expérience qu'un
trop grand attachement aux etudes, ruine la santé, af-
foiblit le corps et cause quantité d'incommodités dans
la vie outre qu'il est tres propre a rebuter des personnes qui n'ont pas un extreme penchant pour les
sciences.

(151) ... c'est moi qui ait montré en 1690 et 1691 non sans
beaucoup de patience à Monsieur HUGENS les Elemens de
mon Calcul.

(157) Pour moi si jamais j'ai cent milles escus de trop je
serai tenté d'ériger des statues et un monument a mon
ami feront connoitre a la posterité que pendant qu'il

Quellen zu den Seiten 329-334

étoit vivant il y a eu au moins un homme qui pouvoit
juger de son mérite. ... Encor avec 100 milles écus
auroit on de la peine a faire quelque chose digne
d'un si grand homme. Vous voyéz Monsieur que les véri-
téz extraordinaires donnent quelques fois un air d'ent-
ousiasme a ce que l'on dit.

(186) Dans sa Lettre à Monsieur DE BEYRIE il m'offrit ou me
proposoit de me charger de l'instruction du Prince
Electoral.

(188) ... je dois être bientot auprez du jeune Mylord RUSSELL
pour prendre soin de son Education ...

(191) ... son infinie paresse et un esprit volage qui ne veut
se fixer ni s'appliquer à rien. ... (Au reste je crain
d'en avoir trop vûpour me flatter encore d'esperance)
qu' il puisse quelque jour se distinguer beaucoup par
son merite personel.

(193) Je dois dientot aller à Oxford avec Mylord nous demeu-
rons longtems.

(194) Mr. FACIO est toujours a Oxfort avec le jeune Seigneur ... et il y doit demeurer quelque temps.

(196) Je commence à ressentir le prix et la plaisir de ma
liberté.

(197) I left Mylord on Thursday last about a misle beyond
Leyden, ...

(203) (Si j'avois cru qu'il y eut eu de la justice) à
proposer des problemes au public, c'est-à-dire à faire
marcher les autres sur ses propres pas sans qu'il y
ait d'autre gloire à attendre pour ceux là que d'avoir
pu suivre ceux ci, ...

(207) ... qu'il s'élevoit une expece de Tyrannie et d'auto-
rité souveraine parmi les Mathematiciens, qu'on publioit
des Programmes, qu'on interrompoit et qu'on inquietoit
tout le monde, que quelques uns de ce nouveau Tribunal
commencoient par un PLACUIT, qu'on proposoit des problemes, qu'on limitoit des Jours et qu'on ajoutoit quel-

quefois par grace de nouveaux Termes pour le Temps de
Solution, qu'enfin on prononçoit que tels et tels seulement les avoient resolus et qu'on avoit bien provû
que tels et tels seuls les pourroient resoudre.

(223) Je respire un air bien plus sain que celui d'Angleterre, mais moins propre pour les persons qui l'aiment les
Sciences.

(224) Mais de la maniere, dont je me trouverai Maitre d'un
tems, qui m'est infiniment precieux, depend le parti,
que je manquerai pas de prendre bientot, ou de me fixer
pour toujours au pais, ou d'aller me fixer ailleurs;
car je suis las d'une vie errante, et où le mouvement
continuel où je me trouve, me prive de diverses commo-
ditez trez solides.

(225) (... si je ne scaurois que) l'amour de la retraite se
rend le maitre de tout mon esprit.

(229) (... dans un temps) où à peine nous avions passé, moy
la Geometrie de DESCARTES, et mon frere les Elemens
d'EUCLIDE.

(233) Parmy les quatre Juges, que j'y nomme, il y en deux,
que je pourroy peut-être recuser à plus justes titres,
que mon frere ne vous recuseroit, ...

(234) Arrive que voudra, je serois ravi de pouvoir sacrifier
une partie de ce qui me reste de santé et de vie pour
vous, ...

(241) ... je connois qu'elle est fausse quoique beaucoup
meilleur que la religion Romaine. La verité en l'Eglise
de D. est depuis longtemps rompante et persecutée et
accablée sous les intrigues des Princes et des Eccle-
siastiques. Peu de gens les plus judicieux et les plus
favorisez du ciel (car il faut bien que je passe pour
visionaire dans votre esprit) echappent aux erreurs
qui triomphent aujourd'hui. Mais je scai que ce n'est
pas en vain que nous attendons notre délivrance quoiqu'-
apparent elle ne se puisse faire ni de nos jours ni
meme de quelques siecles.

Quellen zu den Seiten 337-340

(242) ... que Dieu se manifeste de nos jours par l'Operation
immediate de son Esprit, et par la Parole qu'il met
dans la bouche des Organes qu'il inspire.

(247) J'ai eu des Raisons, pour ne pas donner mon Consente-
ment, qu'on intercedât pour me dipenser de cette Peine.
Et je sais; que le Parti que j'ai pris, sera enfin le
plus honorable, et pour moi, et même pour ma famille.

(249) (Apres le Livre qu'on vous attribuë, vous ne pourriez
point esperer d'avoir une retraite, ni en Suisse ni a
Geneve, au cas que l'on ne voulut plus vous soufrir en
Angleterre. La reputation que vous vous éties aquis
dans les arts et les sciences n'etois elle capable de
vous satisfaire, etoit il besoin d'y ajouter des études,
qui ne peuvent que vous perdre de reputation parmi les
personnes qui ont conservé une raison exemte de cu-
riosité par raport aux évenemens futurs? ...) Je sais
que vous étes extremement fixe dans vos sentimens et
c'est peut étre en les suivant avec trop de passion,
que vous vous precipites sans en apercevoir, dans un
abime dont vous aures apparement de la peine à vous
tirer ...

(250) Que DIEU commence actuellement de repandre son Esprit
sur la Terre, et y établir son Regime ...

(251) Il y a très longtems, que je n'ai été dans leurs Assemblées. Et je ne crois pas qu'il faille, que je me
presse d'y retourner.

(256) As I was absent from England in 1713, when the second
Edition of those Principles came forth ...

(268) I dare not say how very much I would have given myself
for such a Book as this, if the Theory of Gravity had
been found by another than myself. I think I could have
subscribed even a great sum for one Exemplar, or have
gone even to the Indies to get a sight of it.

(270) (... that it has pleased) God Almighty to permit that
I should find the true and accurate Method of deter-

mining a priori in Feet, the distance of the Sun from
the Earth; or its Parallax, not only within 1 Second
of a Degree, or Within 1/6 part of a Second; but still
much more accurately, ...

(271) ... a good and conclusive Demonstration That the Globe
of the Earth is bigger than the Globe of Saturn.

(276) The moons dichotomy overthrow the NEWTONs System.

(280) On a taché de former une Societé d'Astronomes et de Mathematiciens pour refuter mes Demonstrations et mon
Système Astronomique du Monde. Mais celui qui a le premier tanté de le faire, a été si solidement refuté par
moi: que personne n'ose plus me combattre. On se re-
tranche à dire: Que ce que j'ai écrit, est si obscur,
qu'en ne sauroit l'entendre. ... Et il sembleroit plutot; qu'on n'attend que ma Mort pour se revetir de mes
Depouilles, et qu'on est jaloux de mes Succés. D'autant plus qu'on me regarde comme Etranger; et qu'on ne
penche gueres à favoriser ceux qui croient que Dieu se
manifeste de nos Jours. La Posterité ne tardera pas
longtems reconnoitre l'Exactitude et la Clarté de mes
Demonstrations, dont le Public n'a encore vu qu'une
tres petite partie. ... Personne ne sauroit étre plus
etonné que moi-même, de voir à quelles etranges et ab-
struses Verités m'ont conduit mes Demonstrations. ...
Mais, il me semble que la Providence a eu des Raisons
particulières, pour vouloir que ce fut moi qui les
apperçusse le premier.

Quellen zu Kapitel 2

(3) C'en est fait des tourbillons, Monsieur, qui n'étoient qu'une imagination creuse. Tout le Systeme de DESCARTES et tout son monde qui étoit si rempli qu'on ne s'y pouvoit tourner ne sont plus que des reveries dont on a du plaisir de rire aprez qu'on est instruit de la vérité.

(6) ... principalement, touchant la Cause de la Pesanteur.

(10) (Que mon Frère Ainé) en 1699, 1700, ou 1701 avoit fait une Copie des mes susdits Trois Manuscrits.

(11) J'en ai une copie fort éxacte, prise sur votre original, mais il faudroit la mettre au net ...

(12) (Que) Monsieur Jacques BERNOULLI a fait copier à Basle, en Fevrier 1701, mes Trois susdits Manuscrits n^o I, II, III.

(13) And again in 1700 I communicated the Original itself with several Additions to Mister James BERNOULLI Professor of Mathematics at Basil ... who suffered one or more copies to be taken of it.

(14) (l'Ecrit même) que ... me tient lieu d'Original par les Additions et les changemens que j'ai fait à mon Traitté...

(25) J'ai été obligé en 1700 de refaire tous ces Calculs ci; ne trouvant pas ceux qui j'avois faits autrefois, lequels sont ensevelis parmi mes Papiers.

(27) Morceau de N. FATIO transcrit en entier dans le Recueil d'ABAUZIT que celui-ci communiqua à LE SAGE le 21 mai 1758.

(28) On pourroit ajouter un Ether infiniment rare qui causeroit partout une Pesanteur reciproque.

Quellen zu Kapitel 4

(3) Je ne vois point de meilleur moien de bien imaginer
l'effet de la pesanteur, et d'entrer dans les veritables causes de cette qualité naturelle, que de supposer
qu'il y ait un torrent d'une matiere extraordinairement deliée qui coule de tous côtés directement contre
le centre de la terre et qui heurte comme un fleuve
tous les corps qui sont autour de la terre. Les corps
qui auront plus de surface et plus de matiere donneront
plus de prise à ce torrent, ...

(4) Si la terre a une feu dans son interieur et qu'on y
suppose des parties qui se subtilisent et qui y acquie-
rent un grand mouvement, elles pourront etre poussées
au dehors et comme soufflées de toutes parts. Cela
pourra donner lieu à d'autres parties plus grossieres
de succeder à ces premières et de tomber contre la
terre avec une grande rapidité.

(5) (Quoi qu'il en soit) supposé que cette pensée soit
fausse, elle suffit pour faire de bons raisonnemens ...

(6) Cette hypothese d'une matiere qui coule vers la terre
et qui pousse les corps pesans se trouve confirmée par
l'experience de la suspension du mercure purgé d'air
à passé 80 pouces de hauteur, ...

(20) (comme) la matiere subtile n'appuieroit pas plus fortement sur le vif argent de d que sur celui de a, ...

(21) Si cela se trouvoit par experience l'hypothese de la
pesanteur qui je viens de decrire paroitroit fort vraisemblable.

(24) ... à proportion de la solidité et de la grosseur des
parties qui le composent ...

(25) (si) une bale de plomb par exemple ou de bois etc.
attachée à un fil tournoit à l'entour du centre de la
terre avec une vitesse égale à celle de la matiere fluide qui cause la pesanteur, elle ne peseroit point vers
la terre ni ne tireroit pas le fil mais elle contreba-

lanceroit precisement l'effet de la pesanteur qu'elle
auroit lorsqu'elle seroit en repos.

(26) (Ainsi elles se peuvent) ranger à differentes distances de cet astre comme un corps un peu plus pesant
que l'eau douce s'enfonce et s'arrête à des hauteurs
determinées dans de l'eau où l'on a fait dissoudre une
quantité de sel et qui est ainsi plus pesante vers le
fonds que vers la superficie, ...

(28) J'ai de la peine à comprendre comme le mouvement iour-
naliner de la terre, qui dans le fonds n'est mouvement
que par rapport à un espace fixe imaginaire, peut
faire que les parties de la terre fassent un effort
pour s'eloigner du centre. Supposons un espace absolument vuide ou du moins tel qu'il n'apporte aucun changement au mouvement des corps. Dans cet espace imagi-
nons une boule a attachées au point fixe, et que cette
boule soit tournée en rond autour de b, on ne voit là
dedans rien de plus que si la boule etant immobile
l'axe b et l'espace vuide d'alentour tournoit seul à
contresens et je ne sçais ce qui pourrait causer ici
un effort à s'eloigner du centre.

(29) Neanmoins il faut bien qu'il y ait ici quelque difference entre ce qui arriveroit pour le mouvement circulaire et ce qui arriveroit pour le droit. C'est la
même chose soit que quelque corps se meuve en ligne
droite dans le vuide soit que le vuide se meuve directement contre ce corps. Mais il faut qu'il y ait de la
difference pour le mouvement circulaire. Si le vuide
tourne il ne fait nulle impression sur le corps a ni
pour   le faire tourner ni pour tirer la corde ab.
mais si le corps a est mis en mouvement nous concevons
que ce mouvement se feroit en ligne droite dans le
vuide si le corps a n'étoit attaché en b, or ce corps
qui est incessamment detourné de faire son mouvement
droit peut bien faire sentir continuellement un effort en b qui doit être égal à la force qu'il faut pour

le detourner de la ligne droite de la manière que cela
se fait ici. Mais ce chemin en ligne droite dans le
vuide ou dans une matiere infiniment liquide laisse
supposer à l'ésprit un espace immobile à quoi le mouvement en ligne droite se compare, (ou du moins une
ligne immobile qui est la route que le corps a vient
de suivre.)

(30) Comment une matiere presque infiniment liquide, telle
qu'est celle qui cause la pesanteur, et qui par consequent ne feroit aucune impression sensible sur les
corps par son mouvement direct quelque violent qu'il
fut, comment dis je cette matiere peut elle communiquer
un mouvement veritable par le seul effort qu'elle fait
à s'éloigner du centre en tournant circulairement.

<u>Quellen zur Seite 351</u>

<u>Quellen zu Kapitel 5</u>

(1) ... ce que Monsieur HUGENS pense touchant la cause de
la pesanteur, ...

(4) ... cette hypothese si simple de l'attraction, ...

(5) ... (cette hypothese) toute simple qu'elle est ne peut
pas bien être deduite d'une supposition encore plus
simple ...

(8) La Societé m'aiant demandé ce que je pense de la pesanteur. Pour expliquer j'établis diverses suppositions.

I   Je determine quelles sont les objections qui ne
font point de tort à une hypothese.

II   Que la pesanteur ne depend pas du mouvement journ-
alier de terre.

III Ni du mouvement annuel, ni de tous les deux ensemble.

IV   Ni de mouvemens rectilignes

V   Mais plutôt de mouvemens circulaires

VI   Non pas neanmoins 4 soient autour d'un seul axe

VII Que depend des mouvemens circulaires d'une matiere fluide impalpable

VIII L'hypothese de Mr. HUGENS touchant la pesanteur
Que cette hypothese est tres bonne et tres receva-
ble Aussi bien que celle de l'attraction mutuelle
des corps
Explication de l'hypothese de Mr. HUGENS
Que suivant cette hypothese il ne s'imprime pas de
mouvement horizontal aux corps solides
Non pas meme aux brins de poussiere
Comment les corps sont poussez perpendiculairement
en bas
Et non pas contre le ciel
Comparaison prise de ce qui arrive dans les corps
liquides
Experiences de Mr HUGENS pour confirmer son hypothese
1^e Experience
2^e Experience

Quellen zur Seite 351

(VIII) En combien de temps la matiere qui fait la pesanteur pourroit faire le tour de terre selon Mr HU-
GENS

Que le mouvement de cette matiere doit etre in-
comparablement plus rapide que Mr. HUGENS ne le
fait

Exemples de divers mouvemens tres rapides

Que les corps qui ont des pores doivent neanmoins
etre pesans mais non pas tant que s'ils etoient
solides

Mesure de la pesanteur des corps, et que leurs derni-
eres parties sont solides c'est-à-dire sans vuide
renfermé au dedans

Chose qui contribue à soutenir les brins de poussiere sans mouvement lateral

Matiere fluide plus subtile que l'air pesante selon
Mr. HUGENS

Ce qu'il confirme par quelques experiences qui
peuvent neanmoins avoir d'autres causes

Supposition simple d'où je pretens que l'hypothese
de Mr. HUGENS peut être deduite

Qu'il y a du vuide

Entrée dans l'examen de ce qui doit suivre de ma
supposition

Qu'il se forme naturellement dans la matiere fluide
qui environne des corps solides une force d'éloignement de ces corps

D'où resultent la pesanteur et l'attraction

Comment cette force doit etre etendue et qu'elle
retombe dans l'hypothese de Mr. HUGENS

De la compression des corps par une matiere tres
fluide

Experience sur ce sujet à l'egard de l'air

Que cette compression vient du choc

En quel sens et comment la force du choc est
commensurable à celle de la pesanteur

D'où procede la force de dilatation dans l'air etc.

Quellen zur Seite 351

(9) Si on fait quelques exceptions qui ne detruisent nullement le fonds d'une hypothese mais qui en puissent seulement varier ou limiter tant soit peu les effets, il ne
faut nullement regarder de telles objections commes des
objections capitales qui renverseroient l'hypothese et
la detruiroient entierement. Tout ce que l'on peut de-
mander est que l'on determine, s'il est possible, jusque
où ces effets se peuvent étendre, et quelles alterations
se doivent necessairement produire ...

(10) ... une force ... de compression vers ce centre.

(11) Ces raisonnemens ... conduisoient naturellement à l'hypothese de Mr HUGENS ...

(12) ... qui est sans contredit ce que nous avons de meilleur
sur cette matiere.

(13) ... il y a une disposition tres mechanique dans le monde
qui fait cet effet que les corps solides sont portez les
uns vers les autres.

(14) ... Mr. NEWTON à qui ma pensée n'étoit peut être pas
venue dans l'esprit ait neanmoins cultivé cette hypothese si simple de l'attraction, et rendu par la des raisons tres solides du mouvement des planetes et de quelques autres apparences de la nature.

(15) On voit donc que le corps P nage dans un fluide duquel
plusieurs parties ont en consequence de leurs mouvemens
une force de s'éloigner du point C. Mais le corps P qui
est supposé en repos n'a point de force semblable c'est
pourquoi la matiere fluide ait par là une occasion de
s'éloigner du centre C et d'obeir à la force qui resulte
de son mouvement. Il ne faut pas douter que le P ne
soit effectivement poussé vers le centre C. Car il nage
librement dans le fluide et en peut être consideré comme
une partie: mais il est de la nature des fluides c'est-
à-dire qu'il suit de la disposition de leurs parties et
de la liberté qu'elles ont au mouvement, de ceder aisement à l'impression de toutes sortes de forces. Ainsi le
fluide aiant une impression de force que l'éloigne du

Quellen zu den Seiten 351-352

centre C il ne faut pas douter qu'il ne s'y accommode
et ne chasse ainsi le corps P directement vers la terre
puis que c'est là le seul moien de ceder à cette impression.

(16) Je sais bien qu'on aura de la peine à concevoir ce que je
dis ici et que l'on croira peut être qu'il faudroit
tirer de tout autres consequences de ce principe que le
fluide autour de P a une force pour s'éloigner du centre
C: car dira-t-on il doit donc presser le corps P vers le
ciel et plutot l'emporter de ce coté là que le pousser
vers la terre contre laquelle ce fluide n'a aucun penchant pour le dire ainsi, ni aucune force qui l'y pousse.

(17) ... (un exemple) tres juste et tout à fait à propos.

(18) ... (ajoutons donc) autant de parties pesantes entre les
pores du liquide qu'il lui en faudroit pour égaler justement la pesanteur de l'eau ...

(19) ... c'est justement la même chose qui doit arriver à
l'égard du corps P.

(20) ... une force de s'éloigner de la surface K...

(21) Si l'on pouvoit exciter egalement dans un meme vaisseau
plein d'eau divers mouvemens circulaires en deux sens
opposez et qu'alors la boule fut laissée en pleine liberté il n'y a pas de doute qu'elle ne descendit directement au centre: ce qui éclaircit entierement l'hypothese de Mr. HUGENS.

(22) Mais il y a des raisons tres fortes qui me font croire
que cette vitesse de la matiere fluide doit être incom-
parablement plus grande.

(23) ... car la pesanteur des corps doit être mesurée par la
quantité de matiere fluide qui peut monter en leur place.

(24) ... une autre matiere fluide tres subtile ...

(25) ... une supposition tres simple et tres vraisemblable.

(26) ... dans le monde il y ait une matiere fluide repandue
par tout, dont les parties soient tres deliées et agi-

Quellen zur Seite 352

tées avec une tres grande violence indifferemment en
tous sens.

(27) ... je parle ici d'un vuide tres reel et tel que l'on
conçoit celui que DESCARTES et ARISTOTE ont nié.

(28) ... l'agitation qu'elles ont aujourdhui et que l'auteur
de la nature leur a pû donner dès le commencement est
celle qui resulteroit apres un tres long-temps de cette
supposition si simple qu'elles eussent été d'abord indifferement agités en tous sens: or le monde etant supposé formé pour une fois la disposition qui resulte de
la aprez un tres long-temps est celle là meme qui se
doit naturellement conserver par la suite ...

(30) ... qu'à proportion des reflexions qui se feront sur le
corps CS il se formera incessamment dans la matiere fluide qui remplit les espaces autour de lui une force
d'eloignement du centre C.

(31) ... ce qui donne une explication Mechanique de cette
proposition que les corps solides s'attirent les uns les
autres...

(32) Mais si l'on y prend garde on verra que cette force
d'eloignement ne peut être expliquée ni entendue plus
commodement qu'en retombant dans l'hypothese de Mr. HU-
GENS, je veux dire qu'on doit supposer, qu'il se forme
dans la matiere fluide des mouvemens circulaires en tous
sens et concentriques au point C ce qui est la meilleur
maniere et la plus simple pour exprimer cette force ...

(33) ... si on suppose un espace immense où cette matiere
soit dispersée et parmi elle divers globes comme C
placez ça et là ...

(34) ... qu'ils seront plus pressez par derriere et contraints
de s'approcher les uns des autres.
... (ce qui feroit) le choc des parties du fluide sur
les corps A et B bien moins frequent du coté que les
corps se regardent mais plus frequent du coté opposé.
Car il faut remarquer que cette matiere fluide aiant ses

Quellen zu den Seiten 352-353

parties agitées comme je l'ai supposé comprime fortement
les corps qui sont au dedans d'elle et les espaces où
elle touche et qu'ailleurs elle se tient comprimée elle
meme.

(37) Premierement pour en appeller à quelque experience supposons un vaisseau plein d'air commun, et que l'on épuise
le premier air contigu qui est autour de lui; il est
constant que l'agitation des parties de l'air renfermé
ou comme on l'appelle la force de son ressort pressera
toujours tres fortement les cotez du vaisseau et meme la
surface d'un corps pesant qui pourroit etre suspendu dans
le vaisseau. Or en cette experience ce n'est point la
pesanteur de l'air qui fait la compression; c'est seulement la force du ressort de ce peu d'air qui est renfermé
dans le vaisseau et cette force est equivalente à la
pression de l'air superieur et la peut soutenir precisement. Mais elle ne peut guere être attribué à autre chose
qu'à l'agitation des parties de l'air ce qui est simple
et facile et une suite naturelle de cette agitation, qui
dans ma pensée est principalement entretenue par le choc
continuel des parties d'une matiere tres deliée et tres
fluide et d'ailleurs extremement agitée.

(38) ... qu'il pourroit suffire d'appliquer des poids de toutes parts autour du vaisseau pour être balancer la force
de ressort de la matiere qui est au dedans ...

(39) Il semble que la force de la dilatation dans un air com-
primé ne soit qu'une consequence de ce que les petites
parties de cet air tendent à s'écarter les unes des autres en ce qu'elles tendent chacune à se mouvoir directement en ligne droit.

(44) Mais il y a des raisons tres fortes qui me font croire
que cette vitesse de la matiere fluide doit être incom-
parablement plus grande. Car ce que l'on peut conclurre
de ce calcul est que la force centrifuge de la bale
seroit égale à la force centrifuge d'un égal volume de
la matiere fluide qui cause la pesanteur: mais ce volu-

Quellen zur Seite 353

me, contenant selon tout apparence beaucoup moins de
matiere que le plomb, pour avoir une force centrifugue
actuellement égale à celle de la balle doit tourner
d'autant plus vite qu'il contient moins de matiere.

(49) (Voici) mon objection contre Mr. HUGENS dans sa veritable force, (quoi que je l'aie bien voulu dissimulant
dans la lettre dont le brouillard est la-dessus) Mr.
HUGENS dans sa derniere lettre m'a paru si chatouilleux
que j'ai cru devoir éviter de le toucher trop vivement.
...

(50) Dans la matiere qui l'environne et qui peut monter en
sa place il y a du vuide selon Mr. HUGENS.
... (par cette raison) quand un corps pesant tombe il
descend bien plus de matiere qu'il n'en monte. ...
Or moins il y aura de matiere capable de causer la pesanteur (qui montera en A,et) plus sa force centrifugue
devra être grand pour faire tomber le corps A avec la
vitesse qu'ont ordinairement les corps pesans dans leurs
chutes.

Quellen zu den Seiten 356-369

Quellen zu Kapitel 6

(13) In February 1689/90 I did read at a Meeting of the Royal Society an Abridgement of my French Treatise about the Cause of Gravity.

(23) Il me fait donc Objections qui montrent qu'il n'avoit pas entendu à fond ma Théorie.

(38) Dans l'hyperbole Rectangle p.9

$CA = a$; $AZ = x$; $CZ = ZT = a + x$

$ZT^2 = a^2 + 2ax + x^2$ Force du Courant Direct.

$\overline{2a + x} \cdot x = 2ax + x^2 = Zt^2$ Force du Courant Reflechi.

$a^2 + 2ax + x^2 - 2ax - x^2 = a^2$ Force qui reste toujours la même, quand la Force du Courant Reflechi Zt est retranchée de la Force du Courant Direct TZ; en quelque Lieu de AZ que tombe le Point Z.

(42) Dans la Figure pag.9 Soit $CA = a$; & $CZ = ZT = aa + xx$

Par la Construction même de cette Hyperbole, $TZ = AZ$.

Or la Force du Courant CA est exprimée par aa.

Et la Force du Courant Direct TZ est exprimée par aa+xx

Et la Force du Courant Reflechi Zt exprimée par xx

Qui étant retranchée de la Force du Courant Direct.

Il restera toujours la Force aa, telle que puisse être la Longueur de CZ.

(50) Il seroit trez difficile, et assez inutile comme vous verrez tout presentement de faire un calcul qui regardat les petites Distances; Car les principes qu'il faudroit suivre seroient obscurs, et trez sujets à étre contestez.

Quellen zu den Seiten 370-379

Quellen zu Kapitel 7

(1) For if there be a Mechanical cause of Gravity, as it is most probable, there is also a demonstration that there can be no other cause of it than that which I give.

(9) (And) here I must observe that all these Testimonys, and particulary that of monsieur HUGENS, have so much a greater weight, as they were given after his publishing his own Theory of Gravity.

(10) Je ne scai si vous scavez qu'il a découvert Geometriquement le Veritable Systeme du Monde d'une maniere qui ne laisse aucun doute dans l'esprit de ceux qui sont capable de l'entendre.

(11) Every one of the Phenomenes in Astronomy, upon which the Theory of the system of the World is grounded confirms as much my Theory, as it does Sr.Is.Ns. Conclusions about Gravity ... So that it cannot be looked upon as a meer Hypothesis, no more than Sir Is.Ns. Principles. If I do any more spend some considerable time about these matters, I may write that Theory in Propositions demonstrated after Sir Isaac's method. So that it may not only seem to be of a piece with the rest of his work, but really to be a very notable Part of the whole, and the Key and Inlet both to it and to the knowledge of the first Principles of Nature.

(12) Sir Isaac NEWTONs Testimony is of the greatest weight of any. It is contained in some Additions written by himself at the End of his own printed Copy of the first Edition of his Principia, while he was preparing it for a second Edition, And he gave me leave to transcribe that Testimony.

(17) (I know) that Sr. Isaac had a greater value for this Theory than he cared openly to own, as I can shew even from the last edition of his opticks.

(43) Le plus grand honneur qui je puisse faire au Traité de l'Abbé de VARIGNON c'est de n'en pas parler.

Quellen zu den Seiten 379-381

(44) Je me souviens que Mr. HUGENS me fit, pendant longtems, des Objections frivoles, qui ne venoient que de ce qu'il n'avoit pas bien entendu mon Hypothèse. Mais aiant eu occasion de le voir, en 1690 et en 1691, je dissipai entierement ses Scrupules, et je le laissai foit surpris, quand il eu connu ma pensée à fonds.

(56) Les Atomes extraordinairement petis, ..., causeront autour d'eux une Pesanteur, qui sera reciproquement comme le quarré de la Distance, dans les Distances qui seront grandes par raport à la grandeur de l'Atome. Or ces grandes distances là comprennent à nôtre égard, meme les Distances tout à fait insensibles; à cause de l'extreme petitesse des Atomes de la Matiere.
A present je suppose que la Terre entiere est composée de tels Atomes, qui produisent chacun autour de soi une pesanteur, qui, dans les moindres distances sensibles, soit reciproquement comme le quarré de la distance; aprez quoi je demontre que la Masse entiere de ces Atomes, c'est-a-dire, le Globe entier de la terre produit autour de son Centre une Pesanteur qui est, par tout au dessus de la Surface de la terre, reciproquement comme le quarré de la distance au Centre. Mais Mr. NEWTON aiant donné, dans son traité (p. 193) (NB Il faloit ici p. 195), une Demonstration de la même chose, je n'ai pas crû m'y devoir étendre, particulierement dans un simple Abregé de ma Theorie.
Tout ce qui me reste à faire, en ceci, c'est de donner une telle Structure aux Corps terrestres, que les Atomes, dont la Terre entiere est composée, n'empêchent point que la Pesanteur, qu'ils produisent, chacun autour de soi, ne s'étende librement fort au loin; et c'est à quoi sert uniquement l'infinie rareté que je reconnais dans les Corps terrestres ...
Or cette Immense rareté fait que toute la matiere qui a touchée un de ces Atomes, ressort de toutes parts les autres Atomes terrestres, que par une partie de soi même que je regarde comme infiniment petite, ... Et partant, même dans la masse entiere de la terre, les Atomes produiro

Quellen zur Seite 381

autour d'eux dans toutes les distances sensibles des Pesanteurs qui seront reciproquement comme le quarré de la
distance: d'où il suivra que, partout au dessus de la
Surface de la terre, la Pesanteur sera reciproquement
comme le quarré de la distance au Centre de la terre
même ... Je remarquerai seulement que les petits fils,
dont je tiens que les Atomes terrestres sont composez,
peuvent être si infiniment deliez, qu'ils disparoissent
entiere, quoi qu'on ne s'éloigne d'eux qu'une distance
infiniment moindre que n'est le diametre entier de l'Atome, supposé qu'il soit formé comme un Rezeau, qui re-
tourne de toutes parts en soi même.

(61) Mr. BERNOULLI ne vous a point écrit, depuis votre depart
de Duillier.

(62) Votre traité viendroit fort a propos avec celui de Monsr.
NEWTON pour donner une nouvelle idée de la Philosophie.
Apres la reputation que Monsr. DESCARTES s'est aquise
par ses ouvrages vous pouvéz juger que ce seroit un puis-
sant moyen d'etablir la votre que de donner au public un
Systeme bien démontré et qui détruiroit une partie de ce
qu'a établi ce grand Philosophe.

<u>Quellen zur Seite 382</u>

<u>Quellen zu Kapitel 8.1</u>

(1) De la Cause de la Pesanteur.

Table ou Indice imparfait pour mes Manuscrits N^O I, N^O II, et N^O III.

1 Cette Theorie de la Cause méchanique de la Pesanteur a été en Automne 1689.

2 La Lecture et l'Explication en fut faite en presence de la Societé Royale le 26 Fevrier 1689/90;

3 Où l'on me demanda par écrit le Plan et l'Idée de ma Théorie. Et les voici.

4 Il n'y peut avoir que Deux Causes méchaniques de la Pesanteur; l'une publiée par Monsr. HUGENS, et l'autre infiniment préferable trouvée par moi.

5 Elle consiste en un Ether trés rare, trés élastique et trés agité; et rend raison de la Diminuation de la Pesanteur à proportion que le Quarré de la Distance augmente.

6 Et subsiste pour toujours, nonobstant la Révolution des Corps Celestes dans leurs Orbes.

7 Extreme Rareté de la Matiere grossiere, et de l'Ether; duquel les Courans qui ont traversé la Terre ou le Soleil étant plus foibles que les Courans contraires, cette Difference suffit pour produire la Pesanteur.

8 Réponse à l'Objection que la Condensation de l'Ether, de la Terre et du Soleil etc., et la Diminuation de son Mouvement seroit à craindre.

9 Effet de cette Objection sur moi pendant deux ou trois Ans; et ma Surprise quand j'y eus trouvé la Réponse.

10 Comment la même Pesanteur se peut produire en ne perdant que si peu que l'on voudra du Mouvement de l'Ether. Et comment l'Ether etant supposé aussi rare qu'on voudra et son Ressort à peu près parfait, une très petite Quantité de Matiere peut suffire pour produire les Pesanteurs dans tout l'Univers;

11 Et cela même pour toujours.

12 Usage de cette Théorie dans la Philosophie. Et ce qui est requis afin que la Pesanteur des Corps grossiers

Quellen zur Seite 382

soit proportionelle à leur Masse. Et particulierement leur extreme Rareté ou Porosité.

13 Qu'on pouroit supposer divers Ordres de Particules dans l'Ether, toutes de differentes Densités: Et ce qui feroit la Distinction de ces Ordres.

14 Effets diversifiés de leur Elasticité.

15 Et particulierement que le Monde s'entretiendra dans l'Etat où il est. Touchant ce qui arriveroit si les Corps grossiers étoient dissipés en leurs petites Particules. Et comment il se pouroit produire divers Systemes de Globes s'attirans les uns les autres. Mais qu'en tout ceci le Concours du Créateur est necessaire.

16 De l'extreme Rareté ou Porosité des Corps grossiers.

17 Quels sont les Juges que je reconnois ou que je re ...

18 Que la Theorie de la Pesanteur est le Fondement de la Philosophie naturelle. Reflexion sur la Vitesse de la Lumiere.

19 Que nos Idées ne nous representent ni les veritables Grandeurs ni les veritables Vitesses des Corps, mais seulement leurs Proportions entr'elles. Des Quantités infiniment petites et infiniment grandes. Et de leurs differens Ordres. Definition de l'Infini, et de l'Immense. Du parfaitement Infini. Qu'il y a des Infinis ou Immenses de plusieur Ordres infiniment plus grands les uns que les qutres.

20 L'Espace est parfaitement Infini; c'est à dire qu'on ne lui peut ajouter aucune Etendue qu'il ne contienne pas encore. Continuation de la Théorie des Infinis.

21 Ma Théorie montre pourquoi la Pesanteur diminue à proportion que le Quarré de la Distance augmente; nonobstant toutes sortes de Variations dans les Particules qui composent l'Ether.

22 Comment plusieurs des Particules qui composent l'Ethe peuvent ralentir ou augmenter leur Mouvement.

23 La Nature semble aussi presenter un Principe de la Fuite des Corpuscules Terrestres entr'eux.

Quellen zur Seite 382

24 Par celui de l'Attraction Monsr. NEWTON a solidement
   établi I au moins en partie I le Systeme du Monde.

25 Des Figures des Particules qui composent les Corps
   terrestres.

26 Des Proprietés de la Lumiere et des Couleurs: Qu'elles
   suffisent pour établir l'extreme Porosité des Corps
   Terrestres.

27 Probleme touchant l'opposition d'un Corps Grossier
   aux Mouvemens libres des Parties de l'Ether.

28 Solution, supposant que dans la Reflexion il se perd
   en Gros quelque chose de leur Vitesse.

29 Idée des Pyramides dans lesquelles se meut l'Ether,
   et qui ont pour Sommet une Portion infiniment petite
   de la surface d'une Globe Solide, ou d'une Globe Ter-
   restre Poreux. Et premier du Mouvement de l'Ether qui
   descend le long de ces Pyramides.

30 Distinction d'une infinité de differentes Classes de
   l'Ether qui descendent le long d'une de ces Pyramides.
   Et Reflexion infiniment diversifiée de chaque Classe
   en particulier.

31 Que cette Reflexion diminue à tout prendre quelque
   chose de la Vitesse des Particules réflechies dans la
   même Pyramide. Que chaque Courant qui descend ou qui
   monte uniformement le long de chaque Pyramide a sa
   Force reciproquement comme le Quarré de la Distance
   au Sommet de la Pyramide.

32 Mais la Somme de Courans qui remontent étant la plus
   faible; non seulement leur Effet sera détruit par la
   Somme des courants contraires; mais encore il restera
   un Courant tendant vers le Sommet de la Pyramide, et
   dont la Force sera reciproquement comme le Quarré de
   la Distance à ce Sommet.

33 Ainsi faisant le même Raisonement pour chaque Particule de la Surface du Globe C, en aura un Courant perpe-
   tuel tendant vers ce Globe, et dont la Force, dans les
   grandes Distances, sera reciproquement comme le Quarré
   de la Distance.

Quellen zur Seite 382

34 Explication plus particuliere, supposant que le Globe
C soit extraordinairement Poreux, comme le sont les
Globes du Soleil et de la Terre.

35 Objection, Que l'Ether s'épaissira autour du Globe C.
Reponse à cette Objection.

36 Que la Perte de la Vitesse dans le Reflexion peut
être infiniment petite; et pourtant produire une Force
de Pesanteur donné.

37 Theoremes. Le Choc de notre Ether agité, contre un
Plan donné qui lui est exposé, est exposé, est 1/6
du Choc de ce même Ether, si tous les Mouvemens
étoient rendus perpendiculaires au Plan, et composoient
un Courant general.

38 Si on represente par CA [Fig. III] la Vitesse du
Courant de l'Ether qui produiroit la Pesanteur, de-
terminer le Lieu Geometrique qui donne les deux Courans opposés TZ, Zt qui produiroient la même Pesanteur. Que ce deux Courans peuvent approcher à l'infini d'étre egaux y si on augmente leur Vitesse et la
Force de la Reflexion.

39 Regle supposant que la même Pesanteur soit produite
par unEther plus ou moins Dense.

40 On peut produire la même Pesanteur, en diminuant à
l'infini la Densité de l'Ether, et augmentant la Force
de la Reflexion.

41 A des Vitesses Immenses on peut substituer des Vitesses extremement grandes et par elles expliquer, mais
plus imparfaitement, la Cause de la Pesanteur.

42 Raisons pour reconnoitre plutot l'Operation immediate
de Dieu, sa Toute puissance, sa Presence en tous
Lieux et les Vitesses immenses des Particules de l'E-
ther, par lesquelles Il produit en tous Lieux et pour
toujours la Cause Universelle de la Pesanteur.

43 Qu'il ne peut y avoir d'autre Cause mechanique de la
Pesanteur que celle que j'indique; à laquelle on peut
joindre une ou deux Branches qui n'en font ou un co-
rollaire ou une Imitation imparfaite.

Quellen zur Seite 382

44 Quoi qu'on puisse vouloir attribuer la Cause de la
Pesanteur à une Volonté immediate de Dieu: diverses
Raisons font croire que cette Cause est méchanique et
qu'elle resulte des Loix ordinaires du Mouvement.

45 Nécessité du Vuide, telleque puisse être la Cause de
la Pesanteur.

46 Distinction manifeste entre l'Etendue et la Matiere.

47 Que les Mouvemens entremêlés de la Matiere y augmen-
tent la Resistence au Mouvement.

48 Contre les Cartesiens qui confondent l'Etendue avec
la Matiere.

49 Continuation tant du même Sujet que sur la Necessité
du Vuide.

(2) 50 Comparaison des deux Causes de la Pesanteur: l'une
méchanique, et l'autre consistant en une Volonté ar-
bitraire de Dieu.

Addition faite en l'An 1742

51 La Cause mechanique de la Pesanteur conduit à la Con-
noissance exacte de la Parallaxe du Soleil et du Systeme du Monde; et à des Sécours sans lesquels on ne
scauroit avoir comme je l'ai une assez bonne Méthode pour trouver la Longitude sur Mer.

52 Qu'il n'y a pas lieu de craindre qu'à la longue le
Mouvement en general se ralentisse dans l'Univers.

Quellen zu Kapitel 8.4

(25) ... une idée singulière suggerée par Monsieur NEWTON.

(35) Que l'on conçoive l'espace d'une heure de tems à commencer d'un moment déterminé, et que l'on conçoive tous
les corps qui sont dans l'univers avec leurs differentes
figures et leurs differens mouvemens pendant cette heure. Ensuite que l'on conçoive que tous ces corps soient
remis au même état où ils etoient au commencement de
cette heure et qu'alors ils soient aneantis mais que
pendant une heure de tems on suive dans l'espace les
lieux où les corps se devroient être trouvez; lesquels
ont peut appeller leurs ombres ou leurs vestiges. Ces
vestiges observent contre eux les mêmes regles de reflexion et de mouvement que les corps mêmes, et si on
les laisse continuer leur jeu aprez que l'heure sera
écoulée ils se mouvront encore de la même maniere que
les corps auroient fait. Et un Esprit telque celui de
Dieu peut aisement suivre à la trace tous ces mouvemens
et representer ainsi toute la Nature. On demande quel
monde est plus propre à recevoir des ames humaines c'est
à dire si les corps tels que nous les concevons sont
plus propres à être unis à des Esprits que ne le sont
ces ombres ou ces vestiges de corps. Et si l'on croit
que les Phenomenes doivent être les mêmes dans l'une et
l'autre supposition, et que l'on conçoive que Dieu les
fasse succeder à sa volonté mutuellement l'une à l'autre
on demande à qui on reconnoitra le changement et comment
on qu'au moment present c'est la première ou la seconde
de de ces suppositions qui a lieu.

Quellen zur Seite 398

Quellen zu Kapitel 8.5

(16) Je donnerai plus bas la Demonstration de ce Theoreme.
Mais je ferai voir icy du quel degré il peut servir pour
déterminer en premier lieu les differentes Densités de
notre Air dans le Tems serains chauds ou froids aux
quels il est comme dégagé de Vapeurs aqueuses; que pour
déterminer en second lieu la Vitesse correspondante
qu'ont les Particules dont notre Air est composé, dans
leur Mouvemens particuliers indifferemment en tous sens.

Quellen zu den Seiten 403-404

Quellen zu Kapitel 8.6

(1) Si Nous excluons du monde tous les autres corps qui composent l'univers, et que Nous ne conservions precisement
que ce qui sert à la Production de la Pesanteur, il Nous
restera premierement un espace tout à fait infini et
sans bornes en tous sens: secondement dans tout cet espace Nous aurons une matiere extremement rare, également
dispersée de toutes parts, dont les parties seront si
petits que dans un espace égal à celui qu'occupe un des
moindres atomes qui entrent dans la composition des
corps terrestres il y aura un nombre immense ou infini
de ces petites parties: troisierement la rareté de ces
parties sera si grande que dans quelque portion donnée
de l'espace que ce soit il y aura nonobstant leur nombre
immense infiniment plus de vuide que de plein. D'où il
suit aussi que si ces parties étoient toutes en repos
et également dispersées, de l'une d'entre elles consi-
derée comme centre les autres parties plus voisines
seroient vues sous un angle infiniment petit. Quatrieme-
ment je suppose que ces mêmes parties sont en un mouvement extraordinaire en tous sens et que chacune d'elles
décrit une ligne droite à travers de l'espace avec une
rapidité immense. Or jusques ici nous n'avons encore
rien admis qui puisse interrompre le cours de ces parties, à moins que quelques unes d'entre elles ne viennent à se rencontrer ce qui doit étre extremement rare
à cause de leur infinie petitesse comparée à leur distances entre elles: et même sans sortir des suppositions
que je viens de faire on peut ajuster ces mêmes suppositions de maniere que les rencontres de ces parties soient
infiniment rares.

(2) Que nos Idées ne nous representent ni les veritables
Grandeurs ni les veritables Vitesses des Corps, mais
seulement leurs Proportions entr'elles.

(13) Mais comme j'emploie plusieurs infinis, ou si l'on veut
plusieures disproportions infinies, dans mon hypothese;
il faudra seulement se servir de son discernement pour

<u>Quellen zur Seite 404</u>

les mettre chacune dans l'Ordre où elles doivent étre,
afin que l'une de ces disproportions ne fasse point ces-
ser l'Effet des autres; Et c'est à quoi sert l'infinité
d'ordres differens que j'etablis entre les grandeurs
Immenses.

Quellen zu Kapitel 8.7

(5) Dans un Systeme de Corps, qui se meuvent chacun librement en lignes droites, les Efets du Choc sont les mêmes,
que si le Systeme entier, avec tout l'Espace, qui le
renferme outre ses Mouvemens particuliers se mouvoit
encore uniformement en Ligne droite par un mouvement
general sans aucun Mouvement circulaire. Ainsi aiant
à considerer dans mes figures les differens mouvemens
representez par GA que je veux comparer avec les mouvemens representez par CA je suppose que tout le Systeme
des Corps que je considere gardant ses mouvemens particuliers se meuve encore uniformement par un Mouvement general représenté par la direction et la Vitesse
AC; ce qui fait que le corps C demeure immobile en C,
et que la particule G au lieu de couler le long de la
Ligne GA se trouve couler le long de la Ligne GC. Mais
la meme resistence et les mêmes effets demeurent que si
conservant au Corps C le mouvement representé par CA
je laissois aussi à la particule G le mouvement representé par GA.

(14) Les Lieux qui resultent de l'Equation ci dessus, en suposant a variable, ou en suposant b variable, sont trez
faciles à décrire, et leur Consideration auroit son
Usage; mais je n'ai pas voulu descendre dans un detail,
qui ne renferme plus de Difficultez.

(15) La Resistence au Corps C, dans une Matiere non agitée,
seroit comme bbδ.
La Resistence dans notre Matiere agitée, sera par ce
qui precede, comme la Quantité de la Matiere, le Reste
demeurant egal.
Elle sera comme les Quarrez des Vitesses, si la Vitesse
du Globe C a une Proportion donnée, avec la Vitesse des
Parties de notre Matiere, suposant sa Densité invariable.

(16) Enfin l'Effort de la Resistence sera comme l'Expression
generale ci dessus, multipliée par le Quarré du Diametre
du Globe C, en Cas qu'on vint à le changer: Suposant toujours que la Densité et la Contexture du Globe demeurent
les mêmes.

Quellen zur Seite 407

(17) Et par consequent le Mouvement, que cette Resistence
produira, en un Tems donné, infiniment petit, sera comme
l'Expression generale ci dessus, multipliée par le Quarré du Diametre du Globe C, et divise par le Cube de ce
même Diametre: c'est a dire comme la sousdite Expression
directement, et le Diametre du Globe reciproquement.

(20) Et quoi que dans la figure VIIe EC marque veritablement
la vitesse et la direction du Choc, dont les Courans, qui
viennent du coté de E vers A heurtent contre le Corps C,
que vous regardez comme arrivant en A, il n'y a point en
cela de difficulté considerable; car les particules qui
parcourent la ligne EA font veritablement en A un contrecoup contre le Corps C, qui va plus vite qu' elles, et
qui les atteint en A; et de ce contrecoup repousse le corps
en arriere et est le même que celui que sentiroit le Globe
immobile C, si, dans le même Tems, les particules E par-
couroient, en un sens contraire la ligne EC. Il est certain que si dans l'Air vous concevez un vent dont la
Vitesse ne soit que EA, le Boulet aiant la Vitesse CA
sentira un vent contraire et directement opposé à son
mouvement duquel vent la Vitesse et la direction seront
bien representées par EC. Il me semble me souvenir que
ceux, qui ont traitté de la percussion ont appellé EC
la Vitesse respective des Corps E et C, laquelle est
toujours la même si ces corps partans de E et C se
rencontrent au bout de tems donné T en un point A situé
en quelque lieu que ce puisse etre et tandis que cette
vitesse respective est la meme le choc est le meme aussi.

Quellen zur Seite 410

Quellen zu Kapitel 9

(2) Il eut aussi communiqué à (feu Mr. HUGENS en 1690) et
Mr. Jacques BERNOULLI en 1700. Et celui ci en avoit
laissé prendre Copie à un Mr. HERMAN ...

(5) Que mon Frère Ainé, en 1699, 1700, ou 1701 avoit fait
une Copie de mes ... Trois Manuscrits: laquelle a passé
à mon Neveu son Heritier; mon Frère etant mort en 8bre
1720: Par où elle été communiqué à Mr. CRAMER Profes-
seur en Philosophie à Genève qui a reduit ma Théorie
en des Theses publiques; la publiant sous son propre
Nom, sans l'entendre à fonds.

Quellen zur Seite 413

Quellen zum Anhang

(1) Mon Original De la Cause de la Pesanteur, signé NEWTON, HALLEY, HUGENS. En 12 pages folio.

J'ai rétranché les paragraphes 13, 14, 16, 17, 18, 22, 23, 24, 26, 43, 44, 45, 46, 47, 48, 49 et en partie le paragraphe 40.
J'ai ajouté en 1706 les paragraphes 41 et 42; et en 1742 les paragraphes 50, 51, 52 et les deux démonstrations qui sont à la fin de la page 12e.

Mon Manuscrit De la Cause de la Pesanteur quarto daté Oxford 1696. Il est de 40 pages qui contiennent:

Le titre; Un Avertissement de 4 paragraphes; plus de 49 paragraphes repondans aux 49 paragraphes ci-dessus, avec divers changemens et additions. Dans les pages 27, 28, 29, il y a une idée singulière suggérée par Monsieur NEWTON. Demonstration. Que si les Mouvemens des particules de l'Ether sont tous rendus perpendiculaires à un Plan, et ne composent qu'une Courant general; leur choc sera 6 fois plus fort contre ce Plan, que le choc naturel de l'Ether contre ce Plan même, pages 29, 30.
Trouver place, dans l'infinité de l'Espace, pour une Infinité d'immenses, tous par ordre infiniment grands les uns que les autres, page 30.
Trouver la même chose entre Deux Immenses infiniment plus grands l'un que l'autre: page 31, Il suit 7 pages en blanc. La page 39 contient 5 figures.

Mon Manuscrit De la Cause de la Pesanteur folio, marqué N° III, contient sur la couverture divers Mémoires historiques. Les 14 premiers feuillets sont en blanc.

Le 15e a trois lignes sur l'extreme vitesse des particules de l'Ether.
Le 16e contient le Paragraphe 13e de N^o I mais beaucoup etendu.
Le 25e contient quelques Additions au Paragraphe 14e de N^o I.

Quellen zur Seite 413

Le 27e contient quelques Additions au Paragraphe 22e de
N^o I.
Le 28e contient une Addition au Paragraphe 25e de N^o I.
Le 29e contient une Addition au Paragraphe 28e de N^o I.
Le 31e contient une Addition au Paragraphe 34e de N^o I,
touchant des Corpuscules également tournés vers les
differentes parties de l'Univers.
Le 35e contient une Addition au Paragraphe 37e.
Le 36e et le 37e contiennent une forte longue Addition
au Paragraphe 45e de N^o I; pour prouver que la cause de
la Pesanteur est mechanique.
Le 39e contient la Description d'une Thermometre qui mar-
que la veritable Agitation des Parties de l'Air, dans le
Thermometre même. Et au revers une Supposition necessaire pour la Solution du Probleme IV.
Le 40^e 41^e 42^e et 43^e contiennent la Solution de ce même
Probleme touchant la Resistence de l'Ether, par la Doc-
trine des Fluxions.
Le 45e 46e et 47e contiennent des Eclaircissemens, des
Reflexions et des Remarques historiques, ou personelles.
Le 49e contient la Copie faite en 8bre 1692 de quel-
ques Corrections et Additions que Monsieur NEWTON
destinoit alors à ses Princ. Phil. Math.

(2) Les Figures I, II, III, IV, V sont dans le Manuscrit
quarto marqué N° II, page 39.
[Les Figures] VI, VII, VIII, X, XI sont dans le Manuscrit
folio marqué N° III, folio 53.
[La Figure] IX dans le Manuscrit folio marqué N° III,
folio 39.
[La Figure] XII dans le Manuscrit folio marqué N^o I,
page 9.

Extrait d'une Copie faite par moi en 8bre 1692 des Cor-
rections et des Additions que Mr. NEWTON destinoit à ses
Princip. Phil. Math. Voi le Manuscrit folio marqué N^o
III, folio 49.

(12) Hier 17me 8bre 1770 Mr. JALLABERT, m'a confié un cahier

Quellen zu den Seiten 413-414

in folio de Mr. N. FATIO, sans date; contenant l'Avertissement et les cinq premieres pages, d'un Traité
François abregé De la Cause de la Pesanteur, tel qu'il
se proposoit alors d'en faire imprimer quelques Exem-
plaires; ...

(13) Demonstration de la Resistence au Mouvement d'une Globe,
dans une Matiere rare agitée indifferement en tout sens.
Elle vient dans mon Traitté de la Pesanteur à commencer
depuis le Titre, qui est ci aprez, de Probleme IV. J'ai
été obligé en 1700 de refaire tous ces Calculs ci; ne
trouvant pas ceux qui j'avois faits autrefois, lesquels
sont ensevelis parmi mes Papiers. Voiez mon Traitté
de la Pesanteur.

(14) (... Alors la Surface E marquera, sur des Lignes hori-
zontales, tracées contre le Mur, les Pouces d'Elevation
du Vif Argent par dessus C.)
Et comme l'Espace AC demeure le même, et que par consequent la Densité de l'Air renfermé ne change point; sa
Pression sur C (qui est proportionelle à la difference
des Niveaux C, E) sera, par la Demonstration precedente,
comme le Quarré de la Vitesse des Parties de l'Air AC.
Et par consequent la Racine de la diference des Niveaux
C, E, c'est a dire l'Ordonnée passant par E d'une Para-
bole, dont le Sommet regarderoit en bas, et seroit placé
à la hauteur de C, sera proportionelle à la Vitesse des
Parties de l'Air AC.

(15) Je m'apercois aussi d'une grande méprise, que j'ai faite
en changant mal à propos l'endroit, à la fin du probleme
2e de mon Traité, où je parloi de l'Usage du Thermometre.
Je vous prie Mr. de le corriger ainsi: ...

(16) Dans le Traité de la Cause de la Pesanteur, vis a vis
du Paragraphe qui commence 'comme je pretens que ma demonstration doive principalement subsister, quand on ne
suppose pas un ressort absolument parfait etc.'

(17) (je tacherai) de mettre au net ma Théorie de la Pesan-

teur, et d'en composer un juste Traitté.

(19) Que Mr. Jacques BERNOULLI a fait copier à Basle, en Fevrier 1701, mes Trois susdits Manuscrits ...

(20) (I communicated) the Original itself with several Additions to Mr. James BERNOULLI Professor of Mathematics at Basil ...

(22) Pour ce qui est de votre Dificulté Mr. sur ma Theorie de la Pesanteur, voici ce qu'il faut y repondre.

(23) Que mon Frère Ainé, en 1699, 1700, ou 1701 avoit fait une Copie des mes susdits Trois Manuscrits.

(24) J'en ai une copie fort exacte, prise sur votre original, mais il faudroit la mettre au net ...

(26) Morceau de N. FATIO transcrit en entier dans le Recueil d'ABAUZIT, que celui-ci communiqua à LE SAGE le 28 Mai 1758. (intitulé par P. PREVOST ce 17 Mars 1804)

(28) Supplemens au Traité de Mr. FATIO sur la Cause de la Pesanteur; dont Mr. ABAUZIT avoit copié un grand Morceau (en en retranchant, sans doute, suivant sa coutume; tout ce qui lui parailloit, ou moins important; ou aisé à suppléer); ...

LITERATUR

1. Zeitschriftenartikel und Bücher.

ARCHIMEDES, Opera omnia cum commentariis Eutocii iterum edidit J.L. HEIBERG, Vols. I-III. Leipzig 1910-1915. De planorum aequilibris (Opera, Vol. II, pp. 123-213).
De sphaera et cylindro (Opera, Vol.I, pp. 1-229).
De lineis spiralibus (Opera, Vol. II, pp. 1-121).
Quadratura parabolae (Opera, Vol. II, pp. 261-315).

Gavin de BEER, The history of the altimetry of Mont Blanc (Annals of Science, Vol. 12, 1956, pp. 3-29).

BERGMANN-SCHÄFER, Lehrbuch der Experimentalphysik, Vol. I, Mechanik, Akustik, Wärme. 8., völlig neubearbeitete Auflage. Berlin, 1970.

Daniel BERNOULLI, Hydrodynamica, sive de viribus et motibus fluidorum commentarii. Argentorati, 1738.

Daniel BERNOULLI, Hydrodynamik oder Kommentare über die Kräfte und Bewegungen der Flüssigkeiten. Straßburg, 1738. Übersetzt und mit Anmerkungen versehen von Karl FLIERL (Veröffentlichungen des Forschungsinstituts des Deutschen Museums für die Geschichte der Naturwissenschaften und der Technik. Reihe C, Quellentexte und Übersetzungen, Nr. 1a, 1965).

Jakob BERNOULLI, Analysis magni problematis isoperimetrici. Basileae, 1701.

Johann BERNOULLI, Problema novum ad cuius solutionem Mathematici invitantur (Acta Eruditorum 1696, p. 269).

Johann BERNOULLI, Joh. BERNOULLI ... Solutio Problematis a se in Actu 1696, p. 269, propositi, de invenienda Linea Brachystochrona, id est,

460

in qua grave a dato puncto ad datum punc-
tum brevissimo tempore decurrit ... (Acta
Eruditorum 1697, pp. 206-211).

Johann BERNOULLI, Essai d'une Nouvelle Physique Celeste,
Paris 1735 (Opera omnia, Tomus tertius.
Lausannae & Genevae, 1742, pp. 263-294).

Biographie Universelle, Tome Quatorzième. Paris, 1815 (pp.
184-186: Nicolas FATIO de Duillier).

Thomas BIRCH, The History of the Royal Society of London,
for the Improving of Natural Knowledge, from
the first rise. Vol. IV, London, 1756.

Karl BOPP, Johann Heinrich LAMBERTs Monatsbuch mit den zugehörigen Kommentaren, ed. K.BOPP (Abhandlungen
der bayerischen Akademie der Wissenschaften,
Mathematisch-Physikalische Klasse, Vol. 27, pp.
1-85. München, 1917).

Karl BOPP, FATIO de Duilliers wiedergefundene Abhandlung Sur
la cause de la Pesanteur, ediert von K. BOPP (Drei
Untersuchungen zur Geschichte der Mathematik. -
Schriften der Straßburger Wissenschaftlichen Gesellschaft in Heidelberg. Neue Folge, 10. Heft,
pp. 19-66. Berlin und Leipzig, 1929).

Charles BORGEAUD, Histoire de l'université de Genève par
Charles BORGEAUD. - L'Académie de CALVIN
1559-1798. Genève, 1900.

Robert BOYLE, New Experiments Physico-Mechanical touching
Spring of the Air. Oxoniae, 1660 (The Works
of the Honourable Robert BOYLE, Vol. I. London, 1772).

David BREWSTER, Memoirs of the life, writings, and disco-
veries of Sir Isaac NEWTON, Vols. I-II. Edinburgh, 1855 (Reprint New York and London,
1965).

Pierre BRUNET, L'introduction des théories de NEWTON en
    France avant 1738. Paris, 1931 (Reprint Ge-
    nève, 1970).

Stephen G. BRUSH, Kinetische Theorie I. Die Natur der Gase
    und der Wärme. Braunschweig, 1970.

Eugène de BUDÉ, Vie de Jean-Alphonse TURRETTINI, Théologien
    Genevois, 1671-1737. Lausanne, 1880.

Gilbert BURNET, Des berühmten Englischen Theologi, D. Gil-
    berti BURNETs, durch die Schweitz, Italien,
    auch einige Orte Deutschlands und Franck-
    reichs im 1685. und 86. Jahre gethane Reise,
    und derselben curieuse Beschreibung ...
    Leipzig, 1687.

Gilbert BURNET, Bishop BURNETs History of His Own Time,
    Vol. II, the third edition. London, 1766.

Gilbert BURNET, Histoire de ce qui s'est passé de plus mé-
    morable en Angleterre pendant la vie de
    Gilbert BURNET, Tome premier, seconde par-
    tie. A la Haye, 1735.

Jean Dominique CASSINI, Découverte de la lumière céleste
    qui paroist dans le Zodiaque. Paris,
    1685.

Jean-Robert CHOUET, Extrait d'une Lettre de M. CHOUET Pro-
    fesseur en Philosophie à Geneve, écri-
    te à l'Auteur de ces Nouvelles le troi-
    sième du mois passé touchant un Pheno-
    mène Celeste. (Nouvelles de la Republi-
    que des Lettres. Mois de Mars 1685, pp.
    260-267).

Rudolf CLAUSIUS, Über die mittlere Länge der Wege, welche
    bei Molekularbewegung gasförmiger Körper
    von den einzelnen Molekülen zurückgelegt
    werden, nebst einigen anderen Bemerkungen

über die mechanische Wärmetheorie. (Annalen der Physik und Chemie (2), Vol. 105, 1858, pp. 239-258).

E. CLOUZOT, La carte de J.C. FATIO de Duillier (1685-1720) - Essai sur la cartographie du Léman (Genava. Bulletin du Musée d'Art et d'Histoire de Genève, Vol. XII, 1934, pp. 195-254).

I. Bernard COHEN, Introduction to NEWTONs 'Principia'. Cambridge (Mass.), 1971.

Pierre COSTABEL, LEIBNIZ et la dynamique. Les textes de 1692. Paris, 1960.

Gabriel CRAMER, Theses Physico-Mathematicae de Gravitate, ..., quas DEO dante, sub Praesidio D. D. Gabrielis CRAMER, tueri conabitur Johannes JALLABERTUS, Author. Genevae, 1731.

George H. DARWIN, The Analogy between LE SAGEs Theory of Gravitation and the Repulsion of Light (Proceedings of the Royal Society, Vol. 76, 1905, pp. 387 sqq.).

René DESCARTES, Le Monde, ou Traité de la Lumière. Paris, 1677. (Oeuvres philosophiques de DESCARTES. Textes établis, presentés et annotés par Ferdinand ALQUIÉ, Vol. I (1618-1637), pp. 315-377. Paris, 1963).

René DESCARTES, Les Principes de la Philosophie, écrits en latin par René DESCARTES et traduits en français par un de ses amis. Paris, 1647 (Oeuvres philosophiques de DESCARTES ..., Vol. III (1643-1650), pp. 81-525. Paris, 1973).

René DESCARTES, Die Prinzipien der Philosophie, übersetzt und erläutert von Artur BUCHENAU. Hamburg, 1965.

<u>D</u>ictionary of <u>N</u>ational <u>B</u>iography, Vol. XVIII (pp. 114-116:
      Nicolas FACCIO [!]).

<u>Divers Ouvrages</u> de Mathématique et de Physique. Par Messieurs
    de l'Académie Royale des Sciences. Paris,
    1693.

Charles A. <u>DOMSON</u>, Nicolas FATIO de Duillier and the Prophets
    of London: An Essay in the Historical In-
    teraction of Natural Philosophy and Millen-
    nial Belief in the Age of Newton. Yale Uni-
    versity, Ph.D. 1972.

P. <u>DRUDE</u>, Über Fernewirkungen (Annalen der Physik und Chemie
   (3), Vol. 62, 1897, Supplement pp. I-XLIX).

Jean-Baptiste <u>DUHAMEL</u>, Regiae Scientiarum Academieae Histo-
    ria, ... Secunda Editio priori longe
    auctior. Parisiis, 1701.

Joseph <u>EDLESTONE</u>, Correspondence of Sir Isaac NEWTON and Pro-
    fessor COTES ... Cambridge, 1850 (Reprint
    London, 1969).

Albert <u>EINSTEIN</u>, Die Ursache der Mäanderbildung der Flußläufe
    und des BAERschen Gesetzes (Albert EINSTEIN,
    Mein Weltbild Herausgegeben von Carl SEELIG,
    pp. 166-170. West-Berlin, 1968).

Jean-Christophe <u>FATIO</u>, Remarques ... sur l'histoire naturelle
    des environs du Lac de Genève (<u>Histo-
    ire de Genève</u> par Mr. <u>SPON</u> ... Tome
    quatrième, pp. 289-330. A Genève, 1730).

Nicolas <u>FATIO</u>, Extrait d'une Lettre de M. N. FATTIO de Duillier,
    à M. C.P.D.P. sur la manière de faire des Bas-
    sins pour travailler les Verres objectifs des
    Telescopes (Journal des Sçavans, du Lundy 20
    Novembre, 1684. pp. 374-378).

Nicolas <u>FATIO</u>, Lettre de Monsieur N. FATIO de Duillier, à

Monsieur CASSINI de l'Academie Roiale des Sciences, touchant une Lumière extraordinaire, qui paroîst dans le Ciel depuis quelques annés (Bibliothèque Universelle et Historique de l'Année 1686. Tome III, pp. 145-237).

Nicolas FATIO, Reflexions de Mr. N. FATIO de Duillier sur une méthode de trouver les tangentes de certaines lignes courbes, laquelle vient d'être publiée dans un Livre intitulé Medicina Mentis (Bibliothèque Universelle et Historique de l'Année 1687. Tome V, pp. 25 sqq.).

Nicolas FATIO, Epistola N.F.D. de Mari Aeneo Salomonis ad E. BERNARDUM ... (Edward BERNARD, De mensuris concavis, ponderibus antiquis et mensuris distantium ... Londoni, 1688).

Nicolas FATIO, Reponse à l'écrit de M. de T. [SCHIRNHAUS] qui a été publié dans le Tome X de la Bibliothèque Universelle; touchant une manière de déterminer les tangentes de lignes courbes, qui se peuvent décrire par des fils (Bibliothèque Universelle et Historique de l'Année 1689. Tome XIII, pp. 57 sqq.).

Nicolas FATIO, Fruit-Walls Improved, by Inclining them to the Horizon: Or a Way to build Walls for Fruit-Trees; Whereby they may receive more Sun Shine, and Heat, than ordinary. By a Member of the Royal Society. London: 1699.

Nicolas FATIO, Nicolai FATII Duillerii, R.S.S. Lineae brevissimi descensus investigatio geometrica duplex. Cui addita est investigatio geometrica solidi rotundi, in quod minima fiat resistentia. Londoni: 1699.

Nicolas FATIO, Excerpta ex responsione Dn. Nic. FATII Duillierii ad excerpta ex litteris Dn. Joh. BERNOULLI (Acta Eruditorum 1701, pp. 134-136).

Nicolas FATIO, Cri d'alarme, en avertissement aux nation, qu'ils sortent de Babylon, des ténèbres, pour entrer dans le repos de Christ. Signé: Jean ALLUT, Élie MARION, Nicolas FACIO, Charles PORTALES. 1712.

Nicolas FATIO, Epistola Nicolai FACII Reg.Soc.Lond.Sod. ad Fratrem Joh. Christoph. FACIUM dictae Societatis Sodalem, qua vendicat Solutionem suam Problematis de Inveniendo Solido Rotundo seu Tereti in quod Minima fiat Resistentia (Philosophical Transactions, Vol. XXVIII, 1713, pp. 172-176).

Nicolas FATIO, Plan de la justice de Dieu sur la terre dans ce derniers jours, et du relèvement de la chute de l'homme par son péché. Signé: Jean ALLUT, Elie MARION, Nicolas FACIO, Charles PORTALES. 1714.

Nicolas FATIO, Navigation Improv'd: being chiefly the method for finding the latitude at sea as well es by land, by taking any proper altitudes, together with the time between the observations... London: 1728.

Nicolas FATIO, Nicolai FACII Duillierii NEUTONUS Ecloga. 1728.

Nicolas FATIO, The Parallax of the Sun deduced from Sir Isaac NEWTONs Principles; without making use of any Observations, or of anycommon Center of Gravity (The Gentleman's Magazine: And Historical Chronicle. Volume VII. For the Year MDCCXXXVII. July 1737, pp. 412-414).

Nicolas FATIO, Letter to Mr. [Edward] CAVE (GM, Vol. VII, July 1737, p. 440).

Nicolas FATIO, A Demonstration that the Center of the Orb described annualy by the common Center of Gravi-

ty of the Earth and the Moon, and improperly
called the Great Orb, is vastly nearer to the
Earth, as that Orb much smaller, than is commonly supposed. - This Demonstration is drawn
from: Smallness of the Fall of the Moon and
the Earth towards the Sun in two Minutes Time
(GM, Vol. VII, August 1737, pp. 490-491).

Nicolas FATIO, Some fundamental Inconsistencies demonstrated
in the commonly received Planetary System; in
order to make Way for determining truly the
Sun's Distance or Parallax. - Here the Proportion of the Gravitation in the Surfaces of the
Earth and of the Sun is determined (GM, Vol.
VII, September 1737, pp. 547-548).

Nicolas FATIO, Some Theorems from which the Parallax of the
Sun may be deduced, and is here deduced with
great Exactness (GM, Vol. VII, October 1737,
pp. 611-615).

Nicolas FATIO, Letter to Mr. [Edward] CAVE (GM, Vol. VII,
October 1737, p. 615).

Nicolas FATIO, Mr. FACIOs Answer to Mr. SIMPSON (GM, Vol.
VII, November 1737, p. 675).

Nicolas FATIO, Of a certain Astronomical Quation, either un-
known or neglected by Astronomers; without
which the Calculation of the Longitude, by
Eclipses of fixed Stars by the Moon, is neces-
sarely subject to unavoidable Errors, which may
amount to some Degrees of Longitude (GM, Vol.
VIII, January 1738, pp. 8-11).

Nicolas FATIO, Mr. FACIOs last Reply to Mr. SIMPSON (GM, Vol.
VIII, p. 11).

Nicolas FATIO, An Impartial and clear Decision of the Contro-
versy, between the Followers of Sir I. NEWTON,

and Mr. FACIO, concerning the Sun's Parallax (GM, Vol. VIII, February 1738, pp. 94-95).

Nicolas FATIO, Of the Quantity of the Refraction of Light in the Moon's Atmosphere; And that the Neglect of this Refractio might cause an Error of some Degrees, in determining the Longitude by Eclipses of fixed Stars (GM, Vol. VIII, March 1738, pp. 130-132).

Nicolas FATIO, Of the Quantity of the Errors arising, in the Determination of the Latitude and Longitude, from the Neglect of the Refraction of Light in the Moon's Atmosphere (GM, Vol. VIII, April 1738, pp. 185-187).

Nicolas FATIO, Letter to Mr. [Sylvanus] URBAN (GM, Vol. VIII; May 1738, p. 265; June 1738, pp. 305-306).

Nicolas FATIO, The Moon's Dichotomy observed the 15th of May 1738. Dichotomy overthrow the Newtonian System: And establish the very long oval Figure of the Moon (GM, Vol. VIII, July 1738, pp. 352-354).

Nicolas FATIO, Mr. FACIOs Answer to the Objections made to him; drawn from the supposed Smallness of the Parallax of Mars (GM, Vol. VIII, September 1738, p. 481).

Nicolas FATIO, Mr. FACIOs Discourse concerning the Parallax of Mars, continued from p. 481 (GM, Vol. VIII, October 1738, p. 525).

Franz M. FELDHAUS, Die Technik. Ein Lexikon der Vorzeit, der geschichtlichen Zeit und der Naturvölker. Zweite Auflage. München, 1970.

J. O. FLECKENSTEIN, Der Prioritätsstreit zwischen LEIBNIZ und NEWTON. - Isaac NEWTON (Beihefte zur Zeitschrift 'Elemente der Mathematik'. Beiheft Nr. 12. Basel und Stuttgart, 1956).

B.L.B. de FONTENELLE, Histoire de l'Académie Royale des Sciences.

    Tome I: Depuis son établissement, en 1666, jusqu'à 1686. À Paris, 1733.

    Tome II: Depuis 1686, jusqu'à son Renouvellement en 1699. À Paris, 1733.

Eduard FUETER, Isaak NEWTON und die schweizerischen Naturforscher seiner Zeit (Beiblatt zur Vierteljahresschrift der Naturforschenden Gesellschaft in Zürich. Jahrgang 82. No.28, 1937).

Bernard GAGNEBIN, De la Cause de la Pesanteur: Mémoire de Nicolas FATIO de Duillier, présenté à la Royal Society le 26 février 1690. - Reconstitué et publié avec une introduction par Bernard GAGNEBIN (Notes and Records of the Royal Society of London, Vol. VI, May 1949, pp. 105-160).

J.-A. GALIFFE, Notices Généalogiques sur les Familles Genevoises depuis les premiers temps jusqu'à nos jours; continuées par J.-B.-G. GALIFFE. Tome IV. Genève, 1857.

Robert T. GUNTHER, Early Science in Oxford, Vols. 1-14. London, 1921-1945 (Reprint London, 1967).

    Vol. X: The life and work of Robert HOOKE.

Paul HAZARD, Die Krise des europäischen Geistes. La Crise de la Conscience Européenne 1680-1715. Aus dem Französichen übertragen von H. WEGENER. Hamburg, 1939.

Jakob HERMANN, Phoronomia, sive de viribus et motibus corporum solidorum et fluidorum libri duo. Amstelaedami, 1716.

Jakob HERMANN, De mechanica gravitatis causa nondum inventa

(Exercitationes Subsecivarum Francofortensium, Tomus I, sectio I, exercitatio IV. Francoforti ad Viadrum, 1717).

A. von HUMBOLDT, Kosmos. Entwurf einer physischen Weltbeschreibung. Erster Band. Stuttgart und Tübingen, 1845.

Christiaan HUYGENS, Oeuvres complètes publiées par la Société Hollandaise des Sciences. Vols. I-XXII. La Haye, 1888-1950.

Christiaan HUYGENS, Règles du mouvement dans la rencontre des corps (Journal des Sçavans du Lundy 18 Mars 1669, pp. 22-24 = HUYGENS, Oeuvres, Vol. XVI, pp. 179-181).

Christiaan HUYGENS, Extrait d'une lettre de Mr. HUGENS de l'Académie Royale des Sciences à l'Auteur de ce Journal, touchant les phénomennes de l'Eau purgeé d'air (Journal des Sçavans du 25 juillet 1672 = HUYGENS, Oeuvres, Vol. VII, Lettre N° 1899, pp. 201-206).

Christiaan HUYGENS, Horologium Oscillatorium sive de motu pendulorum ad horologia aptato demonstrationes geometricae. Parisiis, 1673. (= HUYGENS, Oeuvres, Vol. XVIII, pp. 69-369).

Christiaan HUYGENS, Traité de la Lumière. Où sont expliquées les causes de ce qui luy arrive dans la Reflexion, et dans la Refraction. Et particulierement dans l'etrange Refraction du Cristal d'Islande. Avec un Discours de la Cause de la Pesanteur. À Leide, 1690 (= HUYGENS, Oeuvres, Vol. XIX, pp. 451-537 bzw Vol. XXI, pp. 443-488).

Christiaan HUYGENS, Abhandlung über das Licht. Worin die Ursachen der Vorgänge bei seiner Zurückwer-

fung und Brechung und besonders bei der
eigenthümlichen Brechung des isländischen
Spathes dargelegt sind. Herausgegeben von
E. LOMMEL (Ostwald's Klassiker der exak-
ten Wissenschaften Nr. 20. Leipzig, 1890.
Reprografischer Nachdruck Darmstadt, 1964).

Christiaan HUYGENS, De la cause de la pesanteur. Par M. HUGENS
de Zulichem (= Divers Ouvrages de Mathé-
matique et de Physique. Par Messieurs de
l'Académie Royale des Sciences, pp. 305-
312. À Paris, 1693).

Christiaan HUYGENS, De motu corporum ex percussione (Christi-
ani HUGENII, Opuscula postuma, Tome II.
Lugduni Batavorum, 1703 = HUYGENS, Oeuvres, Vol. XVI, pp. 29-91).

Christiaan HUYGENS, Christian HUYGENS' nachgelassene Abhandlungen: Über die Bewegung der Körper durch
den Stoß ... Herausgegeben von F. HAUS-
DORFF (Ostwald's Klassiker der exakten
Wissenschaften Nr. 138. Leipzig, 1903).

Chr. Gottlieb JÖCHER, Allgemeines Gelehrten-Lexicon, Theil
III, 4. Auflage. Leipzig, 1751.

C. ISENCRAHE, Das Räthsel von der Schwerkraft ... Braunschweig, 1879.

Alexandre KOYRÉ, Von der geschlossenen Welt zum unendlichen
Universum. Aus dem Amerikanischen von R.
DORNBACHER. Frankfurt, 1969.

August KRÖNIG, Grundzüge einer Theorie der Gase (Annalen der
Physik und Chemie (2), Vol. 99, 1856, pp. 315-
322).

K. LASSWITZ, Geschichte der Atomistik vom Mittelalter bis NEW-
TON, Vol. II (Höhepunkt und Verfall der Korpusku-
lartheorie des siebzehnten Jahrhunderts). Hamburg und Leipzig, 1890 (Reprografischer Nachdruck
Darmstadt, 1963).

G. W. LEIBNIZ, G.G. LEIBNITII Opers omnia ed. Ludovicus DU-
TENS, Vols. 1-6. Genevae, 1768.

G. W. LEIBNIZ, Mathematische Schriften, herausgegeben von C.I.
GERHARDT, Vols. 1-7. Berlin, 1849-1863 (Re-
print Hildesheim, 1962).

G. W. LEIBNIZ, Essay de Dynamique sur les loix du mouvement,
où il est monstrés qu'il ne se conserve pas
la même Quantité de mouvement, mais la même
Quantité de l'Action motrice, pp. 215-231
(= GERHARDT, Vol. VI, pp. 215-231).

G. W. LEIBNIZ, Hauptschriften zur Grundlegung der Philosophie. Übersetzt von A. BUCHENAU. Durchge-
sehen und mit Einleitungen und Erläuterungen
herausgegeben von E. CASSIRER. Vols. I-II.
Dritte, mit Literaturhinweisen in Band II
ergänzte Auflage. Hamburg, 1966.

G. W. LEIBNIZ, Nova methodus pro maximis et minimis, itemque
tangentibus, quae nec fractas, nec irrationales
quantitates moratur, & singulare pro illis
calculi genus, par G.G.L. (Acta Eruditorum
1684, pp. 467-473).

G. W. LEIBNIZ, G.G.L. Communicatio suae pariter, duarumque
alienarum ad edendum sibi primum a Dn.Jo. BER-
NOULLIO, deinde a Dn. Marchione HOSPITALIO
communicatarum solutionum problematis curvae
celerrimi descensus a Dn.Jo. BERNOULLIO Geo-
metris publice propositi, una cum solutione
sua problematis alterius ab eodem postea propositi (Acta Eruditorum 1697, pp. 201-224).

G. W. LEIBNIZ, Nicolai FATIO Duillierii R.S.S. Lineae brevissimi descensus Investigatio Geometrica
duplex, cui addita est Investigatio Geometrica solidi rotundi, in quo minima fiat resistentia (Acta Eruditorum 1699, pp. 510-516).

G. W. LEIBNIZ, G.G.L. Responsio ad Dn.Nic. FATII Duillierii
Imputationes. Accessit nova Artis Analytica
promotio specimine indicata; dum Designatione
per Numeros assumtitios loco litterarum, Algebra ex Combinatoria Arte lucem capit (Acta
Eruditorum 1700, pp. 198-208).

G. L. LE SAGE, Essai de Chymie méchanique. Couronné en 1758,
par l'Académie de Rouen.

G. L. LE SAGE, Lucrèce Newtonien. Détaché des Mémoires de
l'Académie royale des Sciences & Belles-Lettres de Berlin pour 1782, publiés en 1784.

Le Livre du Recteur. Catalogue des Etudiants du L'Académie
de Genève de 1559 à 1859. Ed Charles
LE FORT u.a. Genève, 1860.

John LOCKE , L'extrait d'un Livre Anglois qui n'est pas en-
coro publié, intitulé ESSAI PHILOSOPHIQUE con-
cernant L'ENTENDEMENT, où l'on montre quelle
est l'étendue de nos connoissances certaines
& la maniere dont nous y parvenons. Communiqué
par Monsieur LOCKE (Bibliothèque Universelle
et Historique de l'Année 1688. Tome VIII, pp.
49-142).

John LOCKE, Über den menschlichen Verstand. In vier Büchern.
Unter Hinzuziehung der von C. WINCKLER besorgten
deutschen Fassung (Leipzig, 1911-13) nach dem
Text der Ausgabe "John LOCKE, An essay concer-
ning human unterstanding, herausgegeben von A.C.
FRASER. Oxford, 1894" übersetzt. Berlin, 1968.

Élie MARION, Prophetical Warnings of E. MARION, one of the
Commanders of the Protestants, that had taken
arms in the Cevennes: or dicourses uttered by
him in London, under the operation of the Spi-
rit: and faithfully taken in writing whilst
they were spoken. London, 1707.

Franz H. MAUTNER, LICHTENBERG. Geschichte seines Geistes.
Berlin, 1968.

J. Clerk MAXWELL, Atom (Encyclopaedia Britannica, Vol. III,
pp. 46 sqq. Ninth Edition. New York, 1890).

Marin MERSENNE, Correspondance du P. Marin MERSENNE, ... Ed.
par C. de WAARD, Vols. I-VII. Paris, 1933-
1962.

Abraham de MOIVRE, Specimina quaedam illustria Doctrinae
Fluxionum sive exempla quibus Methodi
istius Usus & praestantia in solvendis
Problematis Geometricis elucidatur, ex
Epistola Peritissimi Mathematici D.Ab. de
MOIVRE desumpta (Philosophical Transactions,
Vol. XIX, 1695-1697, N° 215, pp. 52-57).

Louis Trenchard MORE, Isaac NEWTON: A biography. New York,
London, 1934 (Reprint New York, 1962).

Isaac NEWTON, Tractatus de methodis serierum et fluxionum
(The Mathematical Papers of Isaac NEWTON. Edited by D.T. WHITESIDE ..., Vol. III (1670-
1673), pp. 32-353. London, 1971).

Isaac NEWTON, La Méthode des Fluxions, et de Suite Infinies
par M. le Chevalier NEWTON. Traduit par M. de
BUFFON. A Paris, 1740 (Reprint Paris, 1966).

Isaac NEWTON, Isaac NEWTONs Philosophiae Naturalis Principia
Mathematica. The third edition (1726) with vari-
ant readings. Assembled and edited by Alexandre
KOYRÉ and I. Bernard COHEN ..., Vols. 1-2. Cambridge (Mass.), 1972.

Isaac NEWTON, Mathematische Prinzipien der Naturlehre. Mit
Bemerkungen und Erläuterungen herausgegeben von
J. Ph. WOLFERS. Berlin, 1872 (Reprint Darmstadt,
1963).

Isaac NEWTON, Opticks or a treatise of the Reflections, Re-
fractions, Inflections & Colours of Light. -
Based on the fourth edition London 1730. New
York, 1952.

Isaac NEWTON, Sir Isaac NEWTONs Optik oder Abhandlung über
Spiegelungen, Brechungen, Beugungen und Farben
des Lichts (1704). - Übersetzt und herausgegeben von William ABENDROTH (Ostwald's Klassiker
der exakten Wissenschaften, Nr. 96(I) und Nr.
97(II). Leipzig, 1898).

Isaac NEWTON, The Correspondence of Isaac NEWTON, edited by
H.W. TURNBULL, J.F. SCOTT, A.R. HALL and Laura
TILLING. Vol. II (1676-1687). Cambridge, 1960.
Vol. III (1688-1694). Cambridge, 1961.

Isaac NEWTON, Unpublished Scientific Papers of Isaac NEWTON ...
Edited by H.R. HALL and Marie BOAS HALL. Cam-
bridge, 1962.

R. W. POHL, Mechanik, Akustik und Wärmelehre. 16., verbesserte und ergänzte Auflage. Berlin. Göttingen. Heidelberg. New York, 1964 (Einführung in die Physik.
Erster Band).

H. POINCARÉ, Wissenschaft und Methode. Autorisierte deutsche
Ausgabe, mit Erläuterungen und Anmerkungen von
F. und L. LINDEMANN. Leipzig und Berlin, 1914.

P. PRÉVOST, Notice de la vie et des écrits de George-Louis
LE SAGE de Genève, ... à Genève, 1805.

P. PRÉVOST, Physique Mécanique de George Louis LE SAGE, ré-
digée d'après ses notes ... (Deux traités de Physique Mécanique, publiés par Pierre PRÉVOST, ...
Premier traité, pp. 1-186. Genève, 1818).

P. PRÉVOST, Fragmens des lettres de divers savans contempo-
rains de NEWTON ... (Bibliothèque Universelle des
Sciences, Belles-Lettres et Arts. Nouvelle série,

Vol. 23, 1823. pp. 3-11, seconde partie: Fragmens
de la correspondance de Nic. FATIO et de Jacques
BERNOULLI. pp. 81-89, troisième partie: Fragmens
de la correspondance de Nic. FATIO avec diverses
personnes).

L. von RANKE, Englische Geschichte vornehmlich im siebzehnten
Jahrhundert. Vols. 1-4, Meersburg, 1937.

S. P. RIGAUD, Historical Essay of Sir Isaac NEWTONs Principia.
Oxford, 1838.

J. J. RITTER, Autobiographie (Friedrich BÖRNER, Nachrichten
von den vornehmsten Lebensumständen und Schriften jeztlebender Aerzte und Naturforscher ...
Zweyter Band. Wolfenbüttel, 1752).

Christoph J. SCRIBA, Neue Dokumente zur Entdeckungsgeschichte
des Prioritätsstreites zwischen LEIBNIZ
und NEWTON um die Erfindung der Infinitesimalrechnung (Akten des Internationa-
len Leibniz-Kongresses. Vol. II, Mathe-
matik-Naturwissenschaft, pp. 69-78.
Wiesbaden, 1969).

Jean SENEBIER, Histoire litteraire de Genève, Vols. I-III.
Genève, 1786 (Vol. III, pp. 155-165: Nicolas
FATIO de Duiller [!]).

William SEWARD, Anecdotes of distinguished Persons, chiefly
of the present and two preceding centuries ...
The fourth edition ... In four volumes. London, 1798 (Vol. II, pp. 190-215: Nicolas
FACIO).

Lyman SPITZER jr., Diffuse Matter in Space. New York. London. Sidney. Toronto. o.J.

Max STECK, Johann Heinrich LAMBERT. Schriften zur Perspek-
tive. Herausgegeben und eingeleitet von Max STECK.
Berlin, 1943.

William B. TAYLOR, Kinetic theories of gravitation (Annual Report of the Board of Regents of the Smithonian Institution for the Year 1876, pp. 205-232. Boston 1877).

Thomas THOMSON, History of the Royal Society of London from its institution to the end of the eighteenth century. London, 1812.

W. THOMSON (KELVIN), On the Ultramundane Corpuscules of LE SAGE, ... (The London, Edinburgh, and Dublin Philosophical Magazine and Journal of Science. Vol. XLV. - Fourth series (1873) pp. 321-332).

E. W. von TSCHIRNHAUS, Medicina Mentis, sive tentamen genuinae Logicae ... Amstelaedami, 1687.

Pierre VARIGNON, Nouvelles conjectures sur la Pesanteur ... Paris, 1690.

F.-M. A. de VOLTAIRE, Lettres philosophiques ... Â Amsterdam, 1734. (Introduction, notes, choix de variantes et rapprochements par R. NAVES. Paris, 1964).

F.-M. A. de VOLTAIRE, Le Siècle de Louis XIV. Â Berlin 1751 (Oeuvres complètes. Ed. par L. MOLAND, Voll. XIV-XV. Paris, 1878).

John WALLIS, Arithmetica infinitorum, ... Oxoniae 1655 (Johannis WALLIS ... Opera Mathematica. Volumen Primum. pp. 365 sqq. Oxoniae, 1695).

Rudolf WOLF, Biographien zur Kulturgeschichte der Schweiz. Vol. III, pp. 67-86: Nicolas FATIO von Basel. Zürich, 1862.

Rudolf WOLF, Geschichte der Astronomie. München, 1877 (Geschichte der Wissenschaften in Deutschland. Neuere Zeit. Sechzehnter Band).

J. ZENNECK, Gravitation (Encyklopädie der mathematischen Wissenschaften mit Einschluß ihrer Anwendungen, Vol. V. 1, pp. 25-67. Leipzig, 1903-1921).

H. G. ZEUTHEN, Geschichte der Mathematik im 16. und 17. Jahrhundert (Bibliotheca Mathematica Teubneriana Band 13). Leipzig, 1903 (Reprint New York. Stuttgart, 1966).

2. Manuskripte

<u>Öffentliche Bibliothek der Universität BASEL</u> = **BMs**
Ms L. Ia.755 = Codex Gothanus 755 (FB).

<u>CAMBRIDGE University Library</u> = <u>ULC</u>
Additional Ms 4007.

<u>EDINBURGH University Library</u> = <u>ULE</u>
Ms GREGORY C 86.

<u>Bibliothèque Publique et Université de GENÈVE</u> = <u>GMs</u>
<u>Ms</u> français <u>601-610</u> (Papiers de Nicolas FATIO de Duillier).
<u>Ms JALLABERT</u> 41. 47 (Papiers de Nicolas FATIO de Duillier).
<u>Ms dossiers</u> ouverts d'autographes (NEWTON).
<u>Collection</u> d'autographes <u>RILLIET</u>.

<u>Niedersächsische Landesbibliothek HANNOVER</u> = <u>HMs</u>
LBr 62 (Der Briefwechsel zwischen G.W. LEIBNIZ und W. de
BEYRIE).

<u>The British Museum LONDON</u> = <u>BM</u>
Ms SLOANE 4043. 4055.

<u>The Royal Society of LONDON</u> = <u>RS</u>
Journal Book of the Royal Society.
Ms GREGORY.

<u>Bibliothèque Nationale de PARIS</u> = <u>BN</u>
Nouvelles Acquisitions Latines (<u>NAL</u>) 1639.
Nouvelles Acquisitions Françaises (<u>NAF</u>) 1086.

<u>Bibliothèque de l'Observatoire de Paris</u> = <u>BOP</u>
Ms B. 4. 1 (Observations sur un phénomène lumineux).
Ms B. 4. 10 (Lettres de Nicolas FATIO à J. D. CASSINI).

BILDNACHWEIS

Abb. 3.1	aus:	HUYGENS, Oeuvres, Vol. XIX, p. 632.
3.3	aus:	HUYGENS, Oeuvres, Vol. XXI, p. 452.
4.1	aus:	HUYGENS, Oeuvres, Vol. V, p. 174.
4.3	aus:	BERGMANN-SCHÄFER, I, p. 286 (Abb. VI, 36).
4.4	aus:	GMs JALLABERT 47, fol. 113v$^{\circ}$.
5.1	aus:	GMs 603, fol. 73 (Fig. I).
5.2	aus:	GMs 603, fol. 73 (Fig. II).
5.3	aus:	GMs 603, fol. 75 (Fig. III).
5.4	aus:	GMs 603, fol. 76 (Fig. IV).
5.5	aus:	GMs 603, fol. 76.
5.6	aus:	GMs 602, fol. 62r$^{\circ}$.
6.1	aus:	BMs LIa 755 = FB (Fig. I).
6.2	aus:	GMs 610, fol. 7r$^{\circ}$.
6.3	aus:	HUYGENS, Oeuvres, Vol. IX, p. 408.
6.4	aus:	BMs LIa 755 = FB (Fig. III).
8.3.1	aus:	BMs LIa 755 = FB (Fig. II).
8.3.2	aus:	BMs LIa 755 = FB, fol. 43r$^{\circ}$.
8.5.1	aus:	BMs LIa 755 = FB, (Fig. IV).
8.5.2	aus:	BMs LIa 755 = FB, fol. 48v$^{\circ}$ (Fig. IX).
8.5.3	aus:	GMs 610, fol. 42r$^{\circ}$.
8.6.1	aus:	ZEUTHEN, p. 262 (Fig. 17).
8.6.2	aus:	BMs LIa 755 = FB, (Fig. V).
8.7.1	aus:	BMs LIa 755 = FB, (Fig. VI).
8.7.4	aus:	BMs LIa 755 = FB (Fig. VII).
8.7.5	aus:	BMs LIa 755 = FB (Figg. X und XI).
8.7.6	aus:	BMs LIa 755 = FB (Fig. VIII).

Faksimiles nach Seite 290 = GMs Dossiers (NEWTON) pp. 9-11.

NAMENVERZEICHNIS
================================